# 动物传染病

## DONG WU CHUAN RAN BING

主　编　郭全海　　程德元　　王艳丰

副主编　张　磊　　王传锋　　王春明　　刘　超　　葛红霞

编　者　（按姓氏笔画排序）

王传锋　　伊犁职业技术学院

王春明　　沧州职业技术学院

王艳丰　　河南农业职业学院

刘　超　　荆州职业技术学院

孙　伟　　铜仁职业技术学院

牟永成　　黑龙江职业学院

张　研　　西安职业技术学院

张　磊　　黑龙江农业工程职业学院

陈　颖　　贵州农业职业学院

周　煜　　湖南环境生物职业技术学院

郭全海　　商丘职业技术学院

诸明欣　　内江职业技术学院

曹　琰　　娄底职业技术学院

葛红霞　　黑龙江农垦科技职业学院

程德元　　贵州农业职业学院

U0370116

华中科技大学出版社

http://press.hust.edu.cn

中国·武汉

## 内 容 简 介

本书是高等职业教育"十四五"规划畜牧兽医宠物大类新形态纸数融合教材。

本书除绪论和附录外分为六个模块,内容包括动物传染病基础知识与技能、多种动物共患传染病、猪传染病、家禽传染病、牛羊传染病、其他动物传染病。

本书既适用于畜牧兽医类相关专业的师生,也可作为畜牧兽医技术人员的培训教材,还可作为广大畜牧兽医工作者技术服务和继续学习的参考书。

图书在版编目(CIP)数据

动物传染病/郭全海,程德元,王艳丰主编.—武汉:华中科技大学出版社,2023.1
ISBN 978-7-5680-8968-5

Ⅰ.①动⋯  Ⅱ.①郭⋯  ②程⋯  ③王⋯  Ⅲ.①动物疾病-传染病  Ⅳ.①S855

中国版本图书馆 CIP 数据核字(2022)第 232005 号

**动物传染病**
Dongwu Chuanranbing

郭全海  程德元  王艳丰  主编

策划编辑:罗 伟
责任编辑:郭逸贤  余 琼
封面设计:廖亚萍
责任校对:王亚钦
责任监印:周治超
出版发行:华中科技大学出版社(中国·武汉)    电话:(027)81321913
          武汉市东湖新技术开发区华工科技园    邮编:430223
录  排:华中科技大学惠友文印中心
印  刷:武汉市籍缘印刷厂
开  本:889mm×1194mm  1/16
印  张:19.25
字  数:578 千字
版  次:2023 年 1 月第 1 版第 1 次印刷
定  价:59.80 元

# 高等职业教育"十四五"规划
# 畜牧兽医宠物大类新形态纸数融合教材

## 编审委员会

# 网络增值服务

## 使用说明

欢迎使用华中科技大学出版社医学资源网 yixue.hustp.com

### 1 教师使用流程

（1）登录网址：**http://yixue.hustp.com** （注册时请选择教师用户）

注册 ▶ 登录 ▶ 完善个人信息 ▶ 等待审核

（2）审核通过后，您可以在网站使用以下功能：

下载教学资源　　建立课程　　　　管理学生　　　布置作业　查询学生学习记录等

教师

### 2 学员使用流程

（建议学员在PC端完成注册、登录、完善个人信息的操作）

（1）PC 端操作步骤

① 登录网址：http://yixue.hustp.com（注册时请选择普通用户）

注册 ▶ 登录 ▶ 完善个人信息

② 查看课程资源：（如有学习码，请在个人中心 - 学习码验证中先验证，再进行操作）

选择课程

首页课程 ❯ 课程详情页 ❯ 查看课程资源

（2）手机端扫码操作步骤

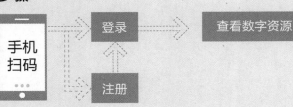

出版
说明

　　随着我国经济的持续发展和教育体系、结构的重大调整,尤其是 2022 年 4 月 20 日新修订的《中华人民共和国职业教育法》出台,高等职业教育成为与普通高等教育具有同等重要地位的教育类型,人们对职业教育的认识发生了本质性转变。作为高等职业教育重要组成部分的农林牧渔类高等职业教育也取得了长足的发展,为国家输送了大批"三农"发展所需要的高素质技术技能型人才。

　　为了贯彻落实《国家职业教育改革实施方案》《"十四五"职业教育规划教材建设实施方案》《高等学校课程思政建设指导纲要》和新修订的《中华人民共和国职业教育法》等文件精神,深化职业教育"三教"改革,培养适应行业企业需求的"知识、素养、能力、技术技能等级标准"四位一体的发展型实用人才,实践"双证融合、理实一体"的人才培养模式,切实做到专业设置与行业需求对接、课程内容与职业标准对接、教学过程与生产过程对接、毕业证书与职业资格证书对接、职业教育与终身学习对接,特组织全国多所高等职业院校教师编写了这套高等职业教育"十四五"规划畜牧兽医宠物大类新形态纸数融合教材。

　　本套教材充分体现新一轮数字化专业建设的特色,强调以就业为导向、以能力为本位、以岗位需求为标准的原则,本着高等职业教育培养学生职业技术技能这一重要核心,以满足对高层次技术技能型人才培养的需求,坚持"五性"和"三基",同时以"符合人才培养需求,体现教育改革成果,确保教材质量,形式新颖创新"为指导思想,努力打造具有时代特色的多媒体纸数融合创新型教材。本教材具有以下特点。

　　(1)紧扣最新专业目录、专业简介、专业教学标准,科学、规范,具有鲜明的高等职业教育特色,体现教材的先进性,实施统编精品战略。

　　(2)密切结合最新高等职业教育畜牧兽医宠物大类专业课程标准,内容体系整体优化,注重相关教材内容的联系,紧密围绕执业资格标准和工作岗位需要,与执业资格考试相衔接。

　　(3)突出体现"理实一体"的人才培养模式,探索案例式教学方法,倡导主动学习,紧密联系教学标准、职业标准及职业技能等级标准的要求,展示课程建设与教学改革的最新成果。

　　(4)在教材内容上以工作过程为导向,以真实工作项目、典型工作任务、具体工作案例等为载体组织教学单元,注重吸收行业新技术、新工艺、新规范,突出实践性,重点体现"双证融合、理实一体"的教材编写模式,同时加强课程思政元素的深度挖掘,教材中有机融入思政教育内容,对学生进行价值引导与人文精神滋养。

　　(5)采用"互联网+"思维的教材编写理念,增加大量数字资源,构建信息量丰富、学习手段灵活、学习方式多元的新形态一体化教材,实现纸媒教材与富媒体资源的融合。

　　(6)编写团队权威,汇集了一线骨干专业教师、行业企业专家,打造一批内容设计科学严谨、深入浅出、图文并茂、生动活泼且多维、立体的新型活页式、工作手册式、"岗课赛证融通"的新形态纸数融合教材,以满足日新月异的教与学的需求。

　　本套教材得到了各相关院校、企业的大力支持和高度关注,它将为新时期农林牧渔类高等职业教育的发展做出贡献。我们衷心希望这套教材能在相关课程的教学中发挥积极作用,并得到读者的青睐。我们也相信这套教材在使用过程中,通过教学实践的检验和实践问题的解决,能不断得到改进、完善和提高。

高等职业教育"十四五"规划畜牧兽医宠物大类

新形态纸数融合教材编审委员会

# 前言

　　本教材是按照国家对高职院校畜牧兽医专业建设规划,切实做到课程内容与职业标准对接、教学过程与生产过程对接、毕业证书与职业资格证书对接、职业教育与终身学习对接,组织国家级和省级优质院校及具有省级以上精品课程建设经验的教学团队努力打造的具有时代特色的多媒体纸数融合创新型教材。本教材在内容组织上以培养高等职业院校学生的职业能力为重要核心,围绕职业需要对教材内容进行系统化设计,以"符合人才培养需求,体现教育改革成果,确保教材质量,形式新颖创新"为指导思想。

　　素质与思政教育是当今大学生必须狠抓的一项教育,所以本教材设置了思政与素质目标,提醒教师在实施教学的同时,结合专业内容深挖思政与素质元素,帮助学生在学习专业知识的同时塑造正确的世界观、人生观和价值观。

　　本教材注重纸数融合,充分利用数字网络媒体技术,在教材中增设大量的二维码,学生可以通过扫描二维码,获取相应的数字资源,学生还可以通过访问教材对应网站(https://mooc.icve.com.cn)或手机下载APP(智慧职教)学习教材之外的大量数字资源。通过数字资源的增设,本教材从形式和内容上达到了纸数融合的目的,为广大读者的学习提供了崭新的形式和丰富的内容。

　　本教材编写紧扣执业兽医资格考试,书证融通"执考真题"板块与"双证书"制度接轨,可以让学生了解执业兽医资格考试试题的形式及内容,试题与动物传染病知识点紧密契合,从而提高学生的学习兴趣、学习主动性及学习的目标性,实现了教学内容与执业兽医资格考试的结合。本教材的内容体系分为模块、项目和任务三级结构,每一项目又设"项目导入""知识目标""技能目标""思政与素质目标""案例分析""知识拓展与链接""执考真题及自测题"等学习内容。

　　本教材结合高职教育的特点,既注重理论,又突出了兽医临床实践。在内容上反映了当代动物传染病的新知识、新技术、新方法,既适用于畜牧兽医类相关专业的师生,也可作为畜牧兽医技术人员的培训教材,还可作为广大畜牧兽医工作者技术服务和继续学习的参考书。

　　本教材由郭全海、程德元与王艳丰担任主编,全书由郭全海统稿。具体编写分工如下:绪论由王艳丰编写;模块一由周煜、刘超编写;模块二由郭全海、张磊编写;模块三由郭全海、诸明欣编写;模块四由王春明、程德元编写;模块五由王传锋、陈颖编写;模块六由王艳丰、程德元编写;附录由郭全海编写。葛红霞、牟永成、孙伟、张研、曹琰参与配套数字资源的制作与审核。

　　本教材在编写过程中,引用了相关书籍及相关行业专家学者的研究成果,局限于篇幅,未全部标出,兹郑重感谢。虽各位编者呕心沥血,花费大量的精力和时间,但由于水平有限,教材中难免有不妥之处,衷心地期望各位读者批评指正。

编　者

# 目录

## 模块三　猪传染病

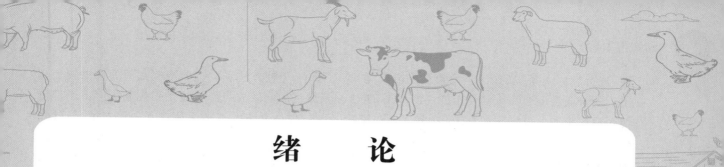

# 绪　　论

随着动物养殖的规模化发展与人类活动范围的增加,动物传染病已经严重威胁到动物和人类的生存与发展,并逐渐成为全球瞩目的共性问题。人畜共患猪链球菌病的局部流行,鼠疫的零星出现,2022 年猴痘在世界多个国家的暴发与流行,无时无刻不在提醒着我们:人畜共患病的威胁一直存在,而且其造成的危害不容小觑。动物传染病学是介绍家畜、家禽传染病的发生、发展规律及预防、控制和消灭传染病方法的科学。

动物传染病对养殖业危害性很大,它不仅造成患病动物大批发病死亡,而且还引起动物群体的生产性能下降、治疗或扑灭费用增加以及动物产品质量下降,对动物群体及其产品的国际贸易信誉也有极大的负面影响,甚至有些传染病还直接危害人体健康。因此,掌握动物传染病的防治技术,对控制传染病的发生和流行,促进畜牧业持续发展和保障人民身体健康都具有重要意义。

扫码看课件
绪论

视频:学习
动物传染病
课程导入

视频:动物
传染病概论

## 一、我国动物传染病防治主要成就

### (一)马、牛、羊传染病

我国在马、牛、羊传染病的防治技术工作中,以消灭牛瘟、牛肺疫和控制马传染性贫血所取得的成就最为突出。1956 年在全国范围内消灭了牛瘟,1996 年消灭了牛肺疫。我国还有效地控制住了布鲁氏杆菌病、牛流行热、羊痘、牛黏膜病、牛白血病、蓝舌病等病的传播,在诊断技术和免疫预防方面取得了显著成效。

### (二)猪传染病

在猪传染病中,猪瘟是危害最大、最受重视的一种疾病。近年来由于猪瘟疫苗的使用,注重采用合理免疫程序、免疫诊断、免疫监测,以母猪繁殖障碍和仔猪先天性感染为特征的非典型猪瘟得到了有效控制。我国成功研制了安全有效的猪瘟、猪丹毒、猪肺疫三联疫苗和猪瘟、猪丹毒二联疫苗。猪传染性繁殖障碍综合征的病因较多,国际已公认的有非典型猪瘟、猪伪狂犬病、猪细小病毒病、流行性乙型脑炎、猪衣原体病,以及近年来新发现的猪繁殖与呼吸综合征和猪脑心肌炎等。其中伪狂犬病、猪细小病毒病、流行性乙型脑炎和猪衣原体病在我国已相继成功研究了相应的检测方法和以疫苗接种为主要手段的防治措施。我国在伪狂犬病基因工程疫苗的研究方面,已取得了可喜进展。近年来,在我国部分地区暴发的人-猪链球菌病、亚洲 I 型口蹄疫被及时确诊,以高致病性蓝耳病病毒变异株为主要病因的"猪高热综合征"被确定并已得到有效控制。此外,新发现的由圆环病毒($PCV_2$)引起的断奶仔猪多系统衰弱综合征、小反刍兽疫等也进行了大量研究并取得了显著进展。

猪传染性腹泻是危害养猪业的一大类疫病,包括大肠杆菌病、仔猪副伤寒、传染性胃肠炎、流行性腹泻和猪蛇形螺旋体痢疾等。在其病原特性、诊断方法和免疫预防等方面都已做了大量研究,取得了显著成果。传染性胃肠炎、流行性腹泻和轮状病毒的疫苗及其联苗已研制成功;大肠杆菌 $K_{88}$、$K_{99}$、987P 三价灭活苗已推广应用。近年来,表达 $K_{88}$、LTB 两种抗原的双价基因工程菌苗已投入批量生产,这是我国第一个获得批准的兽用基因工程菌苗。

### (三)家禽传染病

随着家禽生产的快速发展,我国的禽病防治技术也有了显著的成效。在家禽疫病中受到普遍重视并进行重点研究的主要有新城疫、马立克氏病、传染性法氏囊病、禽流感、传染性支气管炎、传染性喉气管炎、支原体感染、鸭瘟、小鹅瘟等。

新城疫是我国分布较广、危害较严重的禽病之一。兽医工作者对该病的防治和研究一直十分重视,进行过深入系统的研究,尤其在疫苗研制、免疫程序、免疫方法和免疫监测等方面的成果较为突出。随着弱毒疫苗和灭活疫苗的广泛应用,近年来新城疫的暴发流行已明显受到控制。但由于部分地区新城疫的免疫程序和方法还比较混乱,经常出现一些鸡群免疫水平不高或不一致的情况,导致接种过疫苗的鸡群仍然散发在症状、病变、发病率和死亡率等方面表现新特点的非典型新城疫,因此如何防治非典型新城疫已成为当前研究该病的重要课题。小鹅瘟由方定一等于1956—1963年首次发现并进行了系统研究,他研制成的疫苗和抗血清对控制该病的流行做出了卓越贡献,此为国际上首次由我国科学家发现的家禽传染病。

研制成功并投入使用的鸡马立克氏病弱毒疫苗、鸡传染性法氏囊病弱毒细胞疫苗、鸡传染性喉气管炎弱毒疫苗、鸡传染性支气管炎灭活疫苗、鸡传染性鼻炎灭活疫苗、禽流感灭活疫苗（$H_5$ 亚型、$N_{28}$ 株）及重组禽流感病毒灭活疫苗（$H_5N_1$ 亚型、$R_{e-1}$ 株）、鸭瘟弱毒疫苗等,以及建立的各种诊断技术在生产实践中的广泛应用,对防治这些疫病起到了很重要的作用。此外,兽医工作者还对一些新发现的传染病进行了比较系统的研究,如禽流感、产蛋下降综合征、网状内皮组织增殖症、鸡传染性贫血、鸡肾型传染性支气管炎、鸡肿头综合征和番鸭细小病毒病等。目前,对新城疫、传染性法氏囊病、马立克氏病、传染性支气管炎、传染性喉气管炎、禽流感和产蛋下降综合征等主要禽病病原的研究已深入到分子生物学领域。

### （四）小动物传染病

在犬、猫、兔等小动物传染病研究方面,比较突出的是兔病毒性出血症和狂犬病。兔病毒性出血症是1984年由我国首先发现的一种兔病毒性急性传染病。病程短促,传播迅速,流行面广,发病率和死亡率高,对养兔业造成了灾害性损失。我国对此病进行了系统的研究,并研制出安全有效的疫苗,基本上控制了该病的流行。狂犬病是一种危害极其严重的人畜共患病,我国对该病的防治进行了大量工作,目前已基本控制其传播。

## 二、我国动物传染病的流行现状

随着我国现代化畜牧业的发展,人类活动增加,国内外贸易日益频繁,环境污染日益加剧,严重威胁着人类的生存,也使得动物传染病的发生更加复杂化。

### （一）新老疾病同时存在

近年来,随着境外大量畜禽的引进和活疫苗产品通过多渠道进入我国市场,由于缺乏有效的检疫及防控手段,许多新病诸如鸡传染性法氏囊病、鸡传染性贫血、产蛋下降综合征、病毒性关节炎、猪萎缩性鼻炎、猪繁殖与呼吸综合征等传入我国并迅速蔓延。同时,也由于国内畜禽交易活跃,一些疾病长期存在。

### （二）病原变异增多及发病非典型化

在疫病的流行过程中,由于多种因素的影响,病原的毒力常发生变化,出现亚型株,特定病原的致病性及组织嗜性的变异造成了传染病临诊症状和病理变化的改变,致使畜禽传染病非典型性变化增多,易感动物群扩大、易感动物日龄增加、毒力增强、耐药菌株不断产生,给及时诊断和防治这些传染病带来了许多困难。如典型的急性、高热型猪瘟较为少见,而流产等症状较为多见;鸡马立克氏病、传染性法氏囊病出现了超强毒株;鸡新城疫以产蛋量下降和慢性死亡较多,无其他任何典型症状出现;鸡传染性支气管炎不仅出现呼吸道变化,且其肾型和腺胃型变得更为常见;鸡新城疫病原是否已有变异问题正引起兽医研究人员的关注;鸡传染性支气管炎病毒毒株众多,各毒株间交叉免疫力高低不等,这些都给畜禽传染病的有效防治带来了极大的困难。

### （三）混合感染增多

动物及其产品流通的增加、养殖密度的加大、环境污染的增加及防控制度的不健全,致使两种或两种以上的病原多重感染,继发感染或病原的混合感染在许多畜禽场变得很普遍,多病原因子的相互作用,给动物传染病诊断和防治带来了很大困难。

### （四）免疫抑制性疾病增加

免疫抑制性疾病可导致免疫失败和生产的重大损失，是畜禽场控制和消灭动物传染病的主要障碍，尤其在养鸡生产中危害巨大。此类动物传染病主要包括马立克氏病、传染性法氏囊病、网状内皮组织增殖症、传染性贫血、禽白血病等。

### （五）疫苗、兽药质量问题

从整体上看，我国疫苗、兽药及其他生物制品已达到比较高的水平，但与一些发达的生产制造国家相比还有很大差距。一是制苗用的毒株与当地流行株的交叉免疫性较小。二是不采用无特定病原（SPF）的原材料生产疫苗和其他生物制品，使之成为可能携带其他病原的隐性感染源。三是疫苗生产环境较差，厂房和设备陈旧，不符合药品生产质量管理规范（GMP），并采用传统的制造工艺、辅助剂、保护剂和佐剂等，使药物和生物制品的效果较差，显效时间较短，保存条件要求较高，浪费了大量的电力资源，而且还易造成因保存不当引起的药效损失和免疫失败。更有甚者，一些非正规厂家粗制滥造的疫苗、兽药和其他生物制品以廉价等因素而充斥市场，严重扰乱了我国畜禽传染病的防治工作。

### （六）缺乏动物传染病防治的基本知识

随着新型疫苗的出现，动物传染病种类的增多以及病情的复杂化，再加上许多单位和养殖户对畜禽饲养管理较粗放，缺乏动物传染病防治的基本知识，不能很好地掌握疫苗的使用方法、剂量和免疫时机，给动物传染病的免疫带有很大的盲目性，造成免疫无效甚至诱发传染病。近年来，动物传染病的研究不断发展和预防疾病技术不断提高，虽然使人们树立了预防为主、防重于治的观点，但生产中人们普遍只重视免疫接种和药物防治，因为疫苗和药物有很大的局限性，即使疫苗种类、免疫次数越来越多，药物种类不断增加，使用剂量越来越大，动物传染病仍频频发生，因此现在过分依赖疫苗和药物已不能有效控制动物传染病的发生。

### （七）隔离、消毒技术规程不健全及执行不严格

在饲养管理中不重视检疫、隔离及消毒等综合性防治措施。随着养殖业的迅速发展，畜禽及其产品流通渠道增多，速度加快，在客观上也造成了动物传染病的传播。再加上乱扔乱抛病死畜禽和不法商贩倒买倒卖病死畜禽肉，更使环境污染加剧，动物传染病控制困难。

## 三、我国动物传染病的防控对策

### （一）认真贯彻执行动物防疫法律法规

2021年1月22日，《中华人民共和国动物防疫法》由中华人民共和国第十三届全国人民代表大会常务委员会第二十五次会议修订通过，自2021年5月1日起施行。该法是为了加强对动物防疫活动的管理，预防、控制、净化、消灭动物疫病，促进养殖业发展，防控人畜共患传染病，保障公共卫生安全和人体健康而制定的法规，体现了预防为主，促进养殖业发展，保证人民吃上"放心肉"，保护人体健康的宗旨。各级兽医防疫检疫部门要做到依法防疫，提高执法力度，强化兽医法制管理，同时应加大力度宣传动物防疫法律法规，增强全民的法制观念。让广大养殖户自觉地学法、懂法、守法，共同提高我国防疫灭病工作的水平。

### （二）加强防疫和监督队伍的建设

提高兽医人员的技术素质和科技服务本领，加快兽医从业人员资格论证工作的进度，推行官方兽医制度，有利于与国际接轨，有利于贯彻落实动物卫生法律规范。加强兽医检疫工作，建立完整的兽医检疫和防疫体系，建立健全兽医监督网络，尽快制定多种动物传染病的国家级检测标准和操作规程，规范实验室操作器材及数据处理的标准，切实加强进境动物及其产品的检验检疫工作，加强和完善国内畜禽及产品市场的监督和检疫工作。

### （三）加强生物安全体系的建立

动物数量的迅速增加及养殖场饲养管理水平的偏低造成了我国畜禽饲养环境日益恶化和污染

日趋严重。对环境的持续污染不仅在一定程度上危害人类健康,而且严重地制约了养殖业本身的发展,造成传染病流行严重,控制困难。近年来国际上提出的"生物安全"体系理论十分强调环境因素在动物健康中的重要作用。健全和完善疫病防疫体系,制定动物传染病的净化、扑灭规划和实施方案,要做好各种防疫、卫生和消毒工作,尽可能地减少土地、水源和空气等的污染,有效控制畜禽饲养的生态环境,逐步净化和扑灭主要动物传染病,推进养殖场现代化的发展,使之由家庭粗放型向区域化、规模化方向发展,不断探索适合我国国情的动物传染病预防、控制净化和根除的策略与方法。

**（四）准确地预测预报疫情动态**

建立动物传染病疫情基础数据库和疫情风险评估标准,运用卫星遥感等空间信息建立动物传染病的立体、实时监测系统,建立和完善符合我国国情的动物传染病疫情快速报告和应急处理信息系统,防患于未然,为实施有效的防疫措施提供充分的依据。尽快研究或引进符合国际标准的诊断试剂和监测方法,规范实验室操作,使重大疫病的预测预报工作规范化、制度化。

**（五）做好免疫监测工作**

免疫监测包括病原监测和抗体监测两个方面。病原监测包括环境微生物的监测和畜群病原的监测。抗体监测包括母源抗体、免疫接种前后抗体、主要疫病抗体水平的定期监测以及未经免疫接种的传染病抗体水平的定期监测等,以随时了解动物体内抗体的动态水平,摸清其消长规律,科学合理地制定免疫程序,有效预防和控制疫病的发生。

**（六）加强疫病信息交流**

在全国各地防疫检疫机构、各海关、各进出口贸易国建立疫情监测点,开发动物传染病疫情监测网络软件。疫情信息从各监测点通过信息网络及时传输到疫情控制中心,控制中心从计算机网络上随时可以查询到各监测点的疫情动态,随时掌握全国、全球动物疫情动态并采取严密的防范措施。

**（七）加强防治技术的研究**

目前一些重大传染病的病原致病、免疫机理的研究一直是动物传染病防治研究中的薄弱环节,由于没有充分掌握传染病的流行规律、病原的变异情况,也没有掌握同一传染病不同来源的病原在毒力、抗原性、免疫原性、血清型等方面的差异,这种状况直接导致了我国动物传染病防治工作不可避免地出现盲目性,常会造成误诊和免疫失败。因此,对一些重要的动物传染病,如口蹄疫、猪瘟、禽流感、新城疫、传染性法氏囊病、传染性支气管炎和猪繁殖与呼吸综合征等,应进行分子病原学和流行病学研究,开展病原的基因结构分析、遗传变异规律和免疫原型分析,以探明一些重要传染病免疫保护和治疗效果欠佳的原因。同时为选择疫苗种毒,提高疫苗效力和筛选新型兽药,进而研制和开发新型疫苗和兽药提供依据。

当前动物传染病防治在应用研究方面,应着重研究并制定出我国各地不同规模化、集约化养殖条件下动物疫病防治的系统工程,包括各种主要疫病疫情的监测预报、免疫程序、疫病净化、环境卫生监测及各种防疫卫生配套措施,还应解决动物疫苗防治中的关键技术问题,改善和提高常规疫苗和诊断试剂的质量,改进其产品结构,还要研究制定符合国际标准的诊断技术,使现有的抗原生产标准化、诊断试剂标准化、种毒标准化、生物制剂生产工艺和检查方法标准化,同时,要尽快完善新技术并迅速加以推广应用。

随着科学技术的发展,研制更有效的新疫苗用于控制、消灭某些传染病有着重大意义。常规疫苗（灭活疫苗、弱毒疫苗）至今仍在疫病防治中起着重要作用,控制和消灭了一些传染病。但是许多疫苗还存在自身难以克服的缺陷,例如:多联多价苗生产水平低;灭活疫苗如果灭活不当,具有造成疫病传播的危险性;弱毒疫苗可能由于毒（菌）株变异或与野毒株发生基因重组而导致毒力返强并难以控制;另外有些病原不能在体外大量培养增殖,给疫苗的开发带来困难。因此,需要研制能适应变异性强、型别多的多价疫苗,能够在有限的免疫制剂体积内容纳多种足量抗原;研制有效的抗原保护剂、稀释剂、佐剂和免疫增强剂,以提高疫苗的稳定性,简化保存条件,延长保存期和免疫期,加快多联疫苗和多价疫苗的研制和开发,不断发展和提高生物制品的生产技术和生产水平。随着分子生物学和基因工程技术的发展,新一代的动物疫苗应运而生,并开始逐渐取代传统疫苗,主要包括基因工程亚单位疫苗、活病毒/活细菌载体疫苗、基因工程缺失减毒疫苗、核酸疫苗等,其已成为探索动物转基因抗病育种和基因治疗的新途径。

我国动物传染病防治技术工作虽已取得重大进展,在某些方面的研究成果已达到或接近国际先进水平,但总体上与发达国家先进水平还有一定的差距。我们应该加倍努力,提高我国动物传染病防治技术水平,实现畜牧业可持续、健康发展。

### 四、我国动物传染病防治技术的发展趋势

动物传染病不仅给养殖业造成了巨大的经济损失,而且严重影响了公共卫生和人民生命财产安全,动物传染病的发生与流行是一个国际性问题,无论是发展中国家还是发达国家都面临着动物传染病和人畜共患病的威胁,因此,各国政府都非常重视动物传染病的研究与防控,致力于动物传染病的基础研究、高新技术研究和应用研究。我国动物传染病的基础研究整体上还比较薄弱,对一些重大传染病病原的生态分布与流行规律"家底"不清,因此多病原混合感染、多重感染严重,病原的变异速度加快,跨种间感染增多,导致疾病复杂化,社会影响与经济损失巨大。

#### (一)病原生态学与流行病学研究

研究重大动物传染病和人畜共患病病原的三间(宿主间、时间、空间)分布与流行病学特征,阐明其在畜禽、宠物、野生动物和人之间的传播规律及环境变化对传播的影响,研究病原的遗传变异,阐明不同亚型或基因型病原的相关性、传播能力和跨种感染潜能,建立病原资源库和血清库,分析国内外动物传染病疫情动态和流行趋势,将为动物传染病预报预警系统与防控策略的制定和防控产品的设计与研制提供理论依据。

#### (二)病原基因组学与蛋白质组学

深入研究重大动物传染病和人畜共患病病原的基因组结构与功能,重点研究病原的功能基因与功能蛋白、信号转导、代谢途径和调控网络,挖掘与毒力和免疫原性相关的新基因,解析病原蛋白质之间以及病原与宿主之间的相互作用,阐明分子致病与免疫机理,发现新的药物、疫苗和诊断的靶标,将为新型药物的研制和动物传染病综合防控提供新理论、新技术、新材料、新产品。

#### (三)跨种感染机制

建立病原跨种感染的细胞和动物模型,分析病原在适应过程中遗传物质和蛋白质分子的结构与功能变化;通过反向遗传操作、RNA干扰和基因敲除等技术对病原跨种感染的受体分子进行研究,解析病原跨种感染的分子细节;针对病原跨种感染的分子机制,进行阻断跨种感染药物的分子设计。

#### (四)诊断试剂的分子设计与研制

针对重大动物传染病和人畜共患病,在病原基因组与蛋白质组学的研究基础上,运用生物信息学和计算机辅助设计技术,筛选具有诊断意义的基因和蛋白质靶标,发展快速诊断、鉴别诊断和高通量诊断技术,实现产业化。

#### (五)新型疫苗及生物治疗制剂的分子设计与研制

针对重大动物传染病和人畜共患病,在病原基因组与蛋白质组学、感染与免疫机理研究的基础上,进行新型疫苗与生物治疗制剂的分子设计,研制更加安全、高效、广谱、廉价、使用方便、对动物友好的新型疫苗和生物治疗制剂。

#### (六)动物传染病和人畜共患病监测与预报预警系统的研究

加强与WHO、OIE等国际组织的科技合作,建立动物传染病和人畜共患病疫情基础数据库和疫情风险评估标准,运用卫星遥感等空间信息技术建立动物传染病和人畜共患病的立体、实时监测系统,建立和完善符合我国国情的动物传染病和人畜共患病疫情快速报告和应急处理信息系统。

#### (七)动物传染病综合防治技术研究

在弄清我国重大动物传染病和人畜共患病病原生态学与流行病学规律,研制高效疫苗和诊断试

剂的基础上,探索适合我国国情的动物传染病预防、控制、净化和根除的策略与方法,并进行区域验证与示范,再进行推广应用,争取启动一些重大动物传染病的净化与根除计划。

### (八)野生动物传染病防控技术研究

研究我国内陆和边界地区野生动物的分布与迁徙规律,查清野生动物种群大小、栖息地及人畜共患病带毒与感染状态,研制适合野生动物使用的诱饵疫苗,制定野外投放、安全性和效率评估技术体系并进行验证,防止野生动物病原向家养动物和人传播。

# 模块一
# 动物传染病基础知识与技能

# 项目一　动物传染病的发生和流行

## 项目导入

　　动物传染病是由各种病原微生物(如病毒、细菌、真菌、立克次体、螺旋体等)引起人与动物、动物与动物之间相互传播的疾病,是多种疾病的总称。动物传染病能够通过相互传染而对各种动物的健康甚至生命造成危害,严重威胁我国畜牧业的发展。所谓知己知彼,百战不殆,我们要能防控这些传染病就必须熟知它的一切,本项目主要介绍动物传染病的发生与流行。

## 学习目标

▲知识目标

1. 熟悉动物传染病的概念。
2. 掌握动物传染病发生和流行的条件。
3. 理解动物传染病流行的表现形式、季节性和周期性等特征。

▲技能目标

1. 能够熟练利用动物传染病的发展阶段来诊断动物传染病。
2. 学会分析动物传染病流行过程的因素并利用这些因素做好疫情防控。

▲思政与素质目标

1. 理解动物传染病在动物中的危害,培养学生疫情防控的公共卫生意识。
2. 理解动物传染病流行的因素,培养学生具有工匠精神、职业道德等核心价值观。

## 任务一　动物传染病的概念与特征

### 一、动物传染病的概念

　　凡是由各种病原微生物引起,具有一定的潜伏期和临诊症状的表现,能在动物与动物或人与动物之间进行传播的动物类疾病,都可称为动物传染病。

　　当动物机体本身抵抗力较强时,动物传染病一般不会表现出任何症状,因为机体在内部出现病原微生物后能迅速做出反应,产生各种非特异性免疫反应或特异性免疫反应来清除病原微生物。只有在动物机体本身免疫能力较差,不能及时将病原微生物清除时才会表现出临诊症状,此时可称动物对该病原微生物具有易感性;这种动物也可称为易感动物。病原微生物侵入易感动物机体后会发生传染病。

### 二、动物传染病的特征

　　在临床上,不同的传染病所表现出来的临诊症状是有很大不同的,即便是同一种传染病在不同

扫码看课件
1-1

视频:动物
传染病的概
念与特征

Note

9

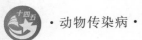

种类的动物中也会有不同的表现,甚至是同种动物因个体差异对于同一种传染病的临诊症状也有很大差异。不过总的来说,相较于非传染性疾病,传染病都具有以下几个特征。

**(一)每一种传染病都是由特定的病原微生物引起的**

每一种传染病都是由特定的病原微生物引发的,如猪传染性胸膜肺炎是由胸膜肺炎放线杆菌引起的,若是感染了其他病原微生物则不会引起传染性胸膜肺炎。

**(二)具有传染性和流行性**

感染了传染病的动物不仅会引起自身疾病,同时其分泌物(如唾液、粪便、尿液等)可能携带有此种病原微生物,若其他易感动物接触到了这些分泌物,可能也会患上相同的疾病,这种疾病能向周围传播的现象称为传染性。

流行性是指在某个适宜的环境中,一段时间中的特定范围内,易感动物易被某一种传染病感染,感染程度从个体到群体的过程称为传染病的流行。

以上是传染病与非传染病相区别的重要特征。

**(三)被感染动物机体发生特异性反应**

当病原微生物侵入动物机体后,由于其表面具有特异性的抗原,可被机体所识别并产生特异性反应(如产生抗体或发生变态反应等)。这种变化能通过现代血清学试验等方式检测出来,因此可确定机体的特异性免疫反应的状态。

**(四)耐过的动物可获得特异性免疫力**

多数情况下,感染了某种传染病的动物不会因此死亡,没有死亡的动物通过自身的特异性反应能获得特异性抗体,此抗体可让动物在一段时间内甚至终身免受同种传染病的感染。

**(五)具有特征性的临床表现**

多数情况下,同种动物传染病感染动物后都能表现出同样具有特征性的潜伏期、临诊症状、病理变化或病程经过。

**(六)传染病的发生具有明显的阶段性和流行规律**

对于单个发病动物来说传染病通常都具有比较明显的阶段性(如潜伏期、前驱期、症状明显期和转归期),并且在传染病的流行过程中也具有相对稳定的季节性或周期性。

## 小提示

动物机体对病原微生物能产生非特异性免疫和特异性免疫。

非特异性免疫是机体对多种抗原物质,而非针对某一特定抗原物质的生理性免疫应答。主要通过外部皮肤的屏障作用、体内细胞的吞噬作用和体液作用三方面的功能来体现。

特异性免疫是病原微生物进入机体后,机体可产生针对该种病原微生物的免疫能力,机体常可抵抗同一种病原微生物的再次感染,主要通过体液免疫和细胞免疫两方面的功能来体现。

# 任务二　动物传染病的发生和流行

扫码看课件
1-2

## 一、动物传染病的发生

**(一)感染的概念**

病原微生物侵入动物机体后,可在侵入部位或邻近部位进行定居、生长繁殖,引起动物机体产生各种病理反应的过程,称为感染,又称为传染。动物感染病原微生物后会产生由轻到重各种不同的临诊症状,这种现象可称为感染梯度。动物感染病原微生物后可因其自身免疫力、免疫状态以及环境的不同而产生较大的差异。

### (二)感染发生的条件

某种传染病能否侵入动物机体并发生感染需要具备以下三个条件。

**1. 病原微生物的毒力、数量与入侵部位** 毒力是病原微生物致病力强弱的关键因素,若病原微生物的毒力较弱,则其能直接被机体的特异性免疫反应清除,所以只有具有较强毒力的病原微生物才能突破动物机体的屏障发生疾病。

除了需要较强的毒力以外,足够数量的病原微生物也是比较重要的。一般来说病原微生物的毒力越强,致病所需的数量就越少;反之需要的数量就越多。

具有较强毒力和一定数量的病原微生物,还需要适当的侵入部位,才可使易感动物发生感染。如破伤风杆菌属于厌氧菌,若侵入部位不够深则会被外界氧气抑制而无法发生感染。

**2. 易感动物** 病原微生物只有侵入易感动物的机体中才可引起动物发生感染。一般来说动物的种属特性决定了其对某种病原微生物是否存在免疫力,如兔对兔瘟病毒易感,但犬、猫则不易感。另外,动物的易感性还受到个体差异因素(如年龄、体重、性别等)影响。所以同种病原微生物入侵动物时,可表现出不同的结果,有的发病,有的不发病,有的发病轻,有的发病重。

**3. 外界环境因素** 外界环境因素决定了侵入动物机体的病原微生物的毒力和数量,同时也能影响动物的易感性,是感染过程中不可忽视的条件。外界环境因素包括很多方面,如饲养管理、温湿度、光照、地理条件、生物因素(如传播媒介、中间宿主等)等,所以外界环境不适宜则可能不发生感染。

动物发生感染的过程是动物机体本身与病原微生物相互作用的结果,只有在适宜的环境下,病原微生物不断生长繁殖,通过适宜的侵入方式侵袭易感动物,才会发生动物传染病(图1-1)。所以这三个条件的研究,对于动物传染病的防控具有比较重要的意义。

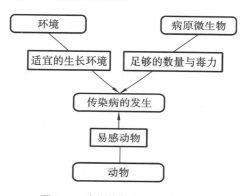

图1-1 动物传染病发生的条件

### (三)感染的类型

病原微生物与动物机体之间存在非常复杂的关系,受到很多因素的影响,使得病原微生物侵入动物机体的方式千差万别,这些类别可归纳如下。

**1. 外源性感染和内源性感染** 病原微生物从外界环境侵入动物机体的感染过程称为外源性感染。另外有一些病原微生物寄生于动物机体,平时对动物不会造成任何损害,只有在某些条件作用下引起动物抵抗力降低时,这些病原微生物才大量生长繁殖引起疾病,这种感染方式称为内源性感染。一般来说大多数传染病为外源性感染,只有少部分为内源性感染。

**2. 单纯感染和混合感染,原发感染和继发感染** 由单一的病原微生物引发的感染称为单纯感染;由两种或两种以上的病原微生物引发的感染称为混合感染。

动物在感染了某一种病原微生物后发生感染,这种状态下动物机体的抵抗能力会大大降低,另一种新的病原微生物会乘虚而入同时发生混合感染。此时将前一种感染称为原发感染,后一种感染称为继发感染。

一般来说,混合感染和继发感染是比较常见的,这两种感染会使动物的临诊症状和病理变化变得异常复杂,这也给动物疫病防控带来比较大的挑战。

**3. 显性感染和隐性感染** 主要是根据动物感染病原微生物后是否会出现具有特征性的临诊症

视频:传染病流行过程、发展规律及影响因素状或病理变化来进行区分,若出现特征性的临诊症状或病理变化称为显性感染;若没出现则称为隐性感染。隐性感染的动物一般很难被发现,并且还有较大可能成为"病菌携带者",所以只能通过微生物学试验或血清学试验定时对这些动物进行检查,降低传染病发生的风险。

**4. 良性感染和恶性感染** 病原微生物感染后造成动物死亡率比较高的称为恶性感染;感染后死亡率较低的称为良性感染。

**5. 最急性感染、急性感染、亚急性感染和慢性感染** 病原微生物侵入动物机体后,病程较快,一般在 24 h 内动物毫无征兆(不表现任何典型症状和病理变化)突然死亡的,称为最急性感染,此种感染在传染病初期比较常见。病程短,一般在几天至几周(不超过 1 个月),动物呈现典型的临诊症状和病理变化的,称为急性感染。亚急性感染的动物病程稍长,一般在两三周至 1 个月不等,症状较为缓和。慢性感染病程较长,一般在 1 个月以上,同时临诊症状不明显。

**6. 典型感染和非典型感染** 若动物在感染病原微生物后能表现出具有该传染病的特征性临诊症状或病理变化,称为典型感染;若感染后临诊症状或病理变化不具有特征性,则称为非典型感染。

**7. 局部感染和全身感染** 病原微生物侵入动物机体后,若机体本身抵抗力较弱,病原微生物能迅速生长繁殖甚至侵入血液中,随血液流动遍布全身引起全身性症状,此种感染称为全身感染;若机体抵抗力较强或者病原微生物毒力或数量较少,只能限定在某一个部位生长繁殖,并引起局部病变的感染称为局部感染。

**8. 病毒的持续性感染和慢病毒感染** 病原微生物侵入动物机体后,因自身毒力、数量以及机体的抵抗力等因素,病原微生物不能被机体清除或杀灭而且病原微生物的生长繁殖也不会引起动物发生较为危重的疾病,呈现出一种"动态平衡",这种状态称为持续性感染。持续性感染的动物不能杀灭病原微生物,但能通过各种分泌物向外排出病原微生物。

慢病毒感染是指病毒感染后呈慢性经过,需要较长的潜伏期才会发病,一旦发病一般均以死亡结束。如牛海绵状脑病、猫获得性免疫缺陷症、绵羊痒病等。

以上所有的感染类型都是从某一个角度或者特征来进行划分的,因此类型分类会有交叉、重复的现象,认真区分感染类型能帮助我们对动物传染病进行预后判断和防控。

## 二、动物传染病的发展阶段

动物传染病的发展过程并不是一成不变的,通常将传染病整个病程分为四个阶段。

### (一)潜伏期

从病原微生物侵入机体并进行繁殖到动物出现最初的临诊症状这一段时期,称为潜伏期。不同传染病的潜伏期各不相同,就算是同一种传染病不同亚型的潜伏期也会有差异,但一般来说还是相对稳定的。如口蹄疫潜伏期一般为 2~4 天,鸡新城疫潜伏期为 3~5 天。传染病潜伏期的长短一般与感染发生的条件紧密相关,对于烈性传染病来说潜伏期一般都比较短,而慢性传染病的潜伏期一般较长。了解动物传染病的潜伏期对于传染病的隔离、封锁、控制、预防均有重要意义。

### (二)前驱期

动物从出现最初的临诊症状到该病特征性临诊症状出现前的这段时期称为前驱期。前驱期出现的症状均表现为一般症状,如体温升高、食欲不振、精神抑制等。前驱期是发病的征兆,一般很难做出准确的诊断。

### (三)明显期

动物在前驱期后到该病特征性临诊症状出现的这段时期称为明显期,又称发病期。这个时期病原微生物数量最多、传染性最强,是传染病发展阶段的最高峰。因该期临诊症状具有特征性,所以为准确判断疾病提供了重要依据。

### (四)转归期

明显期进一步发展到最后结局的这段时期称为转归期,转归期的动物一般有两种结果,一是因自身机体抵抗力弱未能杀灭病原微生物导致动物死亡,二是动物因某些因素使抵抗力增强或恢复能完全杀灭病原微生物,动物机体逐渐恢复至健康状态,其中需要注意的是在恢复的时候应做好隔离,防止病原微生物外泄引起传染。

### 三、动物传染病的流行

动物传染病的流行过程(后简称流行)是指动物从个体感染发病到整个群体感染发病的过程,即动物个体发病后通过各种方式(如直接接触、间接接触等)将病原微生物传播给其他易感动物,构成流行的过程。

#### (一)流行的基本环节

动物传染病要构成流行必须具备三个基本环节,即传染源、传播途径和易感动物。这三个条件相互联系时,才能引起动物传染病的流行,若要终止流行,可以通过消灭传染源、切断传播途径和增强易感动物的抵抗力来达成。所以要做好传染病的综合防控就必须紧紧围绕这三个基本条件来开展工作。

**1. 传染源** 某种病原微生物在其中定居、生长繁殖,并能将病原微生物排出体外的动物机体,可能是正在患病或呈隐性感染的动物。能排出病原微生物的整个时期被称为传染期。

1)患病动物 患病动物是最重要的传染源,处于前驱期和明显期的患病动物能向外界排出大量的病原微生物,所以应对患病动物传染病的类别进行判断,将其进行隔离至最长潜伏期结束才能有效控制传染病的传播。

2)病原携带者 外表无症状但携带并排出病原微生物的动物。由于此种动物往往与普通动物无异,所以是更危险的传染源。根据其体内病原微生物的状态可分为以下几类。

(1)潜伏期病原携带者:因为大多数传染病在潜伏期并不会向外界排出病原微生物,所以此种感染动物不能作为传染源;少部分传染病(如猪瘟、犬瘟等)在潜伏期后期能排出病原微生物,传播疾病。以上这类动物称为潜伏期病原携带者。

(2)恢复期病原携带者:病愈后仍能向外排出病原微生物的动物。大多数的传染病处在恢复期时,动物体内病原微生物会随之消失,但少部分传染病(如布鲁氏菌病、猪瘟等)在动物病愈后仍能在其分泌物中检测出病菌,所以这类动物应隔离后反复进行检测直到无病菌排出才能恢复生产。

(3)健康病原携带者:动物本身没有患过某种传染病,但其体内存在病原微生物且能向外界排出病原微生物。一般认为此种动物是隐性感染或具有条件致病菌的原因,如沙门氏菌、水禽携带流感病毒等。

病原携带者与患病动物不同,可能存在间歇或长期带毒的可能,若此种动物价值不高,建议直接进行销毁处理;若想保留需反复长期检测直到多次结果为阴性,才能排除其病原携带者的状态。

**2. 传播途径** 病原微生物由传染源排出后,经一定的方式再次侵入其他易感动物所经过的路径称为传播途径。传播途径一般可分为水平传播和垂直传播两种。

1)水平传播 传染病在群体之间或个体之间以水平形式横向传播,一般可分为直接接触传播和间接接触传播两类。

(1)直接接触传播:在没有任何外界因素的参与下,病原微生物通过传染源与易感动物的机体相互碰触、交配、舔舐、撕咬、嗅触等方式直接接触而形成的传播方式,称为直接接触传播。直接接触的特点是必须要碰触才能发生感染,所以传染病是一个一个地发生,不会造成大面积的流行。以直接接触传播的传染病较少。

(2)间接接触传播:必须在外界因素的参与下,病原微生物通过传播媒介使易感动物发生传染病的方式,称为间接接触传播。间接接触传播一般有以下几种传播方式。

①经土壤传播:病原微生物随传染源的排泄物、分泌物或尸体一起落入土壤并长期存留其中,此类病原微生物一般抵抗能力较强,如猪丹毒、破伤风,或者是形成芽孢状态的炭疽、气肿疽等。

②经空气传播:病原微生物随传染源咳嗽、打喷嚏、呼叫或分泌物、排泄物和尸体等散播于空气

扫码看课件
1-3

视频:构成传染病流行的三个基本环节

中,依附于空气中的飞沫或尘埃进行传播。以这种传播方式进行传播的主要是呼吸道传染病,其他传染病因空气中水分少、紫外线照射等原因存活率不高,难以形成流行。

③经饲料、饮水或物体传播:这是传染病主要的传播方式,是通过传染源的分泌物、排泄物或尸体等污染了动物的饲料、水源、用具、厩舍、运输工具等,其他动物接触了这些污染物后很可能会感染并发生疾病。

④经生物媒介传播:通过非本种动物或人类进行的传播。

a. 节肢动物:如蚊、蝇、蛀等节肢动物等在传染源和健康动物之间以刺蜇吸血等机械性方式传播病原微生物。

b. 非本种动物:此种可分两类。一类是对本传染病具有易感性,在感染病原微生物后因运输、迁徙等原因引起传染病的传播;另一类是对本种传染病不具有易感性,但能携带病原微生物进行传播。

c. 人类:大多数动物传染病对人类不会造成疾病,但因动物是人类饲养的,人类活动接触了传染源可能会成为病原传播者。

2)垂直传播　一般是指两代之间传染病从亲代到子代的纵向传播,一般包括以下几种方式。

(1)经胎盘传播:病原微生物从感染的母体通过胎盘血液循环进入胎儿。

(2)经卵传播:经带有病原微生物的卵细胞受精发育成胚胎感染。

(3)经产道感染:病原微生物通过子宫口到达绒毛膜或胎盘进行传播。

(4)经初乳传播:病原微生物通过血液循环进入初乳,由胎儿吮吸后进行传播。

**3. 易感动物**　某些动物(群)对某种传染病缺乏免疫力或免疫力弱,容易受到感染,此种特性称为易感性,具有易感性的动物(群)称为易感动物(群)。动物易感性的高低虽然与病原微生物的种类、毒力和数量有关,但其主要由动物的遗传性和特异性免疫等因素决定。影响动物易感性的因素主要有以下几个方面。

(1)动物自身的内在因素:同种动物因个体差异对传染病的易感性差异比较大。首先其特异性免疫状态主要受遗传因素影响,另外动物的年龄、性别等因素也会影响其易感性。除了这些以外,动物的种类、品种等对传染病的易感性也有比较大的影响。

(2)外界因素:动物在生活过程中的一切外界因素均可能直接影响到动物的易感性。这些因素包括气候、温湿度、光线、卫生条件、通风、饲养管理、防疫措施等。

(3)特异性免疫状态:在传染病流行时,一般易感性较高的动物发病严重甚至死亡,易感性较低的动物症状缓和。通过免疫记忆或获得母源性抗体,耐过动物本身及后代均具有特异性免疫力。一般来说若动物群体有70%~80%的动物具有较高的免疫水平,就不会暴发大流行。所以让动物群体保持较高的免疫水平是防止传染病传播的主要措施。

**(二)流行的地区性**

**1. 外来性**　某种传染病在本地区或本范围内没有流行而从别地输入的现象。

**2. 地方性**　由于自然条件的限制,某种传染病只在一些地区中长期存在或流行,其他地区不发生或很少发生的现象。

**3. 疫源地**　传染源及其排出的病原微生物存在的地区。疫源地比传染源的概念更为广泛,除传染源以外,还包括了被传染源污染的房舍、运输工具、环境以及所有可疑感染动物等。所以在疫源地的防疫工作上,不仅要对传染源采用隔离、扑杀等方式进行处理,还要针对疫源地中被污染的环境、传播媒介以及可疑感染动物等采取一系列的综合措施。

疫源地的大小范围,需根据传染源的分布和病原微生物污染范围的具体情况来确定。它可能是个别的房舍、饲养场所,也可能是一个地区或村庄甚至更大的区域。通常将范围较小的疫源地或单个传染源构成的疫源地称为疫点。若干个疫源地相连成片或范围较大的疫源地称为疫区,疫区不仅包括某种传染病流行的地区,有时也包括患病动物感染前的活动区域。一般来说疫区和疫点没有严格的界限,所以在划分时应根据防疫工作的实际出发,做好防疫工作。

疫源地的存在具有一定的时间性,时间的长短由多方面因素决定。一般来说疫源地被消灭的认定需要满足以下三个条件:①最后一个传染源死亡或痊愈后不再带有病原微生物或离开疫源地。②传染源污染的疫源地经环境彻底消毒后,经过一个最长潜伏期,不再有新病例出现。③经过病原学检查疫源地中的动物群均为阴性。

**4. 自然疫源地** 有些传染病的病原微生物在自然情况下,即使没有人类或动物的参与,也可通过传播媒介感染动物造成流行,并长期在自然界循环延续后代,这些传染病称为自然疫源性疾病,存在自然疫源性疾病的地区,称为自然疫源地。自然疫源地具有明显的季节性和地区性,并受人类活动改变其生态环境的影响。

在日常动物传染病的防控工作中,一定要做好疫源地的防控管理,防止病原微生物外泄引起更大范围的流行。

**(三)动物传染病流行过程的表现形式**

动物传染病在流行过程中,根据在一定时间内发病动物数量及范围的大小,可分为以下几种表现形式。

**1. 散发性** 在一段较长的时间内,某个区域的动物群只出现零星的病例,各地区的病例在时间和空间上没有明显的关联性的流行过程称为散发性。形成散发的主要原因包括:①动物群体因接种疫苗、有耐过动物等原因而使免疫水平较高,只有少数免疫力较低的动物发病。②某病的隐性感染比例较大,只有少数动物表现出症状。③某种动物传染病传播需要特定的条件,不能造成流行。

**2. 地方流行性** 在一定时间内,发病动物较多,但仅限于某一个较小的范围的流行过程,称为地方流行性。

**3. 流行性** 在一定时间内动物发病数量超过了正常水平,波及的范围也较广的流行过程称为流行性。形成流行性的传染病发病数量没有严格的界定,只要具有传播速度快、患病动物多等特点就可称之为流行性,此时必须要做好疫情防控,防止动物传染病传播范围过大。当动物传染病在一定地区或群体内,一段时间突然出现很多病例时,可称为暴发。

**4. 大流行** 一种传播范围极广、动物发病数量极高的一种流行过程。大流行一般可波及整个或多个国家,因现在各国动物传染病的防控工作均受到重视,所以动物传染病很少会发展到大流行的过程。

以上几种表现形式并无严格的界限,主要与当地防疫水平有比较大的关系。

**(四)动物传染病流行的季节性和周期性**

**1. 季节性** 某些动物传染病常常发生于某一或某几个季节,或某季节该病的发病率明显高于其他季节,这种流行过程称为动物传染病的季节性。影响动物传染病季节性的因素主要有以下几个方面。

(1)季节对病原微生物的影响:病原微生物在外界环境中常常受到季节因素的影响,如夏季气温高、光线强,病原微生物难以存活,而春季温度合适、湿度也比较大,这些因素均适合病原微生物生长繁殖,所以一般动物传染病在春季流行性更广,夏季则受到抑制。

(2)季节对传播途径的影响:某些动物传染病需通过生物媒介的传播才能进行传播(如乙型脑炎、猪丹毒等),在夏、秋等季节,蚊虫活动较为频繁,所以利于这些动物传染病的传播。

(3)季节对动物抵抗力的影响:动物机体的抵抗力容易受到季节气温变化的影响而发生改变,如冬、春季气温较低,动物抵抗力会变得比较弱,此时容易受到病原微生物的侵袭。

**2. 周期性** 某些动物传染病在流行过一次以后间隔一段时间(常以数年计)会再次发生流行,这种现象称为周期性。之所以会出现周期性是因为动物传染病流行后易感动物会被淘汰,而耐过动物能产生特异性免疫力从而终止流行,经过一段时间耐过动物的免疫力会逐渐消失或有新的易感动物出生,此时动物群体对这种动物传染病具有易感性从而再次造成流行。

掌握动物传染病的季节性和周期性特点能帮助我们更好地做好疫情防控,从而避免动物传染病

*Note*

再次发生。

### （五）影响流行过程的因素

动物传染病的发生与流行主要受传染源、传播途径和易感动物三个基本环节的影响,这三个基本环节又受到诸多因素的影响,可归纳为以下几个方面。

**1. 自然因素**  包括气候、温湿度、光线、雨量、植物、地势、土壤等环境条件,这些自然因素对动物传染病的流行或多或少会产生影响,如山河湖泊能形成自然屏障,一般可以有效地阻碍动物传染病的传播;四季的变换可以改变空气的温湿度、光照等,这些都会影响病原微生物进行水平传播的速度。

**2. 社会因素**  人类可以改变的一些人为因素,如社会制度、经济发展水平、生产力、文化水平、法律法规等,这些因素既可能成为动物传染病传播的"促成者",也可能成为有效防止动物传染病扩散的"阻挡者",所以应重视社会因素在动物传染病流行中的重要作用。

**3. 饲养管理**  包括畜舍的设计、规划布局、通风设备、卫生条件、饲料、水源、管理制度、免疫水平等。养殖场中畜舍的设计规划合理,设施设备完善,卫生防疫制度严密,饲养管理制度健全,管理人员、技术人员素质高,均可阻止动物传染病的发生和流行。

提升动物免疫力主要是通过使用疫苗来实现的,这也是目前最方便、性价比最高的方式。动物养殖过程中要注重"养重于防,防重于治"的理念。

# 项目二　动物传染病的防治

## 项目导入

　　畜牧业作为农业发展中的重要组成内容,能否在新的时代背景中良性发展直接影响着我国农业的发展水平。其中动物传染病已经严重威胁到动物和人类的生存与发展,并逐渐成为全球瞩目的共性问题。将动物传染病的危害控制在最低程度是社会经济可持续性发展的一个重要保证,也是体现社会综合实力的重要指标。因此,我们必须进一步提高动物传染病的预防意识,加强预防措施的科学性和执行力度。

## 学习目标

▲知识目标

1. 了解防疫的基本原则和综合性防疫措施。
2. 掌握动物传染病的诊断方法。
3. 了解动物检测的分类及检疫内容。
4. 熟悉隔离和封锁的方法。
5. 掌握消毒、杀虫、灭鼠的方法。
6. 掌握预防接种、紧急接种和药物预防的方法。

▲技能目标

1. 掌握动物传染病流行病学调查及报告撰写。
2. 能够制订动物传染病免疫程序。
3. 熟悉动物生物制品的使用。
4. 掌握动物尸体剖检、病料采集、包装及送检的方法。

▲思政与素质目标

1. 培养学生具有深厚的爱国情感和民族自豪感,具有安全意识、质量意识、环保意识,具有较强的集体意识和团队合作精神。
2. 培养学生爱国主义、社会责任感、创新思维、生物安全意识及人文素养等,引导学生树立正确的人生观、世界观和价值观。

扫码看课件
2-1

## 任务一　动物传染病的防治原则和内容

### 一、现代防疫工作的理念

　　**1. 群防群治的理念**　在动物传染病的综合防治过程中应确立群体保健、防疫、诊断及治疗,而不是个体防治的观点,所采取的措施要从群体出发,要有益于群体,但这并不否认对动物个体的情况

*Note*

予以重视,因为在动物群体中,个体的价值虽然低,但可以从个体防治中得到启发。因此,应根据本场实际,制订免疫程序,对一些重要的细菌性动物传染病,应在动物传染病发生之前给予药物预防。

**2. 长远规划的理念** 集约化养殖场兽医防疫工作是一项长期的任务,必须有一个长远的计划,有计划地分期完成各项防疫措施,使疫病防疫体系不断完善。

**3. 多病因论的理念** 动物传染病的发生往往涉及多种因素,通常是多种因素相互作用的结果。因此,诊断动物传染病,不仅应查明致病的病原,还应考虑外界环境、管理条件、应激因素、营养状况、免疫状态等因素,用环境、生态及流行病学的观点进行分析研究,从设施、制度、管理等方面,采取综合措施,才能有效地控制动物传染病的发生。

**4. 多学科协作的理念** 兽医、畜牧、生态、机械设备等学科应密切配合,在场址选择、场舍建筑、种群引进、种源净化等方面,均应考虑防疫问题。

### 二、动物传染病综合防治的原则

**1. 健全机构的原则** 县以上畜牧兽医主管部门是兽医行政机构,县级人民政府和乡级人民政府应当采取有效措施,加强村级防疫员队伍建设,还可根据动物防疫工作需要,向乡、镇或者特定区域派驻兽医人员,共同担负动物传染病的预防与扑灭工作。兽医防疫工作是一项系统的工程,它与农业、商业、外贸、卫生、交通等部门都有密切的关系,只有依靠政府的统一领导、协调,从全局出发,大力合作,统一部署,全面安排,才能有效及时地把兽医防疫工作做好。

视频:防疫工作的基本原则和内容

**2. 预防为主的原则** 动物生产过程中,搞好综合性的防疫措施是极其重要的。随着集约化畜牧业的发展,"预防为主"方针的重要性应更加突出,否则兽医防疫工作将会陷入完全被动的局面,畜牧生产也会走向危险的境地。

**3. 法规建设的原则** 我国于1991年实施了《中华人民共和国进出境动植物检疫法》,1998年1月开始实施《中华人民共和国动物防疫法》。《中华人民共和国动物防疫法》是为了加强对动物防疫活动的管理,预防、控制、净化、消灭动物疫病,促进养殖业发展,防控人畜共患传染病,保障公共卫生安全和人体健康制定的法规。现行法规于2021年1月22日,由中华人民共和国第十三届全国人民代表大会常务委员会第二十五次会议修订通过,自2021年5月1日起施行。这些兽医法规对我国动物防疫和检疫工作的方针和基本原则做了明确而具体的叙述,它们是兽医工作者开展防疫、检疫工作的法律依据。

**4. 调查监测的原则** 由于不同动物传染病在时间、地区及动物群中的分布特征、危害程度和影响流行的因素有一定的差异,因此制订适合本地区或养殖场的动物传染病防治计划或措施,必须在对该地区展开流行病学调查和研究的基础上进行。

**5. 突出重点的原则** 动物传染病的控制或消灭需要针对流行过程的三个基本环节采取综合性防治措施。但在实施和执行综合性措施时,必须考虑不同传染病的特点及不同时期、不同地点和动物群的具体情况,突出主要因素和主导措施,即使为同一种动物传染病,在不同情况下也可能有不同的主导措施,在具体条件下究竟应采取哪些主导措施要根据具体情况而定。

### 三、动物传染病防治的相关概念

**1. 动物传染病的预防** 采取各种措施将动物传染病排除于一个未受感染的动物群之外。通常采取的措施有隔离、检疫等,这些措施能防止传染源进入一个目前尚未发生该病的地区;其他措施如免疫接种、药物预防和环境的消毒等,可使易感动物不受已存在于该地区的动物传染病的传染。

**2. 动物传染病的控制** 采取各种措施,减少或消除动物传染病的病原微生物,降低已出现于动物群中动物传染病的发病率,并将该种传染病限制在局部范围内加以就地扑灭的防疫措施。它包括患病动物的隔离、消毒、治疗、紧急免疫接种或封锁疫区、扑杀传染源等方法,以防止该种传染病在易感动物群中蔓延。

**3. 动物传染病的消灭** 在一定的空间范围内消灭某些动物传染病的病原微生物。动物传染病的消灭空间范围分为地区性、全国性和全球性三种类型,要从全球范围内消灭一种动物传染病是很不容易的,但在一定地区范围内,只要认真执行兽医综合性防疫措施,通过严格立法执行、对传染源进行选择屠宰、检疫隔离并宰杀淘汰患病动物、加强群体免疫接种、严格消毒、控制传播媒介等措施,经过长期不懈的努力,消灭某种动物传染病是完全能够实现的,这一方法已被许多国家的防疫实践证实可行。

**4. 动物传染病的净化** 采取检疫、消毒、扑杀或淘汰等技术措施,使某一地区或养殖场内的某种或某些动物传染病在限定时间内逐渐被清除的状态。传染病净化是目前国际上许多国家应对某些法定动物传染病的通用方法。

### 四、动物传染病防治内容

动物传染病的流行是由传染源、传播途径和易感动物三个相互联系的环节而形成的一个复杂过程。因此,采取适当的措施来消除或切断三个环节的相互联系,就可以使动物传染病的流行终止。在采取具体防疫措施时,必须从"养、防、检、治"四个方面采取综合性的防疫措施,方可控制动物传染病的发生和蔓延,具体包括以下内容。

**1. 认真选址,合理规划与布局** 养殖场场址应建在地势高,地面干燥,排水方便,水源充足,水质良好,交通和供电方便,离公路、河道、村镇、工厂 500 m 以外的上风处,尤其是应远离其他养殖场、屠宰场、畜产品加工厂。四周应有天然屏障或开挖防疫沟,种植防疫林带等。

**2. 设置完善的消毒设施,建立严格的兽医卫生消毒制度** 养殖场大门和生产区大门入口处,要设置宽同大门、长为机动车轮一周半的消毒池,并建立人员过往消毒通道。所有人员、车辆不经消毒严禁入门,非生产人员不得擅自进入生产区,工作服与胶鞋禁止穿出场外并在指定地点存放,工作服每周要清洗消毒一次。

清舍消毒,实行全进全出制。在每批动物出栏后,栏舍内墙壁、地面及房顶灰尘要彻底清扫冲洗干净,然后用 2% 氢氧化钠溶液、0.5% 过氧乙酸溶液或 0.03% 百毒杀等药液进行刷洗或泼洒消毒,并空舍 1 周后方可引进动物。

场区的消毒要求每半个月用 2%～3% 的氢氧化钠溶液喷洒消毒一次,不留死角,每栋舍内走道每 5～7 天用 3% 氢氧化钠溶液喷洒消毒一次,必要时可增加消毒次数或用 1：300 的农福带动物消毒。

养殖场一旦发现患病动物,要及时隔离治疗,对于病死动物的处理,要在指定的隔离地点烧毁或深埋,绝不允许在场内随意处理或解剖。对患病动物接触过的地方,应清除粪便和垃圾,然后清除表土,再用 2%～4% 的氢氧化钠溶液进行消毒。

养殖场产生的大量粪便可用发酵池法和堆积法消毒;对于污水可用 25% 漂白粉溶液消毒,用量为 6 g/m³,如水质较差可增加至 18 g/m³。

场区内禁养犬、猫等宠物,并禁止其他动物进入,要定期灭鼠、灭蚊蝇,饲养人员要认真遵守饲养管理制度,细致观察饲料有无霉变、动物的采食状况和排粪状况等,发现病情及时报告。

**3. 搞好预防接种和药物预防** 预防接种是动物传染病综合防治的重要技术环节,特别是对于病毒性动物传染病尤为重要,规模化养殖场预防接种应做到有计划地进行,制订出适合本地区或本养殖场的合理免疫程序。制订免疫程序的依据主要如下:①养殖场的发病史,依此确定疫苗免疫的种类和免疫时机;②养殖场原有免疫程序和免疫使用的疫苗种类,是否能有效地防治动物传染病,若不能则要改变免疫程序或疫苗;③搞好母源抗体监测,确立首免日龄,避免母源抗体的干扰;④免疫途径,不同疫苗或同一疫苗使用免疫途径的不同,可以获得截然不同的免疫效果;⑤季节与疫病发生的关系,对于一些受季节影响比较大的动物传染病应随着季节变化确定免疫程序;⑥了解疫情,若有疫情存在,必要时应进行紧急预防接种,对于重大疫情,本场还没有的,也应考虑免疫接种,以防万一;对于烈性传染病,应考虑灭活苗和弱毒疫苗兼用,同时了解灭活苗和弱毒疫苗的优缺点及其相互关系,合理搭配使用;⑦选用的疫苗应是正式厂家生产的疫苗,对于两次以上免疫疫苗,所用的疫苗要尽量不一样,以增加疫苗免疫的覆盖性。

药物预防是动物群保健的一项重要技术措施,通过在饲料或饮水中加入适量保健添加剂,不仅可以起到预防传染病的目的,而且可以提高饲料的利用率,促进动物生长,这也是遵循群防群治原则的重要措施。

**4. 建立疫情监测制度** 建立疫情监测制度,是及时发现、预防控制动物传染病的重要技术手段。兽医人员应每天定时深入栏舍巡视,检查内外的卫生状况,观察动物的精神状态,运动、采食、饮水等是否正常,再结合饲养员的饲养记录,及时将有异常的动物剔出,隔离观察,进行诊断和处理。对死亡的动物应及时解剖和化验,并做好记录分析,以了解疫情动态,对于某些重大动物传染病(如鸡新城疫、猪瘟等)应用血清学方法进行定期疫情监测,以便检出患病动物,掌握疫情动态。从场外引进的动物,要严格进行检疫,隔离观察 20~30 天,确认无病后方可合群饲养。

扫码看课件
2-2

# 任务二 动物传染病的诊断

动物传染病的诊断就是依靠兽医工作者的感官或利用其他方法对患病动物进行检查,从而做出诊断的过程。及时准确有效的诊断是扑灭动物传染病工作成功的关键。诊断动物传染病的常用方法有临床诊断、流行病学诊断、病理学诊断、病原学诊断和免疫学诊断等。实际工作过程中,需根据某种动物传染病的特点采用几种方法进行综合诊断,有时仅需要采用其中一两种方法便可做出准确诊断。现将常用的诊断方法简介如下。

## 一、临床诊断

临床诊断是最基本、最简便易行的方法,也是动物传染病诊断的起点和基础。它是利用人的感官或借助一些最简单的器械(如温度计、听诊器等)直接对患病动物进行检查,有时也需要结合血、尿、粪的常规检查方可做出诊断,对某些具有典型症状的病例,通过临床诊断一般可以确诊,如破伤风、猪气喘病等。但应当指出这种方法有一定的局限性和片面性,如对发病初期特征性症状尚不明显的病例和非典型病例,通过临床诊断难以确诊,只能提出可疑动物传染病的大致范围,必须结合其他方法才能确诊。在进行临床诊断时,应注意对整个发病动物群所表现的综合症状加以分析判断,不要单凭个别或少数病例的症状轻易下结论,以防误诊。

## 二、流行病学诊断

流行病学诊断经常是与临床诊断联系在一起的。流行病学诊断是在流行病学调查(即疫情调查)的基础上进行的,疫情调查可在临床诊断过程中进行,如以座谈式向畜主询问疫情,并对现场进行仔细检查,取得第一手资料,然后对材料进行分析,做出诊断。由于动物传染病不同,流行病学诊断的重点也不一样。一般应调查本次流行的情况、疫情来源以及传播途径和方式等问题。

## 三、病理学诊断

大多数的动物传染病有不同程度的特殊病理学变化,对于诊断动物传染病具有重要价值,如鸡新城疫、猪瘟、禽霍乱、猪气喘病等。但有些病例,如最急性和非典型病例,其病理变化不太典型,尤其是非典型病例,需多剖检一些病例进行综合分析方可发现某种典型病理变化,如非典型鸡新城疫。病理学诊断是经典的诊断方法之一,主要是通过显微镜观察病料组织切片中的特征性显微病变和特殊结构,借以诊断或区别不同的传染病。目前病理学诊断对于某些动物传染病仍是最主要和可靠的诊断方法,例如狂犬病和牛海绵状脑病。

## 四、病原学诊断

这是诊断动物传染病重要的方法之一,是确诊动物传染病的重要依据。常用病原学诊断方法如下。

**1. 病料涂片镜检** 通常选取有显著病变的不同组织器官和不同部位涂抹数片,进行染色镜检。此法对于一些具有特征性形态的病原微生物(如炭疽杆菌、巴氏杆菌等)可以迅速做出诊断,但对大多数动物传染病来说,只能提供进一步检查的依据或参考。

**2. 分离培养和鉴定** 用人工培养方法将病原微生物从病料中分离出来。细菌、真菌、螺旋体等可选择适当的人工培养基,病毒可先用动物或组织培养等方法分离培养,分得病原微生物后,再采用形态学、培养特性、动物接种及免疫学试验等方法做出鉴定。

**3. 动物接种试验** 通常选择对该种动物传染病病原微生物最敏感的动物进行人工感染试验。将病料用适当的方法进行人工接种,然后根据对不同动物的致病力、症状和病理变化特点来帮助诊断。当实验动物死亡或经一定时间杀死后,观察体内变化,并采取病料进行涂片检查和分离鉴定。

一般应用的实验小动物有家兔、小鼠、豚鼠、仓鼠、家禽、鸽子等,在实验小动物对该病原微生物无易感性时,可以采用有易感性的大动物进行试验,但费用高,而且需要严格的隔离条件和消毒措施,因此只有在非常必要和条件许可时才能进行。

从病料中分离出病原微生物,虽是确诊的重要依据,但也应注意动物的"健康带菌"现象,其结果还需与临床及流行病学、病理变化结合起来进行分析。有时即使没有发现病原微生物,也不能完全否定该种动物传染病的诊断。

**4. 免疫组化技术** 用标记的特异性抗体(抗原)对组织细胞内抗原(抗体)分布进行检测的方法。根据标记物的不同分为免疫荧光组化技术、免疫酶组化技术、免疫电镜技术等。不同的免疫组化技术各自具有独特的试剂和方法,包括抗体制备、组织材料处理、免疫染色、对照试验及显微观察等。在涉及病毒、细菌和原生生物等抗原的检测或鉴定中,该技术具有以下几方面的优点:样品运送方便;能够安全地控制对人员具有潜在致病作用的病原微生物,使样品的保存和回顾性研究成为可能;诊断快速;能够对无活性的病原微生物进行检测。

随着单克隆抗体技术的发展,免疫组化技术在动物传染病诊断方面的应用将越来越广泛。同时,分子生物学诊断技术在动物传染病诊断方面的应用也越来越广泛,如多聚酶链式反应、限制性酶切片段长度多态性分析、核酸探针技术等。

### 五、免疫学诊断

免疫学诊断是通过免疫学方法诊断动物传染病常用的重要方法之一,包括血清学试验和变态反应两类。

**1. 血清学试验** 利用抗原与抗体特异性结合的免疫学反应进行诊断。可以用已知抗原来测定被检动物血清中的特异性抗体,也可以用已知的抗体(免疫血清)来测定被检材料中的抗原。血清学试验有中和试验(毒素抗毒素中和试验、病毒中和试验等)、凝集试验(直接凝集试验、间接凝集试验、间接血凝试验)、沉淀试验(环状沉淀试验、琼脂扩散沉淀试验)、溶细胞试验(溶菌试验、溶血试验)、补体结合试验以及免疫荧光试验、免疫酶技术、放射免疫测定、单克隆抗体和核酸探针等。

**2. 变态反应** 变态反应是诊断某些动物传染病的重要免疫学方法之一。动物患某些传染病(主要是慢性动物传染病)时,可对该病病原微生物或其产物的再次进入产生强烈的反应。该种方法可用于结核病、布鲁氏杆菌病等多种动物传染病的诊断。

# 任务三 动物传染病的报告

### 一、国内疫情报告系统

#### (一) 疫情报告的责任人

从事动物疫情监测、检验检疫、疫病研究与诊疗以及动物饲养、屠宰、经营、隔离、运输等活动的单位和个人,发现动物染疫或者疑似染疫时都有义务向当地兽医主管部门、动物卫生监督机构或者动物传染病预防控制机构报告。任何单位和个人不得瞒报、谎报、迟报、漏报动物疫情,不得授意他人瞒报、谎报、迟报动物疫情,不得阻碍他人报告动物疫情。

*Note*

### （二）疫情报告政策法规

《中华人民共和国动物防疫法》《重大动物疫情应急条例》和《动物疫情报告管理办法》都对疫情的报告进行了规定。按照《中华人民共和国动物防疫法》中的规定,任何从事动物疫情监测、检验检疫、疫病研究与诊疗以及动物饲养、屠宰、经营、隔离、运输等活动的单位和个人,发现动物染疫或者疑似染疫的,应当立即向当地兽医主管部门、动物卫生监督机构或者动物传染病预防控制机构报告,并采取隔离等控制措施,防止动物疫情扩散。其他单位和个人发现动物染疫或者疑似染疫的,应当及时报告。接到动物疫情报告的单位,应当及时采取必要的控制处理措施,并按照国家规定的程序上报。当动物突然死亡或怀疑发生传染病时,除立即报告动物防疫监督机构外,在兽医人员未到现场或未做出诊断前,应将患病动物进行隔离并派专人管理,对患病动物污染的环境和用具进行严格消毒,患病动物的尸体应保留完整,未经兽医检查同意不得擅自急宰和剖检,以便为传染病的准确、快速诊断提供材料,并防止病原微生物的扩散。动物疫情由县级以上人民政府兽医主管部门认定;其中重大动物疫情由省、自治区、直辖市人民政府兽医主管部门认定,必要时报国务院兽医主管部门认定。国务院兽医主管部门应当及时向国务院有关部门和军队有关部门以及省、自治区、直辖市人民政府兽医主管部门通报重大动物疫情的发生和处理情况;发生人畜共患传染病的,县级以上人民政府兽医主管部门与同级卫生主管部门应当及时相互通报。国务院兽医主管部门负责向社会及时公布全国动物疫情,也可以根据需要授权省、自治区、直辖市人民政府兽医主管部门公布本行政区域内的动物疫情。其他单位和个人不得发布动物疫情。

### （三）疫情报告程序

（1）养殖场/户和村级防疫员等任何个人和单位发现疫情后应及时上报乡级兽医检测诊断机构。

（2）乡级兽医检测诊断机构接到报告后,应及时上报县级兽医机关,同时派2名以上疫病诊断技术人员到现场开展调查,进行初步诊断。

（3）县级兽医机关接到报告后,应及时组织派出2名以上兽医技术人员指导、协助开展调查,开展疫病诊断工作。

（4）动物防疫机关接到报告后,及时组织派出2名以上兽医技术人员,进行现场诊断,并采取样品,进行实验室检测,综合判定疫病种类。怀疑为重大动物传染病时立即送检国家级指定参考实验室进行最后确诊。

### （四）疫情报告的内容

动物疫情的报告内容包括疫点的信息、疫病的信息、采取的措施等内容。

**1. 疫点的信息**　包括养殖场名称、饲养动物种类、饲养规模、饲养方式、地址、联系人、联系电话。

**2. 疫病的信息**　包括发病动物种类、临诊症状、死亡情况、免疫情况、是否有人员感染。

## 二、国际疫情报告系统

为了限制重大动物传染病的扩散,在世界范围内更好地控制动物传染病,国际兽疫局对其成员国规定了动物疫情国际通报的权利和义务,其程序和内容简述如下。

（1）当某成员国或某地区出现国际兽疫局规定的 A 类疾病或其他国家出现具有重要流行病学意义的非 A 类疾病时,应在 24 h 内通过电传、电报、传真或电子邮件通报中央局(即国际兽疫局常设秘书处)。

（2）初次通报后,在疫情稳定或传染病根除之前应按上述方法每周上报一次疫情控制的进展情况。

（3）疫情扑灭后或未发生重大疫情的国家或地区,应对 A 类疾病和具有重要流行病学意义的非 A 类传染病,按月上报其控制和存在状况。

（4）所有 A 类、B 类及其他具有重要社会经济意义的传染病每年应上报一次。

在传染病发生时,各国兽医行政管理部门除上报上述内容外,还应通报为防止传染病传播所采取的措施,包括检疫措施、疫区内动物及其产品和其他物品等流通的限制措施、传播媒介的控制措施等。

# 任务四　动物传染病的预防措施

扫码看课件 2-3

动物传染病的流行是由传染源、传播途径和易感动物三个因素相互联系而造成的复杂过程。因此,采取适当的防疫措施来消除或切断造成流行的三个因素的相互联系作用,就可以使传染病不能继续传播。针对传染源主要是消除传染源,包括:对病原微生物污染的物体进行消毒;对患畜、可疑患畜及病原携带者采取扑杀、深埋或焚烧处理;对以慢性病原携带者为主的传染源,如结核病牛和布鲁氏菌病牛,主要采取定期检疫措施,阳性牛酌情进行扑杀或送隔离区处理。对传播途径的主要防疫措施是消毒、检疫、隔离和培育 SPF 动物。对易感畜群的主要防疫措施是增强易感畜群的免疫水平,即通过免疫接种增强畜群对传染病的抵抗力,其次是抗病育种和在饲料中添加抗生素药物,但是只进行一项单独的防疫措施是不够的,必须采取包括"养、防、检、治"四个基本环节的综合性防疫措施。综合性防疫措施可分为平时的预防措施和发生疫病时的扑灭措施两方面的内容。

视频:传染病的治疗与预防

## 一、平时的预防措施

(1)加强饲养管理,搞好卫生消毒工作,增强家畜机体的抗病能力。贯彻自繁自养的原则,减少传染病的传播。

(2)拟订和执行定期预防接种和补种计划。

(3)定期杀虫、灭鼠,进行粪便无害化处理。

视频:消毒、杀虫及灭鼠

(4)认真贯彻执行国境检疫、交通检疫、市场检疫和屠宰检验等各项工作,以及时发现并消灭传染源。

(5)各地(省区市)兽医机构应调查研究当地疫情分布,组织相邻地区对家畜传染病的联防协作,有计划地进行消灭和控制,并防止外来传染病的侵入。

## 二、发生疫病时的扑灭措施

(1)及时发现、诊断和上报疫情并通知邻近单位做好预防工作。

(2)迅速隔离病畜,污染的区域进行紧急消毒。若发生危害性大的传染病如口蹄疫、炭疽等应采取封锁等综合性措施。

(3)用疫苗实行紧急接种,对病畜进行及时和合理的治疗。

(4)对死畜和淘汰病畜进行合理处理。

从流行病学的意义上来看,所谓的传染病预防就是采取各种措施将传染病排除于一个未受感染的畜群之外。通常包括采取隔离、检疫等措施不让传染源进入目前尚未发生该病的地区;采取集体免疫、集体药物预防以及改善饲养管理和加强环境保护等措施,保障一定的畜群不受已存在于该地区的传染病传染。传染病的防治就是采取各种措施,减少或消除传染病的病原微生物,以降低已出现于畜群中传染病的发病数和死亡数,并把传染病限制在局部范围内。传染病的消灭则意味着一定种类病原微生物的消灭,要在全球范围消灭一种传染病是很不容易的,至今取得成功的还很少。但在一定的地区范围内消灭某些传染病,只要认真采用一系列综合性兽医措施,如查明病畜、选择屠宰、畜群淘汰、隔离检疫、畜群集体免疫、集体治疗、环境消毒、控制传播媒介、控制带菌者等,经过长期不懈的努力是完全能够实现的。

## 三、其他预防措施

随着现代畜牧业向工业化生产的发展,要求做到动物群无病、无虫、健康,而密集式的饲养制度又易使动物群发生和流行传染病,因而保健添加剂在近些年发展很快。生产中常加入维生素、矿物质等,如维生素 A、B 族维生素、氧化锌、氯化钙等增强动物机体健康。

利用生态制剂进行生态预防是预防疾病的一条新途径。所谓生态制剂,即选择对病原菌具有生物拮抗作用的非致病性细菌,对其进行严格的选择和鉴定后而制成的活菌制剂。动物内服后,可抑制病原菌或条件致病菌在肠道的增殖和生存,调整肠道内菌群的平衡,从而预防消化道传染病的发生。应当注意,在内服生态制剂时,禁服抗菌药物。

中草药饲料添加剂由于具有药残低,副作用少和不易产生耐药性等优点也越来越受重视。

视频:滥用抗生素产生的不良后果

扫码看课件 2-4

# 任务五　动物传染病的控制与扑灭措施

动物传染病的控制与扑灭是动物传染病综合防治的重要内容。从技术和经济学角度考虑,在传染病流行的不同时期应采取不同的措施,如在急性、烈性动物传染病流行的早期,疾病在动物群中还没有出现广泛的传播和扩散,此时应以临床检查、淘汰或扑杀感染或发病动物为主,同时进行污染场地的严格消毒处理和周围动物群的紧急免疫接种;慢性传染病的处理则应以检疫、淘汰感染动物为主。不同动物传染病的消灭及控制技术不同,对口蹄疫、高致病性禽流感、非洲猪瘟等危害性大的传染病,应采取以封锁疫区、检疫、隔离、扑杀和销毁为主的消灭措施;对鸡白痢、禽白血病、结核病、布鲁氏杆菌病、牛白血病、副结核病等传染病应采取以严格检疫、及早淘汰为主的消灭或净化措施,也可通过建立健康动物群等方法加以净化;对于大肠杆菌病和链球菌病等应采取以加强环境控制,结合敏感药物治疗为主的综合性控制措施;而对于病原微生物血清型单一、疫苗免疫效果良好的动物传染病,如鸡产蛋下降综合征和禽痘等,则应采取以疫苗接种为主的防治措施。

视频:传染病诊断、扑灭与净化

## 一、隔离

隔离是指将患病动物和疑似感染动物控制在一个有利于防疫和生产管理的环境中进行单独饲养和防疫处理的一种措施。它是控制和扑灭动物传染病的重要措施之一,一般适用于二、三类动物疫病的控制和扑灭,也是发生一类动物疫病实行强制性封锁前采取的措施。其目的是控制传染源,防止动物继续受到传染,控制动物传染病蔓延,以便将疫情控制在最小范围内加以就地扑灭。根据诊断检疫结果,可将全部受检动物分为患病动物群、可疑感染动物群和假定健康动物群三类,以便分别对待。

**1. 患病动物群**　有典型症状或类似症状,或由其他诊断方法检查为阳性的动物。对检出的患病动物应立即送往隔离栏舍或偏僻区域进行隔离。如患病动物数量较多时,可隔离于原动物舍内,而将少数疑似感染动物移出观察。对有治疗价值的,要及时治疗;对危害严重、缺乏有效治疗办法或无治疗价值的,应扑杀后深埋或销毁。对患病动物要设专人护理,禁止闲散人员出入隔离场所。饲养管理用具要专用,并经常消毒,粪便发酵处理,对人畜共患病还要做好个人防护。

视频:传染病病原与动物机体斗争过程

**2. 可疑感染动物群**　在发生某种动物传染病时,与患病动物同群或同舍,并共同使用饲养管理用具、水源等的动物。这些动物有可能处在潜伏期或有排菌(毒)危害,故应经消毒后转移隔离(应与患病动物分别隔离),限制活动范围,仔细观察。有条件时可进行紧急预防接种或药物预防。根据该种动物传染病潜伏期的长短,经一定时间观察不再发病后,要在给动物消毒后解除隔离。

**3. 假定健康动物群**　与患病动物有过接触或患病动物邻近畜舍的动物,临床上没有任何症状、假定健康的动物。对假定健康动物应及时进行紧急预防接种,加强饲养管理和消毒等,以保护动物群的安全。

## 二、封锁

封锁是指当某地或养殖场暴发法定一类动物疫病和外来传染病时,为了防止传染病扩散以及安全区健康动物的误入而对疫区或其动物群采取划区隔离、扑杀、销毁、消毒和紧急免疫接种等强制性措施。

根据《中华人民共和国动物防疫法》的规定,当确诊为一类动物疫病时,当地县级以上地方人民政府兽医主管部门应当立即派人到现场,划定疫点、疫区、受威胁区,调查疫源,及时报请本级人民政府对疫区实行封锁。疫区范围涉及两个以上行政区域的,由有关行政区域共同的上一级人民政府对疫区实行封锁,或者分别由有关行政区域的上一级人民政府共同对疫区实行封锁。必要时,上级人民政府可以责成下级人民政府对疫区实行封锁。封锁的目的是保护广大地区畜群的安全和人民健康,把动物传染病控制在封锁区之内,发动群众力量就地扑灭。封锁行动应通报邻近地区政府以采取有效措施,同时逐级上报国家畜牧兽医行政机关或国际兽疫局,并由其统一管理和发布国家动物疫情信息。

封锁区的划分,必须根据该动物传染病的流行规律、当时的流行情况和当地的条件,按"早、快、严、小"的原则进行。"早"是早封锁,"快"是行动果断迅速,"严"是严密封锁,"小"是把疫区尽量控制在最小范围内。封锁是针对传染源、传播途径、易感动物群三个环节采取的措施。

**(一)封锁的疫点应采取的措施**

(1)当某地暴发法定 A 类或一类动物疫病、外来传染病以及人畜共患病时,其疫点内的所有动物,无论其是否实施过免疫接种,在兽医行政部门的授权下,应宰杀感染特定传染病的动物及同群可能感染的动物,并在必要时宰杀直接接触动物或可能传播病原微生物的间接接触动物,尸体一律焚烧或深埋处理。扑杀政策是动物传染病控制上采取的一项最严厉的强制性措施,也是兽医学中特有的传染病控制方法。

(2)严禁人、动物、车辆出入和动物产品及可能污染的物品运出。在特殊情况下人员必须出入时,需经有关兽医人员许可,经严格消毒后出入。

(3)对病死动物及其同群动物,县级以上畜牧兽医主管部门有权采取扑灭、销毁或无害化处理等措施,畜主不得拒绝。

(4)疫点出入口必须有消毒设施,疫点内用具、圈舍、场地必须进行严格消毒,疫点内的动物粪便、垫草、受污染的草料必须在兽医人员监督指导下进行无害化处理。

**(二)封锁的疫区应采取的措施**

(1)交通要道必须建立临时性检疫消毒卡,备有专人和消毒设备,监视动物及其产品移动,对出入人员、车辆进行消毒。

(2)停止集市贸易和疫区内动物及其产品的采购。

(3)未污染的动物产品必须运出疫区时,需经县级以上畜牧兽医主管部门批准,在兽医防疫人员监督指导下,经外包装消毒后运出。

(4)非疫区的易感动物,必须进行检疫或预防注射。农村城镇饲养及牧区动物与放牧水禽必须在指定区域放牧,役畜限制在疫区内使役。

(5)解除封锁:疫区内(包括疫点)最后一头患病动物扑杀或痊愈后,经过该病一个潜伏期以上的检测、观察,未再出现患病动物时,经彻底清扫消毒,由县级以上畜牧兽医主管部门检查合格,经原发布封锁令的政府发布解除封锁令,并通报毗邻地区和有关部门后方可解除封锁。疫区解除封锁后,病愈动物需根据其带毒时间,控制在原疫区范围内活动,不能将它们调到安全区去。

### 三、受威胁区及其应采取的措施

疫区周围地区为受威胁区,其范围应根据传染病的性质,疫区周围的山川、河流、草场、交通等具体情况而定。受威胁区应采取如下主要措施。

(1)对受威胁区内的易感动物应及时进行预防接种,以建立免疫带。

(2)管好本区易感动物,禁止其出入疫区,并避免饮用疫区流过来的水。

(3)禁止从封锁区购买牲畜、草料和畜产品,如从解除封锁后不久的地区买进牲畜或其产品,应注意隔离观察,必要时对畜产品进行无害化处理。

(4)对设于本区的屠宰场、加工厂、畜产品仓库进行兽医卫生监督,拒绝接受来自疫区的活畜及其产品。

# 动物传染病流行病学调查及报告撰写

## 一、目的意义

流行病学调查与分析是人们研究动物传染病流行规律的主要方法,其目的在于揭示动物传染病在动物群中发生的特征,阐明其流行的原因和规律,以做出正确的流行病学判断,从而迅速采取有效的措施,控制动物传染病的流行。

流行病学的调查与分析是认识动物传染病流行规律的两个相互联系的阶段。调查是查明动物传染病在动物群中发生的地点、时间,畜群分布,流行条件等,这是认识动物传染病的感性阶段;分析是将调查资料归纳整理,进行全面的综合分析,查明流行的原因和条件,找出流行的规律。调查是分析的基础,分析是调查的深入。一切防疫措施都是以调查分析的结果为依据的,调查越充分,措施就越合理,效果亦越显著。

## 二、调查种类

流行病学调查的种类,根据调查对象和目的的不同,一般可以分为个例调查、暴发调查、观察调查(也称流行情况调查或现况调查)、回顾性调查和前瞻性调查,其中个例调查与现况调查是发生疫情时较基本和常用的调查。

## 三、调查方法

动物传染病流行病学调查的主要方法包括以下几种。

**1. 询问调查** 这是流行病学调查的一种最简单而又基本的方法。必要时可组织座谈,调查对象主要是畜主、兽医工作者、当地有关人员等。调查结果按统一的规定和要求记录在调查表上。询问时要耐心细致,态度亲切,边提问边分析,但不要按主观意图做暗示性提问,力求使调查的结果客观真实。

**2. 现场察看** 就是对病畜周围进行调查。调查者应仔细察看疫区的兽医卫生、地理地形和气候条件等特点,以便进一步了解流行发生的经过和关键问题所在。在进行现场察看时,可以根据传染病种类不同有侧重点地调查。如发生肠道动物传染病时,应特别注意饲料的来源和质量、水源和卫生条件、粪便和尸体的处理情况;发生由节肢动物传播的动物传染病时,应注意调查当地节肢动物种类、分布、生态习性和感染等情况。

**3. 实验室检查** 为了准确诊断、发现隐性传染源、证实传播途径、摸清动物群免疫状态和有关病因等,通常需要对可疑患病动物应用微生物学、血清学、变态反应、尸体剖检等诊断方法进行检查;对有污染嫌疑的各种因素(如水、饲料、土壤、动物产品、节肢动物或野生动物等)进行微生物学和理化检查,以确定可能的传播媒介或传染源;有条件的地区,尚可对疫区动物群进行免疫水平测定。

**4. 统计学方法** 在调查中涉及许多有关疫情数据的资料,需要找出其特点,进行分析比较,因此要应用统计学方法。在流行病学分析中常用的指标有下列几种。

发病率:表示在一定时期内动物群中某病的新病例发生的频率。它能较完整地反映动物传染病的流行情况,但不能说明整个流行过程,因为常有许多动物是隐性感染,而同时又是传染源,因此还要计算感染率。

$$发病率=(一定时期内某病新病例数/同时期内该动物群动物的平均数)×100\%$$

感染率:用临诊诊断法和各种检验法(微生物学、血清学、变态反应等)检查出来的所有感染动物数(包括隐性患者),占被检查动物总数的百分比。它能较深入地反映流行过程的情况,特别是在发生某些慢性或亚临诊型动物传染病时,进行感染率的统计分析,更具有重要的实践意义。

感染率＝(感染某动物传染病的动物数/检查总数)×100%

患病率(流行率、病例率)：在某一指定时间,动物群中存在某病的病例数的比例。其代表在指定时间动物群中动物传染病数量的一个侧面情况。

患病率＝(在某一指定时间动物群中存在的病例数/在同一指定时间动物群中动物总数)×100%

死亡率：某病病死数占某种动物总数的百分比。它仅能表示该病在动物群中造成死亡的频率,不能全面反映动物传染病流行的动态特性,仅在发生死亡数很高的急性动物传染病时,才能反映流行的动态。但当发生不易致死的动物传染病时,如口蹄疫等,虽能大规模流行,而死亡率却很低,则不能反映流行范围广的特征。因此,在动物传染病发展期间,除应统计死亡率外,还应统计发病率。

死亡率＝(因某病死亡数/同时期某种动物总数)×100%

病死率(致死率)：因某病死亡的动物数占该病患病动物总数的百分比。它能表示某病临诊上的严重程度,比死亡率更为具体、精确。

病死率＝(因某病致死亡动物数/该病患病动物总数)×100%

## 四、动物传染病流行病学的分析

流行病学分析是在调查所得资料的基础上,找出动物传染病流行过程的本质和有关因素的方法。应认真对资料去粗取精、去伪取真、由此及彼、由表及里,系统整理,综合分析,得出流行过程的客观规律,由感性认识上升到理性认识,为制订有效的防治措施提供科学依据,从而又转过来为实践服务。实践工作中调查与分析是相互渗透、紧密联系的,流行病学调查为流行病学分析积累材料,而流行病学分析从调查材料中找出规律,同时又为下一次调查提出新的任务,如此循序渐进,指导防疫实践的不断完善。

【自测训练】

(1)动物传染病流行病学调查的种类有哪些?

(2)动物传染病流行病学调查的方法有哪些?

【技能训练】

某乡猪场传染病流行情况调查方案的设计。

【知识拓展】

(1)动物传染病流行病学调查表的设计。

(2)动物传染病流行病学调查方案的制订与实施。

(3)动物传染病流行病学调查报告的撰写。

 技能训练1-2

# 动物传染病免疫程序的制订

免疫接种是指给动物接种各种免疫制剂(菌苗、疫苗、类毒素及免疫血清),使动物个体和群体产生对动物传染病的特异性免疫力。它是使易感动物转化为不易感动物的一种手段。有计划有组织地进行免疫接种,是预防和控制动物传染病的重要措施之一,在某些动物传染病如猪瘟、鸡新城疫等的防治过程中,免疫接种更具有关键性的作用。根据免疫接种的时机不同,可分为预防接种和紧急接种两类。

## 一、预防接种

预防接种是指在经常发生某些动物传染病的地区,或有某些动物传染病潜在威胁的地区,或经常受到邻近地区某些动物传染病威胁的地区,为了防患于未然,在平时有计划地给健康动物群进行的免疫接种。预防接种常用的免疫制剂有疫(菌)苗、类毒素等。由于所用免疫制剂的品种不同,接种方法也不一样,有皮下注射、肌内注射、皮肤刺种、口服、点眼、滴鼻、喷雾吸入等。随着集约化畜牧业的发展,饲养数量显著增加。因此预防接种方向也由逐头打预防针改为简便的饮水免疫和气雾免疫,如鸡新城疫疫苗、猪肺疫弱菌苗的饮水免疫,牛羊布鲁氏杆菌菌苗的饮水免疫和气雾免疫等,均获得了良好的免疫效果,而且节省了大量的人力。接种后一般经 1～3 周产生免疫力,可获得持续数月至 1 年以上的免疫力。

**1. 调查研究、做好宣传,进行有计划的预防接种** 预防接种应首先对本地区近年来曾发生过的动物传染病流行情况进行调查了解,然后有针对性地拟定年度或周期预防接种计划,确定免疫制剂的种类和接种时间,按所制订的各种动物免疫程序进行免疫。

实操视频:
血清制备

有时也应进行计划外的预防接种。如输入或输出家畜时,为避免在运输途中或到达目的地后暴发某些传染病而进行的预防接种,可用疫苗、菌苗或类毒素,若时间紧迫也可应用免疫血清进行免疫。如果在某一地区过去从未发生过某种动物传染病,也没有从别处传染的可能时,则不需对该动物传染病进行免疫。

预防接种前,应对被接种的动物进行详细的检查和调查了解。根据具体情况确定接种的时机。成年的、体质健壮或饲养管理条件好的家畜,接种后会产生较强的免疫力,可按计划进行接种;而对于幼年的、体质弱的,有慢性病的和妊娠后期的母畜,饲养管理条件不好的家畜,进行预防接种的同时,必须创造条件改善饲养管理,如果已经受到感染的威胁,最好暂不接种。

预防接种前,还要对当时当地的动物传染病情况进行调查,如发现疫情,则应首先安排紧急防疫,如无特殊动物传染病流行则按原计划进行定期预防接种。接种后,应加强饲养管理,使机体产生较好的免疫力,减少接种后的反应。

**2. 应注意预防接种反应** 生物制品对于动物机体来说,都是异物,经接种后总有一个反应过程,但反应的强度和性质有所不同。有的程度轻微,不会对机体带来危害,只要精心护理,就会恢复,但有些不良反应或剧烈反应则应引起注意。所谓不良反应就是指经预防接种后引起持久的或不可逆的组织、器官损害或功能障碍而致的后遗症。接种反应的类型可分为以下几种。

(1)正常反应:因生物制品本身的特性而引起的反应,其性质和反应强度因生物制品而异。如有些生物制品是活菌苗或活疫苗,接种后实际是一次轻度感染,也会发生某种局部反应或全身反应。

(2)严重反应:和正常反应没有本质上的区别,但程度轻重或发生反应的动物数量超过正常比例。引起严重反应的原因或是某一批生物制品质量较差;或是使用方法不当,如接种剂量过大、接种技术不正确、接种途径错误等;或是个别动物对某种生物制品过敏。这类反应通过严格控制生物制品质量和按照说明书使用可以降低到最低程度,只会在个别特殊的动物身上发生。

(3)合并症:与正常反应性质不同的反应,包括超敏感(血清病过敏休克、变态反应)、扩散为全身感染和诱发潜伏感染等。

## 二、疫苗的联合使用

这是预防接种工作的发展方向。在一定地区、一定季节内某种动物流行的传染病种类较多,往往在同一时间需要给动物接种 2 种或 2 种以上不同的疫苗,以分别刺激机体产生保护性抗体。这种免疫接种可以大大提高工作效率,很受广大养殖者和基层兽医防疫人员的欢迎,但在当前仍以常规疫苗为主的形势下,疫苗联合使用时应考虑到疫苗的相互作用。从理论上讲,在增殖过程中不同病原微生物可通过不同的机制彼此相互促进或相互抑制,当然也可能彼此互不干扰。前两种情况对弱毒疫苗的联合免疫接种影响很大,主要是因为弱毒疫苗在产生免疫力之前需要在机体内进行一定程度的增殖,因此选择疫苗联合接种免疫时,应根据研究结果和试验数据确定哪些弱毒疫苗可以联合使用,哪些疫苗在使用时应有一定的时间间隔以及接种的先后顺序等。生物制品厂生产的联合疫苗都经过检验,相互之间不会出现干扰作用。

近年来的研究表明,灭活疫苗联合使用时似乎很少出现相互影响的现象,甚至某些疫苗还具有促进其他疫苗免疫力产生的作用。不过动物体的承受能力、传染病危害程度和目前的疫苗生产工艺等因素,也会使得常规灭活疫苗的无限制累加联合影响主要传染病的免疫防治,其原因是动物机体对多种外界因素刺激的反应性是有限度的,同时接种疫苗的种类或数量过多时,不仅妨碍动物体针对主要传染病高水平免疫力的产生,而且有可能导致较剧烈的不良反应而减弱机体的抗病能力。因

28

此,对主要动物传染病的免疫防治,应尽量使用单独的疫苗或联合较少的疫苗进行免疫接种,以达到预期的接种效果。

### 三、制订合理的免疫程序

所谓免疫程序,就是对某种动物,根据其常发的各种动物传染病的性质、流行病学、母源抗体水平、有关疫(菌)苗首次接种的要求以及免疫期长短等,制订该种动物从出生经青年到成年或与屠宰配套的接种程序。目前国际上还没有一个可供统一使用的疫(菌)苗免疫程序,各国都在实践中总结经验,制订出合乎本地区、本牧场具体情况的免疫程序,而且还在不断研究改进中。制订免疫程序通常应遵循如下原则。

**1. 动物群的免疫程序是由动物传染病的分布特征决定的**　由于动物传染病在地区、时间和动物群中的分布特点和流行规律不同,它们对动物造成的危害程度也会发生变化,一定时期内兽医防疫工作的重点就有明显的差异,需要随时调整。有些动物传染病流行时具有持续时间长、危害程度大等特点,应制订长期的免疫防治对策。

**2. 免疫程序是由疫苗的免疫学特性决定的**　疫苗的种类、接种途径、产生免疫力需要的时间、免疫力的持续期等差异是影响免疫效果的重要因素,因此在指定免疫程序时要根据这些特性的变化进行充分的调查、分析和研究。

**3. 免疫程序应具有相对的稳定性**　如果没有其他因素的参与,某地区或养殖场在一定时期内动物传染病分布特征是相对稳定的。因此,若实践证明某一免疫程序的应用效果良好,则应尽量避免改变这一免疫程序。如果发现该免疫程序执行过程中仍有某些动物传染病流行,则应及时查明原因(疫苗、接种、时机和病原微生物变异等),并进行适当的调整。

**4. 幼畜幼禽的母源抗体水平**　免疫过的妊娠母畜所产仔畜体内在一定时间内有母源抗体存在,对建立自动免疫有一定的影响,因此对幼龄动物进行免疫接种往往不能获得满意的效果。以猪瘟为例,母猪于配种前后接种猪瘟疫苗,所产仔猪由于从初乳中获得母源抗体,在 20 天以前对猪瘟具有坚强免疫力,30 天以后母源抗体急剧衰减,至 40 天时几乎完全丧失,因此哺乳仔猪应在出生后20 天左右首次免疫接种猪瘟弱毒疫苗,至 65 天左右进行第二次免疫接种,这是我国目前公认的较合适的猪瘟免疫程序,另有国内外一些报道认为,初生仔猪在吃初乳前接种猪瘟弱毒疫苗,可免受母源抗体的影响而获得可靠免疫力,这种免疫有一些优越性,但也存在一些困难,饲养人员和兽医人员必须随时观察。产后立即进行免疫接种亦应注意接种疫苗与哺乳的时间间隔,丘惠深(2001)报道认为产后 1 h 进行免疫为宜。

**5. 实行免疫监测制度,合理免疫**　在影响疫(菌)苗免疫效果的因素中,接种动物体内原有抗体(母源抗体和自动免疫抗体)是主要因素之一。实践证明,免疫过的母畜所生的仔畜,可从初乳中获得母源抗体;免疫过的种禽卵所孵出的雏禽,也可获得母源抗体。如初免时机选择不当,就可能影响免疫效果。因此,为了使免疫接种获得可靠的免疫效果,必须建立免疫监测制度,排除动物免疫的干扰因素,以保证免疫程序的合理实施。所谓免疫监测,就是利用血清学方法,对某些疫(菌)苗免疫动物在免疫接种前后的抗体进行跟踪监测,以确定接种时间和免疫效果。在免疫前,监测有无相应抗体及其水平,以便掌握合理的免疫时机,避免重复和失误;免疫后监测是为了了解免疫效果,如不理想可查找原因,进行重免;有时还可及时发现疫情,尽快采取扑灭措施。如鸡新城疫的免疫监测手段是鸡新城疫血凝抑制试验。

**6. 疫苗接种失败的原因**　免疫失败是指经某病疫苗接种的动物群,在该疫苗有效免疫期内,仍发生该动物传染病;或在预定时间内经检测免疫力达不到预期水平,即预示着有发生该动物传染病的可能。疫苗接种失败的原因如下。

(1)幼年动物体内可能有高度的被动免疫力(母源抗体),中和了疫苗。

(2)环境条件恶劣、寄生虫侵袭、营养不良等应激,影响了动物的免疫应答。

(3)传染性法氏囊病、传染性贫血、马立克氏病、霉菌素中毒等引起的免疫抑制。

(4)动物群中已潜伏着传染病。

（5）弱毒疫苗因保存、运输或处理不当而死亡，或使用超过有效期的疫苗。

（6）可能疫苗不含激发该动物传染病保护性免疫所需的相应抗原，即疫苗的毒（菌）株或血清型不对。

（7）使用饮水法或气雾法接种时，疫苗分布不匀，使部分动物未接触到或因剂量不足而仍然易感。

### 四、紧急接种

紧急接种是指在发生动物传染病时，为了迅速控制和扑灭动物传染病的流行，而对疫区和受威胁区尚未发病的动物进行的应急性免疫接种。紧急接种从理论上讲应使用免疫血清，或先注射血清，2周后再接种疫（菌）苗，即所谓共同接种。共同接种较为安全有效，但因免疫血清用量大，价格高，免疫期短，且在大批动物急需接种时常常供不应求，因此在防疫中很少应用，有时只用于种畜场、良种场等。实践证明，在疫区和受威胁区有计划地使用某些疫（菌）苗进行紧急接种是可行而有效的。如在发生猪瘟、鸡新城疫和口蹄疫等急性动物传染病时，用相应疫苗进行紧急接种，可收到很好的效果。

应用疫（菌）苗进行紧急接种时，必须先对动物群逐头逐只地进行详细的临床检查，逐头测温，只能对无任何临诊症状的动物进行紧急接种，对患病动物和处于潜伏期的动物，不能接种疫（菌）苗，应立即隔离治疗或扑杀。但应注意，在临床检查无症状而貌似健康的动物中，必然混有一部分潜伏期的动物，接种疫（菌）苗后不仅不能使其得到保护，反而会促进其发病，造成一定的损失，这是一种正常的不可避免的现象。但由于这些急性动物传染病潜伏期短，而疫（菌）苗接种后又能很快产生免疫力，因而发病后不久发病率即可下降，疫情会得到控制，使多数动物得到保护。紧急接种是综合防治措施的一个重要环节，必须与其中的封锁、检疫、隔离、消毒等环节密切配合，才能取得较好的效果。

### 五、环状免疫带的建立

环状免疫带的建立通常是指某些地区发生急性、烈性传染病时，在封锁疫点和疫区的同时，根据该病的流行特点对封锁区及其外围一定区域内所有易感染动物进行的免疫接种。建立环状免疫带的目的主要是防止传染病扩散，将传染病控制在封锁区内就地扑灭。

### 六、免疫隔离屏障的建立

免疫隔离屏障的建立通常是指为防止某些传染病从有该病的国家向无该病的国家扩散，而对国界线周围地区的动物群进行的免疫接种。

【自测训练】

（1）制订合理的畜禽传染病免疫程序应考虑哪些问题？

（2）什么叫免疫程序？如何制订一个合理的免疫程序？

【技能训练】

结合某规模化猪场实际，制订合理的免疫程序。

 **知识拓展与链接**

常见猪病的免疫程序

科学制订猪场免疫程序的四大原则

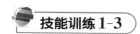

## 动物生物制品的使用

### 一、动物生物制品的分类

动物生物制品是指应用微生物学、寄生虫学、免疫学、遗传学和生物化学的理论和方法制成的菌苗、疫苗、虫苗、类毒素、诊断制剂和抗血清等制品,常用于预防、治疗、诊断畜禽等动物特定传染病或其他有关的疾病。我国现生产的动物生物制品品种已有近 200 个,常用的有几十个品种,按照其用途分为以下三大类。

**1. 预防用生物制品**  该类制品包括疫苗、菌苗、虫苗和类毒素。

(1)疫苗:利用病毒经除去或减弱它对动物的致病作用而制成的。疫苗可分为两类:一类是弱毒疫苗,制成这种疫苗的病毒毒力必须是减弱了的,没有致病能力,也不会使动物发生严重反应,如猪瘟兔化弱毒冻干疫苗、鸡新城疫活疫苗等。另一类是死毒疫苗或灭活疫苗,制成这种疫苗的病毒已用化学药品或其他方法杀死或灭活,如猪口蹄疫 O 型灭活油佐剂疫苗、鸡产蛋下降综合征灭活疫苗等。

(2)菌苗:利用病原菌经除去或减弱它对动物的致病作用而制成的。菌苗可分为两类:一类是毒力减弱的细菌制成的活菌苗,如Ⅰ号炭疽芽孢苗、布鲁氏杆菌Ⅱ号活菌苗等;另一类是用化学方法或其他方法杀死细菌制成的死菌苗,如猪丹毒灭活疫苗、鸡大肠杆菌病灭活疫苗等。

(3)虫苗:利用病原虫体除去或减弱它对动物的致病作用而制成的。常将菌苗、疫苗、虫苗统称为疫苗。

(4)类毒素:某些病原菌,在生长繁殖过程中产生对动物有害的毒素,用甲醛等处理后除去它的有害作用,注射后能使动物产生抵抗该细菌的能力,这类处理过的毒素,称为类毒素,如破伤风类毒素。

**2. 治疗用生物制品**  该类制品包括抗血清和抗毒素。

(1)抗血清:动物经反复多次注射某种病原微生物时,会产生对该病原微生物的高度抵抗能力。采取这种动物的血液提出血清,经过处理即可制成抗血清。主要用于治疗传染病,也可用于紧急预防,如抗猪瘟血清、抗炭疽血清等。

(2)抗毒素:动物经反复多次注射细菌类毒素或毒素所得到的免疫血清经过处理即可制成抗毒素,主要用于治疗,也可用于紧急预防传染病,如破伤风抗毒素。

**3. 诊断用生物制品**  利用病原微生物本身或它生长繁殖过程中的代谢产物,或利用某些动物机体中自然具有的或经病原微生物及其他蛋白质刺激而产生的一些物质制造出来的,用于检测相应抗原、抗体或机体免疫状态的一类制品,包括菌素、毒素、诊断血清、分群血清、分型血清、因子血清、诊断菌液、抗原、抗原或抗体致敏血清、免疫扩散板等,如用于诊断结核病的结核菌素、马传染性贫血琼脂扩散试验抗原、炭疽沉淀素血清等。

### 二、使用动物生物制品的注意事项

(1)各种疫苗在使用前和使用过程中,必须按说明书上规定的条件保存。在国内现有的条件下,弱毒疫苗一般在 -15 ℃条件下保存,灭活疫苗在 2~8 ℃条件下保存。使用前,应仔细查阅使用说明书与瓶签是否相符,不符者严禁使用并及时与相关部门联系。明确装量、稀释液、稀释度、每只(头)剂量、使用方法及有关注意事项。应严格按说明书要求使用,以免影响效果,造成不必要的损失。

(2)使用前,应了解药品的生产日期、失效日期、储运方法及时间,特别注意是否有因高温、日晒、冻结、长霉、过期等造成药品失效的各种有关因素。玻璃瓶有裂纹,瓶塞松动,以及药品色泽物理性状等与说明书不一致的药品不得使用。

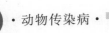 

（3）各种生物制品储运温度均应符合说明书要求，严防日晒及高温，特别是冻干疫苗，要求低温保存，稀释时应用冷水，应在 4 h 内用完。氢氧化铝及油佐剂灭活疫苗不能结冻，否则会降低或失去效力。

（4）预防注射过程应严格消毒，注射器应洗净、煮沸，针头应逐头更换，更不得一支注射器混用多种疫苗。吸药前，应先除去封口的胶蜡，并用 70% 的酒精棉球擦净消毒；吸药时，绝不能用已给动物注射过的针头吸取，可用一灭菌针头，插在瓶塞上不拔出，裹以挤干的酒精棉花专供吸药用，吸出的药液不应再回注瓶内。注射部位应剪毛消毒，免疫弱毒疫苗前后 10 天内不得使用抗生素及磺胺类等抗菌药物。

（5）液体疫苗使用前应充分摇匀，每次吸苗前再充分振摇；冻干疫苗稀释后，充分振摇，必须全部溶解，方可使用。吸苗前亦应充分摇匀，以免影响效力或发生安全事故。

（6）牛、羊弱毒口蹄疫疫苗严禁给猪使用，否则将引起猪只死亡造成损失。每种生物制品只对相应的传染病有效，而对其他传染病无效。

（7）使用时请登记疫苗批号、注射地点、日期和畜（禽）数，并保存同批样品两瓶，留样期不短于免疫后 2 个月。

（8）兽医检测和防疫人员在使用疫苗的过程中应注意自身的防护，特别是使用人畜共患病疫苗及活疫苗时，尤应谨慎小心。严格遵守操作规范，及时做好自身的消毒、清洗工作。废弃的针管、针头、生物制品容器都应做无害化处理。

（9）接种的途径有滴鼻、点眼、刺种、注射（皮下、肌内）、饮水、气雾，每种疫苗均有其最佳的接种途径。

（10）总的原则：弱毒疫苗应尽量模仿自然感染途径接种；灭活疫苗均应采用注射（皮下、肌内）途径接种。

### 三、接种方法及步骤

以鸡群的免疫接种为例进行介绍。

**1. 饮水免疫** 饮水免疫的优缺点：减少应激，节省人力，但疫苗损失较多；雏鸡的强弱或密度会造成饮水不均，免疫程度不齐。

饮水免疫注意事项：

（1）接种前 24 h 饮水中不能加入消毒剂，禁用金属容器，器皿应清洁，无洗涤剂和消毒剂残留。

（2）用清洁、不含氯等消毒剂和铁离子的凉开水、深井水，加 1%～2% 脱脂奶或加入 5 g/L 脱脂奶粉以延缓疫苗效价的衰减。

（3）免疫前停水 2～4 h，以确保 2/3 的鸡同时饮水。

（4）确保疫苗在 1～2 h 内用完。

**2. 点眼、滴鼻免疫** 雏鸡早期接种弱毒疫苗常用此法。该方法的优点体现在局部免疫和体液免疫共存。滴鼻时为了使疫苗很好地吸入，可用手将对侧的鼻孔堵住，让鸡吸进去。点眼时，握住鸡的头部，使其面朝上，将一滴疫苗滴入鸡一侧的眼皮内，不要让其流掉。

**3. 肌内或皮下注射** 免疫效果准确，但有费力和易产生应激等缺点。

（1）健康鸡群先注射，弱鸡最后注射。

（2）肌内注射以翅膀靠肩部、胸部肌肉为好。

（3）颈部皮下注射应远离头部。

**4. 气雾免疫** 在短时间内，可使大量鸡吸入疫苗而获得免疫力。多用于加强免疫，本法会刺激呼吸道黏膜，所以应避免在初次免疫时使用。对于有鸡毒支原体感染或患其他慢性呼吸道病的鸡场可导致严重不良反应，应慎用。

气雾免疫注意事项：

（1）用量按鸡舍设计和饲养量计算并适当增加（通常加倍），稀释液每 1000 只平养鸡用量为 200～400 mL，用适当粒度（30～50 μm）的喷雾器在鸡群上离鸡 0.5 m 处喷雾。让鸡充分吸入空气中带疫苗的雾滴。

（2）免疫前应关闭门窗和通风系统，喷雾结束后至少保持 30 min 再通风，以取得良好的免疫效果。

**5. 刺种免疫** 接种针应在翼膜无血管处穿刺，病毒在穿刺部位的皮肤处增殖产生免疫。

对于各种接种方法免疫后应注意以下几条。

（1）剩余药液及疫苗瓶应进行消毒并做无害化处理，不可乱扔，以免散毒污染环境。

（2）一般接种后 5～7 天（油佐剂灭活疫苗 10～15 天）才产生抗体，故应严格控制环境卫生，以免在产生免疫力前感染强毒导致免疫失败。

（3）注意观察鸡群反应，出现异常及早采取措施。

（4）做详细记录，登记疫苗批号、使用日期、使用量等，并保留同批样品两瓶，如出现不良反应及时处理，查找原因。

【自测训练】

（1）怎样才能做好预防接种工作？

（2）疫苗在使用前后应注意哪些问题？

【技能训练】

练习皮下注射和肌内注射。

**技能训练 1-4**

# 动物病料采集、包装及送检

## 一、病料采集应遵循的一般原则

（1）严禁剖检疑似患炭疽病的动物。对血液凝固不良、天然孔流血的患病（死亡）动物，应采集耳尖血液，尽快确诊是否患有炭疽病。

（2）采样时必须无菌操作，避免外源性污染及样品的交叉感染。解剖采样时，应从胸腔到腹腔，先采集实质脏器，再采集腔肠等易造成污染的组织器官及其内容物。

（3）采集的病料必须具有代表性。采集的脏器组织应为病变明显的部位，取材时应根据不同的疫病（或检验目的）采集相应的血样、活体组织、脏器、肠内容物、分泌物、排泄物或其他材料。在无法确定病因时，应系统采集病料。

（4）采集病料最好在使用治疗药物前进行。用药会影响病料中病原微生物的检出。死亡动物内脏病料的采集应在其死亡后立即进行，最迟不超过 6 h。

（5）在采集血液样品前，一般要让动物禁食 8 h 以上。采集血样应根据采样对象、所需血量来确定采血方法与采血部位。

（6）采样时应考虑动物福利，并做好人身防护、环境消毒及废弃物的无害化处理，严防人畜共患病的传染。

## 二、采样的种类与数量

进行流行病学调查、抗体检测、动物群体健康评估或环境卫生检测时，样品的数量应满足统计学的要求。采样前，应根据检验项目和检验目的，选择适当的样品，并确定采样数量。

（1）用于疫病诊断时，应采集 1～5 只（头）病死动物的明显病变脏器组织、血清和抗凝血，并做好复检和留样备份。

（2）用于免疫效果监测时，一般于动物免疫后 14～20 天随机抽检，并按照存栏万只（头）以下的畜禽场 1.0%、存栏万只（头）以上的畜禽场 0.5% 的比例进行采样，每次检测样品数量不少于 30 份。

（3）用于疫情监测或流行病学调查时，应根据区域内养殖场（户）监测网点数量及分布，结合动

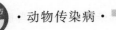 

物年龄、季节及周边疫情状况估算发病率,计算样品采集数量。

(4)当种群疫病净化时,应根据疫病监测净化方案确定采样次数和采样日期,逐头采集。

### 三、采集时的注意事项

**1. 剖检前的检查**　急性死亡的动物,镜检末梢血中是否有炭疽菌存在,疑为炭疽时禁止剖检。

**2. 无菌操作**　器械应进行消毒,操作应注意无菌。

**3. 合理取材**

(1)首先了解该传染病的流行情况、临诊症状、病理解剖检查结果。

(2)针对性:采集合适的样品进行检验/全面取材,即根据不同的传染病,相应地采集该病常侵害的脏器或内容物样品,如败血症采集心、肝、脾、肺、肾、淋巴结等样品,肠毒血症采集肠内容物样品,神经症状采集脑样品,无法估计时需全面采集。

(3)微生物学检查所采样品母体应未经抗生素治疗。

**4. 取材时间**　取材应越早越好,一般在发病或死亡4~6 h内。

**5. 顺序**　采样→接种培养→剖检→病理分析。

**6. 其他**　做好个人防护与环境消毒。

### 四、动物病料的固定与保存

(1)需用血清进行检验的,不能在血液中加抗凝剂,应将采集的血液在室温下静置至凝固,收集析出的血清即可;必要时,可经低速离心分离血清。供细菌或病毒学检验的血液,应加抗凝剂(每10 mL血液加1 mL抗凝剂)并混合均匀,以防凝固,但不能加防腐剂。供病毒中和试验用的血清,应避免添加化学防腐剂,必须长期保存的,可将血清置于-20 ℃以下冷冻,但要尽量避免反复冻融。

(2)实质脏器的采集,应尽量保证新鲜。若用于病理组织学检查,取样后应立即放入10%的福尔马林溶液或95%的酒精中(保存液量应为病料的8~10倍);若用于冰冻切片,在将组织块放入保存液后,迅速置于0~4 ℃环境中,并尽快送检。用于病原检查的病料,应装在小口瓶或青霉素瓶内并加50%甘油生理盐水;若用于病毒分离,还应加一定量的"双抗"(青霉素和链霉素);若用于细菌检验,则不能加"双抗",并尽快密封送检。

(3)供微生物学检查的液体病料,应包扎严密,防止外溢、污染、变质。

(4)各组织样品应仔细分开包装,并在样品袋或平皿外贴上标签(注明样品名、样品编号、采样日期等),然后放到塑料包装袋中。装拭子样品的小塑料离心管应放在规定塑料盒内。血清样品装于小瓶时,应用铝盒盛放,并在盒内加填塞物,避免小瓶晃动。

### 五、动物病料的送检

(1)要求送检人员对动物的发病情况十分了解或有翔实的记录(最好是现场技术人员亲自送检),尽可能提供动物发病过程的全部信息,这样就可有目的地进行检验,既节省时间,结果又可靠。

(2)送检时,除注意冷藏保存外,还需将病料妥善包装,避免破损散毒。若系邮寄送检,应将病料于固定液中固定24~48 h取出,用浸有同种固定液的脱脂棉包好后装在塑料袋中,放在木盒内邮寄。

(3)送检样品时,应附动物尸体剖检记录、采样记录等有关材料各1份,并写明送检动物品种、年龄、发病情况、采集时间、畜主信息、病料种类、病料数量、检验目的、病料固定液种类、送检时间、送检单位(送检人)及通信地址等。

【技能训练】

以病鸡为例,练习病料的采集。

【知识拓展】

动物监测、样品的采集与保存。

**知识拓展与链接**

中国兽医网

**模块小结**

动物传染病不同于内科病、外科病等疾病,是能够引起群发性的疾病,防控措施有其本身的特点。它分为一类、二类与三类动物疫病,应根据相关法律法规要求进行处置。一种传染病出现后往往会迅速传播,虽然现代技术发达,但想消灭传染病非常困难,只能采取多种措施局部控制。由于病原微生物的不断变异,传染病的发展也是极其复杂的,老的传染病未能消灭,新的传染病不断出现,应用科学技术做好监测是我们畜牧人时刻应该警醒的事情。

现代化的养殖始终要有"养重于防、防重于治"的理念,养殖场一旦发现传染病,应严格遵循早、快、严、小的防控原则,迅速控制、扑灭传染病。对于重大动物传染病,按照上报程序迅速上报。

疫苗预防依然是防控动物传染病的较好方法,结合养殖场的实际情况制订合理完善的免疫程序,按时按需使用疫苗预防传染病。做好生物安全防护是成功养殖的必不可少的环节,尤其是对于一些病原微生物的传播媒介一定要严格控制,加强防范。

**执考真题及自测题**

**一、单选题**

1. 运输高致病性动物病原微生物菌(毒)种或者样品的,关于其内包装要求错误的是( )。

A. 必须保证完全密封　　　　　　　　　　B. 必须是结实防泄漏辅助包装

C. 主容器和辅容器之间填充吸附材料　　　D. 主容器表面贴上标签

E. 主容器表面标注"高致病性动物病原微生物"警告语

2. 根据《中华人民共和国动物防疫法》,下列关于动物疫病控制和扑灭的表述不正确的是( )。

A. 二、三类动物疫病呈暴发流行时,按照一类动物疫病处理

B. 发生人畜共患传染病时,兽医主管部门应当组织对疫区易感染的人群进行监测

C. 疫点、疫区和受威胁区的撤销和疫区封锁的解除,由原决定机关决定并宣布

D. 发生三类动物疫病时,当地县级、乡级人民政府应当按照国务院兽医主管部门的规定组织防治和净化

E. 为控制和扑灭动物疫病,动物卫生监督机构应当派人在当地依法设立的现有检查站执行监督检查任务

3.《重大动物疫情应急条例》规定,有权公布重大动物疫情的主体是( )。

A. 国务院兽医主管部门　　　　　　　　　　B. 省、自治区、直辖市人民政府

C. 省、自治区、直辖市人民政府兽医主管部门　　D. 县级人民政府兽医主管部门

E. 县动物疫病预防控制机构

4. 根据《重大动物疫情应急条例》,下列对疫点采取的措施表述不正确的是( )。

A. 扑杀并销毁染疫动物

B. 对易感动物紧急免疫接种

C. 对病死动物、动物排泄物等进行无害化处理

D. 对被污染的物品用具等进行严格消毒

E. 销毁染疫的动物产品

5. 发病时需要对染疫动物进行捕杀且严格处理的动物疫病是（　　　）。

A. 一类动物疫病　　　　　　　　　　　　　B. 二类动物疫病

C. 三类动物疫病　　　　　　　　　　　　　D. 四类动物病

E. 所有发生传染病的动物

## 二、多选题

1. 传染病的诊断方法包括（　　　）。

A. 剖检诊断　　　　　　　　　　　　　　　B. 流行病学诊断

C. 病理学诊断　　　　　　　　　　　　　　D. 实验室诊断

E. 体表检查

2. 传染病扑灭的主要措施包括（　　　）。

A. 隔离　　　　　　B. 封锁　　　　　　C. 捕杀　　　　　　D. 消毒　　　　　　E. 动物尸体焚烧

3. 动物传染病发生时进行封锁的基本原则是（　　　）。

A. 早　　　　　　　B. 快　　　　　　　C. 严　　　　　　　D. 小　　　　　　　E. 灭

4. 传染病发生时将动物群体分为（　　　）。

A. 患病动物　　　　　　　　　　　　　　　B. 健康动物

C. 假定健康动物　　　　　　　　　　　　　D. 可疑动物

E. 濒临感染动物

# 模块二
# 多种动物共患传染病

# 项目三　病毒性共患病

## 项目导入

　　流感给养殖户带来了巨大的损失；鼠疫时不时地就会探头；狂犬病就在我们的身边；痘病毒引起多种动物发病……让养殖户感到更加恐慌与无奈的是这些疾病用抗生素治疗常得不到有效的控制。把握每种疾病的发病特点，迅速确定病原是控制病毒性共患病的前提，采取综合防控及合理的生物安全措施是遏制病情传播发展的手段。本项目的知识学习，可让您认识病毒性共患病，熟知它们的防控措施。

## 学习目标

　　▲知识目标
　　1. 熟悉虎斑心与疾病的关联。
　　2. 掌握口蹄疫、狂犬病、流行性乙型脑炎、痘病等病毒病的流行特点、临诊症状及防治措施。
　　▲技能目标
　　1. 能够正确操作口蹄疫乳鼠接种试验；学会口蹄疫血清中和试验的检疫方法。
　　2. 熟练掌握痘病的临床诊断方法。
　　▲思政与素质目标
　　1. 解读我国在人畜共患病方面的贡献，增强学生的民族自豪感。
　　2. 了解疫苗在人畜共患病中的高效应用，培养学生勤思考、善钻研的能力。

# 任务一　口　蹄　疫

扫码看课件
3-1

　　口蹄疫（FMD）是由口蹄疫病毒引起的急性、热性、高度接触性 A 类传染病，临床常见于牛、羊、猪、鹿、骆驼等偶蹄兽，偶见于人。本病传播速度较快，传染性强，常造成大流行，给畜牧业带来严重的经济损失。

## 一、病原

　　口蹄疫病毒有 O、A、C、SAT1、SAT2、SAT3（即南非 1、2、3 型）和 Asia1（亚洲 1 型）7 个血清型，属于 RNA 病毒。各型之间几乎没有交互免疫力，感染某一型口蹄疫病毒获免疫力的动物仍可感染另一型口蹄疫病毒而发病。

　　口蹄疫 O 型在国内发生已成常态，几乎每年都会发生，而且波及范围广泛，A 型在我国散发出现。发病动物的水疱皮、水疱液及淋巴液中病毒含量高。病毒对外界环境的抵抗力较强，耐干燥。高温、紫外线对病毒有杀灭作用；病毒对碱、酸性消毒剂敏感，2%氢氧化钠溶液、30%热草木灰溶液、

3%福尔马林溶液、0.3%～0.5%过氧乙酸溶液等,都是良好的口蹄疫病毒消毒剂。

## 二、诊断要点

### (一)流行特点

本病有其自身的传播特点(图 2-1),一年四季均可发生,以冬、春季多发,其流行具有明显的季节规律,多在秋季开始,冬季加剧,春季减缓,夏季平息,不过随着交通的发展,动物流动加剧,夏季散发也常能见到。临床多呈地方流行性或大流行。

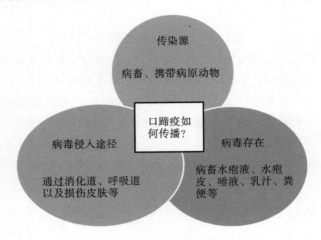

图 2-1 口蹄疫的传播特点

**1. 传染源** 发病动物是最主要的传染源。在症状出现之前,病畜体就开始排出大量病毒,发病期排毒量最多,在该病的恢复期排毒量逐渐减少。病毒可随分泌物和排泄物排出,在水疱液、水疱皮、乳汁、粪便、唾液中含毒量较多。

**2. 传播途径** 本病以直接接触或间接接触的方式传播,主要通过消化道、呼吸道以及损伤的皮肤和黏膜感染。本病可呈跳跃式传播流行,多由于输入带毒产品和家畜所致。被污染的畜产品(如皮毛、肉品、奶制品)、饲料、饮水、车辆、饲养用具等均可成为传播媒介。本病常可发生远距离气源性传播,病毒能借助风力随空气传播到 50 km 以外的地方。

**3. 易感动物** 口蹄疫病毒主要侵害偶蹄兽,家畜中以牛易感性最强(黄牛、奶牛、牦牛易感,水牛次之),其次是猪,再次为绵羊、山羊和骆驼。仔猪和牛感染后死亡率较高。野生偶蹄兽(如黄羊、鹿、麝和野猪)也可感染发病。偶尔能见人感染,多发生于与病畜密切接触者或实验室工作人员。

### (二)临诊症状

**1. 猪** 潜伏期为 1～2 天,病猪以蹄部水疱为主要特征(图 2-2),病初体温升高至 40～41 ℃,精神沉郁,食欲减少或废绝。口黏膜(包括舌、唇、齿龈、咽、腭)形成小水疱或糜烂。蹄冠、蹄叉、蹄踵等部出现局部发红、微热、敏感等症状,不久逐渐形成米粒大至蚕豆大的水疱,水疱破溃后表面出血,形成糜烂,如无细菌感染,1 周左右痊愈。如有继发感染,严重的可引起蹄壳脱落,患肢不能着地,常卧地不起,病猪鼻镜、乳房也常见到烂斑,尤其是哺乳期的猪,乳头上的皮肤病灶较为常见,但也发生于鼻面上。还可见跛行,有时有流产、乳房炎及慢性蹄变形。吃奶仔猪的口蹄疫,通常呈急性肠炎和心肌炎而突然死亡。病死率可达 60%～80%,病程稍长者,亦可见到口腔(齿、吻、舌等)及鼻面上有水疱和糜烂(图 2-3)。

**2. 牛** 潜伏期平均为 2～4 天,最长可达 1 周。病牛体温高达 40～41 ℃,精神沉都,食欲减退,闭口,流涎,开口时有吸吮音,1 天后,在唇内、齿龈、舌面和颊部发生蚕豆至核桃大的水疱,此时口角流涎增多,呈白色泡沫状,常常挂在嘴边(图 2-4),采食、反刍完全停止,经一昼夜水疱破溃,形成边缘整齐的红色糜烂(图 2-5),水疱破溃后,体温降至正常。在口腔出现水疱的同时或稍后,在趾间及蹄冠的柔软皮肤上出现红肿、疼痛并迅速发生水疱,水疱很快破溃,出现糜烂。糜烂部位可能继发细菌

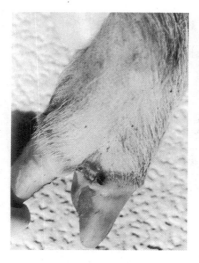

图 2-2 猪蹄冠水肿、水疱溃破

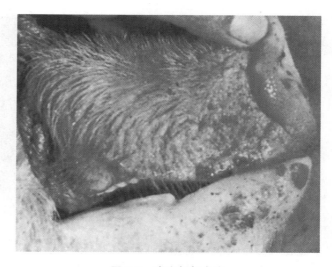

图 2-3 猪吻部起水疱

感染、化脓及坏死,病畜站立不稳,跛行,严重的蹄匣脱落;乳头皮肤有时也可出现水疱,很快破溃形成糜烂,泌乳量显著减少,直至泌乳停止。本病一般取良性经过,约经 1 周即可痊愈,如蹄部出现病变,病程可延至 2～3 周或更长,死亡率较低,一般不超过 3%。但有时,在水疱病变逐渐痊愈,病牛趋向恢复时,病情突然恶化,病牛全身虚弱,肌肉发抖,心跳加快,节律失调,食欲废绝,反刍停止,站立不稳,行走摇摆,因心脏停搏而突然倒地死亡。此种病称为恶性口蹄疫,病死率高达 20%～50%,主要是病毒侵害心肌所致。

图 2-4 牛口角流涎增多

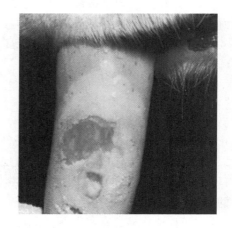

图 2-5 牛舌面水疱破溃

**3. 羊** 潜伏期为 1 周左右,症状与牛的大致相同,但感染率较牛低。山羊的水疱多见于口腔,水疱发生在硬腭和舌面(图 2-6)。羔羊有时有出血性胃肠炎,常因心肌炎而死亡。

### (三)病理变化

动物口蹄疫除口腔和蹄部的水疱和烂斑外,在咽喉、气管、支气管和前胃黏膜等部位有时可见圆形烂斑和溃疡,真胃和肠黏膜可见出血性炎症。特征性的病变是心脏的病变,心包膜有弥散性及点状出血,心肌松软,切面有灰白色或淡黄色斑点或条纹,似老虎皮上的斑纹,称为"虎斑心"(图 2-7)。

### (四)实验室诊断

结合动物发病的临诊症状及发病特点可做出初步诊断,借助实验室技术进行确诊。可采集舌面、蹄部的水疱皮或水疱液,数量 10 g 左右,水疱皮置入盛有 50% 甘油生理盐水的消毒瓶中,水疱液用无菌注射器抽取,移入消毒试管或小瓶中,迅速送往实验室进行化验,以确诊和鉴定病毒毒型。从临诊症状看,该病与水疱性口炎非常相似,应做好鉴别(表 2-1)。

*Note*

图 2-6　羊口角处起水疱、水疱破溃

图 2-7　猪虎斑心

表 2-1　口蹄疫与水疱性口炎的鉴别

| 鉴别项目 | 口蹄疫 | 水疱性口炎 |
|---|---|---|
| 发病对象 | 多种动物（主要为偶蹄兽） | 多种动物 |
| 病原 | 口蹄疫病毒 | 水疱性口炎病毒 |
| 发病季节 | 冬、春季多见 | 夏、秋季多见 |
| 流行情况与表现 | 多造成流行，死亡率高，病畜食欲下降或停食 | 多呈良性经过，病畜食欲减退不明显 |
| 体温 | 体温升高 | 体温升高 |

**1. 口蹄疫反转录聚合酶链式反应（RT-PCR）**　用于检测疑似感染动物水疱皮或水疱液中所有血清型口蹄疫病毒，分型还需进一步诊断。

**2. 血清学试验**　酶联免疫吸附试验（ELISA）是检测口蹄疫病毒感染较为常用的诊断方法。

### 三、防治

#### （一）预防

视频：口蹄疫的防治

要依法进行产地检疫和屠宰检疫；依法做好流通领域运输活畜及其产品的检疫、监督与管理，防止口蹄疫传入；进入流通领域的偶蹄兽必须具备检疫合格证明和免疫注射证明。

严格按《中华人民共和国动物防疫法》及有关规定，采取紧急、强制、综合性的扑灭措施。一旦有口蹄疫疫情发生，应迅速上报疫情，病畜及同群动物隔离并做无血扑杀、销毁，同时对病畜舍及污染的场所和用具进行彻底消毒。皮张用环氧乙烷、甲醛气体消毒，粪便堆积发酵或用5％氨水消毒。在封锁期间，禁止易感动物及其产品流出疫区，禁止非疫区的动物进入疫区，并根据扑灭动物传染病的要求对出入封锁区的人员、运输工具及有关物品采取消毒和其他限制性措施，对疫区周围的受威胁区的易感动物用同型疫苗进行紧急预防接种，在最后一头病畜扑杀后14天，未出现新的病例，经彻底大消毒后方可解除封锁。

#### （二）治疗

发病初期，病畜口腔出现水疱前，用相同血清型血清或耐过的病畜血液治疗。对病畜要加强饲养管理及护理工作，病畜每天要用盐水、硼酸溶液等洗涤口腔及蹄部，饲喂软草、软料、麸皮粥等。口腔有溃疡时，用碘甘油合剂每天涂搽3～4次。蹄部病变，可用消毒液洗净，涂抹紫药水或碘甘油，并用绷带包裹，不可接触湿地。对有心肌炎的病畜，慎用注射治疗方法，以免猝死。

### 四、公共卫生

预防人感染口蹄疫，主要应做好个人自身防护，如不吃生奶，接触病畜后立即洗手消毒，防止病畜的分泌物和排泄物落入口鼻和结膜，污染的衣物及时做消毒处理等。非工作人员不与病畜接触，以防感染和散毒。

**小提示**

（1）口蹄疫是人畜共患病，临床接触该病，应做好自身防护。

（2）心肌炎型的口蹄疫临床治疗过程中应慎用注射、输液治疗，否则很容易出现猝死。

**知识拓展与链接**

口蹄疫与手足口病的区别

# 任务二 流行性感冒

扫码看课件
3-2

流行性感冒（简称流感）由流感病毒引起。禽流行性感冒简称禽流感，也称真性鸡瘟或欧洲鸡瘟，是由 A 型流感病毒引起家禽的一种烈性传染病，我国将其列为一类动物疫病。

## 一、病原

流感病毒（图 2-8）分为甲、乙、丙三型，属正黏病毒科病毒。甲型流感病毒能感染马、猪、貂、海豹、鲸、禽及人；乙型流感病毒仅感染人；丙型流感病毒感染人、犬与猪，不引起严重疾病，是有囊膜、分节段的单股 RNA 病毒。根据病毒表面的血凝素（HA）和神经氨酸酶（NA）种类，可将 A 型流感病毒分为若干亚型，不同的 HA 和 NA 组合即成为一个亚型，如 H5N1 亚型，对鸡有高致病力。目前已知有 16 种 HA 和 9 种 NA。

视 频：流行
性感冒

病毒能凝集鸡和某些哺乳动物的红细胞，并能被特异性血清所抑制。病毒广泛存在于病鸡的呼吸道、血液、分泌物和排泄物中，对外界环境有较强的抵抗力，鼻腔分泌物和粪便中的病毒可存活 10 天以上，羽毛中可存活 18 天，但对热敏感，60 ℃ 20 min 即可灭活。常用消毒剂均可将其灭活，如福尔马林、氧化剂、卤素化合物（如漂白粉和碘制剂）、重金属离子等。

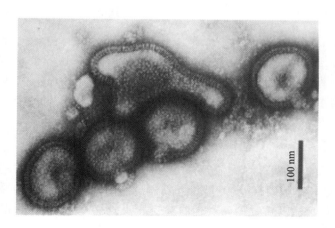

100 nm

**图 2-8 流感病毒**

*Note*

## 二、诊断要点

### （一）流行特点

**1. 传染源** 病禽是主要传染源,野生水禽是自然界 A 型流感病毒的主要携带者,观赏鸟类也可携带和传播病毒。病毒主要通过病禽的各种分泌物、排泄物及尸体等污染饲料和饮水。

**2. 传播途径** 本病主要经消化道、结膜、伤口和呼吸道感染。被病毒污染的饮水、饲料、物品、笼具、车辆都易传播本病。近距离的家禽之间可通过空气传播,母鸡感染本病后可经蛋垂直传播。人员的流动与消毒不严,也会造成该病的传播。

**3. 易感动物** 自然条件下,许多家禽和野禽、鸟类都对禽流感病毒敏感,鸡的易感性最高,可引起大批死亡。野生鸟类和迁徙的水禽是禽流感的自然宿主,家禽与它们接触,可引起流感的暴发。

流感病毒的致病力差异很大,有的毒株发病率虽高,但病死率较低;有些毒株致病力很强,例如在自然条件下,强毒株侵染鸡的发病率可达 100%。流感多发生于天气骤变的晚秋、早春以及寒冷的冬季。阴雨、潮湿、寒冷、贼风、运输、拥挤、营养不良和内外寄生虫侵袭可促进本病的发生和流行。

### （二）临诊症状

鸡感染潜伏期为 3～5 天,发病鸡体温升高,食量、饮水量及产蛋量急剧下降,极度沉郁;头颈部水肿,鸡冠发绀(图 2-9),脚鳞片下出血(图 2-10);下痢,神经紊乱;一段时间后猝死,病死率可达 100%。低致病性禽流感症状表现为体温升高,精神沉郁,食欲降低,消瘦,气管黏膜有轻度水肿,有浆液性或干酪样渗出物,气囊壁增厚,产蛋率下降,临床出现咳嗽、打喷嚏、啰音等。如有混合感染,症状表现更复杂。

图 2-9　鸡冠和肉垂肿胀发绀

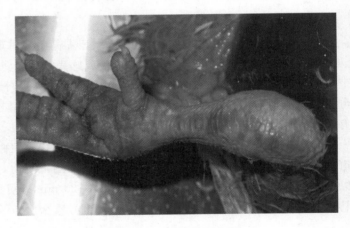

图 2-10　脚鳞片下出血

猪感染流感病毒后,潜伏期比较短,一般为几小时到数天。发病初期病猪体温突然升高至 40.3～41.5 ℃,表现出厌食或食欲废绝,极度虚弱乃至虚脱,常卧地,呼吸急促,出现腹式呼吸、阵发性咳嗽,从眼和鼻流出黏液(图 2-11),鼻分泌物有时带血。病猪挤卧在一起,难以移动,触摸肌肉僵硬、疼痛,出现膈肌痉挛,呼吸顿挫。继发感染后,病势加重,发生纤维素性出血性肺炎或肠炎。

### （三）病理变化

鸡禽流感的特征性变化是腺胃黏膜和腹部脂肪出血,肌胃内层出血(图 2-12)、糜烂,胰腺、肠系膜出血。胸骨内侧、胸肌和全身气管黏膜严重出血,呈红气管。心外膜与心肌脂肪有出血点(图 2-13)。头部、颜面、鸡冠、肉垂水肿部皮下呈黄色胶样浸润、出血。产蛋鸡的输卵管有白色黏稠或干酪样分泌物,卵黄囊软化、破裂,并常见卵黄性腹膜炎。火鸡病变与鸡相似,但没有鸡严重。病鸡出现胰腺炎(图 2-14)和心肌炎。

猪流感的病理变化主要体现在呼吸器官。鼻、咽、喉、气管和支气管的黏膜充血、肿胀,表面覆有黏稠的液体,小支气管和细支气管内充满泡沫样渗出液。胸腔、心包腔蓄积大量混有纤维素的浆液。

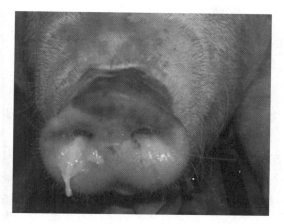

图 2-11　猪鼻孔流出黏液

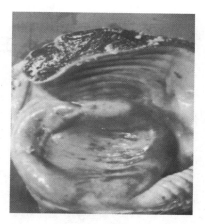

图 2-12　肌胃内层出血

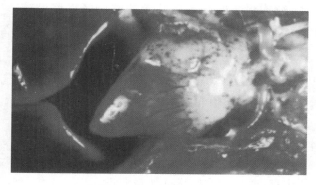

图 2-13　心肌脂肪出血

图 2-14　胰腺炎与出血

肺脏的病变常发生于尖叶、心叶,其颜色由红至紫,塌陷、坚实,韧度似皮革。

### （四）实验室诊断

根据流行病学特点、临诊症状和病理变化等可做出初步诊断,确诊要进行病毒分离鉴定和血清学诊断。

病料接种 8~10 日龄鸡胚,用血凝-血凝抑制试验和神经氨酸酶抑制试验可鉴定病毒。通过琼脂扩散试验、免疫荧光技术、ELISA 和免疫胶体金技术等可进行血清学诊断。分子生物学诊断常用 RT-PCR 技术、实时荧光定量法、基因芯片等方法。

## 三、防治

### （一）预防

用禽流感疫苗对家禽进行预防注射,可采用灭活疫苗和弱毒疫苗。此外,应用高效价抗血清给鸡注射后,可获得被动免疫。对于猪场重要的是良好的护理与保持猪舍清洁、干燥、温暖、无贼风袭击。

### （二）扑灭

对于高致病性的禽流感,一旦发生可疑病例,应及时上报疫情,积极采取扑灭措施。实行以紧急扑杀为主的综合措施后,立即对病群采取封锁、隔离、扑杀、销毁、消毒、紧急预防接种等措施进行控制。

## 四、公共卫生

流感是一种传染性极强的传染病,要严格做好生物安全措施和严格执行管理制度,防止流感由动物传染给人。儿童、孕妇、老年人和存在基础疾病的患者感染流感病毒后,易发展成重症,并发致命并发症,因此对这些高危人群要给予足够的重视,及早预防和治疗,密切观察病情变化。积极接种流感疫苗是预防流感最重要的措施。

*Note*

# 任务三 狂 犬 病

狂犬病(rabies)是由狂犬病毒所致的急性传染病,俗称疯狗病或恐水病,人畜共患,多见于犬、猫等肉食动物,人多因被病兽咬伤而感染。临床特征是患病动物出现极度的神经兴奋、狂暴和意识障碍,最后全身麻痹死亡。近年来世界流行趋势还有所上升,严重威胁人类健康和生命安全。

## 一、病原

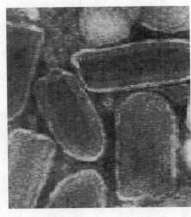

**图 2-15 狂犬病毒**

狂犬病毒(rabies virus,RV)属于弹状病毒科狂犬病毒属,外形呈子弹状(图 2-15),核衣壳呈螺旋对称,表面具有包膜,内含有单股 RNA。病毒对外界的抵抗力不强,可被各种理化因素灭活,如反复冻融、紫外线、常用的消毒剂(如苯酚、新洁尔灭、70%乙酸溶液、0.1%升汞溶液、2%甲醛溶液、70%酒精、0.01%碘溶液)都能使之灭活。

## 二、诊断要点

### (一)流行特点

**1. 传染源** 患病动物和带毒者是本病的传染源,它们通过咬伤、抓伤使其他动物感染。患狂犬病的犬是使人感染的主要传染源,其次是猫。患病动物体内以中枢神经、唾液腺和唾液的含毒量较高。

**2. 传播途径** 多数患病动物唾液中带有病毒,由患病动物咬伤或伤口被含有狂犬病毒的唾液直接污染是本病的主要传播方式。唾液中含有大量病毒,通过咬伤使病毒随唾液进入皮下组织,然后沿神经纤维进入神经中枢,病毒在中枢神经组织增殖,并由中枢沿神经向外周扩散。病毒在中枢神经系统可继续繁殖,损害神经细胞和血管壁,引起一系列的神经症状。

**3. 易感动物** 几乎所有的温血动物都能感染,但在自然界中主要的易感动物是犬科和猫科动物以及蝙蝠和某些啮齿类动物。野生动物如狼、狐、臭鼬、蝙蝠是狂犬病毒的自然储存宿主,野生啮齿动物如野鼠、松鼠、竹鼠等对本病易感,在一定条件下可成为本病的危险疫源并长期存在。

本病的发生有季节性,一般在春、夏季比秋、冬季多发,没有年龄和性别的差异。人发生本病有明显的年龄、性别和季节性特征,一般青少年和儿童患者较多。

### (二)临诊症状

本病潜伏期长短差异较大,病死率可达 100%。潜伏期一般为 2~8 周,目前报道最短的是 5 天,长的数月或 1 年以上。狂犬病根据临床表现可分为狂暴型和麻痹型两种类型。

**1. 狂暴型** 发病犬有前驱期、兴奋期和麻痹期。前驱期 1~2 天,病犬精神沉郁,常躲在暗处,不愿和人接近,性情、食欲反常,喜吃异物,喉头轻度麻痹,吞咽时颈部伸展,瞳孔散大,反射功能亢进,轻度刺激即兴奋,有时望空扑咬,性欲亢进,后驱软弱。兴奋期 2~4 天,病畜高度兴奋,表现狂暴并常攻击人畜。狂暴发作常与沉郁交替出现,表现一种特殊的斜视和惶恐表情,当再次受到外界刺激时,又可出现一次新的发作,狂乱攻击,自咬四肢、尾及阴部等。随着病情的进一步发展,出现意识障碍、反射紊乱,显著消瘦,吠声嘶哑,夹尾,眼球凹陷,瞳孔散大或缩小等症状。麻痹期 1~2 天,麻痹症状迅速发展,舌脱出口外,流涎显著,不久后躯及四肢麻痹,卧地不起,最后因呼吸中枢麻痹或衰竭死亡。

**2. 麻痹型** 麻痹期开始见于头部肌肉,病犬表现吞咽困难,张口流涎、恐水,随后发生四肢麻痹进而全身麻痹而死亡,一般病程为 5~6 天。

人发病时,开始有焦躁不安的感觉,头痛,感觉异常,在咬伤部位常感疼痛难忍,随后发生兴奋症状,对光和声音的刺激极度敏感,瞳孔放大,流涎增加。病情加重后,患者表现吞吐困难,呼吸道痉挛,全身抽搐,最后出现全身麻痹。

### （三）病理变化

本病无特征性剖检变化,常见尸体消瘦,体表有伤痕。病理组织学检查见有非化脓性脑炎变化,特征性的病变是在大脑海马角、大脑或小脑皮质等处的神经细胞中可检出嗜酸性包涵体,即内氏小体,呈圆形或卵圆形(图2-16)。

### （四）实验室诊断

本病的临床诊断较困难,有时因潜伏期特长,查不出咬伤史,症状又易与其他脑炎相混而误诊。如患病动物出现典型的病程,每个病期的临床表现明显,结合病史可做出初步诊断。因狂犬病犬在出现症状前1～2周就已从唾液中排出病毒,所以当动物

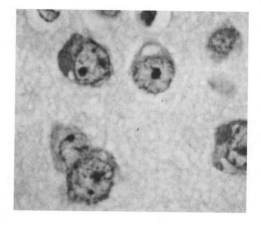

图2-16 内氏小体

或人被可疑病犬咬伤后,应及早对可疑犬做出确诊,以便对被咬伤的人、畜进行必要的处理。应将可疑犬拘禁观察或扑杀,进行实验室检查。采集扑杀或死亡的可疑动物脑组织,最好是海马角或延髓,检出内氏小体可确诊。荧光抗体法也是一种特异而快速的直接染色检查诊断法。

### 三、防治

对家犬大面积的预防免疫是控制和消灭狂犬病的根本措施。只要使用有效的狂犬病疫苗,使其免疫覆盖率连续数年达75%以上,就可有效地控制狂犬病的发生。对兽医、实验室检查人员、饲养员和野外工作人员应做好预防性免疫。

### 四、公共卫生

人的狂犬病大都是由于被患狂犬病的动物咬伤所致,因此人若被可疑动物咬伤后应立即用20%肥皂水冲洗伤口,并用3%碘酊处理伤口,然后迅速接种狂犬病疫苗,在发病之前建立主动免疫。

视频:狂犬病的防治

视频:被狂犬咬伤后的处理

扫码看课件 3-4

# 任务四　流行性乙型脑炎

流行性乙型脑炎的病原于1934年在日本被发现,故本病又名日本乙型脑炎,简称乙脑,是一种由昆虫媒介传播的人畜共患的急性传染病。本病主要分布在亚洲远东和东南亚地区,经蚊传播,多发于夏、秋季。临床有高热、意识障碍、惊厥、强直性痉挛和脑膜刺激等特征,属自然疫源性疾病。多种动物都可感染,人、猴、马和驴感染后出现明显的脑炎症状,病死率较高。

### 一、病原

乙脑病毒属于黄病毒科黄病毒属病毒,呈球状,核酸为单股RNA,外层具包膜,包膜表面有血凝素,能凝集鸡、鸭、鹅、鸽和绵羊的红细胞,并为阳性血清所抑制。猪是乙脑病毒的主要中间宿主和传染源。该病毒对外界的抵抗力不强,56 ℃ 30 min即可灭活,对2%氢氧化钠溶液、3%来苏尔、乙醚、碘酊、氯仿等均敏感。

视频:流行性乙型脑炎

### 二、诊断要点

#### （一）流行特点

**1. 传染源**　人类和多种动物可作为本病的传染源,其中家畜和家禽是主要的传染源,主要通过库蚊传播,在猪、涉水禽鸟等储存和扩增宿主间循环(图2-17)。猪、牛等家畜是乙脑病毒的主要储存宿主和传染源,而猪对乙脑病毒自然感染率高。

**2. 传播途径**　能传播本病的蚊虫很多,现已被证实的有库蚊、伊蚊和按蚊(图2-18)。库蚊作为

Note

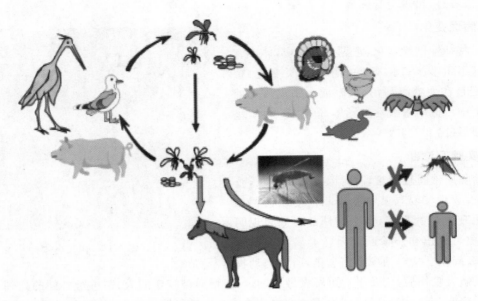

图 2-17　乙脑病毒传播示意图

乙脑的主要传播媒介,于水塘、池塘或灌溉稻田繁殖,主要在傍晚或夜间叮咬。库蚊通过叮咬感染乙脑病毒的猪、牛等家畜后再叮咬人,导致病毒侵入人体,使人感染。

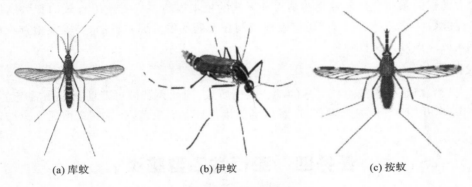

(a)库蚊　　　　　　　(b)伊蚊　　　　　　　(c)按蚊

图 2-18　蚊子的种类

**3. 易感动物**　马、猪、牛、羊等多种动物和人都可感染,但除人、马和猪外,其他动物多为隐性感染。初产母猪发病率高,流产、死胎等症状严重。乙脑主要在每年的 5—10 月流行,发病高峰通常出现在 7—9 月,南方地区在 7—8 月达到峰值,北方地区在 8—9 月达到峰值。在热带地区,本病全年均可发生,在亚热带和温带地区本病的发生有明显的季节性。

**(二)临诊症状**

**1. 猪**　人工感染潜伏期一般为 3～4 天,常突然发病,体温升高达 40～41 ℃,呈稽留热,病猪精神委顿,喜卧,饮欲增加,结膜潮红,食欲减退或废绝,粪干呈球形,尿呈深黄色。少部分猪后肢轻度麻痹,有的后肢关节肿胀疼痛而跛行。个别表现为明显神经症状,最后倒地不起而死亡。妊娠母猪发生流产、早产或延时分娩,胎儿大小不等,且多是死胎或木乃伊胎(图 2-19)。流产多发生在妊娠后期,流产后症状减轻,体温、食欲恢复正常。少数母猪流产后从阴道流出红褐色乃至灰褐色黏液,胎衣不下。公猪除有上述一般症状外,突出表现是在发热后发生睾丸炎(图 2-20),一侧或两侧睾丸明显肿大,是正常睾丸的 1.5～2 倍,具有特征性,最后失去配种能力。

**2. 马**　潜伏期为 1～2 周,幼驹发病多,成年马为隐性感染。病马呈脑炎症状,沉郁和兴奋交替出现。病初体温短期升高,可视黏膜潮红或轻度黄染,精神沉郁,头下垂,食欲减退,肠音稀少,粪球干小。沉郁型病马,表现为呆立不动,低头重耳,眼睛半开半闭,常出现异常姿势,后期卧地昏迷;兴

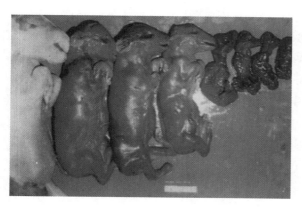

图 2-19　死胎和木乃伊胎

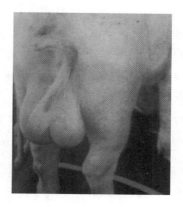

图 2-20　猪睾丸炎

奋型病马,表现为狂暴不安,乱冲乱撞,攀越饲槽,后期因过度疲惫,倒地不起,麻痹衰竭而死亡。

**3. 牛、羊**　病牛、羊同样有兴奋和沉郁两种临床表现,表现出不同的神经症状,常有痉挛、转圈、四肢强直、牙关紧闭,最后出现麻痹、昏睡而死亡。

### （三）病理变化

**1. 猪**　流产胎儿脑水肿,腹腔积液增多,皮下血样浸润;胎儿大小不等,木乃伊胎从拇指大小到正常大小均有;全身淋巴结出血;肺淤血、水肿;子宫黏膜充血、出血并分泌黏液。公猪睾丸实质充血、出血并出现小坏死灶;睾丸硬化者,体积缩小,肿胀的睾丸实质充血。

**2. 马**　肉眼病变不明显,脑脊髓液增量,脑胶和脑实质充血、出血、水肿,肺水肿,肝、肾肿胀,心内外膜出血,胃肠有急性卡他性炎症;脑组织学检查见非化脓性变化。

**3. 牛、羊**　典型的病理表现为脑组织无脓性脑炎改变。

### （四）实验室诊断

**1. 组织学检查**　妊娠母猪发生流产,公猪发生睾丸炎,死后取大脑皮质、丘脑和海马角进行组织学检查,发现非化脓性脑炎等,可作为诊断的依据。

**2. 血清学诊断**　血凝抑制试验、中和试验是常用的实验室诊断方法,荧光抗体法、反向间接血凝试验也可以用来检测乙脑病毒。

## 三、防治

乙脑的预防,应采取三方面措施:畜群积极免疫接种、消灭传播媒介和强化宿主动物的管理。

**1. 畜群积极免疫接种**　用乙脑疫苗预防注射,不但可预防流行,还可降低动物的带毒率,既可预防本病的传染,也可有效阻碍人群中乙脑的流行。

**2. 消灭传播媒介**　这是一项预防与控制乙脑流行的根本措施,以灭蚊防蚊为主,尤其是三带喙库蚊,应根据其生活规律和自然条件,采取有效措施。

**3. 强化动物宿主的管理**　猪是乙脑传播的主要中间宿主,做好饲养场的环境卫生工作,管好家禽,可有效地降低地区乙脑发病率。

# 任务五　痘　　病

扫码看课件
3-5

　　痘病是由痘病毒科中的痘病毒引起的各种家畜、家禽和人的一种急性、热性、接触性传染病。以绵羊痘、鸡痘和猪痘较常见,山羊痘、牛痘发生较少。典型痘病的共同特点是在皮肤上呈现丘疹、水疱、脓疱和结痂,可能有或无全身反应。与痘病有关的痘病毒有 6 个属,各种动物的痘病毒分属于各个属,各种禽痘病毒与哺乳动物痘病毒之间不能交叉感染或交叉免疫。

　　禽痘病毒常在禽的头部皮肤或口腔上引发特殊的痘疹;绵羊痘病原为绵羊痘病毒;山羊痘病原

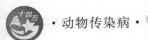
为山羊痘病毒;牛痘由牛痘病毒或痘苗病毒引起。畜、禽痊愈后都能获得强免疫力。

痘病毒呈砖形或椭圆形,为双股 DNA 病毒,可在易感细胞的胞质内复制,并能形成包涵体。多数痘病毒能在鸡胚绒毛膜上生长,产生痘疮病灶。病毒对温度有较强的抵抗力,在干燥的痂块中可存活数年,但对氯化剂和乙醚敏感。

视频:羊痘

### 一、绵羊痘

绵羊痘由山羊痘病毒属的绵羊痘病毒引起,其特征是在皮肤和黏膜上出现特异性的痘疹,可见到典型的斑疹、丘疹、水疱、脓疱和结痂等病理过程。

### 二、诊断要点

#### (一)流行特点

痘病过去广泛流行于欧洲、非洲和亚洲的许多国家,现已被消灭或控制。

**1. 传染源** 病羊和带毒羊是主要的传染源,病羊可通过分泌物、排泄物和痂皮向体外排出病毒。

**2. 传播途径** 本病主要经呼吸道感染,也可通过损伤的皮肤或黏膜感染。饲养管理人员、护理用具、皮毛、饲料、垫草和外寄生虫都可成为传播的媒介。

**3. 易感动物** 不同品种、性别和年龄的绵羊都有易感性,以细毛羊易感性最强;羔羊比成年羊易感,病死率高;妊娠母羊可出现流产。

本病多发于冬末春初,气候寒冷、饲草缺乏和饲养管理不良等都可促使本病的发生和病情加重。

#### (二)诊断要点

**1. 临诊症状** 该病潜伏期平均为 6~8 天,典型病羊体温升高到 41~42 ℃,食欲减退、精神沉郁,眼结膜潮红,鼻孔流出浆液、黏液或脓性分泌物。

痘疹多发生于皮肤无毛或少毛部分,如眼的周围,唇、鼻、面部、乳房、外生殖器、四肢和尾内侧(图 2-21)。开始为红斑,随后丘疹逐渐扩大,变成灰白色或淡红色半球状的隆起结节,结节在几天内变成水疱,逐渐变成脓疱,脓疱常在几天内干燥成棕色痂块,痂块脱落后形成红斑,然后颜色逐渐变淡。

非典型病例不出现上述典型症状或经过,仅出现体温升高和黏膜卡他性炎症,不出现或仅出现少量痘疹或痘疹出现硬结状,在几天内干燥脱落,不形成水疱和脓疱,此为良性经过,也称顿挫型。

**2. 病理变化** 剖检可见主要在咽喉、气管、肺和皱胃等部位出现特征性痘疹,个别病例在真胃黏膜处形成糜烂或溃疡,肺部有干酪样结节。此外,常见细菌性败血症变化,如肝脂肪变性、心肌变性、淋巴结急性肿胀等。临床上病羊多死于继发感染。

**3. 实验室诊断** 将新形成未化脓的丘疹,制成超薄切片,经吉姆萨染色后,在光学显微镜下可见到椭圆形的原生小体,结合羊只从未用过绵羊痘疫苗及临床表现可诊断为绵羊痘病。

### 三、防治

**1. 预防** 在羊痘常发地区,每年定期用羊痘鸡胚化弱毒疫苗进行免疫接种,部位在尾内或股内侧(图 2-22),皮下注射 0.5 mL,免疫期 1 年。

**2. 治疗** 本病无特效药,主要采取对症治疗。发生痘疹后,可用 0.1% 高锰酸钾溶液冲洗,擦干后涂抹紫药水或碘甘油等,康复羊血清有一定防治作用。

**3. 扑灭** 发生本病时,应立即上报疫情,按规定处置。

山羊痘的防治参见绵羊痘。

### 四、禽痘

禽痘是由禽痘病毒引起的传染病,主要侵害鸡与火鸡,在幼雏和中雏中常见,分为皮肤型和黏膜型。前者多以皮肤尤其是头部皮肤的痘疹,继而结痂、脱落为特征;后者可引起口腔和咽喉黏膜的纤维素性坏死性炎症,常形成假膜,又称禽白喉,有的病禽两型可同时发生。鸡痘可严重影响鸡的生产

Note

图 2-21 羊唇、面部、颈部痘疹

图 2-22 尾内侧注射疫苗

性能。

### （一）流行特点

**1. 传染源** 病禽和带毒禽是本病的传染源。

**2. 传播途径** 健康家禽和病禽接触传播，脱落和碎散的痘痂是病毒散布的主要载体。病毒一般经损伤的皮肤和黏膜感染。蚊虫及体表寄生虫可传播本病，蚊虫的带毒时间可达 10～20 天。

**3. 易感禽类** 家禽中以鸡的易感性最高，不同年龄、性别和品种的鸡都可感染；其次是火鸡、鸭、鹅等；鸟类（如金丝雀、麻雀、燕雀、鸽等）也常发生痘疹，但病毒类型不同，一般不交叉感染。

本病一年四季均可发生，以春、秋两季和蚊虫活跃的季节较易流行。拥挤、通风不良、阴暗、潮湿、体表寄生虫、维生素缺乏等因素，可使病情加重。有继发感染时，死亡率会大大增高。

### （二）临诊症状

潜伏期 4～8 天，根据侵害部位可分为 4 种类型，即皮肤型、黏膜型、混合型、败血型。

**1. 皮肤型** 以头部皮肤，有时于腿、脚、泄殖腔和翅内侧形成特殊的痘疹为特征（图 2-23）。常见于冠、肉、喙角、眼皮和耳球上，呈干而硬的结节。全身症状常不明显。

**2. 黏膜型** 又称白喉型，多发生于小鸡，病死率较高，可达 50%。病初出现鼻炎症状，流鼻液，前期为浆性黏液，后变为脓性。在口腔和咽喉常形成一层黄白干酪样假膜，后结痂成块（图 2-24），假膜有时伸入喉部，引起呼吸和吞咽困难，甚至窒息死亡。

图 2-23 皮肤型禽痘

图 2-24 黏膜型禽痘

**3. 混合型** 皮肤和黏膜均被侵害。

**4. 败血型** 临床较少见。

禽痘病程一般 2～3 周，严重的 6～8 周。鸽痘的痘疹，一般出现在腿、脚、眼睑或靠近喙角基部处，个别的可发生口疮。

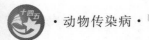

### （三）病理变化

病变与临诊症状相似，口腔黏膜的病变有时可蔓延至气管、食道和肠道。肠黏膜可见有小点状出血，肝、脾和肾常肿大，心肌有时呈现实质病变。组织学检查，可见病变部位的上皮细胞的胞质内有包涵体。

### （四）实验室诊断

皮肤型和混合型根据症状不难做出诊断，确诊可通过病理组织学方法检查包涵体。黏膜型易与传染性鼻炎、传染性喉气管炎等相混淆，可采取组织学和病毒学方法确诊。

## 五、防治

**1. 预防** 有计划地进行预防接种是防治本病的有效方法。可用鸡痘鹌鹑化弱毒疫苗，接种方法是用鸡痘刺种针或无菌钢笔尖蘸取稀释的疫苗，于鸡翅侧无血管处皮下刺种。一般在春、秋两季进行。

**2. 扑灭** 发生本病时，应隔离病禽，病重的淘汰，病死禽深埋或焚烧。

# 任务六　轮状病毒感染

轮状病毒（RV）感染是由轮状病毒引起的多种幼龄动物和人婴幼儿的一种急性肠道传染病，以腹泻和脱水为特征，轮状病毒不仅感染人类，也可感染哺乳类动物和鸟类。轮状病毒感染一年四季均可发生，在晚秋、冬季和早春季节多见，成年动物和成人多呈隐性经过。

## 一、病原

轮状病毒是一种双股核糖核酸病毒，属于呼肠孤病毒科轮状病毒属。轮状病毒无囊膜，核酸由11个双股RNA片段组成，有双层表壳，形似车轮（图2-25）。轮状病毒分为以英文字母编号为A、B、C、D、E、F与G七个群。A群为常见的典型病毒，主要感染人和各种动物；B群主要感染猪、牛和大鼠；C群和E群感染猪；D群感染鸡和火鸡；F群感染禽。轮状病毒对理化因素有较强的抵抗力，室温能存活7个月。轮状病毒具有较强的耐酸、碱性，1%次氯酸钠溶液、56℃加热30 min可灭活。

## 二、诊断要点

### （一）流行病学

**1. 传染源** 病畜和隐性感染动物是本病的传染源，病毒主要存在于肠道内，随粪便排出，污染环境。

**2. 传播途径** 本病通常为水平传播，主要以口-粪途径感染。从粪便排出的病毒污染饲料、饮水、垫草和土壤，经消化道感染。

**3. 易感对象** 多种哺乳动物、禽类及人都可感染，感染率最高可达90%～100%，成年动物或年龄较大的动物常呈隐性经过，发病的一般是幼龄动物。

本病传播迅速，发病有一定的季节性，晚秋、冬季和早春多发。寒冷、潮湿及不良的卫生条件可使病情加重。

### （二）临诊症状

**1. 牛** 潜伏期15～96 h，多发于1周龄以内的新生犊牛。病牛精神沉郁，食欲减退，腹泻，粪便呈黄白色、液状（图2-26），有时带有黏液和血液。腹泻时间长的脱水明显，病情严重的可引起死亡。恶劣的寒冷气候可使许多病牛在腹泻后并发严重的肺炎而死亡。

**2. 猪** 发病猪临床以厌食、呕吐、下痢为特征。初期精神沉郁，食欲不振，不愿走动；部分猪吃奶后发生呕吐，继而腹泻，粪便呈黄色、灰色或黑色，为水样或糊状（图2-27），呈地方流行性，多发于8周龄以内的仔猪。病猪腹泻后，脱水明显，若有母源抗体保护，1周龄的仔猪不易感染发病；3～8周

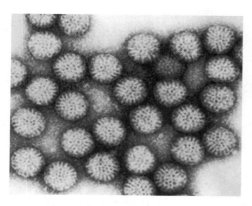

图 2-25 负染电镜下的轮状病毒

图 2-26 患牛拉黄白色粪便

龄或断奶 2 天的仔猪病死率为 10%～30%,严重的可达 50%;10～20 周龄哺乳仔猪症状轻,腹泻 1～2 天即可痊愈,死亡率低。

**3. 其他动物** 羔羊和鸡感染后,潜伏期短,主要症状是腹泻、精神沉郁、食欲减退、体重减轻和脱水等。

### (三)病理变化

病变限于消化道,幼龄动物胃壁弛缓,胃内充满凝乳块和乳汁。小肠壁菲薄,半透明,上皮脱落,绒毛裸露(图 2-28),内容物液状,呈灰黄色或灰黑色。小肠广泛出血,肠系膜淋巴结肿大。

图 2-27 病猪精神沉郁,水样腹泻

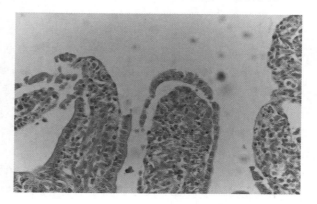

图 2-28 上皮脱落,绒毛裸露

### (四)实验室诊断

取腹泻开始 24 h 内的小肠及内容物或粪便,小肠做冷冻切片或涂片进行荧光抗体检查和感染细胞培养物;小肠内容物和粪便经超速离心等处理后,做电镜检查可进行确诊。

## 三、防治

**1. 预防** 新生仔畜应及早吃到初乳,接受母源抗体保护。对母畜合理注射疫苗能有效地防控幼畜发病。

**2. 治疗** 发生本病后,应停止哺乳,用葡萄糖盐水给病畜自由饮用。同时对病畜进行对症治疗,如可用收敛止泻药,静脉注射葡萄糖盐水与碳酸氢钠溶液以防止脱水和酸中毒,使用抗菌药物以防止继发细菌性感染。

## 四、公共卫生

人群中婴幼儿主要感染 A 群轮状病毒,感染后会出现急性腹泻、脱水、酸中毒,可并发肺炎、病毒性心肌炎、脑炎等,严重的可引起死亡。预防婴幼儿感染轮状病毒,应做到饭前便后洗手,尽量用母乳喂养婴儿,提高婴儿的抵抗力。

*Note*

# 项目四　细菌性共患病

　　细菌性共患病是人畜共患病中的一个大类,占据共患病的半壁江山。其中有经常可以见到的大肠杆菌病,有可以造成恐怖袭击的炭疽,有兽医的职业病布鲁氏杆菌病,有具有肺痨之称的结核病……掌握这些疾病的发病原因,学会对它们进行合理预防,做到既不谈虎色变,又不掉以轻心,才能使我们自身保持健康的生活,同时保护动物们的健康。

## 学习目标

　　▲**知识目标**

　　1. 熟悉大肠杆菌病、沙门氏菌病和巴氏杆菌病的鉴别诊断。

　　2. 掌握各个细菌病尤其是大肠杆菌病、沙门氏菌病、巴氏杆菌病、炭疽、布鲁氏杆菌病、结核病、破伤风的流行特点、临诊症状和病理变化,掌握它们的防治措施。

　　3. 理解大肠杆菌病、沙门氏菌病、布鲁氏杆菌病、结核病和破伤风的流行特点和诊断方法。

　　▲**技能目标**

　　1. 能够正确操作布鲁氏杆菌病检验技术。

　　2. 熟练掌握牛结核菌素变态反应诊断的方法及布鲁氏杆菌病的试管凝集试验的操作。

　　▲**思政与素质目标**

　　1. 解读我国在人畜共患病方面的贡献,增强学生的民族自豪感。

　　2. 了解疫苗在多种共患病中的高效应用,培养学生勤思考、善钻研的能力。

扫码看课件
4-1

# 任务一　大肠杆菌病

　　大肠杆菌病(colibacillosis)是由致病性大肠杆菌引起的人和多种动物共患的传染病的统称,包括动物的局部性或全身性大肠杆菌感染、腹泻、败血症和毒血症等,主要发生于幼龄动物。

## 一、病原

　　大肠杆菌是中等大小、两端钝圆的革兰氏阴性杆菌,无明显的荚膜,周身鞭毛,能运动,无芽孢。本菌为需氧或微厌氧微生物,在普通琼脂培养基上生长良好,形成中等大小、表面光滑、湿润、凸起的白色菌落。在血液琼脂平板上,一些致病菌株形成 α 溶血环;在伊红亚甲蓝琼脂平板上,形成紫黑色带金属光泽的菌落;在麦康凯琼脂上,形成红色菌落。大肠杆菌能发酵多种糖类,产酸、产气,是人和动物肠道中的正常栖居菌。

　　致病性和非致病性大肠杆菌在形态、培养特性、生化反应及染色反应等方面没有区别,但抗原构造不同。迄今,已确定其抗原结构的有菌体(O)抗原 171 种、表面(K)抗原 103 种、鞭毛(H)抗原 64

实操视频:
细菌的革兰
氏染色

*Note*

种及菌毛（F）抗原，它们之间可组合成几千个血清型，如 $O_8：K_{88}$、$O_8：K_{88}：H_9$、$O_{166}：H_{27}$ 等。

按其对人和动物的致病性，分为产肠毒素性大肠杆菌（ETEC）、肠侵袭性大肠杆菌（EIEC）、肠致病性大肠杆菌（EPEC）、肠败血性大肠杆菌（SEPEC）、肠出血性大肠杆菌（EHEC）。其中 EHEC 是近年来新发现的一种大肠杆菌，其主型为 $O_{157}：H_7$，能产生志贺毒素样细胞毒素，引起人出血性肠炎。

本菌对外界抵抗力不强，常规浓度的消毒剂均易将其杀死，但其对抗生素也易产生耐药性。

## 二、诊断要点

### （一）流行特点

本病一年四季均可发生，但犊牛和羔羊多发于冬春舍饲时期。仔猪发生黄痢时，常波及一窝仔猪的 90％ 以上，病死率很高，可达 100％；发生白痢时，一窝仔猪发病数可达 30％～80％；发生水肿病时，多呈地方流行性，发病率为 10％～35％，发病者常为生长快的健壮仔猪。牛、羊发病时呈地方流行性或散发性。雏鸡发病率可达 30％～60％，病死率达 100％。

仔畜未及时吸吮初乳，饥饿或过饱，饲料不良、配比不当或突然改变，气候剧变，易于诱发本病。大型集约化养畜（禽）场畜（禽）群密度过大、通风换气不良、饲管用具及环境消毒不彻底，是加速本病流行的因素。

视频：大肠杆菌病

**1. 传染源**　病畜（禽）和带菌者是本病的主要传染源。病菌通过粪便排出，可散布于外界，污染水源、饲料，以及母畜的乳头和皮肤。

**2. 传播途径**　仔畜吮乳、舐舔或饮食时，经消化道而感染。此外，牛也可经子宫或脐带感染，鸡也可经呼吸道感染，或病菌侵入种蛋裂隙使胚胎发生感染。人主要通过手或污染的水源、食品、牛乳、饮料及用具等经消化道感染。

**3. 易感动物**　幼龄畜禽对本病最易感。猪自出生至断乳期均可发病，仔猪黄痢常发于出生后 1 周以内，以 1～3 日龄者居多，仔猪白痢多发于出生后 10～30 天，以 10～20 日龄者居多，猪水肿病主要见于断乳仔猪；牛出生后 10 天以内多发；羊出生后 6 天至 6 周多发，有些地方 3～8 月龄的羊也有发生；马出生后 2～3 天多发；鸡常发生于 3～6 周龄；兔主要发生于 20 日龄及断奶前后的仔兔和幼兔。

### （二）临诊症状

**1. 猪**　猪大肠杆菌病按发病日龄和临诊特征分为仔猪黄痢、仔猪白痢和猪水肿病等，各病有其自身的特点（表 2-2）。ETEC 是引起初生仔猪与断乳仔猪腹泻的最常见和最重要的病菌。

表 2-2　仔猪黄痢、白痢及水肿病的区别

| 特　　征 | 仔　猪　黄　痢 | 仔　猪　白　痢 | 猪　水　肿　病 |
| --- | --- | --- | --- |
| 病名别称 | 早发性大肠杆菌病 | 迟发性大肠杆菌病 | 猪肠毒血症，小猪摇摆病 |
| 发病日龄 | 1～3 日龄 | 2～3 周龄 | 断奶前后 |
| 临诊症状 | 排出黄色或黄白色水样稀便 | 浆状或糊状白色粪便，腥臭 | 头部水肿，神经症状 |
| 病理变化 | 肠炎、败血症 | 胃黏膜充血、水肿 | 胃壁、肠系膜水肿 |
| 病死率 | 90％～100％ | 大多数自愈 | 90％ |

（1）仔猪黄痢：潜伏期短的 12 h，长的 1～3 天。仔猪黄痢又称早发性大肠杆菌病，是新生仔猪的一种急性高度致死性传染病，其特征是病猪剧烈腹泻，排出黄色或黄白色水样粪便（图 2-29），并迅速脱水死亡。仔猪在出生时体况正常，于 12 h 后，一窝仔猪中突然有 1～2 头表现全身衰弱进而死亡，以后其他仔猪相继发生腹泻，内含凝乳片，有腥臭味，肛门呈红色松弛状态。病猪迅速消瘦、脱水、昏迷乃至死亡。

（2）仔猪白痢：仔猪白痢又称迟发性大肠杆菌病，是 10～30 日龄仔猪的一种急性肠道传染病。其特征是病猪排出腥臭的浆状或糊状白色粪便（图 2-30）。

图 2-29　仔猪排黄色稀便

图 2-30　仔猪排白色粪便

　　病猪突然发生腹泻,排便次数不等,有特异的腥臭味。体温、食欲无明显变化。病猪消瘦、拱背、行动缓慢,被毛粗糙无光,发育迟缓。此时如不及时治疗,排除发病诱因,则病情加剧,严重的经过 5～6 天死亡或拖延 2～3 周。本病病程一般为 2～3 天,长的可达 1 周,绝大多数病猪能够康复。

　　(3)猪水肿病:猪水肿病是由产志贺毒素大肠杆菌引起的断奶前后仔猪多发的一种急性肠毒血症。特征是病猪突然发病、头部水肿、共济失调、惊厥和麻痹;剖检可见明显胃壁和肠系膜水肿。

　　体格健壮的仔猪,突然发病,很快死亡。一般病猪发病前 1～2 天常有轻度腹泻,随后表现为便秘、精神沉郁、食欲减少或废绝、口流泡沫、呼吸加快、心跳急速;站立时背弓起、全身发抖、站立不稳;行走时四肢无力、共济失调、盲目运动或做转圈运动;静卧时肌肉震颤、不时抽搐、四肢划动如游泳状;触之敏感,继而前肢或后躯麻痹,不能起立;体温变化不明显。常见眼睑和前额部水肿(图 2-31),有时波及至颈部和腹部皮下,有些病猪水肿不明显。病程一般为 1～2 天,个别可达 7 天以上,多数转归死亡。

　　2. 禽　潜伏期从数小时到 3 天不等。急性者体温上升,常无腹泻而突然死亡。经卵感染或在孵化后感染的鸡胚,出壳后几天内即可发生大批急性死亡。慢性者呈剧烈腹泻,粪便白色、黄绿色(图 2-32),有时混有血液,死前有抽搐和转圈运动,病程可拖延十余天,有时见全眼球炎。成年鸡感染后,多表现为关节滑膜炎、输卵管炎和腹膜炎。

图 2-31　眼睑水肿、充血,前肢呈跪爬姿势

图 2-32　排白色、黄绿色稀便

　　3. 犊牛　本病潜伏期很短,仅为数小时。其临床常有败血型、肠毒血型、肠型三种形式表现。成年牛往往会引起乳房炎。

　　(1)败血型:常见于出生后 3 天以内的犊牛。病犊体温升高到 41 ℃以上,精神委顿、卧地不起、腹泻、脱水,多于发病后数小时至 1 天内出现急性败血症而死亡。

　　(2)肠毒血型:见于出生后 7 天内吃过初乳的犊牛,病犊肠道内大肠杆菌大量繁殖,产生毒素,进入犊牛血液,引起突然死亡。病程稍长的呈中毒性神经症状,先兴奋后沉郁,较少见腹泻,最后昏迷死亡。

(3)肠型:见于出生后 7～10 天且吃过初乳的犊牛,病初体温升高达 39.4～40 ℃,食欲减退,喜卧,水样下痢。粪便开始为黄色,后变为灰白色,混有凝乳块、血丝或气泡;病程后期,排便失禁,尾及后躯被稀粪污染,体温正常或下降,脱水而死亡;病程稍长的病犊出现肺炎、关节炎、脑膜炎,有的犊牛结膜充血、出血,个别的眼球突出。患病犊牛痊愈后发育迟缓。

**4. 兔** 兔大肠杆菌病又称黏液性肠炎,临床特征为患兔排黑色糊状稀粪,有时带胶冻样黏液,粪便有腥臭味。慢性病例排比米粒稍大的两头尖的小粪球,俗称"老鼠屎",偶尔也有不腹泻而突然死亡的病例。病兔精神沉郁,被毛粗乱,四肢发冷,磨牙、流涎。常由于脱水导致体重快速减轻、消瘦,腹部膨胀。

**(三)病理变化**

**1. 猪**

(1)仔猪黄痢:死亡仔猪严重脱水,颈部和腹部皮下常有水肿,肠黏膜呈急性卡他性炎症变化,肠壁变薄,肠腔内充满腥臭的黄色、黄白色稀薄内容物(图 2-33),有时混有血液、凝乳块和气泡,尤以十二指肠为重。胃膨胀,内充满酸臭的凝乳块,胃底黏膜充血发红,少数病例有出血斑点。肠系膜淋巴结充血、肿大,切面多汁,偶见肝、肾有凝固性的小坏死灶。

(2)仔猪白痢:尸体外表不洁、苍白、消瘦。胃内有少量凝乳块,胃黏膜充血、出血、水肿,一面附有黏液。肠黏膜呈卡他性炎症,肠壁变薄,呈半透明状,肠道空虚,含有大量的气体和少量稀薄、黄白色带酸臭味的液体(图 2-34)。肠系膜淋巴结轻度肿胀。

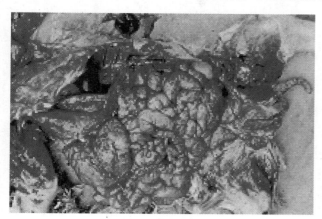
**图 2-33 肠内容物呈黄色米汤样**

**图 2-34 小肠黏膜充血、充满液体**

(3)猪水肿病:主要病变是水肿,以胃壁和肠系膜水肿较为常见。胃大弯和贲门部的黏膜层与肌层间显著增宽,其间充满淡黄色透明的胶冻样水肿液,厚度可达 2～3 cm(图 2-35);肠系膜以结肠系膜水肿明显,呈透明的胶冻样。全身淋巴结水肿并伴有不同程度的充血、出血。

切开水肿的眼睑和前额,有淡黄色胶冻样液体流出。此外,喉头、肺、脑回也有水肿,胸、腹腔和心包腔积有多量淡黄色液体,个别病例以出血性肠炎为主,水肿不明显。

**2. 禽**

(1)雏鸡卵黄炎和脐炎:鸡胚的卵黄囊是受感染的部位,使鸡胚在孵化后期出壳之前死亡,若感染鸡胚不死,则多数出壳后表现大肚与脐炎,俗称"大肚脐"。病雏精神沉郁,少食或不食,腹部大,脐孔及其周围皮肤发红、水肿,多在 1 周内死亡或淘汰,部分可延续至发病后 3 周死亡。有的表现下痢,排出泥土样粪便,2 天内死亡。

(2)急性败血型:本型大肠杆菌症可发生于任何年龄的鸡,多发生于幼雏和中雏,表现为精神委顿,食欲减退,排黄白色稀粪,发病率、病死率较高。剖检可见:纤维素性心包炎(图 2-36),表现为心

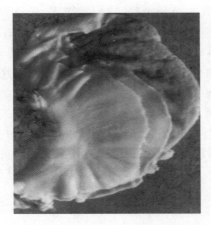

图 2-35　胃大弯黏膜和胃壁水肿

包积液，心包膜混浊、增厚、不透明，甚至内有纤维素性渗出物与心肌粘连，常伴有肝包膜炎、肝大、包膜肥厚混浊，纤维素沉着，甚至整个肝脏为一层纤维素性薄膜所包裹。脾充血肿胀，有小的坏死点。有时还可见纤维素性腹膜炎，腹腔内有数量不等的腹腔积液，混有纤维素性渗出物。有的出现肺炎的变化。

（3）气囊炎：气囊炎常为禽大肠杆菌病与禽败血霉形体病等呼吸道病合并感染而致，一般表现有明显的呼吸音，咳嗽、呼吸困难并发异常音，食欲明显减退，病禽逐渐消瘦，病死率可达 20%～30%。剖检可见：气囊壁增厚（图 2-37），变混浊，偶见数量不等的纤维素性渗出物或干酪样物，若心包炎严重，常可突然死亡。

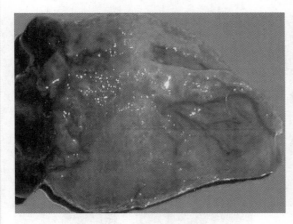

图 2-36　纤维素性心包炎

图 2-37　气囊壁增厚

（4）卵黄性腹膜炎及输卵管炎：炎症产物使输卵管伞部粘连，漏斗部的喇叭口在排卵时不能打开，使卵泡跌入腹腔而引发本病。病鸡外观腹部膨胀，呈"垂腹"现象。剖检可见腹腔中大量的卵黄液广泛地分布于肠道一面，肠道和脏器间互相粘连，并可产生大量毒素，引起发病母鸡死亡。

（5）肠炎：病鸡肛门下方羽毛潮湿、污秽粘连，这是大肠杆菌引起腹泻的特征性症状。剖检可见肠黏膜出血，严重时浆膜面可见到密集的出血点，心肌及肝脏多有出血，甲状腺及胸腺肿大出血，小肠黏膜呈密集充血、出血。

（6）关节炎：幼雏和中雏感染居多。一般呈慢性经过，病鸡关节肿胀，跛行。剖检可见关节液混浊，关节腔内有时出现脓汁或干酪样物。

（7）肉芽肿：部分成鸡感染后常在肠道，偶尔在肝、脾、心脏等处产生结节状灰白色至黄白色的大肠杆菌性肉芽肿。病变从很小的结节到大块组织坏死都有出现。

（8）生殖器官病：患病母鸡卵泡膜充血，卵泡变形，呈红褐色或黑褐色，有的变硬；公鸡睾丸膜充血，交媾器充血、肿胀。

**3. 犊牛**　败血症或肠毒血症的尸体常无特征病变。腹泻病死的犊牛，尸体极度消瘦，眼窝下陷，可视黏膜苍白，肛门周围有稀粪沾污。消化道的病变最为明显，真胃内有大量凝乳块，黏膜充血、水肿，间有出血，表面被覆大量的黏液；肠内容物混有血液，含有气泡，味酸臭。肠系膜淋巴结肿大，切面多汁，有时充血。此外，脾大，肝与肾被膜下出血，心内膜有小点出血，病程长的有肺炎和关节炎的病变。成年牛中，急性乳腺炎表现为乳房充血肿大，切面可见明显的炎性充血、出血区，亚急性患牛，则在乳腺中有大小不等的坏死灶形成。

**4. 兔**　剖检可见胃膨大，充满多量液体和气体；十二指肠充满气体和染有胆汁的黏液状液体；胆囊扩张，黏膜水肿；回肠内容物呈黏液胶样半固体状，粪球细长，两头尖，外面包有黏稠液；结肠扩张,有透明胶样黏液;有些病例结肠和盲肠的浆膜和黏膜充血,或有出血斑。

### (四)实验室诊断

根据症状、病理变化、流行病学材料可初步判定此病,确诊要进行实验室细菌分离鉴定,包括革兰氏阴性菌的检出、细菌分离鉴定、肠毒素和黏附素抗原的测定等。

生前可采取粪便,死后可采取肠系膜淋巴结、肝、脾及肠内容物。应当注意,在正常动物的消化道中存在大肠杆菌,而且大肠杆菌在动物死亡后又容易侵入组织,故从动物组织,尤其是从肠内容物中分离出大肠杆菌,是不能做出确诊的。尚需结合其他情况,必要时还需进一步鉴定分离出的大肠杆菌的血清型,综合判定。

## 三、防治

### (一)预防

加强动物的饲养管理,保证家畜及时获得足够的初乳。哺乳动物分娩前,用0.1%高锰酸钾溶液擦拭乳头和乳房,并挤掉乳头中的少量乳汁,使仔猪及早吃上充足的初乳。同时,产房应经常消毒,保持干燥、洁净、温暖的环境及良好的通风,防止有害气体产生,尽可能减少环境中的细菌数量,使母猪及仔猪有一个舒适的生活环境。此外,断奶时不要突然改变饲养条件和饲料,饲料喂量应逐渐增加,防止饲料单一和饲料中蛋白质含量过高。

坚持环境及用具的日常消毒,防止畜舍受潮和动物受寒风侵袭及饮用脏水。发现患病动物及时隔离治疗,即采取人工哺乳、加强护理和抗菌药物治疗措施,对腹泻严重的病畜,还应采取强心、补液、预防酸中毒等措施,减少病畜的死亡。

加强疫苗的免疫接种,母猪产前30天、15天各注射1次大肠杆菌菌苗。仔猪可通过初乳获得母源抗体,得到很好的保护。目前,应用的疫苗有新生仔猪腹泻大肠杆菌K88、K99双价基因工程苗,仔猪大肠杆菌腹泻K88、K99、987P三价基因工程苗,大肠杆菌K88ac-LTB双价基因工程苗和MM-3工程苗。也可在仔猪出生后先灌服微生态制剂,然后令其吸食初乳,有较好的预防效果。

目前,国内已研制成大肠杆菌灭活疫苗,有鸡大肠杆菌多价氢氧化铝苗和多价油佐剂苗,均有一定的防治效果。此外,育雏期间在饲料或饮水中添加抗生素进行药物预防对控制本病的发生也有较好的效果。

### (二)治疗

一旦有患病动物出现,应立即全群给予抗菌药物,常用的药物有庆大霉素、卡那霉素、痢菌净、磺胺咪、喹诺酮类药物等。

## 四、公共卫生

人大肠杆菌病最有效的预防方法是搞好个人和集体的饮食卫生。发病时,多数病例病情较轻,早期控制饮食,减轻肠道负荷,一般可迅速痊愈。

# 任务二 沙门氏菌病

扫码看课件
4-2

沙门氏菌病(salmonellosis)又称副伤寒,是由沙门氏菌属细菌引起的畜禽和野生动物疾病的总称。临诊上多表现为败血症和肠炎,也可使母畜发生流产。许多类型沙门氏菌可使人感染和发生食物中毒。

## 一、病原

沙门氏菌为两端钝圆、中等大小的革兰氏阴性直杆菌,无芽孢,一般无荚膜,除鸡白痢和鸡伤寒沙门氏菌外,都有周身鞭毛,能运动。本菌在普通培养基上,生长成直径1~3 μm、圆形、边缘整齐、半透明、光滑的菌落。而且本菌能在含有乳糖、胆盐和中性红指示剂的麦康凯或SS琼脂培养基上生长，由于不分解乳糖，所以产生与培养基颜色一致的菌落，该特征是其与大肠杆菌等发酵乳糖的肠道杆菌鉴别点之一。

本属细菌包括肠道沙门氏菌（又称猪霍乱沙门氏菌）和帮戈尔沙门氏菌两个种，前者又分为 6 个亚种。沙门氏菌属依据不同的 O（菌体）抗原、Vi（荚膜）抗原和 H（鞭毛）抗原分为许多血清型，已知有 2500 种以上的血清型，除了不到 10 个罕见的血清型属于帮戈尔沙门氏菌外，其余血清型都属于肠道沙门氏菌。沙门氏菌的血清型虽然很多，但常见的危害人畜的非宿主适应血清型只有 20 多种，加上宿主适应血清型，也只有 30 余种。

本属细菌对干燥、腐败、日光等具有一定抵抗力，在外界环境中能生存数周或数月。对化学消毒剂的抵抗力不强，常用的消毒剂均能将其杀死。

## 二、诊断要点

### （一）流行特点

本病一年四季均可发生。猪在多雨潮湿季节发病较多，成年牛多于夏季放牧时发病，马多发病于春（2—3 月）、秋（9—11 月）两季，育成期羔羊常于夏季和早秋发病，孕羊则主要在晚冬、早春季节发病从而导致流产。

本病在畜群内发生后，一般呈散发性或地方流行性。饲养管理较好而又无不良因素刺激的猪群，甚少发病，即使发病，亦多呈散发性；反之，则疾病常呈地方流行性。成年牛发病呈散发性，一个牛群仅有 1～2 头发病，第一个病例出现后，往往相隔 2～3 周再出现第二个病例，但犊牛发病后传播迅速，往往呈流行性。马一般呈散发性，有时呈地方流行性。

**1. 传染源** 病畜和带菌者是本病的主要传染源。

**2. 传播途径** 传染源可由粪便、尿、乳汁以及流产的胎儿、胎衣和羊水排出病菌，污染水源和饲料等，经消化道感染健畜。病畜与健畜交配或用病畜的精液人工授精也可发生感染。临诊上健康畜禽的消化道、淋巴组织和胆囊内常有病菌存在。当外界不良因素使动物抵抗力降低时，病菌可活化而发生内源感染。病菌连续通过若干易感家畜，毒力会增强而扩大传染。

**3. 易感动物** 沙门氏菌属中的许多类型对人、家畜和家禽以及其他动物均有致病性。各种年龄的畜禽均可感染，但幼龄畜禽较成年者易感。6 月龄以下的猪易发病，以 1～4 月龄者发生较多；出生 30 天及以上的犊牛较易感；羊断乳龄或断乳不久最易感；马常发生于 6 月龄以内的幼驹。感染的孕畜多数发生流产，特别多见于妊娠中后期的头胎母马以及妊娠后期的母羊。

环境污秽、潮湿，棚舍拥挤，粪便堆积，饲料和饮水供应不良，长途运输中气候恶劣、疲劳和饥饿、内寄生虫和病毒感染，分娩、手术，母畜缺奶，新引进家畜未实行隔离检疫等因素均可促进本病的发生。

禽沙门氏菌病常形成相当复杂的传播循环。病禽、带菌禽是主要的传染源。有多种传播途径，最常见的是通过带菌卵传播，若以此作为种蛋，则可周而复始地代代相传。

### （二）临诊症状

**1. 猪** 猪沙门氏菌病又称仔猪副伤寒，是由多种沙门氏菌引起的 1～4 月龄仔猪的常见传染病。急性呈败血症变化，慢性以顽固性腹泻和大肠发生坏死性肠炎为特征。潜伏期 2 天至数周不等，临床分急性型、亚急性型和慢性型三种。

（1）急性型：多见于断奶前后的仔猪，体温突然升高至 41～42 ℃，精神不振，食欲废绝，后期间有下痢，呼吸困难。濒死期耳根、胸腹部皮肤呈蓝紫色或有紫红色斑点（图 2-38），有的在出现症状后 24 h 死亡，但多数病程为 2～4 天，病死率很高。

（2）亚急性型和慢性型：临诊上较为常见的类型。病猪体温升高至 40.5～41.5 ℃，精神不振，食欲减退，畏寒，扎堆。眼睛有黏液性或脓性分泌物，少数角膜混浊，严重者发展为角膜溃疡。初期便秘，后期腹泻，粪便呈淡黄色或灰绿色的粥状或水样，恶臭。病猪很快脱水、消瘦、虚弱（图 2-39）个别病猪在中后期皮肤出现弥漫性湿疹，尤以腹部皮肤严重，有的病猪还出现咳嗽。病程为 2～3 周

视频：猪沙门氏菌病

或更长,多因极度消瘦、衰弱而死,耐过猪生长发育不良,可带菌数个月。

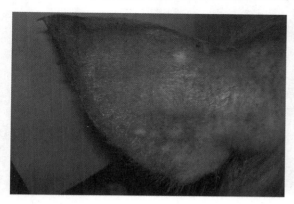
图 2-38  耳朵出现紫斑

图 2-39  病猪消瘦

**2. 牛**  牛沙门氏菌病又称牛副伤寒,本病以病畜败血症、毒血症或胃肠炎、腹泻、孕畜流产为特征。成年牛发病,体温高达 40~41 ℃,沉郁、减食、减奶、咳嗽、呼吸困难。发病后 12~24 h,多数病牛粪中带血,随后下痢,粪恶臭,含有纤维素絮片,间杂有黏膜。下痢开始后体温降至正常或略高于正常。病牛可于 5 天内死亡。病期延长者可见迅速脱水和消瘦,眼窝下陷,黏膜充血和发黄,剧烈腹痛,常用后肢蹬踢腹部。妊娠母牛多数发生流产,从流产胎儿中可发现病菌。成年牛有时呈顿挫型经过,病牛发热、不食、精神委顿,产奶下降,但经过 1 天后这些症状即可减退。

犊牛发病,病程可分为最急性型、急性型和慢性型三种。最急性型多发于出生后 48 h 内,表现为拒食、卧地、迅速衰竭等症状,常于 2~3 天内死亡。急性型多发于 10~14 日龄,病初体温升高至 40~41 ℃,精神沉郁,食欲减退,24 h 后排出灰黄色液状粪便,混有黏液和血丝,有时表现咳嗽和呼吸困难,一般在症状出现后 5~7 天内死亡,病死率有时可达 50%。慢性型除有急性型个别表现外,可见关节肿大或耳朵、尾部、蹄部发生贫血性坏死,有的还有支气管炎和肺炎症状,病程数周至 3 个月。

**3. 禽**  禽沙门氏菌病依病原的抗原结构不同可分为三种。由鸡白痢沙门氏菌所引起的称为鸡白痢,由鸡伤寒沙门氏菌所引起的称为禽伤寒,由其他有鞭毛能运动的沙门氏菌所引起的禽类疾病统称为禽副伤寒。各种病原引起的发病情况有所不同(表 2-3)。

表 2-3  鸡白痢、禽伤寒及禽副伤寒的区别

| 鸡  病 | 发 病 日 龄 | 主 要 症 状 |
|---|---|---|
| 鸡白痢 | 2~3 周龄<br>50~80 日龄 | 以排白色糊状粪便为主 |
| 禽伤寒 | 生长期和产蛋期的母鸡 | 腹泻,肝、脾大 |
| 禽副伤寒 | 出壳后 2 周之内 | 下痢和内脏器官的灶性坏死 |

(1)鸡白痢:鸡白痢是由鸡白痢沙门氏菌引起的一种鸡的常见传染病。雏鸡表现急性败血症经过,临诊以白色下痢为特征,有的有关节炎及其周围滑膜鞘炎,发病率、病死率很高。成年鸡表现为慢性或隐性感染,以生殖器官受侵害为主,产出带菌的蛋,使本病得以世代相传。潜伏期为 4~5 天。

卵内感染的鸡胚,通常在孵化过程中发展为死胚、弱胚,即使雏鸡能出壳,出壳后也表现衰弱、嗜睡、腹部膨大,食欲丧失,绝大部分 1~4 日龄发病,3~5 日龄达死亡高峰,未病死的则成为"小老鸡",出现腹泻,排白色糊状粪便(图 2-40),并黏附于肛门周围的绒毛上。

成年鸡感染一般不呈急性经过,常无临诊症状,母鸡产蛋量与受精率降低。

(2)禽伤寒:禽伤寒是由鸡伤寒沙门氏菌引起的青年鸡、成年鸡的一种急性或慢性传染病。主要特征是肝大呈古铜色、下痢。

图 2-40　病雏排白色糊状稀粪、封住肛门

潜伏期一般为 4～5 天,患病的青年鸡和成年鸡常表现采食量下降,精神委顿,羽毛松乱,体温上升 1～3 ℃,排黄绿色稀粪,饮水增加,冠和肉髯苍白而皱缩或呈暗紫色。病鸡可迅速死亡,但通常在10 天内死亡,病死率 5％～30％或更高。慢性病程可达数周之久,病死率较低,耐过鸡可长期带菌。雏鸡症状与鸡白痢相似。

（3）禽副伤寒:禽副伤寒是由多种能运动的不同血清型沙门氏菌所引起的各种禽类疾病的总称。主要是以下痢、各实质器官的灶状坏死为特征。

急性死亡的幼禽往往不显症状而迅速死亡。年龄较大的幼禽则常呈亚急性型经过。各种幼禽副伤寒的症状大致相似,主要表现为精神不振,畏食,饮水增加,排绿色或黄色水便,黏着在肛门外,怕冷,病程为 1～4 天。雏鸭感染本病常见寒战、喘息及眼睑肿胀等症状,常猝然倒地而死,故有"猝倒病"之称。成禽一般不显外部症状。

### （三）病理变化

**1. 猪**　急性型呈败血症变化,脾大,呈暗蓝色或紫红色,质地较硬,似橡皮样,切面可见白髓周围有红晕环绕。肠系膜淋巴结肿大、充血,呈索状(图 2-41),其他淋巴结也有不同程度的肿大、充血。肝、肾也有不同程度的肿大、充血,肝实质可见大小不等的灰白色或黄色的坏死灶。全身黏膜和浆膜均有不同程度的出血斑点。胃肠黏膜呈急性卡他性炎症,严重者为出血性肠炎,肺淤血、水肿。

亚急性型和慢性型以纤维素性坏死性肠炎为主,多发生于盲肠、结肠和回肠后段,渗出的纤维素互相凝结形成弥散性糠麸样假膜(图 2-42),假膜不易剥离,强行剥离后留有边缘不整的红色溃疡面,溃疡周围呈堤状。少数病例滤泡周围黏膜坏死,稍突出于一面,有纤维蛋白渗出物积聚,形成隐约可见的轮环状。扁桃体肿胀、潮红,隐窝内充满黄灰色坏死物。肝、脾及肠系膜淋巴结常散在有针尖大小的灰黄色或灰白色坏死灶或大块的干酪样坏死物。肺常有卡他性肺炎病灶。

图 2-41　肠系膜淋巴结肿大、充血

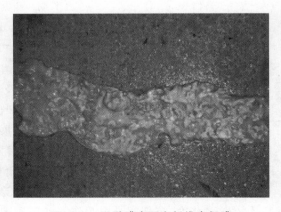

图 2-42　肠黏膜表面有纤维素假膜

**2. 牛** 成年牛的病变主要呈急性出血性肠炎变化。小肠黏膜弥漫性充血潮红,间有出血;大肠黏膜脱落,有局限性坏死区。真胃黏膜有时也有充血潮红。肠系膜淋巴结呈不同程度的水肿、出血。肝有坏死。胆囊壁有时增厚,胆汁混浊,呈黄褐色。病程长者还有肺炎病变。脾常充血、肿大。

犊牛急性病例在心壁、腹膜以及真胃、小肠和膀胱黏膜有小出血点,肠道中有覆盖着痂膜的溃疡。脾充血肿胀最明显,一般为正常的2～3倍,呈紫红色。肠系膜淋巴结水肿,有时出血。病程长者,还可见肝色泽变淡,胆汁黏稠而混浊;肝、脾和肾有时可发现坏死灶。肺与胸肋膜粘连,腱鞘和关节腔含有胶样液体。

**3. 禽**

(1)鸡白痢:急性死亡者病变不明显。病程稍长者,剖检可见死雏卵黄吸收不良,呈油脂状或干酪样。肝、心肌、肺、肌胃有灰白色或黄白色坏死点或结节。盲肠内积有干酪样渗出物,有时混有血液,阻塞肠腔。输尿管扩张,充满灰白色尿酸盐。肝、脾大,胆囊充盈。有时还有出血性肺炎症状。

青年鸡突出病变是肝淤血增大,为正常的2～3倍,质地脆弱,易破裂,一面可见散在或弥漫的出血点或黄白色大小不等的坏死灶(图2-43)。脾大,心包增厚,心肌可见数量不一的黄色坏死灶。肠道呈卡他性炎症。

**图 2-43 肝表面有大量的坏死灶**

成年母鸡最常见的变化在卵巢,表现为卵泡变形、变色、变质,无光泽,呈淡青色或黑绿色,卵泡膜增厚,呈囊状或三角形,卵黄呈油脂状或干酪样。变性的卵泡有的落入腹腔引起广泛的卵黄性腹膜炎和腹腔脏器粘连,个别阻塞输卵管。成年公鸡常见的病变是睾丸肿大或萎缩,有坏死灶,输精管扩张,充满黏稠渗出物。

(2)禽伤寒:最急性病例通常看不到明显病变。急性死亡者常见血液稀薄,肝、脾、肾充血增大,肝表面有灰白色粟粒大小的坏死灶,胆囊充盈。病程稍长者肝大,呈青绿色或古铜色,质脆,有时也可见散在的灰白色小坏死灶,卵泡出血、变性。常见有卵黄性腹膜炎和卡他性肠炎,尤以十二指肠为重。心肌、肺和公鸡睾丸有时可见灰白色的小坏死灶。雏鸡病变与鸡白痢相似。

(3)禽副伤寒:急性死亡者无病变,病程稍长者,身体消瘦,脱水,卵黄凝固,肝和脾淤血并有条纹状出血或针尖大灰白色坏死灶,肾充血,心包炎,小肠出血性炎症,盲肠膨大并有黄白色干酪样物堵塞。成年禽剖检见肠道坏死溃疡,肝、脾和肾肿大,心脏有结节。有时在肝和心脏上有一层黄色或白色的网状纤维素膜。卵巢病变不像白痢那样常见,但有时可见卵巢脓性或坏死性病变,卵巢变形、变色、变质,输卵管有坏死性和增生性病变。

**4. 实验室诊断** 根据流行病学、临诊症状和病理变化,只能做出初步诊断,确诊需从病畜(禽)的血液、内脏器官、粪便,或流产胎儿胃内容物、肝、脾取材,做沙门氏菌的分离和鉴定。单克隆抗体技术和酶联免疫吸附试验(ELISA)也可用于本病的快速诊断。

目前实践中常用血清学方法对马副伤寒、鸡白痢进行血清学诊断。马副伤寒,可采取马血清做试管凝集试验;鸡白痢,可采取鸡的血液或血清做平板凝集试验。鸡白痢沙门氏菌和鸡伤寒沙门氏菌具有相同的O抗原,因此鸡白痢标准抗体也可用来对禽伤寒沙门氏菌进行凝集试验。

猪副伤寒除少数呈急性败血型经过外,多表现为亚急性和慢性,与亚急性和慢性猪瘟相似,应注意区别;本病也可继发于其他疾病,特别是猪瘟,必要时应做区别性实验诊断。

**三、防治**

**1. 预防** 本病的预防应注意加强饲养管理,消除发病诱因,保持饲料和饮水的清洁、卫生。目前国内已研制出猪和马的副伤寒菌苗,必要时可选择使用。

**2. 治疗** 本病的治疗,可选用经药敏试验证明有效的抗生素,如土霉素等,并辅以对症治疗。

呋喃类和磺胺类药物也有疗效,可根据具体情况选择使用。

扫码看课件 4-3

视频:巴氏杆菌病

### 四、公共卫生

为了防止本病从畜禽传染给人,病畜禽应严格执行无害化处理,加强屠宰检验,特别是急宰病畜禽的检验和处理。肉类一定要充分煮熟,家庭和食堂保存的食物注意防止鼠类窃食,以免被其排泄物污染。饲养员、兽医、屠宰人员以及其他经常与畜禽及其产品接触的人员,应注意卫生消毒工作。

# 任务三　巴氏杆菌病

巴氏杆菌病(pasteurellosis)主要是由多杀性巴氏杆菌引起的多种畜禽和野生动物的急性、热性传染病。急性病例以败血症和炎性出血过程为主要特征,故常称出血性败血症,简称出败。慢性病例表现为皮下、关节以及各脏器的局灶性化脓性炎症。

### 一、病原

多杀性巴氏杆菌是两端钝圆,中央微凸,无芽孢,无鞭毛的革兰氏阴性短杆菌。病理组织或体液涂片染色镜检,可见菌体多呈卵圆形,两极着色深,中央部分着色浅,很像并列的两个球菌,故称两极杆菌。用印度墨汁等染料染色时,可看到清晰的荚膜。

本菌为需氧或兼性厌氧菌,最适宜生长温度为37 ℃,普通培养基上生长不旺盛。在加有血清的固体培养基上,37 ℃培养18~24 h,可形成圆形、隆起、光滑、湿润、边缘整齐、灰白色的中等大小菌落,并可能有荧光性。根据菌落表面有无荧光及荧光的色彩,可分为三型,即蓝色荧光型(Fg 型)、橘红色荧光型(Fo 型)和无荧光型(Nf 型)。Fg 型,菌落小,荧光呈蓝绿色带金光,边缘有狭窄的红黄光带,对猪、牛、羊等畜类有强大毒力,对禽类的毒力较弱;Fo 型,菌落大,荧光呈橘红色带金光,边缘有乳白光带,对禽类和兔有强大毒力,对畜类毒力较弱;Nf 型菌对畜禽的毒力都很弱,对小鼠有毒力。在一定条件下,Fg 型和 Fo 型可以发生相互转变。

依据荚膜抗原(K)吸附于红细胞上的被动血凝试验结果,本菌可分为 A、B、D、E 和 F 五个血清型。各型之间多无交叉保护性或保护力不强。

本菌根据菌落形态可分为黏液型(M 型)、平滑型(S 型)和粗糙型(R 型),M 型和 S 型含有荚膜物质。

本菌对理化因素抵抗力较弱,在干燥环境和阳光直射下很快死亡。在 60 ℃温度下经 10 min 可被杀死。普通消毒剂常用浓度对本菌有良好的消毒力。

### 二、诊断要点

#### (一)流行特点

本病一般无明显的季节性,但在冷热交替、气候骤变、闷热、潮湿、多雨的时期发生较多。此外,营养不良、寄生虫、长途运输、饲养管理不良等诱因可促进本病发生。本病多为散发性,但家禽中鸭群发病时,多呈流行性。

**1. 传染源**　病畜禽和带菌者是主要传染源。

**2. 传播途径**　传染源由其排泄物、分泌物不断排出有毒力的病菌,污染饲料、饮水、用具和外界环境,经消化道感染,或由咳嗽、打喷嚏排出病菌,通过飞沫经呼吸道而感染,但畜禽群中发生巴氏杆菌病时,往往查不出传染源。一般认为家畜禽在发病前已经带菌,而当畜禽饲养管理不良或其他诱因存在时,机体抵抗力降低,病菌即可乘机侵入体内,发生内源性感染。

**3. 易感动物**　多杀性巴氏杆菌对多种动物和人均有致病性。家畜中以牛、猪发病较为常见,绵羊次之,山羊、鹿、骆驼和马也可发病,但较少见;家禽中鸡、鸭较常见,鹅、鸽少有发生。各种品种、年龄的动物都可感染发病,幼龄动物较严重。

**（二）临诊症状**

**1. 猪** 猪巴氏杆菌病又称猪肺疫，俗称"锁喉风"，是猪的一种急性热性传染病。由 Fg 型菌引起的猪肺疫，常呈最急性和急性经过，其特征为败血症变化，咽喉部极度肿胀，呼吸困难；由 Fo 型菌引起的猪肺疫，常呈慢性经过，主要表现为慢性肺炎或慢性胃肠炎。各种年龄的猪均可感染，但以20～80 kg 的小猪和育肥猪发病率较高，潜伏期为1～5天。

（1）最急性型：最急性型猪肺疫俗称"锁喉风"，多见于流行初期，无明显症状，突然发病、死亡，呈败血症症状。病程稍长的，可表现为温升高至41～42 ℃，食欲废绝，全身衰弱，卧地不起。咽喉部发热、红肿、坚硬，严重者向上延至颈部及耳根，向后可达胸前（图 2-44）。病猪呼吸极度困难，常呈犬坐姿势，伸颈张口呼吸，口鼻流出白色泡沫样液体，有时发出喘鸣音。死前耳根、颈部、胸腹侧和四肢内侧皮肤出现紫红色斑点。一经出现呼吸症状，病猪很快窒息死亡，病程1～2天，病死率100％。

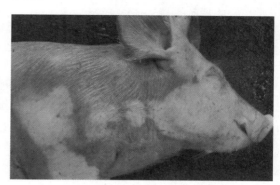

图 2-44 咽喉部肿胀

（2）急性型：急性型为常见病型，除具有败血症的一般症状外，还表现急性胸膜肺炎症状。病猪体温升高至40～41 ℃，病初发出痉挛性干咳，后为湿性痛咳，呼吸困难，流黏液性鼻液，有时混有血液。触诊胸部疼痛敏感，听诊有啰音和摩擦音。病情严重时，呼吸极度困难，张口伸舌，呈犬坐姿势，可视黏膜发绀，有脓性结膜炎，皮肤有紫红色斑点或小出血点，多窒息而死。病程5～8天，不死的转为慢性。

（3）慢性型：慢性型多见于流行后期，主要表现为慢性肺炎或慢性胃肠炎的症状。病猪持续性咳嗽，呼吸困难，鼻有少许黏液性或脓性分泌物。精神沉郁，食欲不振，常发生腹泻，进行性营养不良，极度消瘦。有时皮肤出现痂样湿疹或关节肿胀。如不及时治疗，多经过2周以上衰竭而死，病死率60％～70％。

**2. 牛** 牛巴氏杆菌病（又称牛出血性败血病）是由多杀性巴氏杆菌引起的一种牛高度致死性疾病。其特征为高热、肺炎、急性胃肠炎以及内脏器官广泛出血，多见于犊牛。

潜伏期一般为2～5天。临床可分为败血型、水肿型和肺炎型三种。

（1）败血型：该型多见于水牛。病初高热达41～42 ℃，继而出现全身症状，如精神沉郁、结膜潮红、鼻镜干燥、不食、泌乳和反刍停止。随后出现腹痛、腹泻，粪便恶臭并混有黏液、脱落的黏膜甚至血液。体温随之下降，迅速死亡，病期多为12～24 h。

（2）水肿型：水肿型临床上牦牛常见，除呈现全身症状外，病牛胸前及头颈部水肿，严重者可波及下腹部。肿胀部初有热痛、坚硬，而后变冷，疼痛减轻。舌、咽高度肿胀，流涎，眼流泪、红肿，呼吸困难，皮肤、黏膜发绀，常因窒息或下痢虚脱致死，病程多为12～36 h。

（3）肺炎型：此型表现为急性纤维素性胸膜炎、肺炎症状。病牛呼吸高度困难，痛性干咳，流泡沫样鼻液。胸部叩诊有实音区并有痛感，听诊有湿啰音，有时有摩擦音。初期便秘后期下痢，粪便带血或黏膜，味恶臭。

**3. 禽** 禽巴氏杆菌病又名禽出血性败血症或禽霍乱，是一种侵害家禽和野禽的接触性传染病。急性病例以败血症和剧烈下痢为特征；慢性病例则表现肉髯水肿、关节炎和鼻窦炎。各种家禽和野禽都可感染发病，对养禽业危害很大。

自然感染的潜伏期一般为2～9天或更长，人工感染通常在24～48 h发病。由于家禽的机体抵抗力和病菌的致病力强弱不同，所表现的病状也有差异。一般分为最急性、急性和慢性三种病型。

（1）最急性型：常见于流行初期，以产蛋率高、身体肥壮的鸡最常见。病鸡无前驱症状，晚间一切正常，采食较多，但次日早晨就发现其病死在鸡舍内。

扫码看课件
4-4

（2）急性型：此型最为常见，病鸡主要表现为精神沉郁，羽毛松乱，缩颈闭眼，头缩在翅下，不愿走动，离群呆立。病鸡常有腹泻，排出黄白色、灰白色或黄绿色的稀粪（图2-45），体温升高至43～44 ℃，食欲减退或废绝，渴欲增加，呼吸困难，口、鼻分泌物增加。鸡冠和肉髯变青紫色，有的病鸡肉髯肿胀，有热痛感。产蛋鸡停止产蛋。最后发生衰竭，昏迷而死亡，病程短的约半天，长的1～3天。

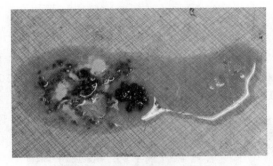

图2-45　病禽排出黄白色或黄绿色稀便

（3）慢性型：由急性型转变而来，多见于流行后期。症状以慢性肺炎、慢性呼吸道炎和慢性胃肠炎较多见。病鸡鼻孔有黏性分泌物流出，鼻窦肿大，喉头积有分泌物而影响呼吸，经常腹泻。病鸡消瘦，精神委顿，冠苍白。有些病鸡一侧或两侧肉髯显著肿大，其中可有脓性干酪样物质，随后干结、坏死或脱落。有的病鸡有关节炎，常局限于脚或翼关节和腱鞘处，表现为关节肿大、疼痛、脚趾麻痹，因而发生跛行。病程可拖至1个月以上，且生长发育和产蛋长期不能恢复。

（4）鸭巴氏杆菌病：鸭发生巴氏杆菌病的症状与鸡基本相似，常以病程短促的急性型为主。病鸭精神委顿，不愿下水游泳，即使下水，行动缓慢，常落于鸭群的后面或独蹲一隅，闭目瞌睡。羽毛松乱，两翅下垂，缩头弯颈，食欲减退或不食，渴欲增加，嗉囊内积食不化。口和鼻有黏液流出，呼吸困难，常张口呼吸，并常常摇头，企图排出积在喉头的黏液，故有"摇头瘟"之称，病鸭排出腥臭的白色或铜绿色稀粪，有的粪便混有血液。有的病鸭发生气囊炎。病程稍长者可见局部关节肿胀，病鸭发生跛行或完全不能行走，还有的可见到掌部肿如核桃大，切开见有脓性和干酪样坏死。

（5）鹅巴氏杆菌病：成年鹅的症状与鸭相似，仔鹅发病较成年鹅严重，死亡率较高，常以急性为主。病鹅精神委顿，食欲废绝，腹泻，喉头有黏稠的分泌物。喙和蹼发紫，翻开眼结膜有出血斑点，病程1～2天即死亡。

**（三）病理变化**

**1. 猪**

（1）最急性型：以全身黏膜、浆膜和皮下组织有大量出血点，尤以咽喉部及其周围结缔组织的出血性浆液浸润为显著特征。切开颈部皮肤，可见大量胶冻样淡黄色或灰青色纤维素性浆液流出，水肿可自颈部蔓延至前肢。全身淋巴结出血，心外膜和心包膜有小出血点，肺急性水肿、充血，脾出血，胃肠黏膜有出血性炎症变化。

（2）急性型：除了全身黏膜、浆膜、实质器官和淋巴结的出血性病变外，特征性的病变是纤维素性肺炎。肺有不同程度的肝变区，周围常伴有水肿和气肿，病程长的肝变区内还有大小不等的坏死灶，肺小叶间浆液浸润，切面呈大理石样花纹（图2-46）。胸膜常有纤维素性附着物，严重的胸膜与病肺粘连。胸腔及心包积液。胸腔淋巴结肿胀，切面发红、多汁。气管及支气管内含有多量泡沫状黏液，黏膜发炎。

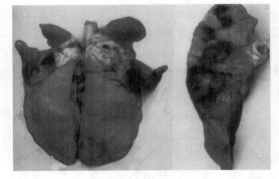

图2-46　支气管肺炎

（3）慢性型：尸体极度消瘦、贫血。肺肝变区扩大，有黄色或灰色坏死灶，外面有结缔组织包囊，内含干酪样物质，有的形成空洞，并与支气管相通。心包与胸腔积液，胸腔有纤维素性沉着。胸膜肥厚，常与病肺粘连。有时在支气管周围淋巴结、纵隔淋巴结以及扁桃体、关节和皮下组织见有坏死灶。

**2. 牛**

（1）败血型：呈现败血症变化。内脏器官出血，在黏膜、浆膜以及肺、舌、皮下组织和肌肉都有出血点。淋巴结充血肿胀,其他脏器也有不同程度的出血或质变。胸腹腔内有大量渗出液。

(2)水肿型:肿胀部皮下结缔组织呈胶样浸润,切开流出黄色透明液体。淋巴结肿大。此外,其他组织器官也有不同程度的败血症变化。

(3)肺炎型:表现为纤维素性肺炎和胸膜炎,肺有不同程度的肝变区,切面呈大理石样变。严重时肺出血、坏死,呈污灰色或暗褐色,通常无光泽。有时有纤维素性心包炎和腹膜炎,心包与胸膜粘连,内含有干酪样坏死物。

**3. 禽**

(1)最急性型:病变不明显,有时仅能看见心外膜有少许出血点。

(2)急性型:腹膜、皮下组织及腹部脂肪常见小点出血;心包变厚,心包内积有多量不透明淡黄色液体,有的含纤维素絮状液体,心外膜、心冠脂肪出血尤为明显(图2-47);肺有充血或出血点;肝的病变具有特征性,肝稍肿,质脆,呈棕色或黄棕色,一面有许多灰白色、针头大的坏死点(图2-48);脾无明显变化,或稍微肿大;肌胃出血显著,肠道尤其是十二指肠呈卡他性和出血性肠炎,肠内容物含有血液。

图 2-47 心冠状脂肪出血

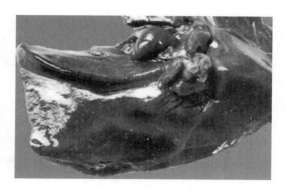

图 2-48 肝表面针尖状坏死点

(3)慢性型:因侵害的器官不同而有差异,仅见局限性病灶。如出现呼吸道症状,可见鼻腔和鼻窦内有多量黏性分泌物,肺有黄白色干酪样坏死灶,某些病例见肺硬变。出现关节炎和腱鞘炎时,见关节肿大变形,有炎性渗出物和干酪样坏死。此外,还常见公鸡的肉髯肿大,内有干酪样渗出物;母鸡的卵巢明显出血(图2-49),有时卵泡变形,似半煮熟样。

鸭、鹅的病变与鸡基本相似。患多发性关节炎的雏鸭,可见关节面粗糙,附着黄色的干酪样物质或红色的肉芽组织,关节囊增厚,内含有红色浆液或灰黄色、混浊的黏稠液体,肝发生脂肪变性和局部坏死。

**(四)实验室诊断**

根据流行病学材料、临诊症状和剖检变化,结合对病畜(禽)的治疗效果,可对本病做出初步诊断,确诊有赖于细菌学检查。败血症病例可从心、肝、脾或体腔渗出物等取材,其他病型主要从病变部位、渗出

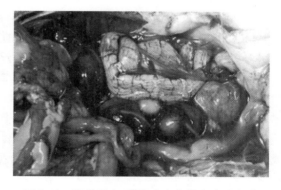

图 2-49 卵巢出血,腹腔内有灰绿色腹腔积液

物、脓汁等取材,如涂片镜检见到两极染色的卵圆形杆菌,接种培养基分离到该菌,可以得到正确诊断结果,必要时可用小鼠进行实验感染。

**三、防治**

**1. 预防** 根据本病的传播特点,首先应增强畜禽机体的抗病力,平时应注意饲养管理、避免拥挤和受寒,消除可能降低机体抗病力的因素,圈舍、围栏要定期消毒。

新引进种猪应做好隔离检疫工作,至少要隔离观察1个月,确认无病后方可合群饲养。最好是

实行全进全出的饲养方式。在猪肺疫流行地区,每年春、秋两季做好免疫接种工作。加强禽群的饲养管理,平时严格执行禽场兽医卫生防疫措施,以栋舍为单位采取全进全出的饲养制度。不从有疫情的地区引进种禽,如引进则必须隔离观察饲养2周以上,确认健康后方可转入场内。一旦禽群发病,应及时封锁发病禽舍,立即采取治疗措施,有条件的地方应通过药敏试验选择有效药物全群给药。同时,对病禽接触过的禽舍、场地、用具进行严格的消毒,并严格处理病死禽的尸体、羽毛等以防止病菌扩散。

每年定期进行预防接种。我国目前有用于猪、牛、羊、家禽、兔和貂的疫苗。由于多杀性巴氏杆菌有多种血清群,各血清群之间不能产生完全的交叉保护,因此,应针对当地常见的血清群选用来自同一畜(禽)种的相同血清群菌株制成的疫苗进行预防接种。

**2. 治疗**　病畜(禽)发病初期可用高免血清治疗,效果良好。青霉素、链霉素、四环素族抗生素或磺胺类药物也有一定疗效。如将抗生素和高免血清联用,则疗效更佳。鸡对链霉素敏感,用药时应慎重,以避免中毒。大群治疗时,可将四环素族抗生素混在饮水或饲料中,连用3~4天。喹乙醇对禽霍乱有治疗效果,可以选用。

## 四、公共卫生

人发生本病后,可以将磺胺类药物和抗生素联合应用,有良好疗效。平时应注意防止被动物咬伤和抓伤,伤后要及时对伤口进行消毒处理。

# 任务四　炭　疽

扫码看课件
4-5

炭疽(anthrax)是由炭疽杆菌引起的人畜共患的一种急性、热性、败血性传染病。特征是突然高热,可视黏膜发绀,尸僵不全、尸体极易腐败膨胀,天然孔出血、血液凝固不良呈煤焦油样,脾显著增大,皮下和浆膜下有出血性胶样浸润。本病对人类健康和畜牧业发展危害极大。

## 一、病原

炭疽杆菌为革兰氏阳性大杆菌,菌体两端平直,常单个分布或2~5个连在一起呈竹节状,无鞭毛、不运动、有荚膜。本菌兼性需氧,在病畜体内不形成芽孢,但当细菌暴露于空气中或遇到充足的自由氧时则易形成芽孢,芽孢一般位于菌体中央,直径多不超过菌体。炭疽杆菌在普通琼脂平板上长成灰白色、不透明、表面粗糙、边缘不整齐的扁平菌落,低倍镜下观察呈卷发状;22 ℃明胶穿刺培养,可沿穿刺线生长出许多白色侧支,如倒立的松树状,经2~3天明胶液化,呈漏斗状;在普通肉汤中培养可产生絮状沉淀,液体澄清并悬浮有菌丝或菌团。

视频:炭疽
及其防治

炭疽杆菌繁殖体对理化因素抵抗力不强,腐败尸体内的菌体,夏季1~4天即死亡,对热和一般的消毒剂均敏感。但形成芽孢后则有极强的抵抗力,在干燥状态下,可存活32~50年,在污染的皮革中可存活4~5年,121 ℃经15 min、150 ℃干热60 min才能杀死全部芽孢。

常用的消毒剂是10%氢氧化钠溶液、0.5%过氧乙酸溶液、2%~4%甲醛溶液、20%漂白粉溶液或石灰乳和5%碘酊等,苯酚、来苏尔等季铵盐类、酒精等杀灭效果差。炭疽杆菌对青霉素、四环素和磺胺类药物等敏感。

## 二、诊断要点

### (一)流行特点

本病常呈地方流行性,一年四季均发,但以炎热的夏、秋季节多发,这与雨水冲刷、吸血昆虫增多导致病原容易散播有关。有些地区暴发本病是从疫区输入病畜产品引起的。

**1. 传染源**　病畜是本病的主要传染源。

**2. 传播途径**　病原可通过患病动物的排泄物、分泌物、出血的天然孔及处理不当的尸体等向外散播,一旦形成芽孢污染土壤、水源、牧场等后,则可在土壤中长期存活。本病主要经消化道感染,动物常因采食或饮用污染的饲草、饲料、饮水而感染。病菌也可经损伤皮肤、黏膜及吸血昆虫的叮咬传播而引起家畜发病。此外，家畜还可经呼吸道感染本病。

**3. 易感动物** 各种动物和人均对本病有易感性，以草食兽羊、牛、马和鹿较易感，其次是水牛和骆驼；猪易感性较低，犬和猫更低，家禽一般不感染。实验动物小鼠、豚鼠较易感，兔次之。

### （二）临诊症状

潜伏期一般为 1～5 天，最长 14 天。根据病程长短分为最急性、急性、亚急性和慢性四种类型。

**1. 最急性型** 常发生于绵羊和山羊，偶尔也见于牛、马。动物突然发病，意识丧失，全身战栗，呼吸极度困难，心跳急速，可视黏膜发绀，天然孔流出泡沫样的暗红色血液，尸僵不全，常在数分钟内死亡。

**2. 急性型** 多见于牛、马。病牛体温升高至 42 ℃，初期表现兴奋不安、哞叫、顶撞人畜或物体，以后变为沉郁，食欲降低，反刍减少或停止，常伴有中度臌气，呼吸困难，黏膜发绀并有点状出血，初便秘，后腹泻带血，尿暗红，孕牛迅速流产，一般 1～2 天死亡。马的急性型与牛相似，还常伴有剧烈的腹痛。

**3. 亚急性型** 多见于牛、马，症状与急性型相似，但病情较缓和，病程为 2～5 天。病畜常在喉部、颈部、胸前、肩胛、腹下、乳房等皮肤松软的部位以及直肠、口腔黏膜发生局限性肿胀，初期硬固有热痛，以后变冷而无痛，且中央部发生坏死，有时形成溃疡，称炭疽痈。如炭疽痈发生在肠道，动物还会表现剧烈腹痛及下痢。

**4. 慢性型** 主要见于猪，临诊症状多不明显，仅在屠宰后发现有病变，病菌主要侵害咽喉部和颈部淋巴结（图 2-50）。病猪初期体温升高，精神沉郁，食欲不振，有的病猪咽喉部显著肿胀，并可蔓延至颈部，使头颈转动不灵活，症状严重时，黏膜发绀，呼吸困难，最后窒息而死。

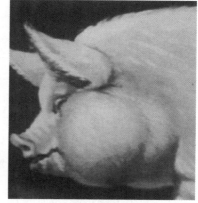

**图 2-50 病猪咽喉部肿大**

### （三）病理变化

炭疽或疑为炭疽病畜原则上禁止剖检。必须解剖检查时，应先做涂片检查，在严密消毒和防护并具有就地深埋或焚烧的条件下方可进行。急性炭疽呈败血症病变，尸僵不全，尸体极易腐败膨胀，肛门突出，天然孔流出暗红色血液，黏膜发绀并有出血点；血凝固不良，呈黑红色如酱油样；全身淋巴结肿大出血，呈黑色或黑红色；皮下、肌间、浆膜下以及肠系膜和肾脂肪囊等结缔组织疏松部位，呈黄色出血性胶样浸润；脾大 2～5 倍，脾髓黑红色软化如泥状；胃肠道呈出血性坏死性炎症，心肌质脆，其他实质器官变性、充血、出血和水肿。

亚急性型和慢性型炭疽多为局部病变，常见于肺、肠、咽等处。肺炭疽局部呈出血性肺红色肝变，周围水肿；肠炭疽为出血性肠炎，有的局部水肿，尤以十二指肠和空肠明显；患咽炭疽的猪，咽、喉及颈部淋巴结肿胀、出血，切面呈樱桃红色，中央有稍凹陷的黑色坏死灶，扁桃体充血、肿胀、出血和坏死，并有黄色假膜覆盖。病程长的病例，病变组织附近的淋巴结出血，切面干燥，有散在坏死灶。

### （四）实验室诊断

根据临诊症状和病理变化，并结合当地病史、发病动物种类、发病季节等情况可做出初步诊断。确诊需做细菌学和血清学诊断。

## 三、防治

### （一）预防

对疫区的人群和家畜，每年实施预防接种。我国应用于畜群人工免疫的疫苗有三种，即无毒炭疽芽孢苗、炭疽Ⅱ号芽孢苗和炭疽保护性抗原佐剂疫苗。连续 3 年无新疫情发生则可停止接种，但其后应实行长期监测。发生炭疽后立即上报疫情，划定疫点、疫区，采取隔离、封锁、全面消毒等措施,防止疫情扩大。

## （二）治疗

对疫区内的病畜或体温升高者及早应用青霉素或磺胺类药物等抗菌药物进行治疗。病畜尸体连同粪便、垫草一起焚烧后就近深埋。病畜发病早期应用抗炭疽血清治疗可获得更好的效果,血清与抗生素并用效果更佳。

## 四、公共卫生

人感染炭疽时潜伏期为 1～5 天,最长可达 12 天。多见皮肤炭疽,主要表现红色斑疹、丘疹、水疱、坏死出血、溃疡、分泌物形成黑色痂皮。患者表现高热、腹痛、水泻、血便、渗出性腹膜炎,有严重的毒血症症状,则为肠炭疽;患者表现高热、发绀、寒战、气喘、胸痛、肺部啰音、胸腔积液,则为肺炭疽。

# 任务五　布鲁氏杆菌病

布鲁氏杆菌病(brucellosis)是由布鲁氏杆菌引起的急性或慢性的人畜共患的传染病。其特征是生殖器官受侵害,母畜表现胎膜发炎、流产、不育,公畜出现睾丸炎。

## 一、病原

布鲁氏杆菌为革兰氏染色阴性的细小球杆菌,多单在,无鞭毛,不能运动,不形成芽孢,S 型菌有荚膜。布鲁氏杆菌属共有 6 个种 20 个生物型,即马耳他布鲁氏杆菌(3 个生物型)、流产布鲁氏杆菌(9 个生物型)、猪布鲁氏杆菌(5 个生物型)、林鼠布鲁氏杆菌(1 个生物型)、绵羊布鲁氏杆菌(1 个生物型)和狗布鲁氏杆菌(1 个生物型)。习惯上将马耳他布鲁氏杆菌称为羊布鲁氏杆菌,流产布鲁氏杆菌称为牛布鲁氏杆菌。各个种与生物型菌株之间,形态及染色特性等方面无明显差别。

本菌为需氧菌或微需氧菌,但在初代培养时需 5%～10% 的 $CO_2$,营养要求高,初代分离培养时,需在含有血液、血清、肝汤、马铃薯浸液和葡萄糖的培养基中才能较好地发育。多次传代后,对营养要求降低,在普通琼脂上也能生长。

视频:布鲁
氏杆菌病

本菌为细胞内寄生菌,对外界因素的抵抗力较强,在污染的土壤、水、粪尿、饲料等或冷暗处的胎儿体内可存活数月,对热和消毒剂的抵抗力不强,如巴氏灭菌法 10～15 min,0.1% 升汞溶液数分钟,1% 来苏尔或 2% 福尔马林溶液、5% 石灰乳经 15 min 可杀死病菌,而日光直射需要 0.5～4 h 方可杀死。本菌对四环素最敏感,其次是链霉素和土霉素。

## 二、诊断要点

### （一）流行特点

本病呈地方流行性,无明显的季节性。疫区内大多数处女牛在第一胎流产后则多不再流产,但也有连续几胎流产者。不同性别对易感性并无显著差别,但公牛似有一些抵抗力。

**1. 传染源**　本病的传染源是病畜及带菌者,特别是受感染的妊娠母畜,它们在流产或分娩时将大量布鲁氏杆菌随着胎儿、羊水和胎衣排出,而且流产后的阴道分泌物以及乳汁中也均含有布鲁氏杆菌。

人患病的传染源主要是患病动物,一般不会由人传染人。在我国,人布鲁氏杆菌病最多的地区常常是羊布鲁氏杆菌病严重流行的地区,从人体分离的布鲁氏杆菌大多数是羊布鲁氏杆菌,而且患者有明显的职业特征,一般牧区人的感染率要高于其他地区。

**2. 传播途径**　本病的主要传播途径是消化道,但也可通过结膜、交媾、损伤的皮肤等感染本病。此外,吸血昆虫也可以传播本病。

**3. 易感动物**　本病的易感动物种类很多,以羊、牛、猪较易感,其次是水牛、野牛、牦牛、羚羊、鹿、骆驼、野猪、马、犬、猫、狐、狼、野兔、猴、鸡、鸭以及一些啮齿动物等。流产布鲁氏杆菌主要感染牛，而羊、猴、豚鼠等也有一定易感性；羊布鲁氏杆菌主要感染山羊和绵羊，而牛、猪、鹿、骆驼等也有一定易感性；猪布鲁氏杆菌主要感染猪，而鹿、牛、羊等也有一定易感性。其他三种布鲁氏杆菌除感染本属动物外，对其他动物致病力很弱或基本无致病力。

### （二）临诊症状

**1. 牛** 潜伏期2周至6个月。母牛最显著的症状是流产。流产可以发生在妊娠的任何时期，但常发生于妊娠的第6～8个月，已经流产过的母牛如果再流产，一般比第一次流产时间要迟。流产前数日出现分娩预兆，如阴唇、乳房肿大，荐部与胁部下陷，流出的乳汁呈初乳性质状，阴道黏膜有粟粒大红色结节，由阴道流出灰白色或灰色黏性分泌液。流产时，羊水多清澈，但有时混浊含有脓样絮片；流产胎儿多为死胎或弱胎；妊娠晚期流产者常见胎衣滞留。流产后常排出污灰色或棕红色分泌液，有时恶臭，分泌液迟至1～2周后消失。公牛有时可见阴茎潮红肿胀，并有睾丸炎及附睾炎。急性病例则睾丸肿胀、疼痛，还可能有中度发热与食欲缺乏，以后疼痛逐渐减退，约3周后，通常只见睾丸和附睾肿大，触之坚硬。临诊上常见的症状还有关节炎，常发生于膝关节和腕关节，甚至可以见于未曾流产的牛，关节肿胀疼痛，有时持续躺卧（图2-51）。腱鞘炎比较少见，滑液囊炎特别是膝滑液囊炎则较常见。

病牛如胎衣不滞留，则可迅速康复，又能受孕，但以后可能再度流产。如胎衣未能及时排出，则可能发生慢性子宫炎，引起长期不育。

初次感染的牛群中，大多数母牛都将流产1次。如果牛群不更新，一般流产过1～2次的母牛可以正常生产，疫情似是静止，病牛也可能有半数自愈，但这种牛群绝非健康牛群，一旦新牛只的加入增多，还可引起大批流产。

**2. 猪** 最明显的症状也是流产，多发生在妊娠第4～12周。有的在妊娠第2～3周即流产，有的接近妊娠期满即早产。流产前病猪体温升高，精神沉郁，阴唇和乳房肿胀，阴道流出黏性或黏脓性分泌物。流产后很少发生胎衣滞留，恶露一般在8天消失，少数情况因胎衣滞留，引起子宫炎和不育。公猪常见睾丸炎和附睾炎（图2-52），较少见的症状还有皮下脓肿、关节炎、腱鞘炎等，如椎骨中有病变，还可能发生后肢麻痹。

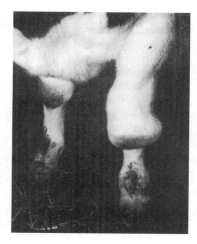

图 2-51　关节肿胀

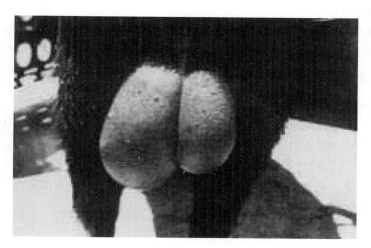

图 2-52　公猪睾丸炎

**3. 禽** 鸡、鸭等家禽通常表现腹泻和虚脱，有时只见产卵量下降，间或有麻痹症状。

### （三）病理变化

牛、羊的病变基本相似，表现为胎衣水肿增厚，呈黄色胶样浸润，并有出血，一面覆有纤维蛋白絮片和脓液。子宫绒毛膜的绒毛有坏死病灶，一面覆有黄色的坏死物。胎儿多呈败血症变化，胎儿胃特别是第四胃中有淡黄色或白色黏液絮状物，肠胃和膀胱的浆膜下可能有点状或线状出血；皮下及肌间结缔组织呈出血性浆液性浸润(2-53),胸腹腔有淡红色液体;肝、脾和淋巴结有不同程度的肿大,有时有散在的坏死灶;脐带常呈浆液性浸润、肥厚。

母猪不管妊娠与否,子宫黏膜上都有许多黄白色高粱粒大小的结节,质地硬实,内含脓样或干酪样物(图 2-54)。小结节多时可互相融合形成斑块,从而使子宫壁增厚和内腔狭窄,称为子宫粟粒性布鲁氏杆菌病。输卵管也有类似子宫的结节性病变,其他病变与牛羊相似。

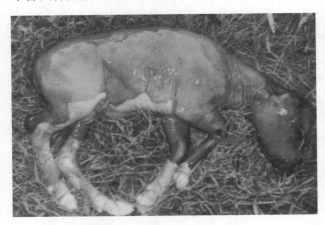

图 2-53　流产胎儿皮下水肿

图 2-54　化脓性子宫内膜炎

### （四）实验室诊断

根据流行病学资料、流产、胎儿胎衣的病理损害、胎衣滞留以及不育等表现可做出布鲁氏杆菌病的初步诊断,但确诊需通过实验诊断才能得出结果。

### 三、防治

本病的防治应坚持"预防为主"的方针。最好的办法是自繁自养,必须引进种畜或补充畜群时,要严格执行隔离、检疫措施。隔离观察期一般为 2 个月,且在此期间全群需进行 2 次免疫生物学检查,均为阴性者才可以与原有畜群接触。即使是健康畜群也应进行定期检疫,一经发现有阳性者,立即淘汰。

在动物养殖场、屠宰场、畜产品加工厂工作的工作者以及兽医、实验室工作人员等易受布鲁氏杆菌的威胁,因此这些工作人员必须严守防疫制度,尤其在仔畜大批生产季节,更要特别注意。必要时可用疫苗(如 Ba-19 苗)皮上划痕接种,接种前应行变态反应试验,阴性反应者才能接种。

### 四、公共卫生

人感染本病的潜伏期为 2~3 周,最短为 3 天,长者可达数月。临床有急性、亚急性和慢性之分。急性和亚急性者呈菌血症,表现为体温呈波形热或长期低热、寒战、盗汗和肌肉酸痛等,还可表现全身不适、食欲减退、头痛和失眠、淋巴结炎、肝大、脾大、睾丸炎、附睾炎及体重减轻等,孕妇可能出现流产。有些病例经过短期急性发作后可恢复健康,有的则反复发作。慢性者常无菌血症,但感染可持续数年。

# 任务六　结　核　病

结核病(tuberculosis)是由分枝杆菌引起的一种人畜共患的慢性传染病,其主要特征是患病动物逐渐消瘦,在多种组织器官内形成结核结节以及在结节中心形成干酪样坏死或钙化。

### 一、病原

病原是分枝杆菌属的三个种,即结核分枝杆菌、牛分枝杆菌和禽分枝杆菌。结核分枝杆菌是直或微弯的细长杆菌,呈单独或平行相聚排列,多为棍棒状,间有分枝状;牛分枝杆菌稍短粗,且革兰氏染色着色不均匀;禽分枝杆菌短小,为多形性。病菌无芽孢和荚膜,也不能运动,为革兰氏阳性菌。由于病菌能抵抗 3‰盐酸酒精的脱色作用,所以常用 Ziehl-Neelsen 抗酸染色法来观察病菌。

病菌为专性需氧菌,生长最适温度为 37.5 ℃,但在培养基上生长缓慢。初次分离培养时需用牛血清或鸡蛋培养基,在固体培养基上接种,3 周左右开始生长,出现粟粒大圆形菌落。禽分枝杆菌生长最快,牛分枝杆菌生长最慢。牛分枝杆菌生长最适的 pH 值为 5.9~6.9,禽分枝杆菌为 7.2,结核分枝杆菌为 7.4~8.0。

病菌含有多量类脂和蜡质,所以对外界的抵抗力较强,在干燥的痰液中可存活 10 个月,在病变组织和尘埃中可存活 2~7 个月,在土壤和粪便中可存活 6 个月。但对热的抵抗力差,60 ℃经 30 min 即可被杀死,在直射阳光下经数小时死亡,常用消毒剂经 4 h 可将其杀死。本菌对链霉素、异烟肼、对氨基水杨酸和环丝氨酸等敏感。

## 二、诊断要点

### (一)流行特点

本病是一种慢性传染病,常散发或呈地方流行性。

**1. 传染源** 病人和患病畜禽是主要传染源,其痰液、粪尿、乳汁和生殖道分泌物中都可带菌,通过污染饲料、食物、饮水、空气和环境而播散传染。

**2. 传播途径** 本病主要经呼吸道、消化道感染。此外,饲养管理不当与本病的传播也有密切关系,如畜舍通风不良、拥挤、潮湿、阳光不足等均易诱发本病。

**3. 易感动物** 本病可侵害人和多种动物。家畜中牛最易感,特别是奶牛,其次为黄牛、牦牛、水牛,猪和家禽易感性也较强,羊极少患病。

### (二)临诊症状

潜伏期长短不一,短者 10 多天,长者数月甚至数年。

**1. 牛** 牛结核主要由牛分枝杆菌引起。结核分枝杆菌和禽分枝杆菌对牛毒力较弱,多引起局限性病灶且缺乏肉眼变化。牛常发生肺结核,病初食欲、反刍无变化,但易疲劳,常发短而干的咳嗽,尤其当起立、运动、吸入冷空气或含尘埃的空气时易发生咳嗽。随着病情发展,咳嗽加重、频繁且有疼痛表现,呼吸次数增多或气喘。病牛日渐消瘦、贫血,有的牛体表淋巴肿大,常见于肩前、股前、腹股沟、颌下、咽及颈淋巴结等。当纵隔淋巴结受侵害肿大压迫食道时,则有慢性臌气症状。病势恶化时可发生全身性结核,即粟粒性结核。胸膜、腹膜发生结核病灶时,胸部听诊可听到摩擦音。奶牛的乳房发生结核病灶时,可见乳房上淋巴结肿大无热无痛,泌乳量减少,乳汁初无明显变化,严重时呈水样稀薄。犊牛发生肠系结核时,表现消化不良,食欲不振,顽固性下痢,迅速消瘦。当母牛生殖器官发生结核时,可见性功能紊乱,表现发情频繁,性欲亢进,慕雄狂、不孕或孕畜流产;公畜副睾丸肿大,阴茎前部可发生结节、糜烂等。中枢神经系统主要是脑与脑膜发生结核病变,常引起神经症状,如癫痫样发作、运动障碍等。

**2. 禽** 禽结核主要危害鸡和火鸡,成年鸡多发,表现贫血、消瘦、鸡冠萎缩、跛行以及产蛋减少或停止。病程持续 2~3 个月,有时可达一年。病禽常因衰竭或因肝变性破裂而突然死亡。

**3. 猪** 猪对禽分枝杆菌、牛分枝杆菌、结核分枝杆菌都敏感,但以对禽分枝杆菌的易感性最高。猪场里养鸡或鸡场里养猪,都可能增加猪感染禽结核的机会。猪感染结核主要经消化道,在扁桃体和颌下淋巴结发生病灶,很少出现临诊症状,当肠道有病灶时则发生腹泻、消瘦,最后衰竭而死。呼吸系统感染则表现为呼吸系统症状。

### (三)病理变化

结核病变随各种动物机体的反应性而不同,可分为增生性结核和渗出性结核两种,有时两种同时混合存在。当抵抗力强时,机体对结核菌的反应以形成增生性结核结节为主;当抵抗力弱时,机体对结核菌的反应则以渗出性炎症为主。

1. 牛　病牛剖检可常在肺或其他器官见到很多突起的白色结节,切面为干酪样坏死(图2-55),有的见有钙化,切开时有沙砾感。有的坏死组织溶解和软化,排出后有空洞。发生粟粒性结核时,胸膜和腹膜有密集结核结节,大小从粟粒大至豌豆大不等,呈半透明灰白色,质地坚硬,形似珍珠(图2-56),即所谓的"珍珠病"。胃肠黏膜可能有大小不等的结核结节或溃疡。乳房结核可见乳房上淋巴结肿大,剖开有大小不等的病灶,内有干酪样物质,有时呈急性渗出性乳房炎的病变。

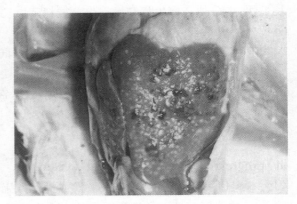

图 2-55　肺部布满结节　　　　　　　　　　　图 2-56　珍珠状结节

2. 猪与禽　猪结核病变主要见于颌下淋巴结及腹腔淋巴结,表现为干酪样坏死和钙化。禽结核病灶多发生于肠道、肝、脾、骨骼和关节,其他部位少见。

**(四)诊断**

在畜(禽)群中发生进行性消瘦、咳嗽、慢性乳房炎、顽固性下痢、体表淋巴结慢性肿胀等,可疑为本病,剖检有特异性结核结节病变,可做出初步诊断,但确诊需进行实验室检查。

**三、防治**

畜禽结核病一般不予治疗,通常为防止疾病传入健康牛群,平时应加强防疫、检疫和消毒等综合性防疫措施。每年春、秋两季定期进行结核病检疫。检出阳性畜禽,立即进行隔离或淘汰。

污染牛群应多次反复检疫,阳性反应牛立即淘汰,疑似反应牛隔离观察,复检,如仍可疑,按阳性反应牛处理。其余按假定健康牛群处理。病牛所产犊牛出生后只吃3～5天初乳,以后则由检疫无病的母牛供养或喂消毒乳。犊牛应在出生后1月龄、3～4月龄、6月龄时进行3次检疫,凡呈阳性者必须淘汰处理。如果3次检疫都呈阴性反应,且无任何可疑临诊症状,可放入假定健康牛群中培育。

加强消毒工作,每当畜群出现阳性病牛后,都要进行一次大消毒,尸体要深埋或化制。常用消毒剂为5%来苏尔或克辽林、10%漂白粉溶液、3%福尔马林溶液或3%氢氧化钠溶液。

**四、公共卫生**

**(一)定时检查监测**

饲养人员每年要定期进行健康检查。发现患有结核病的应调离岗位,及时治疗。

**(二)做好防护措施**

与可能患病的畜禽接触时应注意做好防护措施,如佩戴口罩。诊治结核病的医疗场所的医护人员更要注意做好个人防护,注意佩戴好口罩,必要的时候应规范佩戴手套、帽子。

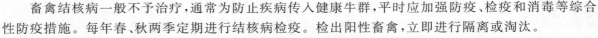

# 任务七　破　伤　风

破伤风(tetanus)又称强直症,俗称锁口风,是由破伤风梭状芽孢杆菌引起的一种人畜共患的急性创伤性中毒性疾病。临诊上以骨骼肌持续性痉挛和神经反射兴奋性增高为特征,本病广泛分布于

视频:结核病的防治

扫码看课件4-7

Note

世界各国,呈散在性发生。

## 一、病原

破伤风梭状芽孢杆菌又称强直梭状芽孢杆菌,是一种严格厌氧的革兰氏阳性大杆菌。多单个存在,有周鞭毛,能运动,不形成荚膜。本菌在动物体内外均可形成芽孢,其芽孢在菌体一端,似鼓槌状或球拍状(图 2-57)。

视频:破伤风

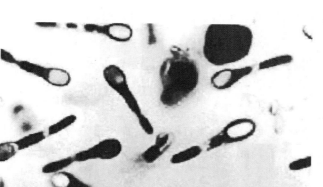

**图 2-57 破伤风梭状芽孢杆菌染色呈鼓槌状**

破伤风梭状芽孢杆菌在动物体内和培养基内均可产生 3 种破伤风外毒素,即痉挛毒素、溶血毒素和非痉挛毒素。其中最主要的为痉挛毒素,它是一种神经毒,是引起动物特征性强直症状的决定性因素,也是仅次于肉毒梭菌毒素的毒性第二强的细菌毒素。痉挛毒素本质是一种蛋白质,对热较敏感,65～68 ℃经 5 min 即可灭活,通过 0.4％甲醛溶液杀菌脱毒 21～31 天,可将它变成类毒素。溶血毒素和非痉挛毒素,对于破伤风发生意义不是太大。溶血毒素能使红细胞溶解并引起局部组织坏死,为本菌的生长繁殖创造条件。非痉挛毒素对神经末梢有麻痹作用。

本菌繁殖体抵抗力不强,一般消毒剂均能在短时间内将其杀死,但芽孢体抵抗力强,在土壤中可存活几十年。高压蒸汽 120 ℃经 10 min、干热 150 ℃经 1 h 才能将其灭活,5％苯酚溶液经 10～12 h,10％碘酊、10％漂白粉溶液及 30％过氧化氢溶液等约 10 min 才能将其杀死。本菌对青霉素敏感,磺胺类药物次之,链霉素无效。

## 二、诊断要点

### (一)流行特点

本病无明显的季节性,多为散发,但在某些地区的一定时间里可出现暴发。

**1. 传染源** 患病动物和病原携带者是主要的传染源,病原从传染源排出之后,可以迅速形成芽孢,存在于土壤中。

**2. 传播途径** 本菌常通过各种创伤,如断脐、去势、手术、断尾、穿鼻等感染。在临诊上有 1/3～2/5 的病例查不到伤口,可能是创伤已愈合或可能经子宫、消化道黏膜损伤感染。

**3. 易感动物** 本菌广泛存在于自然界,各种家畜均有易感性,其中以单蹄兽最易感,猪、羊、牛次之,犬、猫仅偶尔发病,家禽自然发病罕见。幼龄动物较老龄动物更易感。实验动物中豚鼠、小鼠均易感,家兔有抵抗力。

### (二)临诊症状

**1. 单蹄兽** 最初表现对刺激的反射兴奋性增高,稍有刺激即高举其头,瞬膜外露,接着出现咀嚼缓慢、步态僵硬等症状,一般不易发现。随着病情的发展,出现全身性痉挛症状,主要表现头颈伸直,两耳竖立,鼻孔开张,瞬膜外露,四肢腰背僵硬,牙关紧闭,流涎,腹部紧缩,粪尿潴留,甚至便秘,尾根高举,四肢强直,行走困难,状如木马等典型的肌肉痉挛、强直症状,易跌倒,且不易自起,病畜此时神志清楚,有饮食欲,轻微刺激可使其惊恐不安、痉挛和大汗淋漓,末期病畜常因呼吸功能障碍或循环系统衰竭而死亡。体温一般正常,死前体温可升至 42 ℃,病死率 45%～90%。

**2. 牛** 常见反刍停止,伴有瘤胃臌气或子宫积液或积气,其他症状与单蹄兽相似,但反射兴奋性增高不明显,病死率较低。

**3. 猪** 猪常因阉割感染引起发病。一般也从头部开始,叫声尖细,牙关紧闭,瞬膜外露,流涎,四肢僵硬,全身痉挛,角弓反张,卧地不起呈强直状态,呼吸困难,病死率高。

### (三)病理变化

该病的病理变化不明显,仅在黏膜、浆膜及脊髓等处可见有小出血点,肺充血、水肿,骨骼肌变性、坏死及肌间结缔组织水肿等非特异变化。

### (四)诊断

根据本病的特殊临诊症状,如骨骼肌强直性痉挛、神志清楚、反射兴奋性增高、体温正常,并有创伤史,即可做出初步诊断。对于轻症病例或病初症状不明显病例,要注意与马钱子中毒、癫痫、脑膜炎、狂犬病及肌肉风湿等相鉴别。

## 三、防治

### (一)预防

在本病常发地区,应对易感家畜定期接种破伤风类毒素。牛、马等大动物可在阉割等手术前1个月进行免疫接种,可起到预防本病的作用。平时要注意饲养管理和环境卫生,防止家畜受伤。一旦发生外伤,要注意及时处理,防止感染。阉割手术时要注意器械的消毒和无菌操作。对较大较深的创伤,除做外科处理外,应肌内注射破伤风抗血清。

### (二)治疗

动物感染破伤风梭状芽孢杆菌后,首先要加强对病畜的护理。将病畜置于安静、温暖、闭光、通风良好的厩舍内,站立保定,防止跌倒,对尚能采食的病例,给予营养良好易于消化的饲料,对不能采食者,每日投喂流质食物。其次,尽快查明感染的创伤和进行外科处理。再次,进行对症治疗。早期使用破伤风抗毒素,疗效较好;当病畜不安时,可使用镇静解痉剂。解除痉挛常用 25% 硫酸镁溶液静脉注射或肌内注射。为了清除病原,可应用抗生素或磺胺类药物。中药治疗可用千金散或防风散。此外,还应注意强心、利尿、改善胃肠功能和供给营养等。

扫码看课件
4-8

# 任务八 葡萄球菌病

葡萄球菌病(staphylococcosis)通常称为葡萄球菌感染,是由葡萄球菌引起的人和动物的多种疾病的总称。葡萄球菌常引起皮肤的化脓性炎症,也可引起菌血症、败血症和各内脏器官的严重感染。除鸡、兔等呈流行性发生外,其他动物多为个体的局部感染。由于葡萄球菌广泛存在于自然界,人和动物是该菌寄居的主要对象,因此,该菌极易使人和动物形成带菌状态,致使该菌有广泛传播的机会。近年来,世界各地本病均有增长趋势,由葡萄球菌肠毒素所致食物中毒事件大为增多,由于耐药菌株的增多,由该菌引起的许多重要器官的疾病,常可危及人和动物的生命,因此,本病日益受到医学界和兽医界的重视。

视频:葡萄球菌病

## 一、病原

葡萄球菌为革兰氏阳性球菌,无鞭毛,不形成芽孢和荚膜,常呈葡萄串状排列、在脓汁或液体培养基中常呈双球或短链状排列,为需氧或兼性厌氧菌,在普通培养基上生长良好。根据细菌壁的组成、血浆凝固酶、毒素产生和生化反应的不同,可将葡萄球菌分为金黄色葡萄球菌、表皮葡萄球菌和腐生葡萄球菌 3 种,其中主要的致病菌为金黄色葡萄球菌。

葡萄球菌的致病力取决于其产生毒素和酶的能力,已知致病性菌株能产生血浆凝固酶、肠毒素、皮肤坏死毒素、透明质酸酶、溶血素、杀白细胞素等多种毒素和酶。大多数金黄色葡萄球菌能产生血浆凝固酶,还能产生数种能引起急性胃肠炎的蛋白质性的肠毒素。

葡萄球菌对外界环境的抵抗力较强,在尘埃、干燥的脓血中能存活几个月,加热至 80 ℃ 30 min 才能被杀死,对龙胆紫、青霉素、红霉素、庆大霉素敏感,但易产生耐药性。

## 二、诊断要点

### (一)流行特点

葡萄球菌病的发生和流行,与各种诱发因素有密切关系,如饲养管理条件较差、环境恶劣、污染程度严重、有并发症存在使机体抵抗力减弱等。

**1. 传染源** 患病的动物和病原携带者是本病的主要传染源。

**2. 传播途径** 本菌通过各种途径均可感染,破裂和损伤的皮肤黏膜是主要的入侵门户,甚至可经汗腺、毛囊进入机体组织,引起毛囊炎、疖、痈、蜂窝织炎、脓肿以及坏死性皮炎等。经消化道感染可引起食物中毒和胃肠炎,经呼吸道感染可引起气管炎、肺炎。也常成为其他传染病的混合感染或继发感染的病原。

**3. 易感动物** 葡萄球菌在自然环境中分布极为广泛,空气、尘埃、污水以及土壤中都有存在,也是人和动物体表及上呼吸道的常在菌。多种动物与人均有易感性。

### (二)临诊特点

**1. 牛葡萄球菌乳房炎** 主要由金黄色葡萄球菌引起,呈急性、亚急性和慢性经过。

(1)急性乳房炎:患区呈现炎症反应,含有大量脓性絮片的微黄色至微红色浆液性分泌液及有白细胞渗入间质组织中。重症患区红肿、变硬、发热、疼痛,乳房皮肤绷紧,呈紫红色,仅能挤出少量微红色至红棕色含絮片分泌液,带有恶臭味,并伴有全身症状,有时表现为化脓性炎症。

(2)慢性乳房炎:约占 60%,病初常被忽视,多不表现症状,但产奶量下降,直至在乳中出现絮片才被发现。后期可见到乳房因结缔组织增生而硬化、缩小,乳池黏膜出现息肉并增厚。

**2. 猪渗出性皮炎** 本病是由表皮葡萄球菌所致的一种仔猪高度接触性皮肤疾病,多见于 5～6 日龄仔猪。病初在肛门和眼睛周围、耳廓和腹部等无被毛处皮肤上出现红斑,随后出现 3～4 mm 大小的微黄色水疱,迅速破裂,渗出清亮的浆液或黏液,与皮屑、皮脂和污垢混合,干燥后形成微棕色鳞片状结痂,发痒。痂皮脱落后,露出鲜红色创面。患病仔猪食欲减退,饮欲增加,并迅速消瘦。一般经 30～40 天可康复,但影响发育。严重病例于发病后 4～6 天死亡。本病也可发生在较大仔猪、育成猪或者是母猪乳房上,但病变轻微,无全身症状。

**3. 禽葡萄球菌病** 由金黄色葡萄球菌所致,常见于鸡和火鸡,鸭和鹅也可感染发病。主要表现为急性败血症、关节炎和脐炎三大类型。各种年龄的鸡、火鸡、鸭和鹅均可感染发病。40～60 日龄的雏禽多呈败血症型,中雏发生皮肤病,成鸡发生关节炎和关节滑膜炎。脐炎多发生在刚孵出不久的幼雏。败血症型和脐炎型起病急,病程短;关节炎型多呈慢性经过。不论哪种病型发病率均高。败血症型特征性症状是在翼下皮下组织出现水肿,进而扩展到胸、腹及股内,呈泛发性水肿,外观呈紫黑色,内含血样渗出液,皮肤脱毛坏死,有时出现破溃,流出污秽血水,并带有恶臭味。有的病禽在体表发生大小不一的出血灶和炎性坏死,形成黑紫色结痂。关节类型则表现受害关节肿大,呈黑紫色,内含血样浆液或干酪样物,以趾和跗关节常见。脐炎型表现为雏禽脐孔发炎肿大,有时脐部有暗红色或黄色液体。病程稍长者则变成干涸的坏死物。

火鸡多见胫骨部关节肿胀,有热感、硬化、脱皮,常波及腱鞘。食欲废绝,死亡。剖检败血症病禽,可见胸部皮下充血,胶样浸润。肝、脾大,有白色坏死点。

鸭和鹅一般是因蹼或趾被划破而感染。急性病例常表现为跗、胫和趾关节发生炎性肿胀,有热痛,也常见结膜炎和腹泻。有时发生龙骨上浆液性滑膜炎。病程 6～7 天,预后死亡。慢性病例主要表现为关节炎、肿胀、跛行、不愿走动。常在 2～3 周后死亡。

此外,孔雀、金丝雀、鸽、天鹅、鹤、雉等许多野禽也会发生金黄色葡萄球菌感染,以局灶性关节化脓多见,也可见到腹泻、化脓性脊髓炎和脐炎。

**4. 兔葡萄球菌** 兔极易感染金黄色葡萄球菌发病。通过皮肤损伤或经毛囊、汗腺感染时,可引起转移性脓毒血症。初生仔兔经脐带感染时,也可发生脓毒血症。经呼吸道感染时,可引起上呼吸道炎症。哺乳母兔感染可引起乳房炎,仔兔可因吸吮含有金黄色葡萄球菌的乳汁而引起仔兔肠炎。

根据感染途径和部位的不同,以及细菌在体内扩散情况,所表现的症状可归纳为如下几种。

(1)仔兔脓毒血症:出生后 2~5 天的仔兔易发,在胸腺下部、颈部、颌下以及股内侧娇嫩的皮肤上,多处发生粟粒大、白色的小脓疱。多数仔兔在病后 1 周内死于急性败血症。10~21 日龄较大的乳兔,可在上述部位发生黄豆大至蚕豆大并隆出皮肤表面的脓疱,病程稍长,食欲紊乱,最后消瘦衰竭死亡。

(2)转移性脓毒血症:脓肿可发生在体表和体内各个脏器和组织,如病兔的头、颈、背及四肢等部位的皮肤均可有化脓灶。心、肺、肝、肾等器官以及睾丸、附睾、子宫和关节等处组织可见大小不一的脓肿。

(3)足跖面皮炎:多发生在跖趾区跖侧面皮肤上。病初感染局部发红肿胀,继之出现一个乃至多个脓肿。病程稍长,则脓肿连接在一起,形成溃疡面,经常出血,不易愈合。病兔不愿走动,食欲减退,逐渐消瘦。有的病兔发生全身感染,呈现败血症症状而死亡。

(4)鼻炎:病兔打喷嚏,用爪抓挠鼻部。鼻孔周围被流出的浆液-脓性分泌物污染。有的形成干痂,被毛脱落。后期易发生肺炎、肺脓肿和胸膜炎。

(5)乳房炎:病兔体温升高,患病乳房局部红肿,有热痛。脓肿表面呈紫红色或蓝红色,乳汁带脓血。慢性病兔乳房局部发硬,逐步增大,在深层形成脓肿,脓汁呈乳白色或淡黄色脂状。

(6)仔兔肠炎:多由吸吮患乳房炎母兔的乳汁引起。发病急,病死率高,多波及全窝。病兔肛门松弛,排黄色水样便。有仔兔"黄尿病"之称,肛门周围和两后肢外侧被毛被稀便污染,有腥臭味。全身乏力、嗜睡。病后 2~3 天,因脱水或心力衰竭死亡。剖检可见肠黏膜充血、出血或肠管充满黏液,膀胱极度扩张,内含大量黄色尿液。

**(三)实验室诊断**

根据临诊症状和流行病学资料可做出本病的初步诊断,确诊还需进行实验室检查。

**1. 病原检查** 采取化灶的汁液或败血症病例的血液、肝和脾等涂片,革兰氏染色后镜检。依据细菌的形态、排列和染色特性可做出诊断,必要时进行细菌分离培养。

**2. 血清学检查** 由于抗菌药物的广泛应用,培养结果常呈阴性,因此,用血清学方法检查葡萄球菌的抗体或抗原,对诊断严重感染的病畜或病人,有一定的参考意义。应用的方法包括采用对流免疫电泳(CIE)或 ELISA 检查血清中的抗体,或用 CIE 法检查脑脊液和胸腔液中的抗原,或用放射免疫法(RIA)检测感染动物血清中的抗原。

### 三、防治

**(一)预防**

由于葡萄球菌广泛存在于自然界,宿主范围很广,人和动物的带菌率很高,要根除这样一种条件性致病菌和它引起的疾病是不可能的。为控制本病的发生首先要减少敏感宿主对具有毒力和耐抗生素菌株的接触,还要严格控制有传播病菌危险的病人和病畜。饲养动物应加强管理,防止因环境因素的影响而使动物抗病力降低;圈舍、笼具和运动场地应经常打扫,注意清除锋利尖锐的物品,防止皮肤外伤。

**(二)治疗**

治疗时,青霉素为首选药物,其他如红霉素、庆大霉素或卡那霉素等也可考虑合用或单用。对皮肤或皮下组织的脓创、脓肿、皮肤坏死等可进行外科治疗。

## 四、公共卫生

人葡萄球菌病可引起许多组织的各种化脓性疾病，从轻症的局部感染到致死性的全身疾病，如小脓疱、睑腺炎、甲沟炎和疖等，大多是仅限于局部炎症反应的浅表脓肿。葡萄球菌在食物中繁殖可产生肠毒素，人摄入后可引起食物中毒。

为了防止葡萄球菌感染的发生和流行，应注意以下几点：①加强保护，保持皮肤的清洁和完整，避免发生创伤；②葡萄球菌感染患者，及时治疗，以减少和去除感染源；③严格执行病房的消毒隔离措施，切断传播途径；④积极治疗或控制慢性疾病如糖尿病、血液病、肝硬化等，保护易感人群。

扫码看课件
4-9

# 任务九 链球菌病

链球菌病（streptococosis）是主要由 β 溶血性链球菌引起的多种人畜共患病的总称。发生动物链球菌病的以猪、牛、羊、马、鸡较常见，近年来水貂、牦牛、兔和鱼类也有发生链球菌病的报道。人链球菌病症状以猩红热较多见。链球菌病的临床表现多种多样，可以引起多种化脓创和败血症，也可表现为各种局限性感染。链球菌病分布很广，可严重威胁人畜健康。

## 一、病原

链球菌的种类繁多，在自然界分布很广，一部分对人畜有致病性，一部分无致病性。本菌呈圆形或卵圆形，常排列成链，链的长短不一，短者成对，或由 4～8 个菌组成，长者由数十个甚至上百个组成，革兰氏染色阳性。

本菌为需氧或兼性厌氧菌。多数致病菌的生长要求较高，在普通琼脂上生长不良，在加有血液、血清的培养基中生长良好。在菌落周围形成 α 型（草绿色溶血）或 β 型（完全溶血）溶血环，前者称草绿色链球菌，致病力较低，后者称溶血性链球菌，致病力强，常引起人和动物的多种疾病。

链球菌分为 20 个血清群。A 群主要对人类致病，如猩红热、扁桃体炎及各种炎症和败血症。对动物有致病性的主型链球菌属于 B、C、D、E、L、N、P 等群以及绿色链球菌。链球菌对热和普通消毒剂抵抗力不强，多数链球菌经 60 ℃加热 30 min 可被杀死，煮沸可立即死亡。常用的消毒剂如 2% 苯酚溶液、0.1% 新洁尔灭、1% 煤酚皂液，均可在 5 min 内杀死链球菌。本菌受日光直射 2 h 死亡，0～4 ℃可存活 150 天，冷冻 6 个月特性不变。

## 二、诊断要点

### （一）流行特点

本病的流行有明显的季节性。羊链球菌病的流行季节最为明显，多在每年的 10 月到第二年 4 月的冬、春季，这是由于此时气候干燥，病菌飞扬易被羊只吸入，引起发病；也由于冬季寒冷，羊只常挤在一起，接触传染机会增加。猪链球菌病的流行虽无明显的季节性，一年四季均可发生，但 7—10 月易出现大面积流行。

**1. 传染源** 患病和病死动物是主要传染源，无症状和病愈后的带菌动物也可排出病菌成为传染源。仔猪感染本病，多是由母猪作为传染源而引起的。

**2. 传播途径** 主要经呼吸道和受损的皮肤及黏膜感染，而猪和鸡可经各种途径感染。幼畜可因断脐时处理不当引起脐感染。患腺疫的幼驹可因吮乳，将本病传染给母马引起乳房炎，进而经血流引起败血症。

**2. 易感动物** 链球菌的易感动物较多，因而在流行病学上的表现不完全一致。猪、马属动物、牛、绵羊、山羊、鸡、兔、水貂以及鱼等均有易感性。猪不分年龄品种和性别均易感，3 周龄以内的犊牛易感染牛肺炎链球菌病，4 月龄至 5 岁以内的马驹易感染马腺疫，特别是 1 周岁左右的幼驹易感性最强。

视频：链球菌病

*Note*

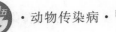 

### （二）临诊特点

**1. 猪链球菌病**  猪链球菌病是由多种不同群的链球菌引起的不同临诊类型传染病的总称。常见的有败血性链球菌病和淋巴结脓肿两种类型,特征为急性病例常为败血症和脑膜炎,由 C 群链球菌引起的发病率高,病死率也高,危害大;慢性病例则为关节炎、心内膜炎及组织化脓性炎,以 E 群链球菌引起的淋巴脓肿最为常见、流行最广。

本病在临床上分为猪败血性链球菌病、猪链球菌性脑膜炎和猪淋巴结脓肿三个类型。

（1）猪败血性链球菌有以下三种类型。

①最急性型:发病急、病程短,多在不见任何异常表现的情况下突然死亡,或突然减食或停食,精神委顿,体温升高达 41～42 ℃,卧地不起,呼吸促迫,多在 6.5～24 h 迅速死亡。

②急性型:常突然发病,病初体温升高达 40～41.5 ℃,继而升高到 42～43 ℃,呈稽留热,精神沉郁、呆立、嗜卧,食欲减少或废绝,喜饮水。眼结膜潮红,有出血斑,流泪。呼吸促迫,间有咳嗽。鼻镜干燥,流出浆液性、脓性鼻汁。颈部、耳廓、腹下及四肢下端皮肤呈紫红色(图 2-58),并有出血点。个别病例出现血尿、便秘或腹泻。病程稍长,多在 5 天内,因心力衰竭死亡。

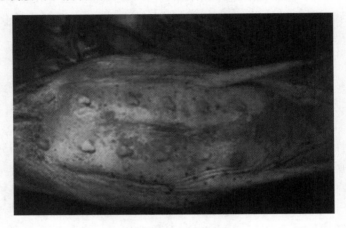

**图 2-58  皮下紫斑**

③慢性型:多由急性型转化而来。主要表现为多发性关节炎。一肢或多肢关节发炎。关节周围肌肉肿胀,高度跛行,有痛感,站立困难。严重病例后肢瘫痪。最后因体质衰竭、麻痹死亡。

（2）猪链球菌性脑膜炎:主要由 C 群链球菌所引起,是一种以脑膜炎为主症的急性传染病。多见于哺乳仔猪和断奶仔猪。哺乳仔猪的发病常与母猪带菌有关,较大的猪也可能发生。病初体温升高,停食,便秘,流浆液性或黏液性鼻汁,迅速表现出神经症状,盲目走动,步态不稳,歪头、做转圈运动(图 2-59),磨牙、空嚼。当有人接近或触及躯体时,病猪发出尖叫或抽搐、突然倒地、口吐白沫、四肢划动似游泳,继而衰竭或麻痹,急性型多在 30～36 h 死亡,亚急性或慢性型病程稍长,主要表现为多发性关节炎,逐渐消瘦衰竭死亡或康复。

（3）猪淋巴结脓肿:多由 E 群链球菌引起,以颌下、咽部、颈部等处淋巴结化脓和形成脓肿为特征。猪扁桃体是 β 型溶血性链球菌常在部位,特别是康复猪,其扁桃体带菌可达 6 个月以上,在本病的传播上起着重要作用。

猪淋巴结脓肿以颌下淋巴结发生化脓性炎症最为常见,其次在耳下部和颈部等处淋巴结也常见到(图 2-60)。受害淋巴结首先出现小脓肿,逐渐增大,感染后 3 周直径达 5 cm 以上,局部显著隆起,触之坚硬,有热痛。病猪体温升高、食欲减退,中性粒细胞增多。由于局部受害淋巴结疼痛和压迫周围组织,可影响采食、咀嚼、吞咽,甚至引起呼吸障碍。病程 2～3 周,一般不引起死亡。

**2. 牛链球菌病**

（1）牛链球菌乳房炎:牛链球菌乳房炎主要是由 B 群无乳链球菌引起,本病分布广泛,一般认为奶牛的感染率为 10%～20%。病初常不被人们注意,只有当奶牛拒绝挤奶时才被发现。呈急性和慢

图 2-59　歪头、做转圈运动

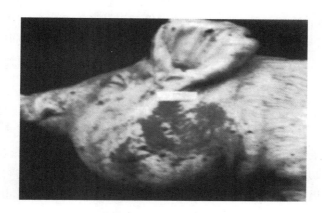

图 2-60　颌下淋巴结炎

性经过，主要表现为浆液性乳管炎和乳腺炎。

①急性型：乳房明显肿胀、变硬、发热、有痛感，此时伴有全身不适，体温稍增高，烦躁不安，食欲减退，产奶量减少或停止。乳房肿胀加剧时则行走困难。常侧卧，呻吟，后肢伸直。

②慢性型：多数病例为原发，也有不少病例是从急性型转变而来。临床上无可见的明显症状。产奶量逐渐下降，特别是在整个牛群中广泛流行时尤为明显。乳汁可能带有咸味，有时呈蓝白色水样，细胞含量可能增多，间断地排出凝块和絮片。用手触之可摸到乳腺组织中程度不同的灶性或弥漫性硬肿块。乳池黏膜变硬。

（2）牛肺炎链球菌病：牛肺炎链球菌病是由肺炎链球菌引起的一种急性败血性传染病。主要发生于犊牛，曾被称为肺炎双球菌感染。病畜为传染源，3 周龄以内的犊牛最易感，主要经呼吸道感染，呈散发或地方流行性。

最急性病例病程短，仅持续几小时。病初全身虚弱，不愿吮乳，发热、呼吸极困难，眼结膜发绀，心脏衰弱，出现神经紊乱，四肢抽搐、痉挛。常呈急性败血性经过，于几小时内死亡。如病程延长 1～2 天，则鼻镜潮红，流脓液性鼻汁，结膜发炎，消化不良并伴有腹泻。

**3. 马腺疫**　马腺疫是马、骡、驴的一种急性传染病，其特征为颌下淋巴结呈急性化脓性炎症。病原是 C 群中的马链球菌马亚种。病菌存在于病马的鼻液和脓肿内，有时也存在于健康马的扁桃体及上呼吸道黏膜中。可通过污染的饲料、饮水、用具等经消化道感染，也可通过飞沫经呼吸道感染，还可通过创伤及交配感染。马对腺疫最易感，骡、驴次之，尤以 1 岁左右的幼驹多发。气候环境突变、饲养管理不良、突然断乳等因素，可促进本病的发生。得过本病的马可获得较强的免疫力。本病多发生于春、秋季，常呈地方流行性。

潜伏期 4～8 天，临诊上可出现 3 种病型。

（1）一过型腺疫：主要表现为鼻黏膜的卡他性炎症，鼻黏膜潮红，流出浆液性或黏液性鼻液，体

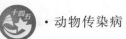

温轻度升高，颌下淋巴结轻度肿胀，如加强饲养管理，增强体质，则病菌常被消灭，病程不继续发展，很快自愈。

（2）典型腺疫：病初精神沉郁，食欲降低，体温升高达 39～41 ℃，结膜稍潮红黄染，呼吸脉搏增数，心跳加快。继而发生鼻卡他性炎症，鼻黏膜潮红，流鼻液，初为浆液性，以后为黏液性，经 3～4 天则变为黄白色脓性分泌物。当咳嗽和打喷嚏时，常于鼻孔流出大量鼻液。当炎症波及咽喉时，则咽喉部感觉过敏，按压时有疼痛感。咳嗽、呼吸及咽下有困难，有时食物和饮水由鼻腔逆流而出。

在出现鼻卡他性炎症的同时，颌下淋巴结也发生肿胀，可达鸡卵大或拳头大，充满整个下颌间隙。其周围炎性肿胀也很剧烈，甚至波及颜面部和喉部，初硬固、热痛，以后肿胀逐渐成熟而变软，并常有一处或数处呈现波动。波动处被毛脱落，皮肤变薄，并于皮肤表面渗出浅黄色液体，病程 2～3 周。

（3）恶性型腺疫：如果病马抵抗力很弱，加之治疗不当，则病菌可由颌下淋巴结的化脓灶经淋巴或血液转移到其他淋巴结，特别是咽淋巴结、颈前淋巴结以及肠系膜淋巴结等，甚至转移至肺和脑等器官，发生脓肿。此型病马的病程长短不定，体温多稽留不降。如治疗不及时，抗菌药物治疗效果不显著，则病马逐渐消瘦，贫血，黄染加重，常因极度衰弱或继发脓毒败血症而死亡。

### （三）病理变化

**1. 猪链球菌病**　死于出血性败血症的猪，可见颈下、腹下及四肢末端等处皮肤有紫红色出血斑点。急性死亡猪可从天然孔流出暗红色血液，凝固不良。胸腔有大量黄色或混浊液体，含微黄色纤维素性絮片样物质。心包积液增多，心肌柔软，色淡呈煮肉样。右心室扩张，心耳、心冠沟和右心室内膜有出血斑点（图 2-61）。心肌外膜与心包膜常粘连。脾明显肿大，有的可增大到正常脾的 1～3 倍，呈灰红色或暗红色，质脆面软，包膜下有小点出血，边缘有出血梗死区，切面隆起，结构模糊（图 2-62）。肝边缘钝厚，质硬，切面结构模糊。胆囊水肿，胆囊壁增厚。肾稍肿大，皮质髓质界限不清，有出血斑点。胃肠黏膜、浆膜散在点状出血。全身淋巴结水肿、出血。脑脊髓可见脑脊液增量，脑膜和脊髓软膜充血、出血。个别病例脑膜下水肿，脑切面可见白质与灰质有小点状出血。患病关节多有浆液纤维素性炎症。关节囊膜面充血、粗糙、滑液混浊，并含有黄白色奶酪样块状物。有时关节周围皮下有胶样水肿，严重病例周围肌肉组织化脓、坏死。

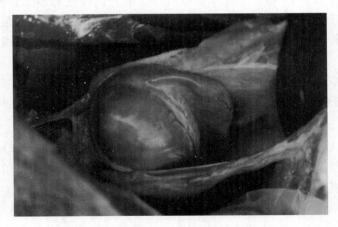

图 2-61　心包积液，心外膜的冠状沟部出血点

图 2-62　脾明显肿大

**2. 牛链球菌病**

（1）牛链球菌乳房炎：

①急性型者患病乳房组织浆液浸润，组织松弛。切面发炎部分明显膨大，小叶间呈黄白色，柔软有弹性。乳房淋巴结髓样肿胀，切面显著多汁，有小点状出血。乳池、乳管黏膜脱落、增厚、管腔为脓块和脓栓阻塞。乳管壁为淋巴细胞、白细胞和组织细胞浸润。腺泡间组织水肿、变宽。

②慢性型则以增生性发炎和结缔组织硬化、部分肥大、部分萎缩为特征,乳房淋巴结肿大。

（2）牛肺炎链球菌病:剖检可见浆膜、黏膜、心包出血。胸腔渗出液明显增量并积有血液。脾呈充血性增生性肿大,脾髓呈黑红色,质韧如硬橡皮,即所谓"橡皮脾",是本病特征。肝和肾充血、出血,有脓肿,成年牛感染则表现为子宫内膜炎和乳房炎。

**3. 马腺疫** 临床病变以鼻黏膜急性卡他和颌下淋巴结急性炎性肿胀、化脓为特征。此外,还可见到脓毒败血症的病变,在肺、肾、脾、心、乳房、肌肉和脑等处,见有大小不一的化脓灶和出血点,并有化脓性胸膜炎和腹膜炎。

#### （四）实验室诊断

动物和人的链球菌病根据临诊和病理变化,再结合流行病学特点不难做出初步诊断,确诊需进行实验室检查。

细菌学检查:取发病或病死动物的脓汁,关节液,鼻咽内容物,乳汁(牛乳房炎),肝、脾、肾组织或心血等,任选2~3种,制成涂片或触片,干燥、固定、染色、镜检,革兰氏染色阳性,呈短链状排列的链球菌。

动物接种:选取上述病料,接种于马丁肉汤培养基,经24 h培养,取培养物注射实验动物或本动物,小鼠皮下注射0.1~0.2 mL或家兔皮下或腹腔注射0.1~1 mL,应于3天内死于败血症并应从实质脏器中分离出链球菌。但牛乳房炎以2 mL培养物经腹腔注射进小鼠,观察半个月不死。

### 三、防治

#### （一）预防

患链球菌病的动物,自愈后机体所产生的免疫力,足可抵御链球菌再感染。因此,用疫苗进行免疫接种,对预防和控制本病传播效果显著。

我国已研制出用于预防猪、羊链球菌病的灭活疫苗和弱毒疫苗,在流行季节前进行预防注射,是预防暴发流行的有力措施。

平时应建立和健全消毒隔离制度。保持圈舍清洁、干燥及通风,经常清除粪便,定期更换褥草。保持地面清洁。引进动物时须经检疫和隔离观察,确证健康后方能混群饲养。加强管理,做好防风防冻,增强动物自身抗病力,也是预防本病的主要措施。

当发现本病疫情时应立即采取紧急防治措施:①尽快做出确诊,制订紧急防治办法,划定疫点、疫区,隔离病畜,封锁疫区。②对被污染的圈舍、用具进行消毒后,再进行彻底清洗、干燥。③对全群动物进行检疫,发现体温升高和有临床表现的动物,应进行隔离治疗或淘汰。④对假定健康群动物可应用抗菌类药物做预防性治疗或用疫苗做紧急接种。⑤患病或死亡动物是本病的主要传染源,因此,应严格禁止擅自宰杀和自行处理,须在兽医监督下,一律送到指定屠宰场,按屠宰条例有关规定处理。

#### （二）治疗

应用抗菌药物治疗有效。当分离出致病链球菌后,应立即进行药敏试验。根据试验结果,选出具有特效作用的药物进行全身治疗。如猪可选用对革兰氏阳性菌有效的青霉素、土霉素和四环素等。羊可用青霉素或10%磺胺嘧啶注射。兔可用青霉素50000 U或红霉素50~100 mg肌注治疗。

局部治疗:先将皮肤、关节及脐部等处的局部溃烂组织剥离,脓肿应切开,清除脓汁、清洗消毒,然后用抗生素或磺胺类药物以悬液、软膏或粉剂处理患处,必要时可施以包扎。

# 任务十 肉毒梭菌毒素中毒症

肉毒梭菌毒素中毒症(botulism)是由于摄入含有肉毒梭状芽孢杆菌(简称肉毒梭菌)毒素的食物或饲料而引起的人和多种动物的一种中毒性疾病,以运动神经麻痹为主要特征。

*Note*

扫码看课件
4-10

## 一、病原

肉毒梭菌为两端钝圆的大杆菌,革兰氏染色阳性,无荚膜,有芽孢,芽孢位于菌体近端,呈球拍状。它是严格厌氧菌,在厌氧肉肝汤中加入新鲜肝块才能旺盛生长。在血液琼脂培养基上生长的菌落呈圆形或不规则形状,呈半透明、灰白色,表面扁平或微凸,边缘呈叶状、扇贝状或树根状,能形成 α 型溶血环。

肉毒梭菌在适宜的条件下,可产生一种毒力极强的蛋白神经毒素——肉毒梭状芽孢杆菌毒素。根据毒素性质和抗原性不同,可将本菌分为 A、B、$C_a$、$C_b$、D、E、F、G 8 个型。A 型、B 型、E 型、F 型可引起人类的肉毒梭状芽孢杆菌毒素中毒;C 型可引起禽类、牛、羊、马、骆驼、水貂等动物的肉毒梭状芽孢杆菌毒素中毒。毒素能耐 pH 3.6～8.5 的酸碱度,对高温也有抵抗力,100 ℃经 15～30 min 才能被破坏,在动物尸体、骨头、腐烂植物、青储饲料和发霉饲料及发霉的青干草中,毒素能保持活性数月。

## 二、诊断要点

### (一)流行特点

**1. 传染源** 肉毒梭菌的芽孢广泛存在于自然界,土壤为其自然居留场所,在动物肠道内容物、粪便、腐败尸体、腐败饲料及各种植物中都常有分布。自然发病主要是由于摄食了含有毒素的食物或饲料。

**2. 传播途径** 本病的发生除有明显的地域分布外,还与土壤类型和季节等有关。在温带地区,肉毒梭菌毒素中毒症发生于温暖的季节,因为在 22～37 ℃温度范围内,饲料中的肉毒梭菌才能大量产生毒素。饲料中毒时,因毒素分布不匀,故不是吃了同批饲料的所有动物都会发病,在同等情况下,以膘肥体壮、食欲良好的动物发病较多。在牧区,本病于放牧盛期的夏、秋季发生较多。

**3. 易感动物** 在畜禽中以鸭、鸡、牛、马较多见,绵羊、山羊次之,兔、豚鼠和小鼠都易感,貂也有很高的易感性。

### (二)临诊症状

本病的潜伏期因动物种类不同和摄入毒素量多少等而异,一般为 4～20 h,长的可达数日。

**1. 家禽** 主要表现头颈软弱无力,向前低垂,常以喙尖触地支持或以头部着地,颈项呈锐角弯曲,有"弯颈病"之称。鸡翅下垂,两脚无力,有的表现嗜睡症状及阵发性痉挛,病死率为 5%～95%。

**2. 牛、羊、马** 表现为神经麻痹,由头部开始,迅速向后发展,直至四肢,也主要表现肌肉软弱和麻痹,不能咀嚼和吞咽,垂舌,流涎,下颌下垂,眼半闭,瞳孔散大,对外界刺激无反应。波及四肢时,则共济失调,以至卧地不起,头部如产后轻瘫弯于一侧。肠音废绝,粪便秘结,有腹痛症状,呼吸极度困难,直至呼吸麻痹而死,死前体温、意识正常,严重的数小时死亡,病死率达 70%～100%,轻者可恢复。

**3. 猪** 很少见,症状与牛、马相似。

### (三)病理变化

剖检无特殊的变化,所有器官充血,肺水肿,膀胱内可充满尿液。

### (四)实验室诊断

依据特征性症状,结合发病原因进行分析,可做出初步诊断。确诊需采集病畜胃肠内容物和可疑饲料,加入 2 倍以上无菌生理盐水,充分研磨,制成混悬液,置室温 1～2 h,然后离心(血清或抗凝血等可直接离心),取上清液加抗生素处理后,分成 2 份。一份不加热,供毒素试验用,另一份 100 ℃加热 30 min,供对照用。选择实验动物进行试验,若检出毒素则需做毒素型别鉴定。

此外,应注意与其他中毒、低钙血症、低镁血症、葡萄穗霉毒素中毒、禽传染性脑脊髓炎和其他急性中枢神经系统疾病相鉴别。

### 三、防治

#### （一）预防

畜禽预防肉毒梭菌毒素中毒症的主要措施在于随时清除牧场、畜舍中的腐烂饲料，防止畜禽食入。禁喂腐烂的草料、青菜等，调制饲料要防止腐败，缺磷地区应多补钙和磷。

#### （二）治疗

发病时，应查明和清除毒素来源，发病畜禽的粪便内含有大量肉毒梭菌及其毒素，要及时清除。在经常发生本病的地区，可用同型类毒素或明矾菌苗进行预防接种。在治疗早期可注射多价抗毒素血清，毒型确定后可用同型抗毒素，在摄入毒素后 12 h 内均有中和毒素的作用。大家畜内服大量盐类泻剂或用 5％碳酸氢钠溶液，或 0.1％高锰酸钾溶液洗胃灌肠，可促进毒素的排出。

# 任务十一　放　线　菌　病

扫码看课件
4-11

放线菌病（actinomycosis）又称大颌病（lumpyjaw），是多种动物和人发生的一种多菌性的非接触性慢性传染病。本病的特征为头、颈、颌下和舌的放线菌脓肿。本病广泛分布于世界各地，我国也有分布。

### 一、病原

本病的病原有牛放线菌、伊氏放线菌和林氏放线杆菌。牛放线菌和伊氏放线菌是牛的骨骼和猪的乳房放线菌病的主要病原，伊氏放线菌还是人放线菌病的主要病原。两者都是革兰氏阳性、不运动、不形成芽孢的杆菌，有长成菌丝的倾向，在动物组织中呈现带有辐射状菌丝的颗粒性聚集物，外观似硫黄颗粒，其大小如别针头，呈灰色、灰黄色或微棕色，质地柔软或坚硬。制片经革兰氏染色后，其中心菌体呈紫色，周围辐射状菌丝呈红色。林氏放线杆菌是皮肤和柔软器官放线菌病的主要病原，是一种不运动、不形成芽孢和荚膜的呈多形态的革兰氏阴性杆菌。在动物组织中形成无显著辐射状菌丝，以革兰氏法染色后，中心与周围均呈红色。

除以上各种放线菌外，金色葡萄球菌、某些化脓性细菌常是本病的重要发病辅因。

### 二、诊断要点

#### （一）流行特点

本病呈散发性发生。

**1. 传染源**　患病动物和病原携带者是本病主要的传染源。

**2. 传播途径**　放线菌病的病原存在于污染的土壤、饲料和饮水中，寄生于动物口腔和上呼吸道中。因此，只要黏膜或皮肤上有破损，本病便可以自行发生。当给牛饲喂带刺的饲料，如禾本科植物的芒、大麦穗、麦秸等时，常使口腔黏膜损伤而感染。据观察，当将动物放牧于低洼潮湿地时，常见到本病的发生。

**3. 易感动物**　牛、猪、羊、马、鹿等均可感染发病，人也可感染。动物中，以牛最常被侵害，尤其是 2～5 岁的牛。

#### （二）临诊症状及病理变化

牛常见上、下颌骨肿大，界限明显；肿胀进展缓慢，一般经过 6～18 个月才出现一个小而坚实的硬块，有时肿大发展甚快，牵连整个头骨，肿部初期疼痛，晚期无痛觉。病牛呼吸、吞咽和咀嚼均感困难，消瘦甚快，有时皮肤化脓破溃，脓汁流出，形成瘘管，长久不愈。头颈部组织也常发硬结，不热不痛。舌和咽部组织发硬时称为"木舌病"，病牛流涎，咀嚼困难。乳房患病时，呈弥散性肿大或有局灶性硬结（图 2-63），乳汁黏稠，混有脓汁。

马主要发生于精索，呈现硬实无痛觉的硬结，有时也可在颌骨、颈部或鬐甲部发生放线菌脓肿。

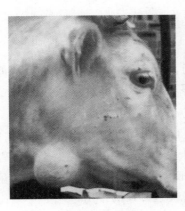

**图 2-63　局灶性硬结**

猪患本病时,乳头基部发生硬块,渐渐蔓延到乳头,引起乳房畸形,其中有大小不一的脓肿,多系由于小猪牙齿咬伤而引起的感染。

绵羊和山羊主要发生在嘴唇、头部和身体前半部的皮肤,患处皮肤增厚,可发生多数小脓肿。

### (三)实验室诊断

放线菌病的临诊症状和病变比较特殊,不易与其他传染病混淆,故诊断不难。必要时可取脓汁少许,用水稀释,找出硫黄样颗粒,在水内洗净,置于载玻片上加一滴 15% 氢氧化钾溶液,覆以盖玻片用力挤压,置显微镜下检查。如欲辨认何种细菌,则可用革兰氏法染色后检查判定。

## 三、防治

### (一)预防

为了防止本病的发生,应避免在低湿地放牧。舍饲牛只最好于饲喂前将干草、谷糠等浸软,避免刺伤口黏膜。合理进行饲养管理及遵守兽医卫生制度,特别是防止皮肤、黏膜发生损伤,有伤口时及时处理、治疗。

### (二)治疗

治疗时,硬结可用外科手术切除,若有瘘管形成,要连同瘘管彻底切除,切除后新创腔用碘酊纱布填塞,24～48 h 更换一次。也可用烧烙法进行治疗,内服碘化钾,连用 2～4 周,重症者可静脉注射 10% 碘化钠溶液,隔日一次。在用药过程中如出现碘中毒现象(黏膜、皮肤发疹,流泪,脱毛,消瘦和食欲缺乏等)应暂停用药 5～6 天或减少剂量。

放线菌对青霉素、红霉素、四环素、林可霉素比较敏感,林氏放线杆菌对链霉素、磺胺类药物比较敏感,故可有针对性地应用抗菌药物进行治疗,但需大剂量应用。

## 四、公共卫生

人的放线菌病由于感染途径不同,病变部位亦有不同。如病菌随口腔或咽部黏膜损伤而侵入,一般多发于面颊及下颌等部位,病初局部肿痛,皮下可形成坚硬肿块,后逐渐软化形成脓肿、破溃后流出带有硫黄样颗粒的脓汁。

预防人放线菌病,要注意口腔卫生,拔牙或其他手术后出现的慢性化脓感染,应早期诊断,及时治疗,以防病变扩散。

# 任务十二　坏死杆菌病

扫码看课件
4-12

坏死杆菌病(necrobacillosis)是由坏死梭杆菌引起的各种哺乳动物和禽类的一种慢性传染病。特征是在受损伤的皮肤、皮下组织、消化道黏膜发生坏死,有的在内脏形成转移性坏死灶。我国以牛、绵羊、猪和鹿较多发。

## 一、病原

坏死梭杆菌为多形性的革兰氏阴性菌,呈球杆状、短杆状、长丝状,特别是在病变组织或培养物中的菌株多为长丝状。幼龄培养菌着色均匀,老龄培养菌则着色不均,似串珠状,无荚膜、鞭毛和芽孢。

本菌为严格厌氧菌,在培养基中加入血液、血清、葡萄糖、肝块等可助其生长;加入亮绿或结晶紫可抑制杂菌生长,获得本菌的纯培养物。在血液琼脂平板上,呈 α 溶血生长,在血清琼脂或葡萄糖血液琼脂上经 48～72 h 培养,形成圆形或椭圆形菌落。本菌能产生多种毒素,如杀白细胞素、溶血素,能致组织水肿,内毒素能引起组织坏死。

本菌对理化因素抵抗力不强,但在污染的土壤中和有机质中能存活较长时间,在干燥的空气中,经 72 h 死亡,受日光直射 8～10 h 可被杀死。常用消毒剂均有效,如 1% 福尔马林溶液、1% 高锰酸钾溶液、4% 醋酸溶液等均可杀死本菌。

## 二、诊断要点

### (一)流行特点

本病多发生在雨季和低洼潮湿地区,一般呈散发或地方流行性。此外,饲养管理不良、圈舍泥泞、过度拥挤、互相撕咬、吸血昆虫过多、饲喂硬锐草料、长途运输等,均可促进本病的发生与发展。

**1. 传染源**

本病的传染源主要为患病和带菌动物,病菌随渗出分泌物或坏死组织污染周围环境。草食健康动物胃肠道常见本菌。

**2. 传播途径**

本病主要经损伤的皮肤和黏膜而感染,新生畜有时经脐带感染,而人多经外伤感染。

**3. 易感动物**

多种畜禽和野生动物均有易感性,家畜中以猪、绵羊、山羊、牛、马较易感,禽易感性较低,实验动物中兔和小鼠易感,豚鼠次之,人也可感染。

### (二)临诊症状和病理变化

潜伏期为数小时至 1～2 周,一般 1～3 天,病型因受害部位不同而有所不同,常见的有以下几种。

**1. 腐蹄病** 多见于成年牛、羊,有时也见于鹿,病初跛行,蹄部肿胀或溃疡,流出恶臭的脓汁。病变如向深部扩展,则可波及跟腱、韧带和关节、滑液囊,严重者可出现蹄壳脱落,重症者有全身症状,如发热、畏食,进而发生脓毒败血症导致死亡。

**2. 坏死性皮炎** 多见于仔猪和架子猪,其他家畜也有发生。病猪体表皮肤及皮下发生坏死和溃疡,多发生于体侧、头和四肢。病初为突起的小丘疹,局部发痒,上有干痂,触之硬固、肿胀,进而痂下组织迅速坏死,在皮下已形成很大的囊状坏死灶,灶内组织腐烂,积有大量灰黄色或灰棕色恶臭的液体,最后皮肤也发生溃烂。少数病例,其病变深达肌肉乃至骨骼,也有的病猪在耳、尾发生干性坏死,最后脱落。病猪经适当治疗,多能治愈,但当内脏出现转移性坏死灶或继发感染时,病猪全身症状明显,发热、少食或停食,常因高度衰竭而死。母畜还可发生乳头和乳房皮肤坏死,甚至乳腺坏死。

**3. 坏死性口炎** 坏死性口炎又称"白喉",多见于犊牛、羔羊和仔猪,偶见于仔兔或雏鸡。病初畏食、发热、流涎、口臭、有鼻汁、气喘。在舌、齿龈、上颚、颊、喉头等处黏膜上可见平面粗糙、污秽的灰褐色或灰白色假膜,剥脱后,其下露出不规则的溃疡面,易出血。发生在咽喉者,有颌下水肿,呼吸困难,不能吞咽,病变蔓延至肺部或其他内脏,形成转移性坏死灶,常导致病畜死亡,病程 4～5 天,长者 2～3 周。

### (三)实验室诊断

根据本病的发生部位是以肢蹄部和畜禽口腔黏膜坏死性炎症为主,以及坏死组织有特殊的臭味和变化及相应功能障碍,再结合流行病学资料,可以做出初步诊断,确诊需进行实验室诊断。

## 三、防治

### (一)预防

加强平时的饲养管理,搞好环境卫生、消除发病诱因,避免皮肤和黏膜损伤。防止动物互相啃咬,不到低洼潮湿不平的泥泞地放牧,牛、羊要正确护蹄,在本病多发季节,可在饲料中加抗菌药物进行预防。

## （二）治疗

畜群中一旦发生本病,应及时隔离治疗,彻底消毒。在做好局部治疗的同时,要根据不同病型配合全身治疗,如肌内或静脉注射磺胺类药物或抗生素,如四环素、土霉素、金霉素、螺旋霉素等,有控制本病发展和继发感染的双重功效。此外,还应配合强心、解毒、补液等对症疗法,以提高治愈率。

对腐蹄病的治疗,应用清水洗净患部并清创,再用1％高锰酸钾溶液或5％福尔马林溶液或10％的硫酸铜溶液冲洗消毒,然后在患部填塞硫酸铜、水杨酸粉或高锰酸钾、磺胺粉。对软组织可用磺胺软膏、碘仿鱼石脂软膏等药物进行涂抹。

## 四、公共卫生

人感染主要表现为手部皮肤、口腔、肺形成脓肿,与口腔感染、牙周炎、肠穿孔、创伤性感染有关,这些部位出现异常时应及时处理。

扫码看课件
**4-13**

# 任务十三　李氏杆菌病

李氏杆菌病(listeriosis)是一种散发性传染病,家畜主要表现脑膜脑炎、败血症和孕畜流产,家禽和啮齿动物则表现坏死性肝炎和心肌炎,有的还可出现单核细胞增多。

该病是人的一种食物源性疾病,20世纪80年代以来,人类因食用被污染的动物性食物而屡发李氏杆菌病,因此该病受到人们广泛关注。本病广泛分布于全世界,我国许多省区市也有发生。

## 一、病原

本病是由李氏杆菌引起的。李氏杆菌在分类上属于李氏杆菌属。最初,李氏杆菌属只有产单核细胞李氏杆菌一个种,以后相继将伊万诺夫李氏杆菌、无害李氏杆菌、威斯梅尔李氏杆菌和西里杰李氏杆菌也划归入李氏杆菌属。

产单核细胞李氏杆菌是一种革兰氏阳性的小杆菌,在涂片中或单个分散,或两个菌排成"V"形或互相并列,在22 ℃和37 ℃都能良好生长。

本菌在pH 5.0以下缺乏耐受性,pH 5.0以上才能繁殖,至pH 9.6仍能生长。对食盐耐受性强,在含10％食盐的培养基中能生长,在20％食盐溶液内能经久不死。对热的耐受性比大多数无芽孢杆菌强,常规巴氏消毒法不能杀灭它,65 ℃经30～40 min才能被杀灭。一般消毒剂都易使之灭活。

## 二、诊断要点

### （一）流行特点

本病多为散发,一般只有少数发病,但病死率很高。

**1. 传染源**　患病动物和带菌动物是本病的传染源。从患病动物的粪、尿、乳汁、精液以及眼、鼻、生殖道的分泌液中都曾分离到本菌。

**2. 传播途径**　本菌的传播途径还不完全了解。自然感染可能是通过消化道、呼吸道、眼结膜以及破损皮肤,饲料和水可能是主要的传播媒介。冬季缺乏青饲料,天气骤变,有内寄生虫或沙门氏菌感染等因素,均可促发本病。

**3. 易感动物**

自然发病多见于绵羊、猪、家兔,牛、山羊次之,马、犬、猫很少,在家禽中,以鸡、火鸡、鹅较多,鸭较少。许多野兽、野禽、啮齿动物特别是鼠类易感染,且常为本菌的储存宿主。

各种年龄的动物都可感染发病,以幼龄较易感,发病较急,妊娠母畜也较易感。

（二）临诊症状

自然感染的潜伏期为数天、2～3周至2个月不等。

**1. 反刍兽** 病初体温升高1～2 ℃，不久降至常温。原发性败血症主见于幼兽，表现精神沉郁、呆立、低头垂耳、轻热、流涎、流鼻液、流泪、不随群行动、不听驱使。咀嚼吞咽迟缓，有时于口颊一侧积聚多量没有嚼烂的草料。脑膜脑炎发生于较大的动物，主要表现头颈一侧性麻痹，弯向对侧，该侧耳下垂，眼半闭，以至视力丧失。沿头的方向旋转或做圆圈运动，不能强使改变，遇障碍物，则以头抵靠而不动。颈项强硬，有的呈现角弓反张。后来卧地，呈昏迷状，卧于一侧，强使翻身，又很快翻转过来，以至于死亡。病程短的2～3天，长的1～3周或更长。成年动物症状不明显，妊娠母畜常发生流产。

**2. 猪** 病初出现低热，至后期下降，体温保持在36～36.5 ℃。发病前期意识障碍，运动失常，做圆圈运动，或无目的地行走，或不自主地后退，或以头抵地不动。有的头颈后仰，前肢或后肢张开，呈典型的观星姿势。肌肉震颤、强硬，颈部和颊部尤为明显。个别猪表现阵发性痉挛，口吐白沫，侧卧地上，四肢乱爬。一般经1～4天死亡，长的可达7～9天。仔猪多发生败血症，体温显著上升，精神高度沉郁、食欲减退或废绝，口渴；个别猪表现全身衰弱、僵硬、咳嗽、腹泻、皮疹、呼吸困难、耳部和腹部皮肤发绀，病程为1～3天，病死率高。妊娠母猪常发生流产。

**3. 马** 主要表现脑脊髓炎症状，体温升高，感觉过敏，容易兴奋，共济失调，四肢、下颌和喉部不全麻痹，意识和视力显著减弱，病程约1个月，多痊愈。幼驹还见有轻度腹泻、不安、黄疸和血尿等症状。

**4. 兔** 兔发病后常迅速死亡，临床表现精神委顿，独蹲一隅，不走动，口流白沫，神志不清。神经症状呈间歇性发作，发作时无目的地向前冲撞，或转圈运动，最后倒地，头后仰，抽搐而死。

**5. 家禽** 主要为败血症，表现精神沉郁、停食、下痢，短时间内死亡。病程较长的可能表现痉挛、斜颈等神经症状。

（三）病理变化

出现神经症状的病畜脑膜和脑可能有充血、炎症或水肿的变化，脑脊液增多，含很多细胞，脑干变软，有小脓灶，血管周围有以单核细胞为主的细胞浸润。肝可能有小脓灶和小坏死灶。患败血症的病畜，有败血症变化，肝有坏死。家禽心肌和脏有小坏死灶或广泛坏死，脾可能肿大。家兔和其他啮齿动物，肝有坏死灶，血液和组织中单核细胞增多。反刍兽和马不见单核细胞增多，而常见多形核细胞增多。流产的母畜可见到子宫内膜充血以至广泛坏死，胎盘子叶常见有出血和坏死。

（四）实验室诊断

病畜如表现特殊神经症状、妊娠畜流产、血液中单核细胞增多，可疑为本病。确诊可采用微生物学方法，也可用血清学试验如凝集试验和补体结合反应检验。诊断时应注意与表现神经症状的其他疾病，如脑包虫病、伪狂犬病、猪传染性脑脊髓炎、牛散发性脑脊髓炎等进行鉴别。人李杆菌病的诊断，主要依靠细菌学检查。对原因不明发热或新生儿感染，应采取血、脑脊液等进行镜检分离培养和动物接种试验检查。

## 三、防治

（一）预防

平时须驱除鼠类和其他啮齿类动物。驱除动物外寄生虫，不要从有病地区引入家禽。发病时应实施隔离、消毒、治疗等一般防疫措施。如怀疑青储饲料与发病有关，须改用其他饲料。

（二）治疗

本病的治疗药物以链霉素较好，但容易引起耐药性，对于有神经症状的绵羊和乳猪，治疗难度大。

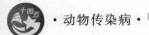

#### 四、公共卫生

人主要表现有脑膜炎、粟粒样脓肿、败血症和心内膜炎等。脑膜炎患者多数伴有败血症。皮肤局部感染时,可出现散在、粟粒大的红色丘疹,以后变为小脓疱。

人在参与病畜禽饲养管理或尸检时,应注意自身防护。平时应注意饮食卫生,防止被污染的蔬菜或乳肉蛋感染。

# 项目五　其他微生物共患病

## 项目导入

　　其他微生物共患病是细菌、病毒之外的微生物引起的人畜共患病。附红细胞体的宿主对象广泛,能引起感染对象出现贫血、黄疸及发热,临床能给动物或人带来健康伤害。衣原体病是自然疫源性疾病,能致猪、牛、羊流产,也能致鹦鹉及禽类发病,防控不当,同样带来不可估量的损失。钩端螺旋体病多在水源丰富的地方出现且具有明显的季节性,把握这一特点,防控就有侧重。无论是动物还是人患皮肤真菌病,治疗往往都不是那么的简单,查清病原、行针对性治疗,做好日常防护,远离这些共患病是我们追求美好生活的重要保障。

## 学习目标

　　▲知识目标

　　1.熟悉附红细胞体病、衣原体病、钩端螺旋体病及皮肤真菌病诊断要点。

　　2.掌握附红细胞体病、钩端螺旋体病流行特点、临诊症状和病理变化,掌握它们的防治措施。

　　3.掌握皮肤真菌病诊断方法。

　　▲技能目标

　　1.能够正确操作附红细胞体病检验方法。

　　2.熟练掌握皮肤真菌病的临床检查方法。

　　▲思政与素质目标

　　1.认知我国在防控钩端螺旋体病方面的做法,提高学生在公共卫生方面的认知。

　　2.培养学生刻苦拼搏、奉献科学的精神。

扫码看课件
5-1

# 任务一　附红细胞体病

　　附红细胞体病(eperythrozoonosis)简称附红体病,是由附红细胞体引起的人畜共患传染病,临诊表现以贫血、黄疸和发热为特征。

## 一、病原

　　附红细胞体的生物学特点更接近于立克次体,而将其列入立克次体目无浆体科附红细胞体属。在不同动物中寄生的附红细胞体各有其名,已报道的有家兔的兔附红细胞体、山羊的山羊附红细胞体、猪的猪附红细胞体、绵羊的绵羊附红细胞体、牛的温氏附红细胞体以及小附红细胞体等。其中,猪附红细胞体和绵羊附红细胞体致病力较强,温氏附红细胞体致病力较弱,小附红细胞体基本上无致病性。

*Note*

91

视频：附红
细胞体病

附红细胞体是一种多形态微生物，多数为环形、球状、卵圆形，少数为逗号形、杆状。附红细胞体多在红细胞表面单个或成团寄生，呈链状或鳞片状，也有的在血浆中呈游离状态。附红细胞体革兰氏染色阴性，瑞氏染色为淡蓝色，吉姆萨染色呈紫红色。

附红细胞体对干燥和化学药物比较敏感，0.5％苯酚溶液于 37 ℃经 3 h 可将其杀死，一般常用浓度的消毒剂在几分钟内即可使其死亡，但其在低温中可存活数年。

## 二、诊断要点

### （一）流行特点

附红细胞体寄生的宿主有鼠类、绵羊、山羊、牛、猪、犬、猫、鸟类和人等。附红细胞体有相对宿主特异性，也就是说附红细胞体病只能在同种动物中传播，而不感染其他动物，如感染牛的附红细胞体不能感染山羊、鹿，多为接触性传播、血源性传播及媒介昆虫传播。

### （二）临诊症状

动物感染附红细胞体后，多数呈隐性经过，在少数情况下，受应激因素刺激，可出现临诊症状。动物种类不同，潜伏期也不同，为 2～45 天。发病后的主要表现是发热、食欲不振、精神委顿、黏膜黄染（图 2-64）、贫血、背腰及四肢末梢淤血（图 2-65）、淋巴结肿大等，还可出现呼吸加快、腹泻、生殖力下降、毛质下降等症状。病程长短不一，短者几天，长者数年，严重者可出现死亡。

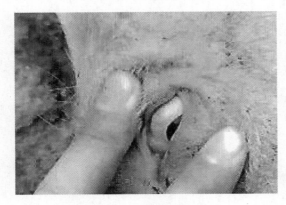
图 2-64　病猪黏膜黄染

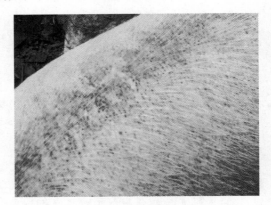
图 2-65　病猪体表毛孔处出血点

### （三）病理变化

死亡动物或实验感染动物的病理变化，可见黏膜、浆膜黄染，弥散性血管炎症，有浆细胞、淋巴细胞和单核细胞等聚集于血管周围，肝、脾大，肝脂肪变性，胆汁浓稠，肝实质性炎性变化和坏死，脾被膜有结节，结构模糊，肺、心、肾等都有不同程度的炎性变化。

### （四）实验室诊断

根据临诊症状，可做出初步诊断，确诊需依靠实验室检查。

**1. 直接镜检**　采用直接镜检诊断人畜附红细胞体病，仍是当前的主要诊断手段，包括鲜血压片和涂片染色。用吖啶黄染色可提高检出率。在血浆中及红细胞上观察到不同形态的附红细胞体即可诊断为阳性。

**2. 血清学试验**　用血清学方法不仅可诊断本病，还可进行流行病学调查和疾病监测，常用的有补体结合试验、间接血凝试验、荧光抗体试验及酶联免疫吸附试验等。

## 三、防治

预防本病要采取综合性措施，尤其要注意驱除媒介昆虫，做好针头、注射器的消毒，消除应激因素等。

治疗可选用四环素、卡那霉素、多西环素、土霉素、吖啶黄、血虫净（贝尼尔）、氯苯胍、双氮脒、新胂凡钠明等，一般认为四环素、新胂凡钠明是首选药物。

# 任务二　衣原体病

衣原体病(chlamydiosis)又称鹦鹉热或鸟疫,是由衣原体所引起的人畜共患病,临诊表现以流产、肺炎、肠炎、结膜炎、多发性关节炎、脑炎等多种病症为特征。

## 一、病原

衣原体是衣原体科衣原体属的微生物。衣原体属目前认为有四个种,即沙眼衣原体、鹦鹉热衣原体、肺炎衣原体和反刍动物衣原体。肺炎衣原体迄今仅从人类分离到,未见有动物发病的报道;沙眼衣原体以前一直被认为除鼠外,人是其主要宿主,但近年来发现它还能引起猪的疾病;鹦鹉热衣原体和反刍动物衣原体是动物衣原体病的主要致病菌,人对其也有易感性。

衣原体是介于细菌和病毒之间的细小微生物,呈球状,有细胞壁,含有 DNA 和 RNA 两种核酸。衣原体是专性细胞内寄生物,能在鸡胚和易感的脊椎动物细胞内生长繁殖。在脊椎动物细胞的胞质内可簇集成包涵体,易被嗜碱性染料着染,革兰氏染色阴性,用吉姆萨染色着色良好。

衣原体对高温的抵抗力不强,而在低温下则可存活较长时间,如在 4 ℃下可存活 5 天,而在 0 ℃下可存活数周。受感染的鸡胚卵黄囊在 −20 ℃可保存若干年。常用的消毒剂,如 0.1%福尔马林溶液、0.5%苯酚溶液、75%酒精、3%过氧化氢溶液均能将其灭活。

衣原体对青霉素、四环素、红霉素等抗生素敏感,对链霉素、杆菌肽等有抵抗力。对磺胺类药物,沙眼衣原体敏感,而鹦鹉热衣原体和反刍动物衣原体则有抵抗力。

## 二、诊断要点

### (一)流行特点

本病无明显的季节性,流行形式多种多样,妊娠牛、羊、猪流产常呈地方流行性,羔羊、仔猪发生结膜炎或关节炎时多呈流行性,而牛发生脑脊髓炎时则为散发性。饲养密集过大、运输、拥挤、营养不良等应激因素可促进本病的发生。

**1. 传染源**　发病动物和带菌动物是本病的主要传染源。

**2. 传播途径**　衣原体可由粪便、尿、乳汁以及流产的胎儿、胎衣和羊水排出,污染水源和饲料等,主要经消化道感染健畜,也可由污染的尘埃、飞沫经呼吸道或眼结膜感染。病畜与健畜交配,或用病公畜的精液人工授精可发生感染,子宫内感染也有可能。

**3. 易感动物**　衣原体是自然疫源性疾病,具有广泛的宿主,家畜中以羊、牛、猪较为易感,禽类中以鹦鹉、鸽较为易感,鸡有抵抗力。畜禽不分年龄均可感染。

### (二)临诊症状

本病的潜伏期因动物种类和临诊表现而异,短则几天,长则可达数周,甚至数月。家畜感染后,有不同的临诊表现,常见的有以下几种类型。

**1. 流产型**　流产型又称地方流行性流产,主要发生于羊、牛和猪。羊感染后,潜伏期50～90天,临诊症状表现为流产、死产和产弱羔,流产发生于妊娠的最后一个月。发病前数天,病羊体温升高;分娩后,病羊可持续排出子宫分泌物,达数天之久,胎衣常滞留。羊群第一次暴发本病时,流产率可达 20%～30%,以后每年为 5%左右,流产过的母羊以后不再流产。易感母牛感染后,有一短暂的发热阶段。初次妊娠的青年牛感染后易发生流产,流产常发生于妊娠后期,一般不发生胎衣滞留,流产率高达 60%。年轻的公牛常发生精囊炎,其特征是精囊、附性腺、附睾和睾丸呈慢性炎症,发病率可达 10%。猪感染后,一般无流产先兆,但初产母猪的流产率为 40%～90%;若为正产,则有部分或全部仔猪死亡;存活者体弱,体轻,吮乳无力。公猪发生睾丸炎、附睾炎、阴茎炎、尿道炎。

**2. 肺肠炎型**　本型主要见于 6 月龄以前的犊牛,仔猪也常发生。潜伏期1～10 天,病畜表现为精神沉郁,腹泻,体温升高至 40.6 ℃,鼻流浆液性黏性分泌物,流泪,以后出现咳嗽和支气管肺炎。

*Note*

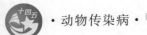

**3. 关节炎型** 关节炎型又称多发性关节炎,主要发生于羔羊,病羔病初体温上升至 41～42 ℃,食欲废绝,离群,肌肉运动僵硬,并有疼痛、跛行,患肢关节触之有疼痛感。随着病情的发展,羔羊出现弓背站立或长期侧卧。有关节炎的病羔几乎两眼都有结膜炎,但有结膜炎的病羔不一定有关节炎。发病率一般为 30%,甚至可达 80% 左右。如隔离和饲养条件较好,病死率低。病程 2～4 周。犊牛也常发病,病初发热、畏食、不愿站立和运动,在发病的第 2～3 天,关节肿大,尤以后肢关节严重,多在第 2～12 天死亡。

**4. 结膜炎型** 结膜炎型又称滤泡性结膜炎,主要发于绵羊,尤其是幼龄羔羊。此型可引起一眼或两眼同时发病。病初表现为结膜充血、水肿,流泪,2～3 天后,角膜发生不同程度的混浊、血管翳、糜烂、溃疡、穿孔。混浊和血管翳最先于角膜上缘形成,其后见于下缘,最后扩展至中心,经 2～4 天开始愈合。

**5. 脑脊髓炎型** 脑脊髓炎型又称伯斯病。主要发生于牛,尤以 2 岁以下的牛最易感。病牛病初体温突然升高至 40.5～41.5 ℃,且可持续 7～10 天,食欲减退或废绝,消瘦、衰竭,并有明显的流涎和咳嗽,行走摇摆,常呈高跷样步伐,有的病牛有转圈运动或以头抵硬物样的神经症状,后期出现角弓反张和痉挛,四肢关节肿胀、疼痛,病死率约为 30%,耐过牛有持久免疫力。

禽类感染后称为鹦鹉热,多呈隐性经过,仅能发现有抗体存在,尤其是鸡、鹅、野鸡等。

### (三)病理变化

**1. 流产型** 流产母羊胎膜水肿,血染,子叶呈黑红色、黏土色,胎膜周围的渗出物呈棕色。

流产胎儿水肿,腹腔积液,血管充血,气管有淤血点。组织学检查,胎儿肝、肺、肾、心和骨骼肌的血管周围常有网状内皮细胞增生病灶。病牛常表现为胎膜水肿,胎儿苍白,贫血,皮肤和黏膜有小点出血,皮下水肿,肝有时肿胀。组织学检查,所有器官有弥漫性和局灶性网状内皮细胞增生变化。病猪可见流产胎儿皮肤上布有淤血斑,皮下水肿,胸腔和腹腔内积有大量淡红色渗出液,肝大呈红黄色,心内膜有出血点,脾大。

**2. 肺肠炎型** 剖检死于人工感染的病犊时,发现有结膜炎和浆液性鼻卡他,急性和亚急性卡他性胃肠炎;肠系膜和纵隔淋巴结肿胀充血;肺有灰红色病灶,经常见到膨胀不全,有时见有胸膜炎;肝、肾和心肌营养不良;心内外膜下出血,肾包膜下常出血,大脑血管充血;有时可见纤维素性腹膜炎,肝与横膈膜,大肠、小肠与腹膜发生纤维素粘连。

**3. 关节炎型** 眼观变化见于关节内及其周围、腱鞘、眼和肺部。大的肢关节和寰枕关节的关节囊扩张,内有大量琥珀色液体,滑膜附有疏松的纤维素性絮片,从纤维层一直到邻近的肌肉水肿,有充血和小点出血。关节软骨一般正常。

**4. 结膜炎型** 组织学变化限于结膜囊和角膜。发病早期,结膜的一些上皮细胞的细胞质内先出现初体,然后见到原生小体;充血和水肿明显。滤泡内见淋巴细胞增生,角膜水肿、糜烂和溃疡。

**5. 脑脊髓炎型** 尸体常消瘦,脱水,腹腔、胸腔和心包初有浆液渗出,以后浆膜面被纤维素性薄膜覆盖,并与附近脏器粘连,脑膜和中央神经系统血管充血。

禽类的病理变化,除鹦鹉常见脾大外,各种禽类均可见肝大,有坏死灶。气囊发炎,呈现云雾样混浊或有干酪样渗出物,常有纤维素性心包炎。

### (四)实验室诊断

根据流行特点、临诊症状和病理变化仅能怀疑为本病,确诊需进行病原的分离培养与血清学试验。

## 三、防治

### (一)预防

采取综合性的预防措施,建立密闭的饲养系统;建立疫情监测制度;在本病流行区,应制订疫苗免疫计划,定期进行预防接种。

## （二）治疗

发生本病时,可用四环素类药物进行治疗,也可将四环素类药物混于饲料中饲喂给药,连用1～2周。

# 任务三　钩端螺旋体病

钩端螺旋体病(leptospirosis)简称钩体病,是由钩端螺旋体引起的一种人畜共患的自然疫源性传染病。家畜中以猪、牛、犬的带菌率和发病率较高,临诊上以发热、黄疸、血红蛋白尿、流产、皮肤和黏膜坏死、水肿等为特征。

## 一、病原

钩端螺旋体属共有两个种:一种为似问号钩端螺旋体,对人、畜有致病性;另一种为双钩端螺旋体,无病原性。本病的病原为似问号钩端螺旋体。钩端螺旋体个体纤细,柔软,有12～18个螺旋,菌体两端弯曲成钩,能以直线或旋转方式活泼运动,革兰氏染色呈阴性,且不易着色,吉姆萨染色为红色或紫红色,镀银法染色为棕褐色,以后者染色效果较好。钩端螺旋体为需氧微生物,在含有10%灭活兔血清的林格液、井水或雨水中均能生长。

钩端螺旋体对自然环境的抵抗力较强,在一般的水田、池塘、沼泽里及淤泥中可生存数月或更长时间,在-70℃可存活数年,对热、酸或碱敏感,一般消毒剂均易将其杀死,水源污染后常用漂白粉消毒。钩端螺旋体对链霉素及四环素类药物较敏感。

## 二、诊断要点

### （一）流行特点

本病有明显的季节性和地区性,尤其是热带、亚热带地区的江河两岸、湖泊、池塘和水田地带流行严重,每年6—10月为流行的高峰期。

**1. 传染源**　家畜中猪、牛、水牛、犬、羊、马、骆驼、鹿、兔、猫,家禽中鸭、鹅、鸡、鸽及其他野兽、野禽均可感染和带菌,其中以猪、牛、水牛和鸭的感染率较高,是重要的传染源。

**2. 传播途径**　钩端螺旋体侵入动物机体后,最后定位于肾小管,带菌动物可间歇地或连续地从尿中排出病原,污染水源、土壤、湖泊、池塘、水田、饲料、圈舍和用具等,主要经皮肤、黏膜和消化道传播,也可通过交配、输精传播。菌血症期间,可通过吸血昆虫传播本病。

**3. 易感动物**　病原性钩端螺旋体几乎遍布世界各地,几乎所有的温血动物都可感染,其中鼠类是最重要的储存宿主,起着终身带菌传播媒介的作用。

### （二）临诊症状

各种动物感染钩端螺旋体后的临诊表现各不相同,但总体呈现传染率高、发病率低的规律。症状轻的多、重的少,幼畜比成年畜发病率高,潜伏期2～20天。

**1. 猪**　急性病例多发生于大猪和中猪,呈散发性,偶有暴发。病猪体温升高、食欲废绝、皮肤干燥,随后全身皮肤和黏膜黄染,排血红蛋白尿,数天或数小时内突然惊厥而死。亚急性和慢性型多发生于断奶前后至30 kg以下的小猪,呈地方流行性或暴发。病猪病初有不同程度的体温升高、食欲减退、精神不振,几天后,结膜潮红、水肿、黄染,个别猪上下颌、头部、颈部甚至全身水肿,指压留痕,俗称"大头瘟"。尿液呈黄色或茶色,出现血红蛋白尿甚至血尿,并有腥臭味。病程十几天至一个多月,病死率50%～90%,耐过猪易成为僵猪。妊娠母猪易流产,产出弱仔、死胎或木乃伊胎。

**2. 牛**　急性型常表现为体温突然升高,黏膜黄染,尿色暗,含有大量清蛋白、血红蛋白和胆色素。常见皮肤干裂、坏死和溃疡,病程3～7天,病死率很高。亚急性型常见于奶牛,表现为轻热,食欲减少,黏膜黄染,产奶量显著下降或停止,乳色变黄并常有血凝块。妊娠牛常发生流产,有时兼有

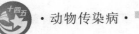

急性或亚急性症状。

**3. 犬** 以幼犬发病较多,成年犬多呈隐性感染。常出现黄疸,眼结膜呈黄染,触诊肝和肾区有疼痛感,尿液呈微棕色,放置空气中呈绿色。

### （三）病理变化

钩端螺旋体在家畜引起的病变基本一致。主要是黄疸,出血,血红蛋白尿,以及肝、肾不同程度损害。皮肤、皮下组织、浆膜和黏膜呈不同程度的黄染、出血,皮肤干裂、坏死,口腔黏膜有溃疡。肝大呈黄棕色,胆囊充盈;肾大,有点状出血和灰白色坏死灶;心内膜、肠系膜、肠和膀胱黏膜等出血,肠系膜淋巴结肿大;体腔有黄色积液。

### （四）实验室诊断

本病可根据畜群中有短期发热,可视黏膜黄染、苍白,血红蛋白尿,皮肤、黏膜出血和坏死,常有孕畜发生流产等特征,结合流行病学特点,做出初步诊断。确诊需进行实验室诊断,如病原学诊断及血清学诊断。

## 三、防治

### （一）预防

本病应采取综合防治措施,即加强饲养管理,做好畜舍消毒和粪便处理,保护水源、环境不受污染,平时做好灭鼠工作,严格控制病畜和带菌家畜,及时治疗,消灭传染源。做好预防接种工作,当畜禽出现本病时,应及时用钩端螺旋体多价菌苗进行紧急接种,或选用与当地流行菌型一致的菌苗接种。

### （二）治疗

一旦畜禽发生本病,应全群治疗,青霉素、土霉素、链霉素或金霉素都有效。

## 四、公共卫生

人感染钩端螺旋体后通常表现为发热、头疼、乏力、呕吐、腹泻、淋巴结肿大、肌肉疼痛等,严重时可见咯血、肺出血、黄疸、皮肤黏膜出血、败血症,甚至休克。多数病例退热后可痊愈,如治疗不及时可引起死亡。

# 任务四　皮肤真菌病

皮肤真菌病(dermatomycosis)是由多种病原性真菌引起的各种皮肤疾病,特征是在皮肤上出现界限明显的脱毛圆斑、皮肤损伤,具有渗出液、鳞屑或痂以及发痒等症状。本病为人畜共患病,人医简称为"癣"。世界各国均有发生。

## 一、病原

皮肤真菌是一群形态、生理、抗原性上关系密切的真菌,20 余种皮肤真菌能引起人或动物感染。引起犬、猫皮肤真菌病的真菌以犬小孢子菌、石膏样小孢子菌和须毛癣菌为主。犬小孢子菌又称羊毛状小孢子菌,猫的皮肤癣菌病约有 98%,犬的皮肤癣菌病约 70% 是该菌引起的;石膏样小孢子菌所致皮肤癣菌病在犬和猫中分别占 20% 和 1%;须毛癣菌所致皮肤癣菌病在犬和猫中分别占 10% 和 1%。

镜检时,犬小孢子菌呈圆形,小孢子密集成群绕于毛干上,在皮屑中可见菌丝;石膏样小孢子菌可见大量大分生孢子,呈纺锤形;须毛癣菌可见分隔菌丝和大量梨形或棒状的小分生孢子,偶见有结节菌丝和大孢子。犬小孢子菌菌落初为白色至黄色绒毛样,几周后呈淡黄色或淡黄褐色。石膏样小孢子菌开始为白色菌丝,后成为黄色状菌落,菌落中心有隆起,边缘不整齐,背面红棕色。须毛癣菌菌落有两种形态:颗粒状和长绒毛状,前者表面呈奶酪色至浅黄色,背面为浅褐色至棕黄色;后者表面为白色，较老的为浅褐色，背面白色、黄色，甚至红棕色。

皮肤癣菌在自然界生存力相当强，耐干燥，100 ℃干热约 1 h 致死，对一般消毒剂耐受性很强，1‰醋酸溶液需 1 h，1‰氢氧化钠溶液数小时才可将其杀死，对抗生素和磺胺类药物不敏感。制霉菌素和灰黄霉素等对其能起到抑制作用。

## 二、诊断要点

### （一）流行特点

本病的发生一般无年龄和性别差异，幼年较成年易感，多为散发，一年四季均可发生。潮湿、拥挤、阴暗不洁，缺乏阳光照射，营养不良及维生素缺乏，皮肤和被毛卫生不良，以及皮肤损伤等因素均有利于本病的发生。

**1. 传染源** 患病的人、动物及携带者。

**2. 传播途径** 病原通过脱落的皮屑、毛发、痂皮等向外界传播，其孢子可依附在动植物上，停留在环境或生存于土壤中。犬、猫可经直接接触传播，也可通过接触被污染的梳子、刷子、剪刀、铺垫物等其他被污染的媒介物感染，还可以通过吸血昆虫、鱼等媒介而感染。

**3. 易感动物** 本病可发生于多种动物和人，在动物与动物和人与动物间均可传播。幼小、年老、体弱及营养差的动物比成年、体强及营养好的动物易感染。

群养比散养发病率高。皮肤真菌病愈后的动物，对同种和他种病原性真菌再感染具有抵抗力，通常维持几个月到一年半不等。

### （二）临诊症状

潜伏期 7～28 天。犬多为显性感染，猫多呈亚临床感染。原发性的皮肤真菌病主要发生在末梢部位，如尾尖、耳尖、四肢末梢等处。继发性的皮肤真菌病主要表现为耳螨、中耳炎、细菌性皮炎、螨虫感染等。

病畜初期表现为皮肤红肿（图 2-66）、损伤，患处有渗出液。在疾病的中后期，患病犬、猫的面部、耳朵、四肢、趾、爪和躯干等部位发病，主要表现为脱毛和形成鳞屑，被感染的皮肤有界限分明的局灶性或多灶性斑块，可观察到掉毛、毛发断裂，往往因中央已生出新毛而周围的脱毛仍在向外扩展而形成年轮状的癣斑。严重时，可发生大面积脱毛，皮肤表面起鳞屑或隆起红斑，以及形成脓包、丘疹和有皮肤渗出、结痂等，瘙痒程度不一。继发细菌感染则引起化脓，称为"脓癣"，多见于四肢和面部。

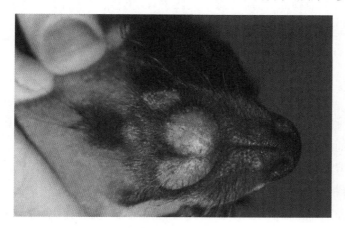

**图 2-66　皮肤脱毛红肿**

### （三）病理变化

典型的病理变化为脱毛圆斑（俗称钱癣），但也有些病灶周缘不规则。病变的严重程度与多种因素有关，幼年和免疫功能低下时病变严重，而且康复时间延长。另外，病原的种类及致病力对炎症反应也有一定的影响。

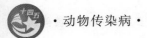

### （四）实验室诊断

根据病史、流行病学、临诊症状可做出初步诊断,确诊还必须进行特异性诊断。注意与葡萄球菌性毛囊炎、螨病、过敏性皮炎和其他病原感染引起的脱毛、丘疹、红斑等鉴别诊断。

**1. 伍德灯检查** 又称滤过性紫外线检查,用伍德灯在暗室照射病变区、脱毛或皮屑处。犬小孢子菌感染可发出绿黄色荧光,石膏样小孢子菌感染很少看到荧光,须毛癣菌感染无荧光出现。应注意皮肤鳞屑、药膏、乳油及细菌性毛囊炎在紫外线的照射下可能会发出荧光,但其颜色与犬小孢子菌的荧光有所不同。伍德灯检查只能作为筛选手段,不能确诊。

**2. 直接检查** 从患病皮肤边缘采集被毛或皮屑,放在载玻片上,滴加几滴10%～20%氢氧化钾溶液,在弱火焰上微热,待其软化透明后,覆以盖玻片,用低倍或高倍镜观察,检查真菌和菌丝形态。

**3. 分离培养** 先将病料用70%酒精或2%苯酚溶液浸泡2～3 min,以灭菌生理盐水洗涤后接种在沙氏葡萄糖琼脂培养基上,在室温条件下培养,然后观察菌落特征并鉴定。

**4. 动物接种** 选择易感动物兔、猫、犬等,剃毛、洗净后取病料或接种培养物,用细砂纸轻轻擦伤(以不出血为宜)局部皮肤,使之感染。一般几天后就出现发痒、发炎、脱毛和结痂等病变。

## 三、防治

### （一）预防

预防本病的发生应提高犬、猫的抵抗力和免疫功能,平时保持环境、用具、垫料的干燥,并进行有效消毒。动物体表要保持清洁,防止皮肤外伤。加强检疫,用伍德灯对引进的可疑犬、猫进行照射检查,阳性者立即隔离。发现有患病的犬、猫除应及时隔离治疗外,对污染的环境、用具等也应彻底消毒,防止交叉感染和本病的散播。

### （二）治疗

对轻症感染主要采取局部治疗,局部剪毛,清洗皮屑、痂皮等,再涂抗真菌药如克霉唑软膏、酮康唑软膏、水杨酸酒精软膏等直至痊愈。对重症感染,除局部治疗外,还应内服抗真菌药进行全身治疗。

## 四、公共卫生

犬、猫的皮肤真菌病可感染人,引起头癣、足癣、手癣、体癣、指甲癣、股癣、须癣、花斑癣、癣菌疹等。在接触病犬和猫及污染物品时,应注意个人防护,以免感染,患病后及时治疗。

 技能训练2-1

# 鸡白痢检疫技术

## 一、训练目的

(1) 掌握鸡白痢的病理检查特征。
(2) 掌握鸡白痢的血清学检疫方法及判定标准。

## 二、设备和材料

剪刀、镊子、酒精灯、酒精棉球、记号笔、洁净带凹槽的玻璃板、针头、橡胶乳头滴管、鸡白痢全血平板凝集抗原、鸡白痢阳性血清和阴性血清、70%酒精、疑似鸡白痢的成年病鸡和被检鸡、工作衣帽等。

## 三、内容及方法

**1. 主要病理变化的观察** 疑似鸡白痢的成年母鸡常见的病变为卵泡变形、色泽变暗、质地变硬,有时发生腹膜炎和心包炎。

**2. 鸡白痢的检疫** 取一洁净带凹槽的玻璃板,用记号笔编号。将鸡白痢全血平板凝集抗原充分振荡后,用橡胶乳头滴管吸取 1 滴(约 0.5 mL)置于玻璃板凹槽内,随即以针头刺破被检鸡鸡冠或翅下静脉,用接种环取血液 1 满环,立即与凹槽内的抗原混匀,使血液扩散至整个凹槽,置室温(20 ℃左右)下或在酒精灯上微加温,2 min 内判定结果。

**3. 判定标准**　如出现明显的颗粒或块状凝集为阳性反应(+),不出现凝集或呈均匀一致的微细颗粒或边缘由于干涸形成细絮状物为阴性反应(-),如不易判定为疑似反应(±)。

### 四、注意事项

(1)本实验只适用于成年母鸡和 1 岁以上公鸡的检疫,对雏鸡不适用。

(2)反应应在 20 ℃左右进行。

(3)检疫时,必须用鸡白痢阳性血清和阴性血清做对照。

(4)操作用过的器具,经消毒后方可再用。

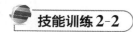 技能训练 2-2

# 牛结核病的检疫

### 一、训练目的

(1)掌握牛结核菌素变态反应的诊断方法和操作程序。

(2)掌握牛结核菌素变态反应的判定标准。

### 二、设备和材料

旧结核菌素、牛型结核分枝杆菌 PPD、煮沸消毒锅、来苏尔、1~2.5 mL 金属皮内注射器、针头、镊子、点眼管、卡尺、灭菌吸管、鼻钳、毛剪、脱脂棉、纱布、酒精、生理盐水、带胶塞的灭菌小瓶、消毒托盘、工作服、口罩、胶鞋、记录表、线手套等。

### 三、内容及方法

牛结核菌素变态反应诊断有 3 种方法,即皮内反应、点眼反应及皮下反应。我国现在主要采用前两种方法,而且前两法最好并用。1985 年以来,我国逐渐推广改用牛结核分枝杆菌 PPD 皮内变态反应试验来诊断检疫结核病。

#### (一)旧结核菌素变态反应

**1. 牛结核菌素皮内反应**

(1)操作方法:将牛只保定后编号,于颈中上 1/3 处剪毛,直径 10 cm,用卡尺测量术部中央皮褶厚度,并做好记录。术部用酒精棉消毒后,以左手拇指和食指捏起术部皮褶,右手持注射器,确保将旧结核菌素注入皮内。3 个月以内的小牛注射 0.1 mL;3 个月至 1 岁牛注射 0.15 mL;12 个月以上的牛注射 0.2 mL。

(2)观察反应:注射后,分别在 72 h、120 h 进行两次观察,注意肩部有无热、痛、肿胀等炎性反应,并以卡尺测量术部肿胀面积及皮褶厚度,并做好记录。在第 72 h 观察后,对呈阴性及可疑反应的牛只,须在原注射部位,以同一剂量进行第 2 次注射。第 2 次注射后应于第 48 h(即第 1 次注射后 120 h)再观察 1 次。

(3)判定标准如下。

①阳性反应:局部有热痛,呈界线不明显的弥漫性水肿,触及硬固或质地如面团,肿胀面积在 35 mm×45 mm 以上,或上述反应较轻,而皮褶厚度与原测量厚度相差(简称为皮厚差)超过 8 mm 者,为阳性反应,其记录符号为+。

②疑似反应:局部炎性水肿不明显,肿胀面积在 35 mm×45 mm 以下,或皮厚差在 5~8 mm 者,为疑似反应,其记录符号为±。

③阴性反应:局部无炎性水肿,或仅有无热坚实及界限明显的硬结,皮厚差不超过 5 mm 者,为

阴性反应,其记录符号为一。

**2. 牛结核菌素点眼反应**　牛结核菌素点眼,每次应点眼两次,间隔 3～5 天。

(1)操作方法:点眼前对两眼进行详细检查,有眼病或结膜不正常者,不能进行点眼。旧结核菌素一般点于左眼,左眼有眼病时可点于右眼,但须在记录上说明。点眼时用硼酸棉球擦净眼部周围污物,用左手食指和拇指打开上下眼睑,使瞬膜和下眼睑形成凹窝,右手持吸有旧结核菌素的点眼器,向凹窝滴入 3～5 滴(0.2～0.3 mL)即可。点眼后,注意将牛拴好,防止风沙侵眼,避免阳光直射牛头部以及牛与周围物体摩擦。

(2)观察反应:点眼后于 3 h、6 h、9 h 各观察 1 次,必要时可于 24 h 再观察 1 次。应观察两眼的结膜与眼睑肿胀的状态,流泪及分泌物的性质和量的多少。由旧结核菌素而引起的食欲减少或停止以及全身战栗、呻吟、不安等其他变态反应,均应详细记录。阴性和可疑的牛在 72 h 后,于同一眼内再滴一次旧结核菌素,观察记录同上。

(3)判定标准:

①阳性反应:在眼的周围或结膜囊及其眼角内,有两个米粒大或 2 mm×10 mm 以上的呈黄白色的脓性分泌物自眼角流出,或上述反应较轻,但有明显的结膜充血、水肿、流泪,并有全身反应者,为阳性反应,其记录符号为＋。

②疑似反应:有两个米粒大或 2 mm×10 mm 以上的灰白色、半透明的黏液分泌物积聚在结膜囊内或眼角处,而无明显的眼睑水肿和全身症状者,为疑似反应,其记录符号为±。

③阴性反应:无反应或仅有结膜轻微充血,流出透明浆液性分泌物者,为阴性反应,其记录符号为一。

**3. 综合判定标准**　牛结核菌素皮内反应与点眼反应两种方法中的任何一种呈阳性反应者,即判定为结核阳性反应牛;两种方法中任何方法为疑似反应者,判定为疑似反应牛。

**4. 复检**　凡判定为疑似反应牛的,要单独隔离饲养,在 30 天后再进行第 2 次检疫,如仍为可疑时,经半个月再进行第 3 次检疫,如仍为可疑,再酌情处理。

如果在牛群中发现有开放性结核牛,同群牛如有可疑反应的牛,也应视为被感染;应于 30～45 天进行复检,通过两次检疫均为可疑者,即可判为结核菌素阳性牛;连续 3 次检疫不再发现阳性反应牛时,可判定为健康牛群。

**(二)牛结核分枝杆菌 PPD 皮内变态反应试验**

结核分枝杆菌 PPD(纯化蛋白衍生物)进行的皮内变态反应试验可以检查活畜结核病。该试验用牛型结核分枝杆菌 PPD 进行,出生后 20 天的牛即可用本试验进行检疫。

**1. 操作方法**

(1)注射部位及术前处理:将牛只编号后在颈侧中部上 1/3 处剪毛(或提前一天剪毛),3 个月以内的犊牛,也可在肩胛部进行,直径约 10 cm,用卡尺测量术部中央皮褶厚度,做好记录。注意,术部应无明显的病变。

(2)注射剂量:不论牛只大小,一律皮内注射 0.1 mL(含 2000 IU)结核菌素,即将牛型结核分枝杆菌 PPD 释成每毫升 2 万 IU 后,皮内注射 0.1 mL。如用 2.5 mL 注射器,应再加等量注射用水皮内注射 0.2 mL。冻干牛型结核分枝杆菌 PPD 稀释后应当天用完。

(3)注射方法:先以 75％酒精消毒术部,然后皮内注射定量的牛型结核分枝杆菌 PPD,注射后局部应出现小疱,如对注射有疑问时,应另选 15 cm 以外的部位或对侧重做。

(4)注射次数和观察反应:皮内注射后经 72 h 时判定,仔细观察局部有无热痛、肿胀等炎性反应,并以卡尺测量皮褶厚度,做好详细记录。对疑似反应牛应即在另一侧以同一批牛型结核分枝杆菌 PPD 同一剂量进行第 2 次皮内注射,再经 72 h 观察反应结果。

对阴性和疑似反应牛,于注射后 96 h、120 h 再分别观察一次,以防个别牛出现较晚的迟发型变态反应。

**2. 结果判定**

(1) 阳性反应：局部有明显的炎性反应，皮厚差大于或等于 4.0 mm，记为＋。

(2) 疑似反应：局部炎性反应不明显，皮厚差大于或等于 2.0 mm 且小于 4.0 mm，记为±。

(3) 阴性反应：无炎性反应，皮厚差在 2.0 mm 以下，记为一。

凡判定为疑似反应的牛，于第一次检疫 60 天后进行复检，其结果仍为疑似反应时，经 60 天后再复检，如仍为疑似反应，应判为阳性。

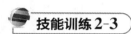 **技能训练2-3**

# 布鲁氏杆菌病的检疫

## 一、训练目的

(1) 了解布鲁氏杆菌病的临诊检疫方法。

(2) 掌握布鲁氏杆菌病的细菌学、血清学诊断及变态反应等检疫方法。

## 二、设备和材料

无菌采血试管、采血针头及注射器、皮内注射器及针头、毛细管及试管架、灭菌试管（0.2 mL、1 mL、5 mL、10 mL）、清洁玻璃板、酒精灯、牙签或火柴、布鲁氏杆菌水解素、5％碘酊棉球、70％酒精棉球、0.5％石炭酸生理盐水（又称为 0.5％苯酚溶液）、10％氯化钠溶液、布鲁氏杆菌试管凝集抗原、平板凝集抗原、虎红平板凝集抗原、阳性和阴性血清等。

## 三、训练内容及方法

### （一）临诊检疫

**1. 流行病学** 了解患病家畜的种类、发病数量及饲养管理和畜群的免疫接种情况。

**2. 临诊检查** 结合所学的此病的症状进行仔细观察，特别注意妊娠后期母畜是否有流产症状，母畜流产后有无胎衣滞留，公畜睾丸及附睾有无肿胀、疼痛、硬固。

**3. 病理变化** 对流产胎儿及胎衣进行仔细观察，结合所学知识注意观察特征性的病理变化。

### （二）实验室诊断

**1. 病原学诊断**

(1) 涂片镜检：材料可无菌采取流产胎儿或其胃内容物、胎衣、阴道分泌物、乳汁、尿液及脓肿中的脓汁等制成抹片，做革兰氏和姜-尼氏染色，若发现呈阴性，鉴别染色为红色的球状杆菌或短小杆菌，即可做出初步的疑似诊断。

(2) 分离培养鉴定：将无污染病料接种于含 10％马血清的马丁琼脂斜面等适宜培养基上，37 ℃培养 2～3 天，在选择性培养基上，2 天后就可见到布鲁氏杆菌菌落。4 天后可见菌落呈圆形，直径 1～2 mm，边缘光滑。透射光下，菌落呈浅黄色，有光泽，半透明。从上面看，菌落微隆起，灰白色。随着时间的推移，菌落变大，颜色变暗。对具有布鲁氏杆菌形态的菌落进行革兰氏染色和姜-尼氏染色。革兰氏染色为阴性，姜-尼氏染色为红色时应进行生化试验。生化试验结果与布鲁氏杆菌生化特性符合时，判定为布鲁氏杆菌细菌培养阳性；否则，判定为布鲁氏杆菌细菌培养阴性。

污染病料接种于选择性培养基进行分离培养。对于细菌数量较少的病料如乳汁、血液、精液、尿液等，应通过豚鼠皮下接种或鸡胚卵黄囊接种等方法增菌后再进行分离鉴定。

**2. 血清学诊断** 采血和血清分离。马、牛、羊颈静脉采血，猪以耳静脉采血，局部剪毛并用 70％酒精棉球消毒后，无菌采集 7～10 mL 血液于灭菌试管中，摆成斜面使之凝固，经 10～12 h，待析出血清后，用毛细管吸取血清于灭菌小瓶中，封存于冰箱中备用，并做好记录。如不及时应用，按 9∶1 比例加入 5％碳酸溶液保存，但不得超过 15 天。

*Note*

（1）试管凝集试验。

①操作方法：取反应管6支，立于试管架上，并标明血清和试管号，按表2-4分别加入0.5%苯酚溶液（羊用0.5%苯酚溶液、10%氯化钠溶液）、被检血清和抗原，充分混合后，放入37 ℃温箱18～20 h，取出后室温静置2 h，记录每管的反应情况，出现50%以上凝集的最高稀释度就是这份血清的凝集价。

表2-4　试管凝集反应

| 成　　分 | | 血清稀释管 | 1 | 2 | 3 | 4 | 对照 |
|---|---|---|---|---|---|---|---|
| | | 1∶12.5 | 1∶25 | 1∶50 | 1∶100 | 1∶200 | |
| 0.5%苯酚溶液 | | 2.3 | — | 0.5 | 0.5 | 0.5 | 0.5 |
| 待检血清 | | 0.2 | 0.5 | 0.5 | 0.5 | 0.5 | 弃去 |
| 20倍稀释抗原 | | — | 0.5 | 0.5 | 0.5 | 0.5 | 0.5 |
| 结果（以大家畜为例） | 阴性反应 | — | ++ | + | — | — | — |
| | 可疑反应 | — | +++ | ++ | + | — | — |
| | 阳性反应 | — | ++++ | +++ | ++ | + | — |

实验应该设立以下对照：阴性血清对照，操作步骤与被检血清相同；阳性血清对照，阳性血清稀释到原有滴度，其他同上；抗原对照，已稀释抗原0.5 mL＋稀释液0.5 mL。

②记录反应如下。

＋＋＋＋表示抗原完全凝集而沉淀于管底，上层液体清凉透明。

＋＋＋表示75%抗原凝集而沉淀，液体悬浮25%抗原而稍混浊。

＋＋表示50%抗原凝集而沉淀，液体悬浮50%抗原而半透明。

＋表示25%抗原凝集而沉淀，液体悬浮75%抗原而较混浊。

－表示抗原完全不凝集，液体完全混浊。

实操视频：血液凝集试验（以人血型鉴定为例）

③结果判定：牛、马、骆驼血清凝集价在1∶100以上，猪、山羊、绵羊和犬在1∶50以上，判定为阳性。牛、马、骆驼血清凝集价在1∶50以上，猪、山羊、绵羊和犬在1∶25以上，判定为可疑。可疑家畜经过3～4周重检，牛、羊重检仍然为可疑，可判定为阳性；猪、马重检仍然为可疑，但是无临诊症状判定为阴性。

（2）平板凝集试验。

①操作方法：用平板凝集试验箱或清洁玻璃板一块，画出若干4 cm² 大小的方格，横排五格，纵排可以数列，每一横排第一格写血清号码，用0.2 mL吸管分别将用0.08 mL、0.04 mL、0.02 mL、0.01 mL血清依次加于每排4小方格内，吸管须稍倾斜并接触玻璃板，然后用抗原滴管用0.2 mL吸管垂直在每格血清上滴加一滴抗原（0.03 mL），用牙签搅拌混匀。一份血清用一根牙签，以添加血清量由少到多的顺序依次进行搅拌。混匀完毕后将玻板均匀加温至30 ℃左右（无平板凝集试验箱可使用灯泡或酒精火焰加热），5 min后按下列标准记录反应结果，同时用阳、阴性血清做对照。

②记录反应如下。

＋＋＋＋出现大凝集片或小粒状物，液体完全透明，即100%凝集。

＋＋＋有明显凝集片和颗粒，液体几乎完全透明，即75%凝集。

＋＋有可见凝集片和颗粒，液体不甚透明，即50%凝集。

＋仅可以看见颗粒，液体混浊，即25%凝集。

－液体均匀混浊无凝集现象。

③结果判定：同试管凝集反应。

（3）虎红平板凝集试验。

①操作方法：在进行虎红平板凝集试验前，应将抗原和受检血清放置在室温下30～60 min。准备一块清洁玻璃板，用蜡笔划成4 cm² 的方格，方格中滴一份受检血清0.03 mL。吸取抗原（抗原在

吸取前应反复倒转瓶体并摇动,使抗原均匀悬浮)。在每一方格的血清样品旁滴加 0.03 mL 抗原,每份血清用一根牙签搅动使血清和抗原均匀混合,使抗原和血清摊开呈直径 2～3 cm 的圆形。在室温(20 ℃)4～10 min 内记录反应结果。同时以阳、阴性血清做对照。

②结果判定:在阳性血清及阴性血清试验结果正确的对照下,被检血清出现任何程度的凝集现象均判为阳性,完全不凝集的判为阴性,无可疑反应。

(4)全乳环状反应。用于奶牛及奶山羊布鲁氏杆菌病检疫,以监视无病畜群有无本病感染,也可用于个体动物的辅助诊断方法。可由畜群乳桶中取样,也可由个别动物乳头取样,按 SN/T 1394—2004《布氏杆菌病全乳环状试验方法》进行。全乳环状反应抗原用苏木紫染色抗原或四氮唑染色抗原。

被检乳汁须为新鲜全脂乳,凡腐败、变酸和冻结的乳汁不能用于本试验(夏季采集的乳汁应于当天内检验,如保存于 2 ℃时,7 天内仍可使用)。患乳房炎及其他乳房疾病的动物的乳汁(不论是初乳、脱脂乳还是煮沸乳汁)均不能做全乳环状反应用。

①操作方法:取新鲜全乳 1 mL 加入小试管中,加入抗原 1 滴(约 0.05 mL)充分振荡混合;置 37～38 ℃水浴箱中 60 min,小心取出试管,勿使其振荡,立即进行判定。

②结果判定:判定时不论哪种抗原,均按乳脂的颜色和乳柱的颜色进行判定。

强阳性反应(＋＋＋):乳柱上层的乳脂形成明显红色或蓝色环带,乳柱呈白色,分界清楚。

阳性反应(＋＋):乳脂层的环带虽呈红色或蓝色,但不如"＋＋＋"显著,乳柱微带红色或蓝色。

弱阳性反应(＋):乳脂层的环带颜色较浅,但比乳柱颜色略深。

疑似反应(±):乳脂层的环带不甚明显,并与乳柱分界模糊,乳柱带呈红色或蓝色。

阴性反应(－):乳柱上层无任何变化,乳柱呈均匀混浊的红色或蓝色。

脂肪较少,或无脂肪的乳汁呈阳性反应时,抗原菌体呈凝集现象下沉管底,判定时以乳柱的反应为标准。

(5)变态反应试验。本试验是用不同类型的抗原进行布鲁氏杆菌病诊断的方法之一。布鲁氏杆菌水解素即为变态反应试验的一种抗原,这种抗原专供绵羊和山羊检查布鲁氏杆菌病之用。按羊布鲁氏杆菌病变态反应技术操作规程及判定标准进行。

①操作方法:使用细针头,将布鲁氏杆菌水解素注射于绵羊或山羊的尾褶壁部或肘关节无毛处的皮内,注射剂量 0.2 mL。注射前应用酒精棉消毒注射部位。如注射正确,在注射部形成绿豆大小的硬包。注射一只后,针头应先用酒精棉消毒,然后再注射另一只。

②结果判定:注射后 24 h 和 48 h 各观察反应一次(肉眼观察和触诊检查)。若两次观察反应结果不符时,以反应最强的一次作为判定的依据。判定标准如下。

强阳性反应(＋＋＋):注射部位有明显不同程度肿胀和发红,不用触诊,一望而知。

阳性反应(＋＋):肿胀程度虽不如上述现象明显,但也容易看出。

弱阳性反应(＋):肿胀程度也不显著,有时靠触诊始能发现。

疑似反应(±):肿胀程度似不明显,通常须与另一侧皱褶相比较。

阴性反应(－):注射部位无任何变化。

阳性反应牲畜,应立即移入阳性畜群进行隔离。可疑牲畜须于注射后 30 天进行复检,如仍有疑似反应,则按阳性牲畜处理,如为阴性则视为健康。

技能训练2-4

# 猪链球菌病的实验室诊断

## 一、训练目的

掌握猪链球菌病的平板和试管凝集试验的操作方法及判定标准,了解猪链球菌病的荧光 PCR

检测方法。

## 二、设备和材料

凝集试验标准抗原、标准阳性和阴性血清,0.5%苯酚溶液,无水酒精,75%酒精,0.01 mol/L pH 7.2 的 PBS,猪源链球菌通用荧光 PCR 检测试剂盒,高速台式冷冻离心机(最大转速 13000 r/min 以上),荧光 PCR 检测仪,计算机,2~8 ℃冰箱和−20 ℃冰箱,不同规格微量移液器,组织匀浆器,混匀器,玻璃板等。

## 三、训练内容及方法

### (一)平板和试管凝集试验

**1.平板凝集试验**

(1)将玻璃板上各格标上标准阳性血清、标准阴性血清和被检血清的编号,每格加 25 μL 凝集试验标准抗原。

(2)在每格凝集试验标准抗原旁分别加入标准阳性血清和阴性血清以及相应的被检血清 25 μL。

(3)用牙签或微量移液器枪头搅动血清和抗原使之均匀混合形成直径约 2 cm 的液区。轻微摇动,室温下于 4 min 内观察结果。

(4)每次操作以不超过 20 份血清样品为宜,以免样品干燥而不易观察结果。

**2.试管凝集试验**

(1)稀释被检血清:每份被检血清用 6 支试管标记,检验编号后各管加入 0.5 mL 稀释液,取被检血清 0.5 mL 加入第 1 管充分混匀,从第 1 管中吸取 0.5 mL 加入第 2 管,混合均匀后,再从第 2 管吸取 0.5 mL 至第 3 管,如此倍比稀释至第 6 管,从第 6 管弃去 0.5 mL,稀释完毕。第 1 管至第 6 管的血清稀释度分别为 1:2、1:4、1:8、1:16、1:32、1:64。

(2)加抗原:将 0.5 mL 抗原加入已稀释好的各血清管中,并振摇均匀,血清稀释度则依次变为 1:4、1:8、1:16、1:32、1:64、1:128,各试管反应总量为 1 mL。

(3)设立对照:设立阴性血清对照、阳性血清对照、抗原对照。阳性对照的稀释和加抗原的方法与被检血清相同。阳性血清的最高稀释度应超过其效价滴度,加抗原的方法与被检血清相同,在 0.5 mL 稀释液中加 0.5 mL 抗原。

(4)配制比浊管:每次试验均须配制比浊管作为判定凝集反应程度的依据,先用等量稀释液对抗原进行一倍稀释,然后按表 2-5 配制比浊管。

表 2-5　比浊管的配制

| 试 管 号 | 1 | 2 | 3 | 4 | 5 |
|---|---|---|---|---|---|
| 抗原稀释液 | 1.00 | 0.75 | 0.50 | 0.25 | 0 |
| 0.5%苯酚溶液 | 0 | 0.25 | 0.50 | 0.75 | 1.00 |
| 清亮度/(%) | 0 | 25 | 50 | 75 | 100 |
| 凝集反应程度 | − | + | ++ | +++ | ++++ |

注:"++++"表示完全凝集,菌体 100%下沉,上层液体 100%清亮;

"+++"表示几乎完全凝集,上层液体 75%清亮;

"++"表示凝集很显著,液体 50%清亮;

"+"表示有沉淀,液体 25%清亮;

"−"表示无沉淀,液体不清亮。

(5)感作:所有试管充分振荡后,置 37 ℃温箱感作 20 h。

**3.判定**

(1)平板凝集试验结果判定:当阴性血清对照不出现凝集(−),阳性血清对照出现凝集(+)时,则试验成立,可以判定。否则应重做。

在 4 min 内出现肉眼可见凝集现象者判为阳性(+),不出现凝集现象者判为阴性(-)。出现阳性反应的样品,可经试管凝集试验定量测定其效价。

(2)试管凝集试验结果判定:当阴性血清对照和抗原对照不出现凝集(-),阳性血清的凝集价达到其标准效价±1个滴度,则证明试验成立,可以判定。否则,试验应重做。

比照比浊管判读,出现++以上凝集现象的最高血清稀释度为血清凝集价。待检血清最终稀释度为1:4并出现"++"以上的凝集现象时,判为阳性反应。

### (二)荧光 PCR 检测法

**1. 样品的采集与前处理** 采样过程中样本不得交叉污染,采样及样品前处理过程中须戴一次性手套。

(1)采样工具:棉拭子、剪刀、镊子、研钵、Eppendorf 管。所有上述取样工具应经(121±2)℃、15 min 高压灭菌并烘干或经 160 ℃干烤 2 h。

(2)采样方法:

①生猪拭子样品:咽喉拭子采样,采样时要将拭子探入喉头及上颚来回刮 3~5 次,取咽喉分泌液。

②扁桃体、内脏或肌肉样品:用无菌的剪刀和镊子剪取待检样品 1.0 g 于研钵中,充分研磨再加 5.0 mL PBS 混匀,然后将组织悬液转入无菌 Eppendorf 管中,编号备用。

③血清或血浆:用无菌注射器直接吸取至无菌 Eppendorf 管中,编号备用。

(3)存放与运送:采集或处理的样本在 2~8 ℃条件下保存不超过 24 h;若需长期保存,须放置于-70 ℃冰箱中,但应避免反复冻融(最多冻融 3 次)。采集的样品密封后,采用保温壶或保温桶加冰密封,尽快运送到实验室。

**2. 操作方法**

(1)样本核酸的提取:在样本处理区进行。

①提取方法一如下所示。

取 n 个 15 mL 灭菌 Eppendorf 管,其中 n 为待检样品数、一管阳性对照及一管阴性对照之和,对每管进行编号标记。

每管加入 1.0 mL 裂解液,然后分别加入待测样本、阴性对照和阳性对照,各 100 μL,一份样本换用一个吸头,混匀器上振荡混匀 5 s,于 4~25 ℃条件下 10000 r/min 离心 10 min。

取相同数量的 1.5 mL 灭菌 Eppendorf 管,加入 500 μL 无水乙醇(-20 ℃预冷)并分别进行编号。将上步离心后各管中的上清液转移至相应的管中,上清液要充分吸取。不要吸出底部沉淀、颠倒混匀。

于 4~25 ℃条件下 5000 r/min 离心 5 min(Eppendorf 管开口保持朝离心机转轴方向放置)。轻轻倒去上清,倒置于吸水纸上,吸干液体,不同样品应在吸水纸不同地方吸干。加入 1.0 mL 75%酒精,颠倒洗涤。

于 4~25 ℃条件下 5000 r/min 离心 10 min(Eppendorf 管开口保持朝离心机转轴方向放置)。轻轻倒去上清液,倒置于吸水纸上,吸干液体,不同样品应在吸水纸不同地方吸干。

4000 r/min 离心 10 s,将管壁上的残余液体甩到管底部,用微量移液器尽量将其吸干,一份样本换用一个吸头,吸头不要碰到沉淀,置于室温下干燥 5~15 s,不宜过于干燥,以免 DNA 不溶。

加入 11 μL 无 DNA 酶的灭菌纯化水,轻轻混匀,溶解管壁上的 DNA,2000 r/min 离心 5 s,置于冰箱中保存备用。

②提取方法二如下所示。

取 n 个 15 mL 灭菌 Eppendorf 管,其中 n 为待检样品数、一管阳性对照及一管阴性对照之和,对每管进行编号标记。

每管加入 100 μL DNA 提取液 1,然后再分别加入待测样本、阴性对照和阳性对照各 100 μL,一份样本换用一个吸头,混匀器上振荡混匀 5 s,于 4~25 ℃条件下 13000 r/min 离心 10 min。

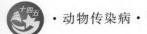

尽可能吸弃上清且不碰沉淀,再加入 10 μL DNA 提取液 2,混匀器上振荡混匀 5 s,于 4～25 ℃条件下 2000 r/min 离心 10 s。

100 ℃干浴或沸水浴 10 min;加入 40 μL 无 DNA 酶的灭菌纯化水,13000 r/mim 离心 10 min,上清即为提取的 DNA,置于冰箱中保存备用。

③DNA 提取后的处理要求:提取的 DNA 须在 2 h 内进行 PCR 扩增或放置于－70 ℃冰箱中保存。

(2)扩增试剂准备与配制:在反应混合物配制区进行。

从试剂盒中取出猪源链球菌通用荧光 PCR 反应液、Taq 酶,在室温下融化后 2000 r/min 离心 5 s。设所需 PCR 数为 $n$,其中 $n$ 为待检样品数、一管阳性对照及一管阴性对照之和。每个测试反应体系需使用 15 μL 猪源链球菌通用荧光 PCR 反应液及 0.3 μL Taq 酶。计算各试剂的使用量,加入适当体积试管中,向每个 PCR 管中各分装 15 μL,转移至样本处理区。

(3)加样:在样本处理区进行。

在设定的 PCR 管中分别加入制备的 DNA 溶液 10 μL,使总体积达 25 μL,盖紧管盖后,500 r/min 离心 30 s。

(4)荧光 PCR 反应:在检测区进行。

将加样后的 PCR 管放入荧光 PCR 检测仪内,记录样本摆放顺序。

**3. 判定**

(1)结果分析条件设定。

读取检测结果。阈值设定原则以阈值线刚好超过正常阴性对照扩增曲线的最高点为宜,不同仪器可根据仪器噪声情况进行调整。

(2)质控标准如下。

阴性对照无 Ct 值并且无扩增曲线。

阳性对照的 Ct 值应不大于 30.0,并出现特定的扩增曲线。

如阴性对照和阳性对照不满足以上条件,则此次实验视为无效。

(3)结果描述及判定如下。

阴性:无 Ct 值并且无扩增曲线,表明样品中无猪源链球菌。

阳性:Ct 值不大于 30.0,且出现特定的扩增曲线,表示样本中存在猪源链球菌。

 技能训练 2-5

# 放线菌病实验室诊断

## 一、训练目的

(1)了解放线菌病的临诊检疫方法。

(2)熟悉放线菌的检验方法。

## 二、设备和材料

培养 5～7 天的紫色直丝链霉菌的斜面菌种、吸水链霉菌 5102 斜面菌种。高氏一号琼脂培养基、无菌平皿、玻璃纸、9 mL 无菌水若干支、酒精灯、火柴、接种环、无菌镊子、无菌玻璃刮铲、1 mL 无菌吸管、无菌剪刀、载玻片、显微镜等。

## 三、内容及方法

### (一)临诊检疫

**1. 流行病学** 了解患病家畜的种类、发病数量及饲养管理和畜群的免疫接种情况。

**2. 临诊检查及病理变化观察** 根据所学此病的症状进行仔细观察,特别注意观察本病的典型症状。

### （二）实验室诊断

观察放线菌自然生长的个体形态时多用玻璃纸琼脂透析培养法。

（1）将玻璃纸剪成培养皿大小，用旧报纸隔层叠好后灭菌。

（2）将放线菌斜面菌种制成孢子悬液。

（3）将高氏一号琼脂培养基熔化后在火焰旁倒入无菌培养皿内，每皿倒 15 mL 左右，待培养基凝固后，在无菌操作下用镊子将无菌玻璃纸覆盖在琼脂平板上即制成玻璃纸琼脂平板培养基。

（4）分别用 1 mL 无菌吸管吸取吸水链霉菌 5102 孢子悬液、紫色直丝链霉菌孢子悬液 0.2 mL，分别滴加在两个玻璃纸琼脂平板培养基上，并用无菌玻璃刮铲涂抹均匀。

（5）将接种的玻璃纸琼脂平板培养基置于 28～30 ℃下培养。

（6）在培养至第 3 天、5 天、7 天时，从温室中取出玻璃纸琼脂平板培养基。在无菌环境下，打开玻璃纸琼脂平板培养基，用无菌镊子将玻璃纸与培养基分离，用无菌剪刀取小片置于载玻片上用显微镜观察。

### 模块小结

项目二主要介绍了常见的多种人兽共患传染病。口蹄疫主要发生于偶蹄兽，传播速度极快；狂犬病发病对象非常广，理论上只要是温血动物就有感染的可能，人被感染后应及时处理并注射疫苗，一旦发病，死亡率几乎达 100%；乙型脑炎主要靠虫媒传播，发病具有明显的季节性；轮状病毒临诊症状主要表现为拉稀，注意与症状相似疾病鉴别；大肠杆菌病普遍存在，如羔羊发病后拉稀，鸡发病后包心包肝等；临诊怀疑动物是炭疽时，一定不要随地剖检；布鲁氏杆菌病对人危害很大，从事相关行业的人员尤其应注意防范；破伤风常常通过伤口感染，出现外伤时应迅速做好伤口的消毒处理；放线菌的感染，临床上以牛羊多见，也常常通过外伤感染。

多种人兽共患传染病种类繁多，养殖一线的人员、从事与动物及其产品频繁接触的人员在接触人兽共患传染病时，一定要做好自身的防护，以防造成严重后果。

### 执考真题及自测题

#### 一、单选题

1. 口蹄疫病毒属于（　　）。

A. 单股 RNA 病毒　　　　　　　B. 双股 DNA 病毒　　　　　　　C. 单股 DNA 病毒

D. 双股 RNA 病毒　　　　　　　E. 单股 RNA 病毒

2. 目前口蹄疫病毒有几种血清型？（　　）

A. 5 种　　　　　　B. 6 种　　　　　　C. 7 种　　　　　　D. 8 种　　　　　　E. 9 种

3. 狂犬病毒的组织嗜性特征是（　　）。

A. 嗜脾脏　　　　B. 嗜神经　　　　C. 嗜心脏　　　　D. 嗜肝脏　　　　E. 嗜肺脏

4. 可用于狂犬咬伤伤口处理的药物有（　　）。

A. 肥皂水　　　　　　　　　　　B. 5% 碘酊　　　　　　　　　　C. 0.1% 高锰酸钾溶液

D. 3% 过氧化氢溶液　　　　　　E. 次氯酸钾溶液

5. 流行性乙型脑炎病毒属于（　　）。

A. 双股 RNA 病毒　　　　　　　B. 单股 RNA 病毒　　　　　　　C. 双股 DNA 病毒

D. 单股 DNA 病毒　　　　　　　E. 双股 RNA 及单股 RNA 病毒

6. 猪葡萄球菌感染可引起（　　）。

A. 猪渗出性皮炎　　　　　　　　B. 猪肺疫　　　　　　　　　　　C. 猪肠炎

D. 猪痢疾　　　　　　　　　　　E. 猪喘气病

7. 我国动物防疫法规定,奶牛每年进行结核菌素试验检疫(　　　)。

A. 1次　　　　　B. 2次　　　　　C. 3次　　　　　D. 4次　　　　　E. 5次

## 二、多选题

1. 布鲁氏杆菌的易感动物包括(　　　)。

A. 牛　　　　　B. 羊　　　　　C. 猪　　　　　D. 犬　　　　　E. 鸡

2. 链球菌感染引起的临床疾病包括(　　　)。

A. 脑膜炎　　　B. 关节炎　　　C. 心内膜炎　　　D. 肺炎　　　　E. 尿道炎

3. 破伤风杆菌感染的临床特征包括(　　　)。

A. 骨骼肌强制性痉挛　　　　　B. 木马样姿势　　　　　C. 观星姿势

D. 劈叉姿势　　　　　　　　　E. 牙关紧闭

4. 结核分枝杆菌分为哪些血清型?(　　　)

A. 牛型　　　　　B. 猪型　　　　　C. 人型　　　　　D. 禽型　　　　　E. 马型

5. 结核病的主要传播途径是(　　　)。

A. 消化道　　　B. 呼吸道　　　C. 皮肤黏膜　　　D. 吸血昆虫　　　E. 完整的皮肤

6. 巴氏杆菌的易感动物包括(　　　)。

A. 牛　　　　　B. 猪　　　　　C. 骆驼　　　　　D. 家禽　　　　　E. 鱼

8. 口蹄疫病毒的主要传播途径是(　　　)。

A. 消化道　　　B. 呼吸道　　　C. 生殖道　　　D. 外伤　　　　E. 内源性感染

# 模块三
# 猪 传 染 病

# 项目六 猪病毒性传染病

学习防控猪病毒性传染病是猪病学习当中的重中之重,尤其是对非洲猪瘟、猪瘟、猪伪狂犬病及猪繁殖与呼吸综合征号称猪的"四大病"的学习。这几种病对养猪业往往会造成巨大的经济损失,甚至能造成个别猪企业的覆灭。后三种传染病都有疫苗防控,而第一种传染病目前还没有高效的疫苗使用,只能做好生物安全来进行预防。对于其他的病毒性传染病也不能小觑,如猪圆环病毒病对感染猪的免疫系统伤害非常大,进而给其他病原带来很好的侵入机会和条件;猪感染猪传染性胃肠炎、猪流行性腹泻会给后期的快速生长带来不良影响。养重于防,防重于治的理念,在防控猪病毒性传染病方面显得尤为重要,可以毫不夸张地说,防控好猪病毒性传染病,对于养猪业来说已经向成功迈了一大步。学习完本部分知识,你的专业水平会提高很多。

学习目标

▲知识目标

1. 熟悉脾边缘梗死、脾大、雀斑肾、虎斑心、珍珠病与哪些疾病有关联。

2. 掌握猪瘟、非洲猪瘟、猪繁殖与呼吸综合征、猪伪狂犬病等疾病的流行特点、临诊症状及防治措施。

3. 认识猪瘟、非洲猪瘟、猪传染性胃肠炎、猪流行性腹泻等疾病的流行特点和诊断方法。

▲技能目标

1. 学会猪剖检诊断流程,病料的采集、包装、保存和运送技术。

2. 能够正确运用 PCR 检验技术、ELISA 检测等技术。

3. 熟练掌握猪瘟、非洲猪瘟等疾病的特征性病变诊断要点。

▲思政与素质目标

1. 培养学生吃苦耐劳、不畏苦难的素养,提高学生善于归纳及辩证思维的能力。

2. 培养学生勤思考、善观察及爱动手的能力。

## 任务一 猪 瘟

扫码看课件
6-1

猪瘟(classical swine fever,CSF)俗称"烂肠瘟",是由猪瘟病毒(CSFV)引起的一种急性、热性、高度接触性传染病,有最急性型、急性型、亚急性型、慢性型、温和型之分。猪瘟呈世界性分布,我国将其列入法定的二类动物疫病。近些年,不少国家先后采取了消灭猪瘟的措施,取得了显著效果。该病目前在我国仍时有发生,是对养猪业危害最大、最危险的传染病。

### 一、病原

猪瘟病毒,属于黄病毒科瘟病毒属。病毒粒子直径 40～50 nm,呈圆球状,核衣壳为二十面体对

*Note*

称,有囊膜,核酸类型为单股 RNA。猪瘟病毒和同属的牛黏膜病病毒有共同的抗原成分,既有血清学交叉反应,又有交叉保护作用。猪瘟病毒为单一血清型,尽管分离出不少变异性毒株,但都是属于一个血清型。

本病毒存在于病猪的全身组织、器官和体液中,其中以血液、淋巴结和脾脏中含量最多,病猪的粪便及分泌物中也含有较多的病毒。

猪瘟病毒对外界环境的抵抗力不强,在粪便中 20 ℃能存活 2 周,72~76 ℃ 1 h 能被杀死,日光直射 30~60 min 能被杀死。常用的消毒剂如 2%氢氧化钠溶液、10%漂白粉溶液、5%~10%石灰水和 3%~5%来苏尔等均能有效杀灭猪瘟病毒。2%氢氧化钠溶液是最常用且有效的消毒剂。

## 二、诊断要点

### (一)流行病学

**1. 传染源** 发病猪和带毒猪是主要的传染源。

**2. 传播途径** 感染猪在发病前即可通过口、鼻及泪腺分泌物、尿和粪排毒,直到死亡。侵入门户是口腔、鼻腔、眼结膜、生殖道和损伤的皮肤黏膜,传播的主要方式是直接接触或间接接触病原。

**3. 易感动物** 该病仅发生于猪和野猪。各种品种、年龄、性别的猪都是易感动物。免疫母猪所产仔猪,在哺乳期内有被动免疫力,以后易感性逐渐增加。

本病一年四季均可发生,一般以春、秋多发。在本病常发地区,猪群有一定的免疫力,其发病死亡率较低,在新疫区发病率和死亡率在 90%以上。当猪瘟病毒感染妊娠母猪时,起初不被觉察,但病毒可侵袭胎儿,造成死胎或产出不久即死去的弱仔猪,分娩时母猪排出大量的猪瘟病毒,先天性感染的仔猪出生后常是病毒散布传染源。近年来由于普遍采取疫苗接种等预防措施,大多集约化猪群已具有一定的免疫力,使猪瘟流行形式发生了变化,即出现温和型猪瘟等,以散发性流行,发病特点为临诊症状轻或死亡率低,病理变化不典型,必须依赖实验室诊断才能确诊。

### (二)临诊症状

潜伏期 5~7 天,最短的 2 天,最长的 21 天。根据临诊症状和病程可分为最急性型、急性型、亚急性型、慢性型、温和型猪瘟(非典型猪瘟)。

**1. 最急性型** 多见于流行初期和首次发生猪瘟的猪场,表现为突然发病,高热稽留,体温达 42 ℃;四肢末梢、耳尖和黏膜发绀,全身多处有出血点或片状出血;全身痉挛,四肢抽搐,卧地不起而死亡,死亡率可高达 100%。

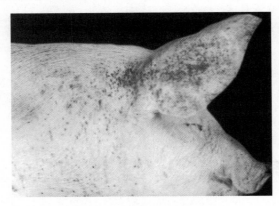

图 3-1 耳部点状出血

**2. 急性型** 临床最常见,呈稽留热。病猪精神高度沉郁,呆滞,行动缓慢,食欲废绝;喜饮,怕冷挤卧,好钻草窝;先便秘,后腹泻,粪便恶臭,带有血液。公猪包皮积液,挤压时流出白色混浊、恶臭的脓液。病猪眼结膜发炎,初期分泌黏性分泌物,后期分泌脓性分泌物。病初可见病猪皮肤潮红充血,后期呈点状出血,一般多见于耳(图 3-1)、四肢、腹下等部位。病程 1~2 周,死亡率 50%~60%。

**3. 慢性型** 病猪被毛粗乱,消瘦;精神沉郁,食欲减少;全身衰弱,行走摇摆不稳,常拱背呆立;便秘和腹泻交替出现。有的病猪皮肤出现紫斑或坏死痂。病猪生长迟缓,发育不良。病猪可长期存活,很难完全康复,常形成僵猪。多见于有本病流行的猪场或防疫卫生条件不好的猪场。

**4. 温和型** 由于母猪体内含少量抗体,妊娠母猪感染猪瘟病毒后,不表现出典型的猪瘟症状,只出现流产、木乃伊胎、畸形胎、死胎(图 3-2),或产出有颤抖症状的弱仔猪或外表健康的先天性感染仔猪(图 3-3)。产出的弱仔猪一般数天后死亡,存活者可终生带毒和排毒,往往成为僵猪。

图 3-2 死胎、木乃伊胎

图 3-3 母猪产出的弱仔猪

## （三）病理变化

**1. 最急性型** 败血症变化，可见浆膜、黏膜、淋巴结和肾脏等处有出血斑点，皮下组织胶样浸润。

**2. 急性型** 以皮肤和内脏器官的出血变化为主。全身皮肤上有大小不等的出血点或弥漫性出血，血液凝固不良。全身多器官出血，淋巴结表面呈暗红色或黑红色，切面边缘呈黑红色，中间出现具有诊断意义的大理石样花纹病变，肾脏表面有出血点（图 3-4），严重时有出血斑，呈所谓的"雀斑肾"外观。脾脏不肿大，但边缘上出现特征性的、大小不一、数量不等、呈紫黑色、突出于脾表面的出血性梗死灶，这一病变是具有临床诊断意义的病理变化。此外，全身浆膜、黏膜和心、肺、胃、胆囊均可出现大小不等、多少不一的出血点或出血斑（图 3-5、图 3-6）；膀胱增厚并有出血点（图 3-7），扁桃体喉头有出血（图 3-8）。

图 3-4 肾点状出血

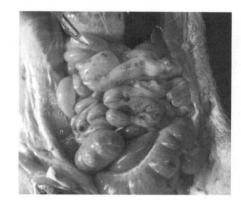

图 3-5 肠出血

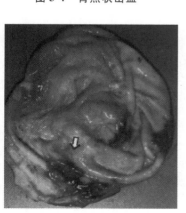

图 3-6 胃黏膜出血

图 3-7 膀胱有出血点

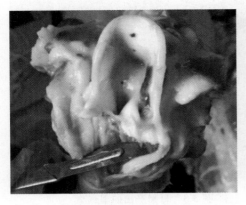

图 3-8　扁桃体喉头有出血

图 3-9　肠纽扣状溃疡

**3. 慢性型**　在回盲瓣周围、盲肠和结肠黏膜上发生坏死性肠炎,形成轮层状、纽扣状溃疡(图 3-9),突出于黏膜表面,呈褐色或黑色,中央凹陷。钙、磷失调导致骨突然钙化,从肋骨、肋软骨联合到肋骨近端常有半硬的骨结构形成的明显横切线,该病理变化在慢性猪瘟诊断上有一定意义。

**4. 温和型**　死胎呈现皮下水肿,腹腔积液和胸腔积液增多,皮肤有点状出血。畸形胎表现为头和四肢变形,小脑、肺和肌肉发育不良。

**（四）诊断**

**1. 鉴别诊断**　典型的急性型猪瘟根据流行特点、临诊症状和剖检变化可做出诊断;慢性型和温和型猪瘟,与急性型猪瘟不同,因临诊症状和病变不典型,做出临诊诊断比较困难。应做好与非洲猪瘟、急性猪丹毒、急性猪肺疫、急性仔猪副伤寒、猪链球菌病、猪弓形体病的区分。

**2. 实验室诊断**　临床主要方法是兔体交互免疫试验、荧光抗体技术或酶标抗体技术。兔体交互免疫试验是将兔分成两组,一组先用猪瘟疫苗免疫;当有疑似猪瘟病料时,将病料经抗生素处理后,接种两组兔体,然后测温。如一组无任何反应,另一组发生定型热反应,则为猪瘟。

## 三、防治

**（一）预防**

视频:猪瘟的防治

加强饲养管理,做好猪舍及环境卫生,定期消毒。坚持自繁自养的原则,制定合理的免疫程序。选用猪瘟单苗,进行免疫防控。猪瘟流行较严重的地区,对仔猪可用乳前免疫(超前免疫),即仔猪出生后立即注射猪瘟疫苗,等待 1~2 h 再让仔猪吃奶。乳前免疫后,应在仔猪出生后 35 天和 70 天时注射猪瘟疫苗一次。

**（二）防治**

发生猪瘟后,立即隔离,封锁疫区,对所有猪进行测温和临诊检查,病猪和健康猪隔离开。确诊为猪瘟后,应该迅速进行全群猪的紧急猪瘟疫苗免疫,并使用中兽药、维生素制剂进行辅助治疗。

小提示

(1)猪瘟病毒只感染猪和野猪,不感染人。

(2)猪瘟和非洲猪瘟是截然不同的两种传染病,称呼上不可混淆。

(3)目前,国内猪瘟也时有发生,但由于疫苗使用比较普遍,该病以温和型多见。

# 任务二 非 洲 猪 瘟

非洲猪瘟(African swine fever,ASF)是由非洲猪瘟病毒(ASFV)感染家猪和野猪而引起的一种急性、出血性、烈性传染病。世界动物卫生组织将其列为法定报告动物疫病,该病也是我国重点防范的一类动物疫病。其特征是发病过程短,最急性和急性感染死亡率高达100%,临床表现为发热(40~42 ℃),心跳加快,呼吸困难,部分病猪咳嗽,眼、鼻有浆液性或黏液性脓性分泌物,皮肤发绀,非洲猪瘟临诊症状与猪瘟症状相似,只能依靠实验室检测确诊。

## 一、病原

非洲猪瘟病毒是非洲猪瘟科非洲猪瘟病毒属的重要成员,病毒粒子的直径为175~215 nm,呈二十面体对称,有囊膜。基因组为双股线状DNA,大小为170~190 kb。在猪体内,非洲猪瘟病毒可在几种类型的细胞质中,尤其是网状内皮细胞和单核巨噬细胞中复制。该病毒可在钝缘软蜱中增殖,并使其成为主要的传播媒介。

本病毒能从被感染猪的血液、组织液、内脏,以及其他排泄物中检测出来,低温暗室内存在于血液中的病毒可生存6年,室温中可存活数周,加热被病毒感染的血液至55 ℃ 30 min或60 ℃ 10 min,病毒将被破坏,许多脂溶剂和消毒剂可以将其破坏。

## 二、诊断要点

非洲猪瘟病毒是一类古老的病毒,1921年在非洲肯尼亚被首次发现,至今已有100多年的历史。

### (一)流行病学

**1.传染源** 传染源包括感染非洲猪瘟病毒的软蜱、发病猪和带毒猪,被非洲猪瘟病毒污染的饲料、泔水、猪肉制品、设施设备及工具(如各种相关车辆、人员装备)等。

**2.传播途径** 非洲猪瘟主要是通过接触或采食被非洲猪瘟病毒污染的物品而经口传染或通过昆虫吸血而传染。短距离内可经空气传播,被污染的饲料、泔水、剩菜及肉屑、栏舍、车辆、器具和衣物等均可间接传播本病(图3-10)。

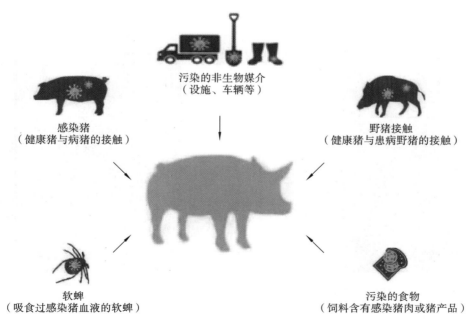

图3-10 非洲猪瘟传播途径

**3. 易感动物**　家猪、野猪，如疣猪、巨型森林猪、丛林猪及钝缘软蜱是易感动物。近年的研究表明游走鸟壁虱也可感染 ASFV，并在持续感染中起关键作用。

目前未见有非洲猪瘟病毒感染禽类、反刍动物、犬、猫等其他动物的报道。更没有证据证明非洲猪瘟病毒可以感染人。

**（二）临诊症状**

人工感染潜伏期 2～5 天，发病时体温升高至 41 ℃以上，死前体温下降，发病前期猪没有食欲，猪只躺在舍角，强迫赶起走动时，表现出极度虚弱，尤其后肢更甚。脉搏加快，咳嗽，呼吸困难，出现浆液或黏液脓性结膜炎，部分病猪便血、呕吐，鼻孔出血（图 3-11），病猪腹部有紫斑（图 3-12），往往发热后第 7 天死亡，或症状出现仅过 1～2 天便死亡。

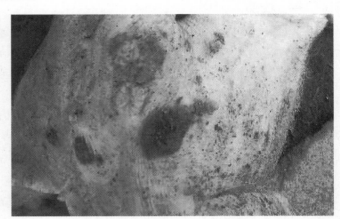

图 3-11　病猪鼻孔出血　　　　　　　　图 3-12　病猪腹部有紫斑

**（三）病理变化**

在耳、鼻、腋下、腹、会阴、尾、脚无毛部分有界线明显的紫色斑，耳朵紫斑部分常肿胀，中心有深暗色分散性出血，边缘褪色，尤其在腿及腹壁皮肤可肉眼见到。淋巴结出血；脾大，髓质肿胀区呈深紫黑色，切面突起（图 3-13）；肝充血，近胆部分组织有充血及水肿现象（图 3-14）；肾脏出血（图 3-15）；心包积液，少数病例心包积液混浊且含有纤维蛋白（图 3-16）。喉、会厌有淤斑、充血及扩散性出血，肠有充血而没有出血病灶，肺泡则出现出血现象。

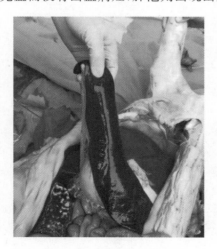
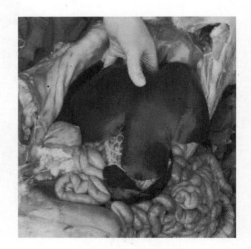

图 3-13　病猪脾大、出血　　　　　　　图 3-14　病猪肝肿大出血

**（四）实验室诊断**

非洲猪瘟与猪瘟的临诊症状和病变都很相似，应做好鉴别（表 3-1）。实验室诊断常用免疫荧光试验、酶联免疫吸附试验（ELISA）、PCR 等方法。

图 3-15　病猪肾脏出血

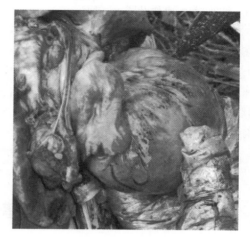

图 3-16　病猪心包积液

表 3-1　非洲猪瘟与猪瘟的鉴别

| 项　目 | 病　原 | 传播特点 | 发病特点 | 防控措施 |
|---|---|---|---|---|
| 猪瘟 | 猪瘟病毒<br>（RNA病毒） | 接触传播、<br>无明显季节性 | 毒力差别大、典型少见、<br>中等及温和多见、脾边缘梗死、肺出血 | 注射疫苗 |
| 非洲猪瘟 | 非洲猪瘟病毒<br>（DNA病毒） | 接触传播、虫媒传播、<br>无季节性 | 不同毒力有差别，<br>肺肿大、脾大 | 扑杀、<br>无害化处理 |

## 三、防治

在无本病的国家和地区应防止非洲猪瘟病毒的传入，在国际机场和港口，从飞机和船舶来的食物废料均应焚毁。无本病地区应事先建立快速诊断通道和制订一旦发生本病时的扑灭计划。

目前在世界范围内没有研发出可以有效预防非洲猪瘟的疫苗，但高温、消毒剂可以有效杀灭病毒，所以做好养殖场生物安全防护是防控非洲猪瘟的关键。

（1）严格控制人员、车辆和易感动物进入养殖场；进出养殖场及其生产区的人员、车辆、物品要严格落实消毒等措施。

（2）尽可能封闭饲养生猪，采取自繁自养、隔离防护措施，避免与野猪、钝缘软蜱接触。

（3）严禁使用泔水或餐余垃圾饲喂生猪。

（4）积极配合当地动物疫病预防控制机构开展疫病监测排查，特别是出现猪瘟疫苗免疫失败、猪出现不明原因死亡等现象时，应及时上报当地兽医部门。

（1）非洲猪瘟病毒不感染人，传播途径与猪瘟有区别。

（2）非洲猪瘟由于传入我国时间比较短，猪一旦感染发病死亡率极高，做好生物安全防护措施是防范该病的主要方法。

某县一个体养殖户，家中养殖有 82 头保育猪，10 头母猪。2021 年 11 月，一头母猪突然不食，测量体温为 41 ℃，并出现呕吐症状。户主立即为其注射氨基比林及头孢药物，母猪体温下降至 40 ℃，但第 2 天母猪突然死亡。此时，户主发现十几只保育猪也出现了咳嗽、发热、不食症状，测量体温均在 41 ℃ 左右。养殖户与专业人士联系后，专业人士怀疑是非洲猪瘟，建议其去有检测资质的某机构

视频：非洲猪瘟的防治

视频：非洲猪瘟防控

检测,检测结果确诊为非洲猪瘟。

追寻原因:该养殖户养殖的规模虽然不大,但很注意生物安全,平时无关人员不允许进入猪圈,猪圈一直封锁着。家庭成员不吃猪肉,更不与其他养猪户接触。对该病的发生,养殖户感到非常奇怪。之后养殖户在与一墙之隔的邻居交流时得知,邻居从新疆务工回到家后,改善了一下家庭生活,在市场上买了生猪肉,回到家把洗猪肉的水直接倒掉,水流到门前的马路上。门口的鸡在地面啄食时,拨开了地面上的土,养殖户正好走过这个地方,然后没有换鞋直接进猪圈喂猪,很大可能就是这一行为把病原带进了猪圈。

# 任务三 猪繁殖与呼吸综合征

扫码看课件
6-3

猪繁殖与呼吸综合征是由猪繁殖与呼吸综合征病毒引起的猪的一种繁殖障碍和呼吸系统的传染病。临诊特征为母猪发热、厌食、妊娠后期发生流产,产木乃伊胎、死胎、弱胎;仔猪表现为呼吸困难和高死亡率。本病于1987年在美国中西部被首次发现,因为部分病猪的耳部发紫,又称"猪蓝耳病"。我国于1996年由郭宝清等人首次在暴发流产的母猪胎儿中分离到猪繁殖与呼吸综合征病毒。

## 一、病原

猪繁殖与呼吸综合征病毒,属于动脉炎病毒科动脉炎病毒属。病毒呈球状,呈二十面体对称,有囊膜,直径为45~65 nm,核酸类型为单股正链RNA,病毒有美洲型和欧洲型2个血清型。该病毒对热敏感,37 ℃ 48 h、56 ℃ 45 min即丧失活性;对低温不敏感,可利用低温保存病毒,4 ℃可以保存1个月,−20 ℃可以长期保存。对乙醚和氯仿敏感,在pH 6.5~7.5相对稳定,pH高于7.5或低于6.0时,感染力很快消失。

## 二、诊断要点

### (一)流行病学

**1. 传染源** 病猪、带毒猪和患病母猪所产的仔猪以及被污染的环境、用具都是主要的传染源,鼻、眼的分泌物,粪便和尿液等均含有病毒。耐过猪可长期带毒并不断向外排毒。

**2. 传播途径** 本病主要通过呼吸道或通过公猪的精液经生殖道在同群猪中进行水平传播,也可以在母子间进行垂直传播。

**3. 易感动物** 本病只感染猪,各种年龄和品种的猪均易感,但主要侵害种公猪、繁殖母猪及仔猪。

本病主要在种公猪、繁殖母猪及仔猪中发生,育肥猪发病较温和;猪只买卖移动、饲养密度过大、饲养管理及卫生条件不良、气候变化都可促进本病的发生和流行。

### (二)临诊症状

视频:猪繁殖与呼吸综合征病原及诊断要点

该病潜伏期4~7天,根据疾病的严重程度和病程不同,临诊表现不尽相同。

**1. 母猪** 母猪感染本病表现为精神倦怠、厌食、发热,体温升高达40~41 ℃,食欲废绝。妊娠后期发生早产、流产、死胎(图3-17)、木乃伊胎或产出弱仔猪。母猪流产后2~3周开始康复,但再次交配时受胎率明显降低,发情期也常推迟。这种现象往往持续6周,而后出现重新发情的现象,常造成母猪不育或产仔量下降,少数猪耳部发紫(图3-18),皮下出现一过性血斑。部分猪的腹部、耳部、四肢末端、口鼻皮肤呈青紫色,以耳尖发绀最常见,故称"猪蓝耳病"。有的母猪出现肢体麻痹性神经症状。

**2. 仔猪** 以2~28日龄感染后症状明显,早产仔猪在出生后当时或几天内死亡。表现为严重呼吸困难、食欲不振、发热、肌肉震颤、后肢麻痹、共济失调、打喷嚏、嗜睡。有的仔猪耳尖发紫和肢体末端皮肤发绀,死亡率高达80%。

**3. 公猪** 感染后表现为食欲不振、精神沉郁、呼吸困难和运动障碍、性欲减弱,精液质量下降、射精量少。

**4. 育肥猪** 感染后表现为双眼肿胀,发生结膜炎和腹泻,并出现肺炎、食欲不振、轻度的呼吸困难和耳尖皮肤发绀、发育迟缓。

图 3-17 死胎

图 3-18 耳部发紫

**（三）病理变化**

主要见于肺弥漫性间质性肺炎,肺出血、充血(图 3-19)并伴有细胞浸润和卡他性肺炎区。可见腹膜、肾周围脂肪、肠系膜淋巴结、皮下脂肪和肌肉、肺等部位发生水肿,胸腔有积液(图 3-20、图 3-21)。流产胎儿出现动脉炎、心肌炎和脑炎。

图 3-19 肺出血、充血

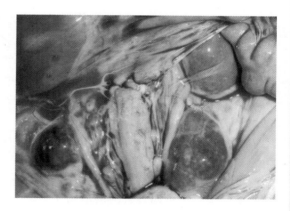

图 3-20 淋巴结肿大或有出血

**（四）诊断**

根据临诊症状可做出初步诊断,如妊娠母猪发生流产,仔猪出现呼吸困难和高死亡率,以及间质性肺炎。注意与猪细小病毒病、猪流行性乙型脑炎、猪伪狂犬病、猪布鲁氏杆菌病、猪瘟和猪钩端螺旋体病等疾病的区别。但要确诊必须进行实验室检查。

实验室检查可取有急性呼吸症状的仔猪、死胎及流产胎儿的肺、脾等,进行病毒分离培养和鉴定;也可取耐过猪的血清进行间接免疫荧光抗体试验或酶联免疫吸附试验。

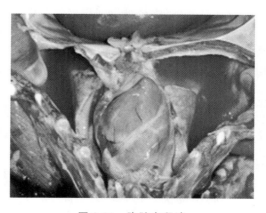

图 3-21 胸腔有积液

*Note*

视频:猪繁殖与呼吸综合征的防治

## 三、防治

本病主要采取综合防治措施及对症疗法,目前尚无特效治疗药物。

(1)坚持自繁自养的原则,建立稳定的种猪群,不轻易引种,如必须引种,首先要弄清所引猪场的疫情情况,坚决禁止引入阳性带毒猪。

建立健全规模化猪场的生物安全体系,定期对猪舍和环境进行消毒,保持猪舍、饲养管理用具及环境的清洁卫生。

定期对猪群中猪繁殖与呼吸综合征病毒的感染状况进行监测,以了解该病在猪场的活动状况。在疫区可用相应毒株的疫苗进行免疫接种。

(2)要经常消毒,平日做好保健。发病猪场加强消毒,带猪消毒可用0.2%过氧乙酸溶液喷洒;空猪舍用2%~3%氢氧化钠溶液喷洒,彻底消毒。死亡猪应无害化处理,以防病原扩散。

扫码看课件 6-4

# 任务四 伪 狂 犬 病

伪狂犬病(pseudorabies,PR)是由伪狂犬病病毒(pseudorabies virus,PRV)引起的一种家畜和多种野生动物的急性、热性传染病。该病最早发现于美国,后来由匈牙利科学家首先分离出病毒。发病后通常具有发热、奇痒及脑脊髓炎等典型症状。本病对猪的危害非常大,可导致妊娠母猪流产、产死胎和木乃伊胎,初生仔猪具有明显的神经症状,可急性致死。目前世界上猪、牛及绵羊等动物的发病率逐年增加。

## 一、病原

伪狂犬病病毒,属于疱疹病毒科甲型疱疹病毒亚科。病毒粒子呈球状,直径150~180 nm,有囊膜,囊膜表面具有呈放射状排列的纤突,所含核酸为DNA。病毒只有一个血清型,但毒株存在差异,病毒能在鸡胚及多种动物细胞上生长繁殖,产生核内包涵体。

视频:伪狂犬病病原及诊断要点

病毒对外界抵抗力较强,在污染的猪舍中能存活1个多月,消毒剂过硫酸氢钾复合盐、2%热火碱和3%来苏尔能迅速将其杀死,但其对苯酚的抵抗力较强,在0.5%苯酚溶液中可存活10天。

## 二、诊断要点

### (一)流行病学

本病多呈散发性,具有一定的季节性,以冬春多发。哺乳仔猪日龄越小,发病率和病死率越高,发病率和病死率可随着日龄的增长而下降。

**1. 传染源** 病猪、带毒猪以及带毒鼠类是本病的主要传染源。猪感染后,其鼻涕、眼泪、乳汁等分泌物都含有病毒,康复猪可通过鼻腔分泌物及唾液持续排毒。

**2. 传播途径** 本病主要经消化道、呼吸道、损伤的皮肤以及生殖道感染,但成年猪无症状表现,仔猪常因吃感染母猪的乳汁而发病,病毒可经胎盘使胎儿感染,引起流产和死胎。空气传播是伪狂犬病病毒扩散的主要途径。猪配种时可传播本病,母猪感染本病后6~7天乳汁中有病毒,持续3~5天。妊娠母猪感染本病后,常可侵及子宫内的胎儿。

病毒可通过直接接触传播,也容易间接传播,如吸入带病毒粒子的气溶胶或饮用污染水等。鼠因吃进被污染的饲料而感染,可在猪群之间传播病毒。

**3. 易感动物** 猪的易感性最强,牛、绵羊、山羊、猫、犬、鼠等其他家畜和野生哺乳动物,都是易感动物。实验动物家兔、豚鼠、小鼠均能感染,且家兔最敏感。

### (二)临诊症状

潜伏期一般3~6天,短的36 h,长的达10天。

**1. 猪** 临床表现主要取决于感染病毒的毒力和感染量,病情轻重随年龄的增长而变化,幼龄猪感染伪狂犬病病毒后病情重。

2周龄以内哺乳仔猪发病时,病初发热至41 ℃,呕吐、腹泻、精神沉郁,个别猪眼球上翻,呼吸困难。随后出现发抖、运动失调,两前肢呈八字形站立,间歇性痉挛,后躯麻痹,做前进或后退转动,倒地四肢做划船样运动(图 3-22、图 3-23)。触摸时肌肉抽搐,最后衰竭死亡,哺乳仔猪的病死率可达100%。随着哺乳仔猪年龄增长,死亡率下降,耐过猪常发育受阻。

图 3-22 仔猪神经症状 1　　　　　图 3-23 仔猪神经症状 2

2月龄以上的猪患此病以呼吸道症状为主,症状轻微或隐性感染。较常见的症状是一过性发热、咳嗽、便秘,发病率高、病死率低。有的仔猪呕吐(图 3-24),多在 3～4 天恢复。妊娠母猪,咳嗽、发热、精神沉郁,常流产,产死胎、木乃伊胎及弱仔猪,弱仔猪出生后,很难成活(图 3-25)。

图 3-24 仔猪呕吐　　　　　图 3-25 母猪流产

**2. 牛、羊和兔** 对本病特别敏感,感染后病程短、病死率高,主要表现为体表病毒增殖部位奇痒,如有的用力摩擦鼻镜和面部;有的呈犬坐姿势,在地面摩擦肛门或阴户;有的头颈、肩胛、胸壁、乳房等部位奇痒。还可出现某些神经症状,如磨牙流涎、狂叫,甚至神志不清。病初体温短期升高,后期多因麻痹而死亡。病程 2～3 天,个别病例发病后无奇痒症状,数小时内即死亡。

**(三)病理变化**

**1. 病理剖检变化** 猪一般无特征性病变。有神经症状的病死猪,脑膜明显充血、出血和水肿,脑脊液增多;扁桃体、肝、脾有散在的白色坏死点(图 3-26、图 3-27);流产胎儿的脑和臀部皮肤有出血点,肾和心肌出血。流产母猪有轻度子宫内膜炎,公猪阴囊水肿。其他动物还可表现为体表皮肤局部擦伤、撕裂、皮下水肿,肺充血、水肿,心外膜出血,心包有积液。

**2. 组织变化** 可见中枢神经系统有弥漫性非化脓性脑炎变化,有明显血管套和胶质细胞坏死。在鼻咽黏膜、脾和淋巴结细胞内有核内包涵体。

**(四)诊断**

根据典型的临诊症状和流行病学可做出初步诊断,确诊必须进行实验室检查。采取患部水肿液

图 3-26 肝白色坏死点

图 3-27 脾白色坏死点

及脑组织做实验室检查诊断,取自然病例的脑或扁桃体的压片或冰冻切片,用荧光抗体检查,见神经细胞的胞质及核内产生荧光即可确诊。琼脂扩散试验、补体结合试验、酶联免疫吸附试验等方法也可进行诊断。

诊断本病时应与狂犬病鉴别。狂犬病多经咬伤感染,有攻击人、畜,意识扰乱等症状。伪狂犬病则无上述情况,其表现为突然发病,发热,强烈奇痒,病程短,常突然死亡。

### 三、防治

#### （一）预防

引进动物时进行严格的检疫,防止将野毒引入健康动物群是控制本病的重要措施。严格灭鼠,控制犬、猫、鸟类和其他禽类进入猪场。做好消毒工作及血清学监测对本病的防控有重要作用,注射疫苗是预防伪狂犬病的重要手段。

#### （二）治疗

本病尚无有效治疗药物,紧急情况下用高免血清治疗,可降低死亡率。猪干扰素用于同窝仔猪的紧急预防和治疗,有较好的疗效;用白细胞介素和伪狂犬病基因缺失弱毒疫苗配合对发病猪群进行紧急接种,可在短时间内控制病情的发展。

# 任务五　猪圆环病毒病

猪圆环病毒病是由猪圆环病毒引起的猪的一种多系统衰弱的传染病。本病可导致猪群产生严重的免疫抑制,从而导致继发或并发其他传染病。临床常表现为猪体质下降、消瘦、腹泻、呼吸困难等,临床上病猪还表现出皮肤苍白、生长发育不良的现象。我国于 2001 年首次发现该病,目前其在我国猪群中的感染情况已十分严重。

### 一、病原

猪圆环病毒属于圆环病毒科圆环病毒属,它是目前发现的动物病毒中最小的成员。病毒直径 17 nm,呈二十面体对称,无囊膜,不具有血凝活性。

目前,在猪中已鉴定出 4 种圆环病毒,包括猪圆环病毒Ⅰ型(PCV1)、猪圆环病毒Ⅱ型(PCV2)、猪圆环病毒Ⅲ型(PCV3)和猪圆环病毒Ⅳ型(PCV4)。其中 PCV1 公认对猪不致病,但在正常猪群及猪源细胞中的污染率却极高;PCV2 对猪的危害极大,可用疫苗防控;2016 年,PCV3 在我国发病猪体内检出;2019 年,PCV4 在我国湖南发现。猪圆环病毒对环境的抵抗力较强,对氯仿不敏感,在 pH 3 的酸性环境中能长时间存活,对高温(72 ℃)也有抵抗力,一般消毒剂很难将其杀灭。

## 二、诊断要点

### （一）流行病学

**1. 传染源** 病猪和带毒猪为本病的主要传染源。病毒存在于病猪的呼吸道、肺脏、脾脏和淋巴结中，随鼻液和粪便排出。

**2. 传播途径** 一般通过呼吸道和口腔以水平方式传播，也能够通过胎盘以垂直方式传播，还能够经由精液散播。被病毒污染的人员、工作服、用具和设备也能使该病传播。

**3. 易感动物** 任何品种和年龄的猪都能够感染猪圆环病毒Ⅱ型，其中以哺乳期和育成期的仔猪易感性较高，尤其是 5～12 周龄感染率最高。

本病流行以散发为主，有时可呈暴发流行，病程发展较缓慢，有时可持续 12～18 个月之久，病猪多于出现症状后 2～8 天死亡。饲养管理不良，饲养条件差，饲料质量低，环境恶劣、通风不良、饲养密度过大，不同日龄的猪只混群饲养，以及各种应激因素的存在均可诱发本病，并加重病情，增高死亡率。

由于猪圆环病毒能破坏猪体的免疫系统，造成免疫抑制，引起继发性免疫缺陷，因而本病毒常与猪繁殖与呼吸综合征病毒、细小病毒、伪狂犬病病毒、猪肺炎支原体、猪胸膜肺炎放线杆菌、多杀性巴氏杆菌和链球菌等混合感染或发生继发感染。

### （二）临诊症状

猪圆环病毒感染后潜伏期较长，胚胎或出生后早期感染，也多在断奶后才陆续出现临诊症状。猪圆环病毒感染可引起以下多种病症：断奶仔猪多系统衰弱综合征、猪间质性肺炎、猪皮炎肾病综合征、母猪繁殖障碍以及仔猪先天性震颤等。

**1. 断奶仔猪多系统衰弱综合征** 本病多见于 5～12 周龄的猪，发病率为 5%～30%，病死率为 5%～40%。本病在猪群中发生后发展缓慢，病程较长，一般可持续 12～18 个月。病猪临诊特征为进行性呼吸困难，肌肉衰弱无力，渐进性消瘦，体重减轻，生长发育不良（图 3-28），皮肤和可视黏膜黄染、贫血。有的病猪下痢，体表淋巴结明显肿胀。多数病猪死亡或被淘汰，康复者多成为僵猪。

**2. 猪皮炎肾病综合征** 本病多见于 8～18 周龄的猪，发病率为 0.15%～2%，有时可达 7%。病猪皮肤出现圆形或不规则形的丘状隆起，呈现为红色或紫色斑点状病灶，病灶常融合成条带或斑块（图 3-29）。较早出现这种丘疹的部位在后躯、四肢和腹部，逐渐扩展至胸背部和耳部。病情较轻的病猪体温、食欲等多无异常，常可自行康复。发病严重的可出现发热、食欲减退、跛行、皮下水肿，有的可在数日内死亡，有的可维持 2～3 周。

图 3-28 病猪发育不良

图 3-29 病猪出现皮炎

**3. 猪间质性肺炎** 人们已经认识到育肥猪的肺炎与 PCV 2 相关。PCV 2 和猪繁殖与呼吸综合征病毒、猪流感病毒等多种病毒的共同感染可导致猪间质性肺炎的发生。PCV 2 引起的肺炎主要危害 6～14 周龄的猪，发病率为 2%～30%，致死率为 2%～10%。

**4. 繁殖障碍** PCV2、PCV3 感染均可造成母猪繁殖障碍，可引起母猪返情率升高、流产，产木乃

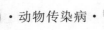

伊胎、死胎以及弱仔猪的比例增加。

### （三）病理变化

**1. 断奶仔猪多系统衰弱综合征** 最显著的剖检病变是全身淋巴结，特别是腹股沟淋巴结、纵隔淋巴结、肺门淋巴结、肠系膜淋巴结（图 3-30）及颌下淋巴结肿大 2～5 倍，有时可达 10 倍，切面硬度增加，可见均匀的白色，有的淋巴结有出血。

肺脏肿胀，坚硬或似橡皮，部分病例形成固化、致密病灶。严重病例肺泡出血，颜色加深，整个肺脏呈紫褐色，有的肺尖叶和心叶萎缩或实变（图 3-31）。肝脏发暗，萎缩，肝小叶结缔组织增生。脾脏常肿大，呈肉样变化。肾脏水肿，呈灰白色，被膜下有时有白色坏死灶。胃的食道部黏膜水肿和有非出血性溃疡。回肠和结肠段肠壁变薄，盲肠和结肠黏膜充血和淤血。另外，由继发感染引起的胸膜炎、腹膜炎、心包炎及关节炎也经常见到。

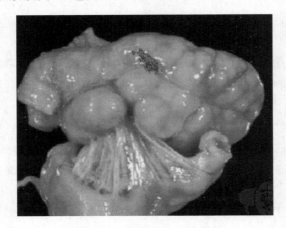
图 3-30 肠系膜淋巴结肿大

图 3-31 病猪肺脏出血

**2. 猪皮炎肾病综合征** 剖检可见肾脏肿大、苍白，有出血点或坏死点。

**3. 猪间质性肺炎** 眼观病变为肺有弥漫性塌陷，较重而结实，如橡皮状，表面颜色呈灰红色或有灰棕色的斑纹。

### （四）实验室诊断

本病根据症状只能判断为疑似病例，要确诊需进行实验室诊断。实验室诊断方法分为抗体检测和抗原检测两种。

**1. 抗体检测** 可采用间接免疫荧光、酶联免疫吸附试验和单克隆抗体法等。

**2. 抗原检测** 方法主要有病毒的分离鉴定、电镜检查和 PCR 方法等。

## 三、防治

主要采用疫苗免疫等综合控制技术来减少本病发生，目前尚无可用的有效的治疗药物。

### （一）预防

建立健全猪场的生物安全防疫体系，认真执行常规的猪群防疫保健技术措施。引进种猪时，要进行必要的隔离、检测。强化对养猪生产有害生物（猫、犬、啮齿类动物、鸟以及蚊、蝇等）的控制。

加强营养，特别是控制好断奶前后仔猪的营养水平，增加食槽的采食空间。在分娩、保育、育肥的各个阶段做到全进全出，同一批次的猪日龄范围控制在 10 天之内，不同批次之间不混群。在分娩舍限制交叉寄养，必须要寄养的猪寄养时间应控制在 24 h 内。

### （二）治疗

对发病猪群最好淘汰，不能淘汰者使用一些抗病毒药物同时配合对症治疗，可降低死亡率。

# 任务六　猪传染性胃肠炎

　　猪传染性胃肠炎(swine transmissible gastroenteritis)又称幼猪的胃肠炎，是由猪传染性胃肠炎病毒引起的猪的一种急性、高度接触性肠道传染病。临诊主要以呕吐、水样下痢、脱水为重要特征。该病可发生于各种年龄段的猪，但对仔猪的影响最为严重，10日龄以内的仔猪死亡率高达90%～100%，5周龄以上的猪感染后的死亡率较低。康复仔猪发育不良，生长迟缓；成年猪感染后几乎不会死亡，但严重影响猪的饲养效益。

## 一、病原

　　猪传染性胃肠炎病毒，属于冠状病毒科冠状病毒属，是单股RNA病毒。病毒粒子多呈圆形、椭圆形或多边形，病毒直径为90～200 nm，有囊膜，其表面有一层棒状纤突。

　　猪传染性胃肠炎病毒对外界环境抵抗力较强，但对光和高温敏感。粪便中的病毒在阳光下6 h失去活性，病毒细胞培养物在紫外线照射下30 min即可被灭活，56 ℃ 30 min、65 ℃ 10 min即可被杀死。病毒对乙醚和氯仿敏感，2%氢氧化钠溶液、0.5%苯酚溶液、1%～2%甲醛溶液也很容易杀死病毒。

## 二、诊断要点

### （一）流行病学

　　猪对传染性胃肠炎病毒最为易感，各种年龄的猪都可感染，而猪以外的动物如犬、猫、狐狸等不易感，但它们能带毒、排毒。

　　**1. 传染源**　病猪为本病的主要传染源，治愈后的猪只也可携带病毒。猪传染性胃肠炎病毒主要存在于猪扁桃体、小肠黏膜、肠道内容物以及肠系膜淋巴结等部位，可随粪便排出体外。

　　**2. 传播途径**　带毒猪或发病猪通过鼻内分泌物、粪便、乳汁、呕吐物等排出病毒，经消化道或呼吸道传播。密闭猪舍，饲养密度大、舍内湿度大的养猪场的传播、感染风险加大。另外，带毒的犬、猫、狐狸、苍蝇等也可排毒，机械地传播本病。

　　**3. 易感动物**　本病只侵害猪，各种年龄的猪均易感，6日龄至断奶后2周内的仔猪发病率较高，发病率和死亡率随日龄的增加而降低，育肥猪、种猪症状较轻，大多能自然康复。

　　本病的发生有季节性，从每年12月至次年的3月发病最多，夏季发病最少。新疫区呈流行性发生，几乎所有的猪都可发病；该病在老疫区具有地方性或周期性流行的特点，但老疫区的发病率和死亡率均低于新疫区。

### （二）临诊症状

　　猪传染性胃肠炎病毒潜伏期短，一般为1～2天，传播迅速，2～3天内可蔓延全群。仔猪突然发生短暂的呕吐，接着发生剧烈腹泻，粪便水样、恶臭，呈淡黄色、绿色或灰白色(图3-32)，粪便中常含有未消化的凝乳块和泡沫。病猪极度口渴，明显脱水，随病情的发展，病猪无法站立或走路时四肢摇晃，仔猪容易被母猪踩踏致死。病猪体重迅速减轻，日龄越小，病程越短，死亡率越高。病程较长的仔猪由于生长速度缓慢，会成为僵猪。

　　病猪病初有体温升高现象，腹泻后下降。断奶猪、育肥猪和种猪感染后发病较轻，稍有精神沉郁、食欲不振、呕吐(图3-33)、水样腹泻症状，粪便呈灰色或褐色，泌乳母猪可出现停乳现象，一般经3～7天康复，极少死亡。

### （三）病理变化

　　病死仔猪剖检后可见胃黏膜炎症，胃内有未消化的白色凝乳块，肠道内充满大量黄色液体，肠壁

*Note*

图 3-32　仔猪腹泻

图 3-33　病猪呕吐

肿胀,呈透明状,肠系膜充血(图 3-34)。胃底部黏膜潮红充血,有的病例有出血点、出血斑及溃疡灶(图 3-35)。小肠肠壁变薄、半透明,无弹性。组织学变化为病猪的回肠、空肠绒毛萎缩变短,有的脱落变平,绒毛长度和深度比为 1∶1(正常猪为 7∶1)。

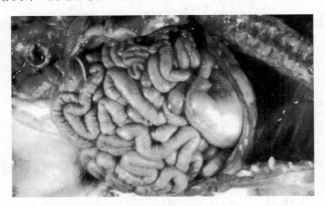

图 3-34　肠内充满气体或液体,胃充胀

图 3-35　胃底部黏膜潮红出血

### （四）诊断

根据流行病学特点、病猪发病症状和病理变化,可初步诊断为猪传染性胃肠炎,但在临床方面还需要与轮状病毒感染、仔猪白痢、仔猪伤寒、仔猪红痢等疾病进行区分,确诊需进行实验室诊断。取病猪的空肠、空肠内容物、肠系膜淋巴结及发病猪急性期和康复期的血清样品进行病原学和血清学诊断。血清学诊断有直接免疫荧光法、双抗体夹心酶联免疫吸附试验、血清中和试验和间接酶联免疫吸附试验等方法。

## 三、防治

### （一）预防

加强饲养管理,制定完善的动物防疫制度,并严格执行。不从疫区引种,以免病原传入。禁止外来人员进入猪圈,以防止引入本病。同时应注意猪圈的消毒和冬季保暖工作。可用猪传染性胃肠炎弱毒疫苗对母猪进行免疫接种,可使新生仔猪在出生后通过乳汁获得被动免疫。

### （二）治疗

猪传染性胃肠炎是由病毒引起的传染病,目前没有特效药物来治疗,猪群发病后采用的治疗原则为对症治疗,积极补充体液,以减轻脱水症状、防止酸中毒,可使用广谱抗生素来预防继发感染。病猪可采取对症疗法,新生仔猪可用康复猪的全血或高免血清治疗。

# 任务七　猪流行性腹泻

猪流行性腹泻是由猪流行性腹泻病毒引起的猪的一种急性、高度接触性肠道传染病。临诊主要特征为呕吐、下痢、脱水。本病的流行特点、临诊症状和病理变化等方面与猪传染性胃肠炎极为相似。但哺乳仔猪的死亡率较低，在猪群中的传播速度相对缓慢。

## 一、病原

猪流行性腹泻病毒属冠状病毒科冠状病毒属，病毒形态略呈球状，在粪便中的病毒粒子常呈多形态，有囊膜，大小为 95～190 nm。病毒对乙醚和氯仿敏感。本病毒对外界环境抵抗力弱，一般消毒剂都可将其杀灭。病毒在 60 ℃ 30 min 可失去感染力，在 50 ℃ 条件下相对稳定。病毒在 4 ℃、pH 5.0～9.0 或在 37 ℃、pH 6.5～7.5 时稳定。

## 二、诊断要点

### （一）流行病学

**1. 传染源**　病猪和带毒猪是主要的传染源，病毒存在于肠绒毛上皮和肠系膜淋巴结中，随粪便排出体外。

**2. 传播途径**　病毒污染环境、饲料、饮水和用具等，经消化道传播。

**3. 易感动物**　本病仅发生于猪，各种年龄的猪均易感染发病。哺乳仔猪和育肥猪发病率可达 100%，以哺乳仔猪发病最重。母猪发病率为 15%～90%。

本病呈地方流行性，有一定的季节性，主要在冬季多发。本病在猪体内可产生短时间的免疫记忆。常常是一头猪发病后，同圈或邻圈的猪在 1 周内相继发病，2～3 周临诊症状可缓解。

### （二）临诊症状

潜伏期一般为 5～8 天，表现为水样腹泻和呕吐，呕吐多发生于吃食或吃奶后。病猪体温正常或稍有升高，精神沉郁，食欲减退或废绝，仔猪常整窝发病；症状的轻重与日龄的大小有关，日龄越小，症状越重。7 日龄以内的仔猪发生腹泻后 3～4 天，出现严重的脱水而死亡，死亡率可达 50%～100%。断奶仔猪、母猪常出现精神萎靡、厌食和持续性腹泻，1 周后逐渐恢复正常；育肥猪在感染后发生腹泻，1 周后康复，死亡率为 1%～3%；成年猪仅表现精神沉郁、厌食、呕吐等临诊症状，如果没有继发其他疾病和护理不当，猪很少发生死亡。

### （三）病理变化

眼观病理变化仅限于小肠。小肠扩张，充满淡黄色液体，肠壁变薄，个别小肠黏膜有出血点，肠系膜淋巴结水肿，小肠绒毛变短，重症者萎缩，绒毛长度和深度比变为 2∶1 或 3∶1（正常猪为 7∶1）。主要病变在胃和小肠。仔猪胃肠膨胀，胃内容物呈鲜黄色，混有大量未消化乳白色凝乳块（图 3-36）或充满胆汁样的黄色液体。其他实质器官无明显病理变化。

图 3-36　胃内充满凝乳块

### （四）实验室诊断

本病在流行病学和临诊症状方面与猪传染性胃肠炎无显著差别，只是病死率比传染性胃肠炎稍低，在猪群中传播的速度也较缓慢，确诊要依靠实验室诊断。流行性腹泻与其他疾病的鉴别诊断见表 3-2。

表 3-2　流行性腹泻与其他疾病的鉴别诊断

| 项　　目 | 病　　原 | 发病年龄、死亡率 | 症状及病理变化 | 发病时间 |
|---|---|---|---|---|
| 猪传染性胃肠炎 | 猪传染性胃肠炎病毒 | 10 日龄以内仔猪发病多,死亡率高 | 腹泻,多见先呕吐后腹泻 | 多见于冬、春季 |
| 猪流行性腹泻 | 猪流行性腹泻病毒 | 5~8 周龄猪多发病,死亡率相对低 | 腹泻,多见采食后偶有呕吐 | 多见于冬季 |
| 仔猪白痢 | 大肠杆菌 | 主要是 10~20 日龄仔猪,断奶猪发病少,发病率高、死亡率较低 | 腹泻、粪便乳白色 | 一年四季均可发生,但以严冬、炎热及阴雨连绵季节发生较多 |
| 仔猪副伤寒 | 沙门氏菌 | 主要感染 2~4 月龄猪 | 食欲废绝、腹泻、粪便带血及假膜;慢性坏死性肠炎或急性败血症,脾大、坚硬 | 一年四季均可发生,多雨潮湿、寒冷、季节交替时发生率高 |
| 仔猪红痢 | 产气荚膜梭菌 | 多发于刚出生的仔猪,发病率和死亡率都较高 | 肠黏膜出血,外呈红色,坏死性肠炎 | 一年四季都可发生,与环境有关 |

实验室诊断时取病猪粪便,或取病猪小肠组织黏膜或肠内容物触片,或取病猪小肠做冰冻切片或肠抹片,风干后丙酮固定,加荧光抗体染色、镜检,细胞内有荧光颗粒者为阳性。

### 三、防治

#### (一)预防

该病主要采用疫苗接种预防,用猪流行性腹泻氢氧化铝灭活疫苗或猪传染性胃肠炎-流行性腹泻二联细胞灭活疫苗对母猪进行免疫接种,能有效预防本病。

#### (二)治疗

本病目前尚无特效药物和疗法,主要通过隔离消毒、加强饲养管理、减少人员流动、采取全进全出等措施进行预防和控制。注意要为发病猪群提供足够的清洁饮水,患病母猪常出现乳汁缺乏,应为初生仔猪提供代乳品。

# 任务八　猪细小病毒病

猪细小病毒病是由猪细小病毒引起的母猪繁殖障碍的一种传染病。临诊主要表现为胚胎和胎儿的感染和死亡,特别是初产母猪产出死胎、畸形胎和木乃伊胎及病弱仔猪,偶有流产,但母猪本身无明显的症状。

### 一、病原

猪细小病毒属于细小病毒科细小病毒属,是单股 DNA 病毒,呈圆形或六角形,无囊膜,直径为20 nm,二十面体对称。病毒在细胞中可形成核内包涵体,能凝集人、猴、豚鼠、小鼠和鸡等动物的红细胞,可通过血凝和血凝抑制试验检测该病毒及抗体。病毒对热和消毒剂的抵抗力很强,能耐受 56 ℃ 48 h、70 ℃ 2 h、80 ℃ 5 min;0.3% 次氯酸钠溶液数分钟内可杀灭该病毒。对乙醚、氯仿不敏感,pH 适应范围广。

## 二、诊断要点

### （一）流行病学

该病目前遍布全世界，在我国也造成了巨大的经济损失，一般呈地方流行性或散发。

**1. 传染源**　传染源主要是病猪和带毒猪。病毒可通过胎盘传给胎儿，感染母猪所产胎儿和子宫分泌物中含有高滴度的病毒，可污染食物、猪舍内外环境。

**2. 传播途径**　经呼吸道和消化道引起健康猪感染。感染的公猪在精细胞、精索、附睾和副性腺中都含有病毒，在配种时可传染给母猪。

**3. 易感动物**　猪是本病唯一的易感动物，不同年龄、性别的家猪和野猪都可感染。常见于初产母猪，发生本病后，猪场可连续几年不断地出现母猪繁殖失败现象。

### （二）临诊症状

母猪不同孕期感染，临诊症状不同。妊娠 30 天前感染时，多因胚胎死亡而被母体吸收，使母猪不孕或不规则地反复发情；妊娠 30～50 天感染时，主要是产木乃伊胎（图 3-37）；妊娠 50～60 天感染时，多出现死胎；妊娠 60～70 天感染时，母猪则常表现出流产症状（图 3-38）；妊娠 70 天后感染时，大多数胎儿能存活，但这些仔猪常带有抗体和病毒。此外，本病还可引起母猪产仔弱小、产仔数少和久配不孕等症状。对公猪的受精率或性欲没有明显影响。

图 3-37　死胎及木乃伊胎

图 3-38　母猪流产

### （三）病理变化

母猪子宫内膜有轻微炎症，胎盘有部分钙化，胎儿在子宫内有被溶解、吸收的现象。感染胎儿还可见充血、水肿、出血、体腔积液、脱水（木乃伊化）及坏死等病理变化（图 3-39、图 3-40）。

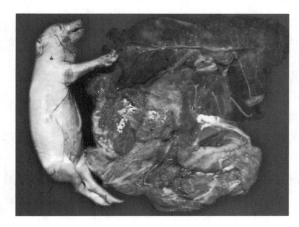

图 3-39　胎儿体腔积液

图 3-40　胎儿溶解

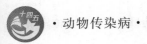

**（四）实验室诊断**

根据该病流行病学、临诊症状和剖检变化等可以做出初步诊断,但注意与猪繁殖与呼吸综合征、猪流行性乙型脑炎、猪伪狂犬病、猪布鲁氏杆菌病、猪瘟和猪钩端螺旋体病等进行区别。确诊必须进行实验室检查。取死胎的淋巴组织、肾脏或胎液触片,再以荧光抗体检查病毒抗原;也可用血凝抑制试验检查受感染猪血清中的抗体。

### 三、防治

本病尚无有效的治疗方法,要采取以下措施进行防治。

**（一）预防**

防止本病传入猪场,引进种猪时应隔离饲养 2 周后,再做血凝抑制试验,阴性者方可引入、混饲。最有效的预防方法是免疫接种,我国现有猪细小病毒灭活疫苗和弱毒疫苗,预防效果良好。常用灭活疫苗进行免疫接种,后备母猪和公猪在配种前 1~2 个月进行首次免疫,1 周后进行二次免疫。

**（二）治疗**

发病时应隔离或淘汰发病猪。对猪圈及用具等进行严格的消毒,并用血清学方法对全群猪进行检查,阳性猪应淘汰,以防止疫情的扩散。

# 任务九　猪水疱病

猪水疱病(swine vesicular disease,SVD)是由肠道病毒属的病毒引起的一种急性、热性、接触性传染病。该病 1966 年在意大利被报道,具有流行性强、发病率高的特点,临诊以蹄部、口部、鼻端和腹部、乳头周围皮肤发生水疱为特征。临诊上与口蹄疫极为相似,但牛、羊等家畜不发病;与水疱性口炎也相似,但马却不发病。

### 一、病原

本病病原为猪水疱病病毒,属于小 RNA 病毒科肠道病毒属。病毒粒子呈球状,无囊膜,大小为 22~30 nm,病毒的衣壳呈二十面体对称,核酸类型为单股正链 RNA。病毒不能凝集红细胞,对乙醚不敏感。病毒对外界环境和消毒剂有较强抵抗力,但对热敏感,在 60 ℃ 30 min 和 80 ℃ 1 min 即可灭活,在低温下可长期保存。3%氢氧化钠溶液在 33 ℃条件下 24 h 能杀死水疱中的病毒,1%过氧乙酸溶液 60 min 可杀死该病毒。消毒剂以 5%氨水效果较好。病毒在污染猪圈内能存活 8 周以上,病猪的肌肉、皮肤、肾脏保存于−20 ℃经 11 个月,病毒滴度未见显著下降。

### 二、诊断要点

**（一）流行病学**

**1. 传染源**　病猪和带毒猪是本病的主要传染源,主要通过粪便、水疱液、乳汁等排出病毒。牛、羊接触本病毒虽然不发病,但牛可以短期带毒,也可传播本病。

**2. 传播途径**　主要通过消化道接触污染的饲料、饮水等感染。

**3. 易感动物**　在各种家畜中,自然感染中只有猪可感染发病,其他动物不发病,猪易感性无年龄、性别和品种的差异。

本病一年四季都可发生,在高密度饲养的猪场和调运频繁的地区,极易造成流行。分散饲养的农村和家户,少见发生和流行。

**（二）临诊症状**

该病毒潜伏期为 2~5 天或更长,根据临诊症状可分为典型型、温和型和隐性型。

**1. 典型型**　主要症状是在蹄冠、蹄叉、蹄踵或副蹄出现水疱和溃烂(图 3-41),也可见于鼻盘、舌、吻突和母猪的乳头上(图3-42),初期病变部皮肤呈苍白色肿胀,36～48 h出现充满液体的水疱,很快破裂,但有时维持数天,水疱破裂后形成溃疡,呈鲜红色,常常环绕蹄冠皮肤与蹄壳之间。病变严重时蹄壳脱落,部分病猪因细菌继发感染而形成化脓性溃疡。病猪跛行,呈犬坐状或爬行,体温升高至40～42 ℃,精神沉郁,食欲减退或废绝,水疱破裂后体温下降至正常。在一般情况下,成年猪患此病很少死亡,初生仔猪患此病可死亡。

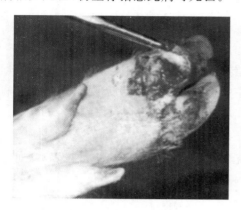 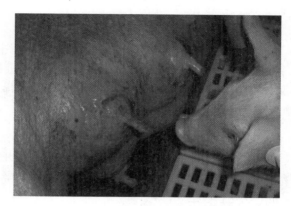

图3-41　病猪蹄叉、蹄踵部溃烂　　　　　图3-42　猪乳房及吻突出现水疱

**2. 温和型**　个别病猪出现水疱,传播缓慢,症状轻微,往往不易被发现。

**3. 隐性型**　不表现出临诊症状,但可排毒,造成其他猪感染。水疱出现后,个别病猪出现中枢神经系统紊乱的症状,表现为前冲、转圈,用鼻摩擦或咬啃猪圈用具,眼球转动,有时出现强直性痉挛。

### (三)病理变化

病猪水疱破裂后水疱皮脱落,暴露出的创面有出血和溃疡。个别病例在心内膜有条状出血斑,其他内脏器官未可见明显病变。

### (四)实验室诊断

因该病与猪口蹄疫、猪水疱病和水疱性口炎等的临诊症状和剖检变化相似,很难确诊,与猪口蹄疫的区分更加困难(表3-3)。确诊应立即采取病料样品进行实验室诊断。常用的实验室诊断方法如下。

表3-3　猪口蹄疫与猪水疱病的临诊鉴别

| 项　　目 | 猪 口 蹄 疫 | 猪 水 疱 病 |
|---|---|---|
| 病原 | 猪口蹄疫病毒 | 猪水疱病病毒 |
| 流行方式 | 多见发热,易大流行 | 一般不发热,多见散发 |
| 发病率和死亡率 | 成年猪病死率低,仔猪病死率高 | 多见良性经过,死亡率低 |
| 发病部位 | 口、蹄部、乳房 | 口、蹄部、乳房 |
| 病变 | 水疱创面呈红色,心肌松软,心肌切面有灰白色或淡黄色的条纹,即虎斑心 | 水疱创面呈白色 |
| 发病对象 | 猪、牛、羊等偶蹄兽 | 仅感染猪,多见于规模化猪场 |

**1. 生物学诊断**　将病料分别接种于出生1～2天和7～9天乳小鼠,如两组乳小鼠均死亡者为猪口蹄疫;出生1～2天乳小鼠死亡,而7～9天乳小鼠不死亡者,为猪水疱病。病料经pH 3～5缓冲液处理后,接种于出生1～2天乳小鼠,死亡者为猪水疱病,反之则为猪口蹄疫。

**2. 反向间接血凝试验**　用口蹄疫A、O、C型的豚鼠高免血清与猪水疱病高免血清抗体球蛋白致敏,用1%戊二醛或甲醛溶液固定的绵羊红细胞,制备抗体致敏红细胞与不同稀释程度的待检抗原,进行反向间接血凝实验,可在2～7 h快速诊断猪水疱病和猪口蹄疫。

**3. 补体结合试验**　用豚鼠制备的诊断血清与待检病料进行补体结合试验,可用于猪水疱病和猪口蹄疫的鉴别诊断。

**4. 荧光抗体试验**　用直接和间接荧光抗体实验,可检出病猪淋巴结冰冻切片和涂片中的感染细胞,也可检出水疱和肌肉中的病毒。

此外,中和试验、酶联免疫吸附试验等也常用于猪水疱病的诊断中。

### 三、防治

#### (一)预防

防止本病传入是最重要的措施。因此,在引进猪和猪产品时,必须严格免疫,做好日常消毒工作,猪圈、运输工具等可用有效消毒剂进行定期消毒。在本病常发地区进行免疫预防,用猪水疱病高免血清或健康血清免疫有良好效果。

#### (二)治疗

本病为一类动物疫病,发病后,应对病猪扑杀并进行无害化处理。对可疑病猪进行隔离,对污染的场所要严格消毒,对粪便、垫草等要进行堆积发酵消毒,疫区实行封控。

### 四、公共卫生

猪水疱病可感染人,常发生于与病猪接触的人或从事本病研究的人员。从感染后有不同程度的神经系统损害,因此饲养人员和实验人员均应小心处理这种病毒和病猪,加强自身防护,以免受到感染。

# 项目七　猪细菌性传染病

　　当前养猪过程中继发性的细菌性疾病,如胸膜肺炎放线杆菌、副猪嗜血杆菌等引起的猪急性发病死亡,给养猪业带来了巨大损失;产毒素多杀性巴氏杆菌和支气管败血波氏杆菌等引起的慢性呼吸道传染病也给养猪业造成了较大的损失。在消化系统传染病中,由产气荚膜梭菌引起的猪梭菌性肠炎时有散发。由此可见,细菌性传染病对养猪业的危害越来越严重,细菌病与饲养管理、环境条件、卫生状况等因素的关系比病毒病更密切,易出现继发或混合感染。因此,增加对猪常见细菌性传染病的了解,减少疾病发生,对猪场的整体防疫至关重要。

**学习目标**

　　▲**知识目标**

　　1. 掌握猪丹毒、猪传染性胸膜肺炎、猪传染性萎缩性鼻炎、猪增生性肠炎、副猪嗜血杆菌病的诊断与综合防治要点。

　　2. 掌握副猪嗜血杆菌与链球菌、猪增生性肠炎、猪梭菌性肠炎与猪痢疾的鉴别诊断。

　　▲**技能目标**

　　1. 能利用所学知识和技能对猪主要传染病做出初步诊断和采取防治措施。

　　2. 掌握猪传染性胸膜肺炎微生物学检测技术。

　　▲**思政与素质目标**

　　1. 增强学生对猪细菌性传染病的预防意识,培养学生科学采取预防措施的思维模式。

　　2. 培养学生的辩证思维能力及团结协作能力。

扫码看课件

7-1

# 任务一　猪　丹　毒

　　猪丹毒也叫"钻石皮肤病"或"红热病",是由红斑丹毒丝菌引起的一种急性、热性传染病,也是一种人畜共患传染病。根据临诊症状分为急性败血症型、亚急性疹块型和慢性型。

　　**一、病原**

　　病原为红斑丹毒丝菌,俗称猪丹毒杆菌,是一种革兰氏阳性纤细的小杆菌,不运动,不产生芽孢,无荚膜。该菌为微需氧菌,在血琼脂或血清琼脂上生长较佳。目前已确认有 25 个血清型(即 1a、1b、2～22、N 型),我国主要为 1a 和 2 型。

　　该菌对盐腌、烟熏、干燥、腐败和日光等自然因素的抵抗力较强。在砌制或熏制的肉内能存活 3～4 个月,在土壤中能存活 35 天,在肝、脾中 4 ℃下保存 159 天,仍有毒力;露天放置 77 天的肝脏,深

*Note*

埋 1.5 m 经 231 天的尸体中仍有活菌。该菌在消毒剂如 2% 福尔马林溶液、1% 漂白粉溶液、1% 氢氧化钠溶液或 5% 石灰乳中很快死亡，但对苯酚的抵抗力较强（在 0.5% 苯酚溶液中可存活 99 天），对热和直射光较敏感，70 ℃经 5～15 min 可完全被杀死。

一般而言，猪丹毒杆菌对青霉素最敏感，对链霉素中度敏感，而对磺胺类、卡那霉素、新霉素有抵抗力，但其具体的抗药性因地区不同而异。

## 二、诊断要点

### （一）流行特点

该病在北方地区具有明显的季节性：以 7—9 月的夏秋季节为多发季节，其他月份则零散发生；在气温偏高并且四季气温变化不大的地区，发病则无季节性。环境条件改变和一些应激因素，如饲料突然改变、气温变化、疲劳等，都能诱发该病。我国是猪丹毒流行较广泛的国家之一。

**1. 传染源**　病猪和带菌猪是该病的主要传染源，健康猪的扁桃体和其他淋巴结组织中常存在此菌。病猪、带菌猪以及其他带菌动物排出菌体污染饲料、饮水、土壤、用具和场舍等，经消化道传染给易感猪。

**2. 传播途径**　易感猪主要经消化道和皮肤创伤感染发病，也可以通过蚊、羌虫、虱等吸血昆虫感染该病。猪主要是通过被污染的饲料、饮水等经消化道感染，还可通过拱食土壤感染。蚊虫是猪丹毒的一种传播媒介，经研究发现，蚊虫吮吸病猪的血液后，蚊虫体内也会带有猪丹毒杆菌。

**3. 易感动物**　主要感染猪，各种年龄和品种的猪均易感，主要见于育成猪或架子猪，随着年龄的增长，易感性逐渐降低。其他家畜如牛、羊、犬、马以及禽类包括鸡、鸭、鹅、火鸡、鸽、麻雀、孔雀等也有病例报告。35%～50% 健康猪为带菌状态，当猪体受多种因素的影响使其抵抗力减弱或细菌的毒力突然增强，也会引起内源性感染发病，导致该病的暴发流行。母猪在妊娠期间感染极易造成流产。

### （二）临诊症状

人工感染的潜伏期为 3～5 天，个别为 1 天，长的可延长至 7 天，根据临诊表现可分为以下 3 个型。

**1. 急性败血症型**　在流行初期，有一只猪或数只猪不表现任何症状而突然死亡，接着其他猪相继发病，病猪体温升高达 42～43 ℃或更高。病猪精神沉郁，不愿走动，一旦唤起，行走时步态僵硬或跛行，似有疼痛，站立时背腰拱起。饮水和摄食量明显下降，有时呕吐；结膜充血；粪便干硬呈板栗状，附有黏液，有的后期发生腹泻。严重的病猪呼吸增快，黏膜发绀。部分病猪皮肤潮红，继而发紫。以耳、颈、背等部位较为多见。病程为 3～4 天，病死率 80% 左右，不死者转为亚急性疹块型或慢性型。

哺乳仔猪和刚断奶的小猪，一般突然发病，表现出神经症状：抽搐，倒地而死，病程多不超过 1 天。

**2. 亚急性疹块型**　俗称"打火印"或"鬼打印"，其特征是皮肤表面出现疹块（图 3-43）。病猪病初少食、口渴、便秘，体温升高至 41 ℃以上；通常于发病后 2～3 天在胸腹、背、肩、四肢等部的皮肤发生疹块，呈方块形、菱形，偶或圆形，稍突起于皮肤表面，大小为 1 厘米至数厘米，从几个到几十个不等。初期疹块充血，指压褪色，后期淤血，紫蓝色，压之不褪。疹块发生后，体温开始下降，病势减轻，经数日至月余，病猪可能康复。若病势较重或长期不愈，则有部分或大部分皮肤坏死，久而变成革样痂皮。也有不少病猪在发病过程中症状恶化而转变为败血型而死，病程为 1～2 周。

**3. 慢性型**　多由急性败血症型和亚急性疹块型转变而来，主要表现为慢性疣状心内膜炎、皮肤坏死和浆液性纤维素性关节炎。皮肤坏死一般单独发生，而浆液性纤维素性关节炎和慢性疣状心内膜炎往往在一只病猪身上同时存在。

（1）慢性疣状心内膜炎：病猪体温正常或稍高，消瘦，贫血，食欲不定，喜卧伏，不愿走动。强迫其行走，则举步缓慢，全身摇晃，被毛无光，膘情下降。有轻度咳嗽，呼吸快而短促；听诊时有心杂音、心律不齐、心动过速;可视黏膜呈紫色,四肢和胸部有水肿。通常由于心脏停搏而突然倒地死亡。

（2）浆液性纤维素性关节炎:主要表现为四肢关节(腕关节较膝关节为常见)的炎性肿胀,可能包括一只或多只腿,通常发生于较低的关节,但任何关节都可被影响。初始时,关节肿胀,有热痛。后期病腿僵硬,疼痛,行动困难。以后急性症状消失,而以关节变形为主,呈现一肢或两肢的跛行或卧地不起。病猪食欲如常,但生长缓慢,体质虚弱,消瘦,病程数周至数月。

（3）皮肤坏死:多是由细菌的繁殖阻塞了皮下的毛细血管,引起血液循环障碍所致,在背、肩、耳、蹄和尾部等处可见。局部皮肤肿胀、隆起、坏死、色黑、干硬、似皮革,逐渐与其下层新生组织分离,犹如一层铠甲。坏死区有时范围很大,可以占整个背部皮肤;有时可在部分耳尖、尾巴末端和蹄部发生坏死。经两三个月坏死皮肤脱落,遗留一片无毛、色淡的瘢痕而愈(图 3-44)。如有继发感染,则病情复杂,病程延长。

图 3-43 猪皮肤表面出现疹块

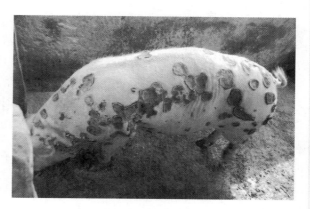

图 3-44 皮肤形成痂皮

### （三）病理变化

**1. 急性败血症型**　以急性败血症的全身变化和体表皮肤出现红斑为特征。鼻、唇、耳及腿内侧等处皮肤和可视黏膜呈不同程度的紫红色,全身淋巴结发红、肿大、切面多汁,呈浆液性出血性炎症,肝充血,心内外膜小点状出血,肺充血、水肿。脾樱红色,充血、肿大,有"白髓周围红晕"现象。肾常发生急性出血性肾小球炎,体积增大,呈弥漫性暗红色,有大红肾之称,纵切面皮质部有小红点,这是肾小囊积聚大量出血性渗出物造成的;肝充血,心内外膜小点状出血;肺充血,水肿;消化道有卡他性或出血性炎症。胃底及幽门部尤其严重,黏膜发生弥漫性出血。十二指肠及空肠前部发生出血性炎症。

**2. 亚急性疹块型**　以皮肤(颈、背、腹侧部)疹块为特征。疹块内血管扩张,皮肤和皮下结缔组织水肿浸润,有时有小出血点,亚急性疹块型猪丹毒内脏的变化比急性败血症型轻缓。

**3. 慢性型**　慢性型关节炎是一种多发性增生性关节炎,关节肿胀,有大量浆液性纤维素性渗出液,黏稠或带红色。后期滑膜绒毛增生肥厚。慢性心内膜炎常为溃疡性或"花椰菜"样疣状赘生性心内膜炎,出现于一个或数个瓣膜,多见于二尖瓣膜。它是由肉芽组织和纤维素性凝块组成的。

### （四）诊断

该病可根据流行病学、临诊症状及尸体剖检等资料进行综合分析做出诊断,特别是当病猪皮肤呈典型病理变化时。现场诊断猪丹毒是容易的,必要时进行血清学试验和病原学检测等。

**1. 病原学诊断**　急性败血症型病例采集其耳静脉血,死后取心血和脾、肝、肾、淋巴结等。亚急性疹块型可采集血液、脏器或疹块皮肤制成触片或抹片,染色镜检,如发现革兰氏阳性纤细杆菌,可做初步诊断。确诊将新鲜病料接种于血琼脂,培养 48 h 后,长出小菌落,表面光滑,边缘整齐,有蓝绿色荧光。明胶穿刺呈试管刷状生长,不液化。还可将病料制成乳剂,分别接种于小鼠、鸽和豚鼠,如小鼠和鸽死亡,尸体内可检出该菌,而豚鼠无反应,可确诊为该病。

**2. 血清学试验**　主要应用于流行病学调查和鉴别诊断,目前常用的方法有血清培养凝集试验,

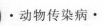
可用于血清抗体检测和免疫水平评价;SPA 协同凝集试验,可用于该菌的鉴别和菌株分型;琼脂扩散试验也可用于菌株血清型鉴定;免疫荧光抗体技术可用于快速诊断,直接检查病料中的猪丹毒杆菌,注意应与李氏杆菌的鉴别。

**3. PCR 检测**　对可疑的菌落可以用 PCR 进行检测,该方法特异性高,快速简便。

**4. 免疫荧光抗体试验**　免疫荧光抗体技术诊断猪丹毒是一种特异、快速和敏感的方法。

### 三、防治

#### （一）预防

预防接种是防治该病最有效的办法。每年春秋或冬夏二季定期进行预防注射,仔猪免疫因可能受到母源抗体干扰,应于断奶后进行,以后每隔 6 个月免疫 1 次。

#### （二）治疗

发病初期可皮下或耳静脉注射抗猪丹毒血清,效果良好。在发病后 24～36 h 用抗生素治疗也有显著疗效。首选药物为青霉素,不宜停药过早,以防复发或转为慢性。

平时应搞好猪圈和环境卫生,地面及饲养管理用具经常用热碱水或石灰乳等消毒剂消毒。猪粪、垫草集中堆肥。对发病猪群应及早确诊,及时隔离病猪;对病死猪及内脏等下水进行高温处理;控制猪场内及周边鼠类、猫、犬等;尽量不从外地引进新猪,新购进猪必须观察 30 天;慢性型病猪应及早淘汰。

### 四、公共卫生

人在皮肤损伤时如果接触猪丹毒杆菌易被感染,所致的疾病称为"类丹毒"。感染部位多发生于指部或手部,感染 3 天后,感染部位肿胀发硬、暗红、灼热、疼痛,但不化脓,肿胀可向周围扩大,甚至波及手的全部。常伴有腋窝淋巴结肿胀,间或发生败血症、关节炎和心内膜炎,甚至肢端坏死。类丹毒是一种职业病,多发生于兽医、屠宰加工人员及渔民。因此,在处理和加工操作中,必须注意防护和消毒,以免感染。

# 任务二　猪传染性胸膜肺炎

猪传染性胸膜肺炎是由胸膜肺炎放线杆菌引起的一种接触性急性呼吸道传染病,以急性出血性纤维素性肺炎和慢性纤维素性坏死性胸膜炎为主要特征,多呈最急性或急性病程而迅速致死,慢性者通常能耐受,可发生于任何年龄的猪,但以 3 月龄仔猪最易感。该病被国际公认为是危害现代养猪业的重要传染病。

### 一、病原

病原为胸膜肺炎放线杆菌,该菌为革兰氏阴性的小球杆状菌或纤细的小杆菌,有的呈丝状,并可表现为多形态性和两极着色性。有荚膜,无芽孢,兼性厌氧菌,无运动性,有的菌株具有周身性纤细的菌毛。在含 V 因子的培养基或巧克力琼脂上生长良好。

目前已报道的有 15 个血清型,各血清型具有特异性,其血清型特异性取决于荚膜多糖(CP)和菌体脂多糖(LPS)。根据 NAD(烟酰胺腺嘌呤二核苷酸,又称 V 因子)的依赖性可把 15 个血清型分为两个生物型。生物 I 型为 NAD 依赖型菌株,包括血清 1～12 型和 15 型;生物 II 型为 NAD 非依赖型,但需要有特定的嘌呤核苷酸或其前产物以辅助生长,包括血清 13、14 型。生物 I 型菌株毒力强,危害大。生物 II 型菌株可引起慢性坏死性胸膜肺炎,从猪体内分离到的常为生物 II 型。我国流行的主要以血清 7 型为主,其次为血清 2、4、5、10 型。

## 二、诊断要点

### （一）流行特点

该病的发生具有明显的季节性，多发生于 4—5 月和 9—11 月。饲养环境突然改变、猪群的转移或混群、拥挤或长途运输、通风不良、湿度过高、维生素 E 缺乏、气温骤变等应激因素，均可引起该病发生或加速疾病传播，使发病率和死亡率增高。

胸膜肺炎放线杆菌是对猪有高度宿主特异性的呼吸道寄生物，急性感染不仅可在肺部病理变化和血液中见到，而且在鼻液中也有大量细菌存在。该病的发生多呈最急性型或急性型，病程短、迅速死亡。猪群规模越大，发病危险亦越大。急性型暴发猪群，发病率和死亡率一般为 50% 左右，最急性型的死亡率可达 80%～100%。

**1. 传染源** 病猪和带菌猪是该病的传染源。种公猪和慢性感染猪在传播该病中起着十分重要的作用。

**2. 传播途径** 猪传染性胸膜肺炎主要通过空气飞沫传播，感染猪的鼻分泌物、扁桃体、支气管和肺脏等部位是病原存在的主要场所。病原随呼吸、咳嗽、打喷嚏等途径排出后形成飞沫，通过直接接触而经呼吸道传播。也可通过被病原污染的车辆、器具以及饲养人员的衣物等而间接接触传播，小啮齿类动物和鸟也可能传播该病。

**3. 易感动物** 各种年龄、性别的猪都有易感性，其中 6 周龄至 6 月龄的猪较多发，但以 3 月龄仔猪最为易感。

### （二）临诊症状

通常人工接种感染的潜伏期为 1～12 h，自然感染的潜伏期快者为 1～2 天，慢者为 1～7 天。这主要与猪的免疫状态、应激程度、环境状况和病原毒力及其感染量相关。死亡率随毒力和环境而有差异，但一般较高。根据病猪的临床经过不同，一般可将之分为最急性型、急性型、慢性型和亚急性型。

**1. 最急性型** 发病突然，病程短、死亡快。一般一只或几只猪突然发病，体温升高至 41～42 ℃，心率增加，精神极度沉郁，食欲废绝。出现短期的腹泻和呕吐症状，早期病猪无明显的呼吸道症状。后期心力衰竭，鼻、耳、眼及后躯皮肤发绀，晚期呼吸极度困难，常呆立或呈犬坐姿势，张口伸舌，咳喘，并有腹式呼吸。临死前体温下降，严重者从口鼻流出泡沫血性分泌物。初生猪则为败血症致死。病猪于出现临诊症状后 24～36 h 死亡。有的病例见不到任何临诊症状而突然死亡。

**2. 急性型** 发病较急，有较多的猪同时受侵。病猪体温升至 40～41.5 ℃，精神不振，食欲减退，有明显的呼吸困难、咳嗽、张口呼吸等较严重的呼吸障碍症状。如不治疗，常于 1～2 天窒息死亡。病猪多卧地不起，常呈现犬卧或犬坐姿势，全身皮肤淤血呈暗红色。有的病猪还从鼻孔中流出大量的血色样分泌物，污染鼻孔及口部周围的皮肤。治疗及时，症状较快缓和，4 天以上可逐渐康复或转为慢性。此时病猪体温不高，发生间歇性咳嗽，生长迟缓。

**3. 慢性型和亚急性型** 多于急性型后期出现。病猪轻度发热或不发热，体温在 39.5～40 ℃ 之间，精神不振，食欲减退，有不同程度的自发性或间歇性咳嗽，呼吸异常，生长迟缓。病程几天至 1 周不等；并常因其他微生物（如肺炎支原体、巴氏杆菌等）的继发感染而使呼吸障碍表现明显，病程恶化，病死率明显增加。

### （三）病理变化

主要病变存在于肺和呼吸道内。肺呈紫红色，肺炎多是双侧性的，并多在肺的心叶、尖叶和膈叶出现病灶，其与正常组织界线分明。

**1. 最急性型** 病死猪剖检可见气管和支气管内充满泡沫状带血的分泌物。肺充血、出血和血管内有纤维素性血栓形成。肺泡与间质水肿，肺的前下部有炎症出现。

**2. 急性型** 急性期死亡的猪可见到明显的剖检病变。喉头充满血样液体，双侧性肺炎。常在心叶、尖叶和膈叶出现病灶,病灶区呈紫红色,坚实,轮廓清晰,肺间质积留血色胶样液体。随着病程的发展,纤维素性胸膜肺炎蔓延至整个肺脏。

**3. 亚急性型** 肺脏可能出现大的干酪样病灶或空洞(图 3-45),空洞内可见坏死碎屑。如继发细菌感染,则肺炎病灶转变为脓肿,致使肺脏与胸膜发生纤维素性粘连。

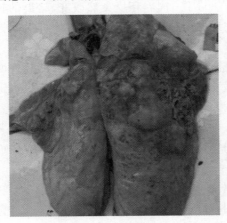

图 3-45 肺脏出现干酪样病灶

**4. 慢性型** 肺脏上可见大小不等的结节(结节常发生于膈叶),结节周围包裹较厚的结缔组织,结节有的在肺内部,有的突出于肺表面,并在其上有纤维素附着而与胸壁或心包粘连或与肺粘连,心包内可见到出血点。

**(四)诊断**

根据流行特点和临诊症状可做出初步诊断。确诊要对可疑的病例进行实验室检查。

**1. 血清学诊断** 包括补体结合试验、2-巯基乙醇试管凝集试验、乳胶凝集试验、琼脂扩散试验和酶联免疫吸附试验等方法。

**2. 分子生物学诊断** 可采用 DNA 探针或 PCR 技术检测细菌核酸。

## 三、防治

### (一)预防

由于该菌血清型多达 15 种,不同血清型菌株之间交叉免疫性又不强,因此灭活疫苗主要通过当地分离的菌株制备而成。对母猪和 2~3 月龄猪进行免疫接种,能有效控制该病的发生。各种亚单位疫苗成分不尽相同,一般是以胸膜肺炎放线杆菌外毒素为主要成分,辅以外膜蛋白或转铁蛋白等各种毒力因子,保护效果不一。此外,无病猪场应防止引进带菌株,在引进前应用血清学试验进行检疫。对感染猪场的猪应逐只进行血清学检查,清除血清阳性带菌猪,并结合药物防治的方法来控制该病。

### (二)治疗

对该病采取早期治疗是提高疗效的重要条件。常用有效的治疗药物有青霉素、卡那霉素、土霉素、四环素、链霉素及磺胺类药物等;用药的基本原则是肌内或皮下大剂量注射,并重复给药。

# 任务三 猪传染性萎缩性鼻炎

猪传染性萎缩性鼻炎是由支气管败血波氏杆菌和产毒素多杀性巴氏杆菌引起的猪的一种慢性呼吸道传染病。主要特征为猪鼻甲骨萎缩,鼻部变形及生长迟缓。该病会使猪的饲料转化率降低,同时由于病原感染损害猪呼吸道的正常结构和功能,使猪体抵抗力降低,极易感染其他病原,引起呼吸系统综合征,增高猪的死淘率。

## 一、病原

支气管败血波氏杆菌为革兰氏染色阴性球状杆菌,散在或成对排列,偶见短链。不能产生芽孢,有周鞭毛,能运动,有两极着色的特点。为需氧菌,最适生长温度为 35~37 ℃,培养基中加入血液或血清有助于此菌生长。

引起猪传染性萎缩性鼻炎的多杀性巴氏杆菌,绝大多数属于 D 型,能产生一种耐热的外毒素,毒力较强,可致豚鼠皮肤坏死及小鼠死亡。用此毒素接种猪,可复制出典型的猪萎缩性鼻炎(AR)。少数属于 A 型,多为弱毒株,不同型毒株的毒素有抗原交叉性,其抗毒素也有交叉保护性。

该菌对外界环境的抵抗力不强,一般消毒剂均可杀死该菌。在 58 ℃液体中,15 min 可将其杀灭。

## 二、诊断要点

### (一)流行特点

该病在猪群中传播速度较慢,多为散发或呈地方流行性。猪年龄越小感染率越高,临诊症状越严重。饲养管理条件不好,猪圈潮湿,寒冷,通风不良,猪只饲养密度大、拥挤、缺乏运动,饲料单纯及缺乏钙、磷等矿物质等,常易诱发该病,加速疾病的演变过程。

**1. 传染源** 病猪和带菌猪是主要传染源。

**2. 传播途径** 该菌存在于上呼吸道,主要通过飞沫传播,经呼吸道感染。该病的发生多数是由有病的母猪或带菌猪传染给仔猪的。不同月龄猪只混群,再通过水平传播,扩大到全群。昆虫、污染物品及饲养管理人员,在传播上也起一定作用。

**3. 易感动物** 各种年龄的猪都可感染,最常见于 2~5 月龄的猪。在出生后几天至数周的仔猪感染时,发生鼻炎后多能引起鼻甲骨萎缩;年龄较大的猪感染时,可能不发生或只产生轻微的鼻甲骨萎缩,但是一般表现为鼻炎症状,症状消退后成为带菌猪。其他动物,如牛、兔、犬、猫、鸡、马也可以感染。

### (二)临诊症状

受感染的仔猪出现鼻炎症状,打喷嚏,呈连续或断续性发生,呼吸有鼾声。猪只常因鼻类黏膜刺激表现为不安定,用前肢搔抓鼻部,鼻端拱地,在猪圈墙壁、食槽边缘摩擦鼻部,并可留下血迹;从鼻部流出分泌物,分泌物先是透明黏液样,继之为黏液或脓性物,甚至流出血样分泌物,引起不同程度的鼻出血。

鼻炎使鼻泪管阻塞,引起病猪的眼结膜发炎,使泪液分泌增加。泪水与尘土沾积,在眼眶下形成半月形的泪痕湿润区,呈褐色或黑色斑痕,称为泪斑。继鼻炎后而出现鼻甲骨萎缩,致使鼻腔和面部变形,是该病的特征症状。若两侧鼻甲骨病损相同,外观上可见猪鼻短缩;若一侧鼻甲骨萎缩严重,则使鼻弯向一侧(图 3-46)。感染时猪年龄越小,发生鼻甲骨萎缩的越多,也越严重。体温一般正常,病猪生长停滞,难以肥育,有的成为僵猪。此外,如伴发其他呼吸道传染病如支原体病、猪繁殖与呼吸综合征或猪嗜血杆菌病等可加重病情,严重的可导致死亡。

图 3-46 发病猪鼻子歪向一侧

### (三)病理变化

病变局限于鼻腔和邻近组织,最特征的变化是鼻腔软骨组织和骨组织的软化和萎缩,主要是鼻甲骨萎缩,特别是鼻甲骨的下卷曲最为常见,有时上下卷曲都呈现萎缩状态。严重病例,鼻甲骨完全

139

消失,鼻中隔偏曲或消失,鼻腔变成为一个鼻道。鼻黏膜充血水肿,鼻窦内常积聚大量黏性、脓性或干酪样分泌物。肝、肾表面有淤血斑,脾表面广泛性点状出血或边缘有梗死灶,肺萎缩。

### (四)诊断

对于典型的病例,可根据临诊症状、病理变化做出初步诊断。对临诊症状不明显的,通常在第一、二臼齿间或第一臼齿与犬齿间的连线锯成横断面,观察鼻甲骨的形态和变化,做出诊断。

细菌学诊断对怀疑有猪萎缩性鼻炎的猪群,主要检查鼻腔及鼻分泌物、扁桃体和肺有无病菌存在。鼻分泌物或鼻腔最好用有金属或弹性的塑料杆或竹签的棉签蘸取,保定好活猪并擦净鼻孔,轻轻将棉签插入鼻中,并顺着腹侧轻轻转动着向前推进,尽量避免损伤鼻甲骨。采集病料的棉签应尽快接种鉴别培养基,经纯繁后观察菌落形态和荧光,并进一步做生化试验和菌体型鉴定。

检测出的多杀性巴氏杆菌可进一步进行产毒素检测,可通过接种豚鼠或用 ELISA 或 PCR 方法进行鉴定。猪萎缩性鼻炎应与仔猪局部细菌感染相区别。猪萎缩性鼻炎会引起猪打喷嚏、鼻炎等,其他许多疾病如猪流感、猪胸膜肺炎、猪繁殖与呼吸综合征和猪伪狂犬病等也有相似症状,应注意它们之间的区别。

## 三、防治

该病的感染途径主要是由哺乳病猪通过呼吸和飞沫传染给仔猪,使其仔猪受到感染。病仔猪串圈或混群时,又可传染给其他仔猪,使得传播范围逐渐扩大。若种猪感染,又可通过引种传到另外猪场。因此,要想有效控制该病,必须执行一套综合性兽医卫生措施。

(1)加强我国进口入境猪的检验,防止从国外传入。

(2)无该病的健康猪场其防治的主要原则如下:坚决贯彻自繁自养,必须引进种猪时,要到非疫区购买,并在购入后隔离观察 2～3 个月,确认无该病后再合群饲养。

(3)淘汰病猪,更新猪群,将有症状的猪全部淘汰,以减少传染机会。

(4)隔离饲养,凡曾与病猪或可疑病猪接触过的猪只,应隔离观察 3～6 个月。

(5)改善饲养管理。

(6)用支气管败血波氏杆菌(Ⅰ相菌)灭活菌苗和支气管败血波氏杆菌及 D 型产毒素多杀性巴氏杆菌灭活二联疫苗接种,分别在母猪产仔前 2 个月及 1 个月接种,通过母源抗体保护仔猪在哺乳期内不感染。

# 任务四　副猪嗜血杆菌病

副猪嗜血杆菌病,又称多发性纤维素性浆膜炎和关节炎,也称格拉泽氏病,临床上以高热、关节肿胀、呼吸困难、多发性浆膜炎、关节炎和高死亡率为特征,严重危害仔猪和青年猪的健康。

## 一、病原

该病病原为副猪嗜血杆菌(HPS),属于巴氏杆菌科嗜血杆菌属,革兰氏阴性菌,形态多变,多为短杆状。副猪嗜血杆菌可在多种培养基上生长,但实践中 TSA 和 TSB 培养基为常用培养基。副猪嗜血杆菌在体外培养时需要 V 因子。

该菌目前已知 15 个血清型,不同血清型菌株的毒力存在一定差异,其中常见的强毒力血清型主要为 1、5、10、12、13、14 型,可致猪短时间内发病死亡;3、6、7、9、11 型为低毒力血清型;2、4、8、15 型为中等毒力血清型,可致多发性浆膜炎。

副猪嗜血杆菌对外界环境的抵抗力不强,干燥环境中容易死亡,对消毒剂较为敏感,常见消毒剂可将其杀灭。

扫码看课件
7-3

## 二、诊断要点

### （一）流行特点

该病四季可发，气候突变、贼风、空气污染严重、寒冷潮湿、饲养密度过大、饲料质量差、长途运输等也可诱发和促使副猪嗜血杆菌病的发生与流行，因此该病在冬、春季节多发。副猪嗜血杆菌病的发生与猪群抵抗力下降，饲养密度大，过分拥挤，圈内空气混浊，氨气味浓，转群、混群或运输等有极大关系。副猪嗜血杆菌可独立致病，更多情况下是作为共栖菌、条件致病菌而形成继发或混合感染，使病情复杂化，死亡率增高。

视频：副猪
嗜血杆菌病

**1. 传染源** 病猪和带菌猪是主要传染源。哺乳仔猪可通过母乳感染该病，而通过初乳获得免疫力的仔猪，在断奶后因体内抗体水平下降而易感。

**2. 传播途径** 猪是副猪嗜血杆菌感染的唯一宿主，病菌主要存在于猪的上呼吸道和扁桃体中，可通过空气飞沫、猪群间接触以及排泄物而发生传播。

**3. 易感动物** 副猪嗜血杆菌主要危害 2 周龄到 4 月龄的猪，通常见于 5～8 周龄猪，发病率为 10%～50%，病死率为 50%～90%。传统认为副猪嗜血杆菌病是零星发生的，并与猪的应激有关。当前副猪嗜血杆菌病的发生率和死亡率均呈现上升趋势并出现地方流行性。

### （二）临诊症状

临诊症状表现为食欲不振，甚至厌食、反应迟钝、呼吸困难、关节肿胀、跛行、可视黏膜发绀、侧卧或趴卧、共济失调，持续发热 3 天以上，随时可能死亡。急性感染耐过者可能会有后遗症，如母猪流产、公猪慢性跛行等，而且哺乳母猪的慢性跛行可能会引起母性行为的极端弱化。副猪嗜血杆菌本身是呼吸道正常菌群，因此副猪嗜血杆菌病很难根除，特别是在不同的畜群中混养，或引入新饲养的种猪时，会引起严重的问题。

### （三）病理变化

病猪的特征性病理变化为全身性浆膜炎，以胸膜、腹膜、心包膜的病变较为常见，此外可见胸腔积液、心包积液和关节液增多。主要剖检病变为浆液性或纤维素性胸膜炎、心包炎、"绒毛心"（图 3-47）、浆液性或纤维素性腹膜炎、关节炎，部分可见脑膜炎。纤维素性蛋白渗出物覆盖在腹膜和胸膜上，在胸腔、腹腔、关节腔等部位有黄色或浅红色液体，有的呈胶冻样。

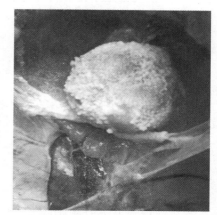

图 3-47 心包积液，心脏表面覆盖黄白色纤维素性渗出物

### （四）诊断

**1. 初步诊断** 根据流行特点、临诊症状和病理变化可对该病做出初步诊断，确诊还需要进行实验室诊断。临诊症状表现为咳嗽、呼吸困难、消瘦、跛行和被毛粗乱。肺间质呈灰白色到血样胶冻样水肿是该病的特征性病理变化。该病最为特征性的病理变化表现为纤维素性增生，特别是心包膜性纤维素性增生，这种变化通常出现在病程较长的病例，急性发作或病程较短的病例则不易观察到该病理变化。通过屠宰反馈是否有"绒毛心"是判断猪场是否存在副猪嗜血杆菌病的一种简便的诊断方法。

**2. 微生物学方法** 副猪嗜血杆菌较难分离，对病料、采集时间、培养基都有严格要求。一般应选取临诊症状典型并且最好未经抗生素治疗的病猪，采取人工致死的方法从全身各个部位采集新鲜病料，且从采集病料到送检一般不超过 24 h。特别注意，由于副猪嗜血杆菌是呼吸道的常在菌，因此仅从鼻腔、扁桃体或气管等组织脏器中分离到细菌，并不能评估是否由该菌引起猪发病。应从全身多个部位如心包、关节液、心血、脑脊液等处分离病原。同时可对分离方法以及培养方法进行改进，如使用有抗生素的选择性培养基或运用特殊的稀释技术提高分离率等。该菌可分解蔗糖和尿素,不分解乳糖、甘露醇和麦芽糖,对葡萄糖发酵不稳定;硝酸盐还原试验阳性。

**3. PCR 检测方法** 该方法具有快速、简便、灵敏、特异等优点,已被广泛用于动物疫病的诊断或检测,其特异性的关键取决于所选靶序列的特异性。16S rRNA 基因是细菌染色体上编码 rRNA 相对应的 DNA 序列,是目前进行细菌分类鉴定的重要靶基因之一,具有高度的保守性。

**4. 血清学方法** 目前用于副猪嗜血杆菌血清学诊断的方法有间接血凝试验(IHA)、补体结合试验(CFT)和酶联免疫吸附试验(ELISA)等。

副猪嗜血杆菌病与猪链球菌病的鉴别见表 3-4。

表 3-4 副猪嗜血杆菌病与猪链球菌病鉴别

| 项 目 | 副猪嗜血杆菌病 | 猪链球菌病 |
|---|---|---|
| 病原 | 副猪嗜血杆菌 | 链球菌 |
| 发生猪群 | 仔猪、青年猪 | 所有年龄猪 |
| 发热 | 中等发热 | 中热至高热(41.5 ℃) |
| 喘气 | 有 | 有 |
| 神经症状 | 偶尔可见 | 较常见 |
| 病程 | 短/长(>10 天) | 突然发病,病程短(多见少于 3 天) |
| 肺炎 | 化脓性支气管炎 | 大叶性出血性肺炎 |
| 关节炎 | 关节囊有渗出液 | 化脓性关节炎 |
| 胸膜/腹膜炎 | 有 | 有 |

### 三、防治

副猪嗜血杆菌病的综合防控措施包括免疫接种、药物防治、加强饲养管理等。

#### (一)预防

注意猪圈的保温通风,尤其在寒冷季节一定要注意保温和通风工作,通风不良和低温超时是副猪嗜血杆菌病发生的最大诱因。加强生物安全,严格执行全进全出,多点饲养,严格消毒,杜绝生产的各个阶段猪群混养等,能有效控制该病的发生。

#### (二)治疗

早期用抗生素预防和治疗有效,可有效减少猪群死亡。发病后隔离病猪,对无治疗价值的病猪要尽早淘汰。加强卫生消毒,用 2%～4%氢氧化钠溶液喷洒猪圈地面和墙壁,2 h 后用清水冲洗干净。大多数副猪嗜血杆菌也对喹诺酮类以及头孢菌素、四环素、庆大霉素和增效磺胺类药物敏感。

# 任务五 猪增生性肠炎

猪增生性肠炎又称猪回肠病、猪坏死性肠炎、猪腺瘤病等,是由胞内劳森菌引起的猪的接触性传染病,主要发生于生长育肥猪和成年猪,以回肠和结肠隐窝内未成熟的肠细胞发生腺瘤样增生为特征。

### 一、病原

猪增生性肠炎病原为专性细胞内寄生的胞内劳森菌,其多为弯曲形、逗点形、S 形或直的杆菌,大小为(1.25～1.75)μm×(0.25～0.43)μm,具有波状的 3 层膜外壁,无鞭毛,革兰氏染色阴性,抗酸染色阳性,能被银染法着色,改良齐一内(Zichl-Neelsen)染色法将细菌染成红色,细菌微嗜氧,需5％二氧化碳。细菌主要存在于感染动物肠上皮细胞的胞质内,也可见于粪便中。细菌在 5～15 ℃环境中能存活 1～2 周,细菌培养物对季铵盐类消毒剂和含碘消毒剂敏感,对大多数抗生素敏感。

## 二、诊断要点

### (一)流行特点

本病呈全球性散发或流行,一年四季均可发生,但主要在 3—6 月份散发或流行。一些应激因素也可促进本病的发生。

**1. 传染源** 病猪和带菌猪是该病的传染源。感染猪的粪便带有坏死脱落的肠壁细胞,其中含有大量细菌,为猪场的主要传染源。

**2. 传播途径** 该病主要经口传播。某些应激因素,如天气突变、长途运输、饲养密度过大等均可促进该病的发生。鸟类、鼠类在该病的传播中也起着重要的作用。

**3. 易感动物** 主要侵害猪,仓鼠、雪貂、狐狸、大鼠、马鹿、鸵鸟、兔等动物也有感染报道。以白色品种猪,特别是长白和大白品种猪以及白色品种杂交的商品猪易感性较高。猪群中各种年龄的猪都可感染,但多发生于断奶后仔猪,特别是 18～45 kg 的猪多见,有时也发生于刚断奶的仔猪和成年公、母猪。

### (二)临诊症状

人工感染潜伏期为 8～10 天,攻毒后 21 天达到发病高峰;自然感染潜伏期为 2～3 周,按病程可分为急性型、慢性型与亚临诊型。

**1. 急性型** 发病年龄多为 4～12 周龄,病猪严重腹泻,出现沥青样黑色粪便,后期粪便转为黄色稀粪或血样粪便并发生突然死亡,也有突然死亡而无粪便异常的病例。

**2. 慢性型** 多发于 6～12 周龄的生长猪,10％～15％的猪出现临诊症状,主要表现为食欲减退或废绝。病猪精神沉郁,出现间歇性下痢,粪便变软、变稀且呈糊状或水样,颜色较深,有时混有血液或坏死组织碎片。病猪生长发育受阻,消瘦,背毛粗乱,弓背弯腰,有的站立不稳。病程长者皮肤可变苍白,有的母猪出现发情延后现象,如无继发感染,该病死亡率不超过 10％,但病猪可能发展为僵猪而被淘汰。

**3. 亚临诊型** 感染猪体内虽有病原存在,却无明显的临诊症状。也可能发生轻微下痢,但常不易引起注意,生长速度和饲料利用率明显下降。

### (三)病理变化

可见回肠、结肠及盲肠的肠管胀满,外径变粗,切开肠腔可见肠黏膜增厚。回肠腔内充血或出血并充满黏液和胆汁,有时可见血凝块。肠系膜水肿,肠系膜淋巴结肿大,颜色变浅,切面多汁。组织学观察可见肠黏膜上皮细胞增生,上面排列不成熟的柱状上皮细胞。急性病例可见黏膜表面的上皮细胞坏死并发生溃疡,肠黏膜部分或全部脱落,伴有纤维素性渗出及大量的坏死性细胞、巨噬细胞和浆细胞渗出。隐窝和腺上皮细胞增生并充满炎症细胞,这导致一些隐窝发生脓肿。派伊氏小体经常过度生长和增生,其内或周围可见许多弯曲杆菌样细菌生长。

### (四)诊断

根据流行病学调查、临诊症状、病理变化可对该病做出初步诊断,由于该菌在人工培养基中不生长,常规方法不适用于活体检查。同时,因该病与其他肠道疾病的临诊症状与组织学病理变化十分相似,以上检查特异性较差,特别是对镜检未见黏膜增生性变化的病例。因此,确诊需依靠更加灵敏、特异的病原检测方法,如免疫组化法、免疫荧光法、核酸探针杂交法及 PCR 法等。

## 三、防治

### (一)预防

(1)加强饲养管理:实行全进全出制,有条件的猪场可考虑实行多地饲养、早期隔离断奶等现代饲养技术。

（2）加强兽医卫生：严格消毒，采取有效的灭鼠措施，搞好粪便管理，尤其是哺乳期间应尽量减少仔猪接触母猪粪便的机会。

（3）减少应激：尽量减少应激反应，转栏、换料前给予适当的药物可较好地预防该病。

### （二）治疗

多种药物对于预防和治疗猪增生性肠炎有效。目前常用的药物有红霉素、青霉素、泰妙菌素、泰乐菌素等。各猪场可根据实际发病情况，采用间歇给药方法。

# 任务六　猪梭菌性肠炎

扫码看课件
7-4

猪梭菌性肠炎也称猪传染性坏死性肠炎、仔猪肠毒血症，俗称仔猪红痢。该病是由 C 型产气荚膜梭菌引起的仔猪肠毒血症，其特征是红痢、气味腥臭、肠坏死，病程短，死亡迅速。该病主要侵害出生 7 天以内的仔猪，大于 7 天的仔猪很少感染发病。一年四季均可发病，发病率不高，但死亡率极高，是严重危害养猪业的重要疾病。

### 一、病原

病原主要是 C 型产气荚膜梭菌，根据产毒素能力将其分为 A、B、C、D、E 5 个血清型，其中 A 型可感染人，形成气肿疽，死亡率不一，B、C、D 型与动物的肠道感染关联密切。一般认为 C 型产气荚膜梭菌是导致 2 周龄内仔猪肠毒血症与坏死性肠炎的主要病原，而 A 型产气荚膜梭菌则与哺乳及育肥猪肠道疾病有关，可导致轻度的坏死性肠炎和绒毛退化。C 型产气荚膜梭菌为革兰氏阳性、有荚膜、不运动的厌氧大杆菌，芽孢卵圆形，位于菌体中央或近端，但在人工培养基中则不容易形成。本菌可产生 α 和 β 等毒素，毒力很强，可引起仔猪肠毒血症、坏死性肠炎。芽孢抵抗力强，80 ℃ 15～30 min，100 ℃ 几分钟才能将其杀死；冻干保存 10 年，其毒力和抗原性不发生变化；25％氢氧化钠溶液 14 min 才可杀死芽孢。

### 二、诊断要点

视频：猪梭
菌性肠炎

C 型产气荚膜梭菌在自然界中的分布很广，在感染该病的猪群中，此菌常存在于一部分母猪的肠道中，通过这些母猪的粪便散布于猪圈环境中，污染猪圈的泥土和垫草。仔猪出生后将细菌吞入消化道后，细菌即在其中生长繁殖，产生毒素，仔猪因吸收这些毒素而中毒死亡。猪场一旦发病则不易消除，且常反复发生。该病与气候和季节无关，任何品种母猪所产的仔猪均能感染该病。在仔猪的人工感染试验中，给仔猪口服细菌纯培养物或无菌毒素可使仔猪发病并引起死亡。

#### （一）流行特点

在同一猪群内各窝仔猪的发病率相差很大，病死率一般为 20％～70％，最高可达 100％。也有报道 2～4 周龄及断奶猪中发生本病的。A 型产气荚膜梭菌性肠炎可发生于新生仔猪和断奶仔猪。猪场一旦发生本病，很难清除。

**1. 传染源**　病猪和带菌猪是传染源。

**2. 传播途径**　该类细菌随发病猪群的粪便排出，污染哺乳母猪的乳头及垫料，经消化道感染。

**3. 易感动物**　本病主要侵害小于 7 日龄的仔猪，7 日龄以上仔猪很少发病。

#### （二）临诊症状

该病病程短，有些猪在出生后 3 天内全群死亡。该病经口感染，有的出生后 8 h 左右即可得病，且多为急性型。根据临诊症状的情况可分为最急性型、急性型、亚急性型和慢性型。

**1. 最急性型**　仔猪初生当天就发病，可出现出血性腹泻，后躯沾满带血稀粪。病猪精神不振，走路摇晃，随即虚脱或昏迷，抽搐而死亡，部分仔猪衰竭死亡。

Note

**2. 急性型** 病程一般可维持 2 天左右,排出带血的红褐色水样稀粪,其中含有灰色坏死组织碎片,病猪迅速脱水、消瘦,最终衰竭死亡。

**3. 亚急性型** 发病仔猪一般在出生后 5～7 天死亡。病猪开始精神、食欲尚好,后出现持续性的非出血性腹泻,粪便开始为黄色软便,后变为清水样,并含有坏死组织碎片,似米粥样。随病程的发展,病猪逐渐消瘦、脱水而死。

**4. 慢性型** 病程 1 周至数周,病猪呈间歇性或持续性腹泻,粪便为灰黄色、黏液状,后躯沾满粪便结的痂。病猪生长缓慢,发育不良,消瘦,最终死亡或形成僵猪。

发病仔猪的主要症状是排出红褐色血性稀便,粪便中含有少量灰色坏死组织碎片和气泡,粪便有特殊腥臭味,后肢沾染血样便。有的病猪呕吐,出现不自主的运动,尖叫,最后死亡。该病预后不良,患病仔猪很难幸免。

**（三）病理变化**

患病仔猪死亡甚急,外观除被毛粗而无光,后肢被粪便污染外,多无明显变化。剖检时猪腹部特别是猪下腹部皮下有轻度无色甚至淡黄色透明的胶样浸润。内脏最特异的病理变化在小肠,空肠常有长短不一的出血性坏死,外观肠壁呈深红色,两端界限分明。小肠浆膜下和肠系膜中有很多小气泡,肠壁粗糙、肥厚,这种变化极为特殊。肠内充满气体,肠内容物呈不同程度的灰黄、红黄或暗红色。心脏扩张,表面血管怒张,呈树枝状,心外膜有血点,心包积液增多。脾脏边缘有小点状出血。肾脏皮质表面散在很多针尖大暗红色出血点。膀胱黏膜也有小点出血。肠淋巴结呈暗红色。肝、肺多无明显变化,腹腔积液增多,多半呈血性,有的病例也出现胸腔积液。

**（四）诊断**

**1. 病原学诊断**

（1）小鼠致死试验:于小鼠尾静脉注射含产气荚膜梭菌毒素的检样或其稀释液,小鼠在 10 min 或数分钟内发病、死亡。可用产气荚膜梭菌 A、B、C、D、E 抗毒素血清做毒素中和试验,进行鉴别。

（2）兔泡沫肝试验:用产气荚膜梭菌给兔静脉接种后,兔肝肿胀呈泡沫状,比正常肝大 2～3 倍,且肝组织呈烂泥状,一触即破。肠腔中也产生大量的气体,因而兔腹围显著增大。

**2. 兔肠袢结扎试验** 将产气荚膜梭菌接种于 DS 培养基,37 ℃培养 18～24 h,取检样于麻醉手术下注入兔肠管结扎段内,90 min 后测量结扎肠管的长度、积液量,邻近肠管段内注入生理盐水作为对照。

**3. 肠内容物毒素检查** 患病仔猪是由于细菌在肠道中繁殖产生大量毒素而中毒死亡的,因此肠内容物中应含有该菌产生的毒素,因此可采小肠内容物进行肠毒素试验。

## 三、防治

由于本病发病迅速、病程短,发病后用药治疗效果不佳,因此对于本病主要是进行预防。可给妊娠母猪注射菌苗,仔猪出生后吸吮初乳可以获得免疫,这是预防本病的最有效的方法。妊娠母猪在临产前一个月肌内注射氢氧化铝菌苗,临产前半个月再注射一次,经过这样注射疫苗的母猪,其初乳中含有大量的抗毒素,仔猪食入这种初乳即可获得良好的被动免疫。另外,仔猪出生后注射高效价的抗毒素,可以有效预防该病的发生。通过加强对猪圈环境的清洁卫生和消毒工作,特别是对产房和母猪乳头清洁卫生和消毒工作,可以减少本病的发生和传播。

### 小提示

目前,各种细菌和病毒混合感染在规模化猪场普遍存在,因此防治上应坚持以预防为主,采取综合性防治措施。除改善猪场饲养管理外,抗生素的使用必须从治疗用药转为预防用药,在猪发病高峰以前用药,主动控制细菌性原发疾病。该病在治疗上,因菌株易产生耐药性,切不可长期使用同一种药物;从临床治疗情况来看,该病的早期治疗效果较好,应根据所用抗生素的特性进行注射,并维持血液中的有效浓度。

# 项目八　猪其他微生物传染病

项目导入

　　猪支原体性肺炎是国内外养猪场非常普遍的疾病，严重影响猪的生产性能。感染该病的猪很容易感染其他病原，进而出现混感。猪痢疾是猪的一种肠道传染病，临床多见幼龄猪发病，治疗不及时也会造成很大的损失。熟悉这两个病的发病特点，掌握防控措施能帮助养殖主在养猪路上走得更远、更好。

学习目标

　　▲知识目标
　　1. 熟悉猪支原体性肺炎及猪痢疾的病原特点。
　　2. 掌握猪支原体性肺炎及猪痢疾的诊断与综合防治要点。
　　▲技能目标
　　1. 能利用所学知识和技能对猪支原体性肺炎及猪痢疾做出初步诊断。
　　2. 临床能对猪支原体性肺炎做出初步判断。
　　▲思政与素质目标
　　1. 培养学生科学防控传染病的意识。
　　2. 培养学生鉴别事物真相的能力。

扫码看课件
8-1

# 任务一　猪支原体性肺炎

　　猪支原体性肺炎（MPS）又称猪气喘病或猪地方性流行性肺炎，是由猪肺炎支原体引起的一种接触性呼吸道传染病，病猪主要表现为咳嗽、气喘、生长迟缓、饲料转化率低，食欲、体温基本正常。解剖时以肺部病变为主，尤以两肺心叶、中间叶和尖叶及膈叶的前部出现胰样变或肉样变为其特征，发病率高，死亡率低。该病普遍存在于世界各地，是造成规模化养猪场经济损失的重要疾病之一。该病对养猪业造成严重危害。

　　规模化猪场中的猪肺炎支原体常与多种细菌、病毒及环境因子协同作用，引起猪呼吸道疾病综合征，但猪支原体性肺炎常是猪呼吸道疾病综合征的原发性病因。

视频：猪气
喘病

## 一、病原

　　病原为猪肺炎支原体，无细胞壁，故呈多形态，有环状、球状、点状、杆状和两极状。该菌革兰氏染色阴性，但着色不佳，吉姆萨或瑞氏染色良好。固体培养基培养时，生长很慢，尤其是初分离到的菌株在固体培养基上长出的时间更长，10～14天才能观察到细小的菌落。猪肺炎支原体菌落很小，典型的菌落为圆形，边缘整齐，灰白色，半透明。

*Note*

猪肺炎支原体对外界环境的抵抗力不强。一般情况下,温度越低,生存的时间越长,而肺组织中的支原体存活时间比在培养基中的长。在猪圈、饲槽、用具上污染的病原一般2~3天就可以失去致病力。猪肺炎支原体培养物在4 ℃时可保存7天,在25~30 ℃可保存3天。猪肺炎支原体在60 ℃ 12 min即失活。

猪肺炎支原体对青霉素和磺胺类药物均不敏感,对链霉素有高度的耐受性,所以,在分离或传代的猪肺炎支原体的液体培养基中经常加入青霉素、链霉素以抑制细菌生长。猪肺炎支原体对喹诺酮类药物、卡那霉素、土霉素、金霉素、四环素、泰妙菌素、泰乐菌素、强力霉素、新霉素等抗生素类药物均敏感。常见消毒剂,如0.5%福尔马林溶液、0.5%氢氧化钠溶液、20%的石灰乳、1%的苯酚溶液等都能在几分钟内杀死该支原体。

## 二、诊断要点

### (一)流行特点

该病一年四季均可发生,但在寒冷、多雨、潮湿或气候骤变时较为多见。饲养管理和卫生条件是影响该病发病率和死亡率的重要因素,尤以饲料质量、猪圈潮湿和拥挤度、通风情况等因素影响较大。如继发和并发其他疾病,常引起临诊症状加剧和死亡率升高。

该病的流行在老疫区,一般以缓慢经过为主;在新疫区(场)内可呈急剧暴发或地区性流行。常有许多病原与该病造成混合感染,如副猪嗜血杆菌、猪鼻支原体及败血波氏杆菌等。架子猪和育肥猪的慢性肺炎极为普遍,可对养猪业造成严重的经济损失。

**1. 传染源** 病猪和带菌猪是该病的传染源。很多地区和猪场由于从外地引进猪时未经严格检疫而购入带菌猪,引起该病暴发。仔猪从患病的母猪感染,病猪在临诊症状消失后一段时间内仍不断排菌,感染健康猪。该病一旦传入后,如不采取严密措施,很难彻底扑灭。

**2. 传播途径** 病猪与健康猪直接接触或通过飞沫经呼吸道感染。给健康猪皮下静脉、肌内注射或胃管投入病原都不能致病。

**3. 易感动物** 自然病例仅见于猪,不同年龄、性别和品种的猪均能感染,但泌乳母猪和断乳仔猪易感性最高,发病率和死亡率较高,其次是妊娠后期母猪,育肥猪发病较少,病情也轻。母猪和成年猪多呈慢性和隐性经过。

### (二)临诊症状

潜伏期一般为11~16天,以X线检查发现肺炎病灶为标准,最短的潜伏期为3~5天,最长可达1个月。主要临诊症状为咳嗽和气喘,根据发病经过,大致可分为急性型、慢性型和隐性型3个类型。

**1. 急性型** 主要见于新疫区和新感染的猪群,病初精神不振,头下垂,站立一隅或趴伏在地,呼吸次数剧增,为每分钟60~120次。病猪呼吸困难,严重者张口喘气,发出哮鸣声,似拉风箱,有明显腹式呼吸。咳嗽次数少而音低沉,有时也会发生痉挛性阵咳。体温一般正常,如有继发感染则可超过40 ℃,病程一般为1~2周,病死率较高。

**2. 慢性型** 多由急性型转来,也有部分病猪开始就呈慢性经过。常见于老疫区的架子猪、育肥猪和后备母猪。临诊症状为咳嗽,清晨和傍晚气温低时或赶猪喂食和剧烈运动时,咳嗽最为明显。咳嗽时四肢叉开,站立不动,背拱,颈伸直,头下垂,用力咳嗽多次,声音粗、深沉、洪亮,严重时呈连续的痉挛性咳嗽。常出现不同程度的呼吸困难,呼吸次数增加和腹式呼吸。上述症状时而明显,时而缓和。食欲变化不大,但病势严重时食欲减少或完全不食。病期较长的仔猪身体消瘦而衰弱,生长发育停滞,病程可拖延2~3个月,甚至长达半年。病程和预后视饲养管理和卫生条件的好坏而相差很大。条件好则病程较短,临诊症状较轻,病死率低;条件差则抵抗力弱,病程长,并发症多,病死率升高。

**3. 隐性型** 感染猪一般不表现任何症状,部分病猪偶见咳嗽。此类猪采食基本正常,不易被发现。但是它们能通过呼吸道不断地将病原排出体外,成为猪群中的隐性传染源,对猪群造成严重威胁。

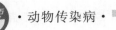
### （三）病理变化

病猪解剖时可见病变主要在肺及肺部淋巴结和纵隔淋巴结。肺的病变出现在两侧尖叶、心叶，中间叶及膈叶的前缘部分，这是猪支原体性肺炎的特征性病变。常可见到紫红色或灰色的实变区。开始时多为点状或小片状，逐渐融合成大片的像鲜嫩肌肉样或胰脏样的颜色，所以又称"肉样变"或"胰样变"，病变区与健康区界限明显，切开病变区，切面湿润。气管内常有白色泡沫。肺部淋巴结、纵隔淋巴结肿大，切面外翻，恢复期的病变，肺结缔组织增生，肺组织凹陷成无气肺。

### （四）诊断

根据流行特点、临诊症状、病理变化，可以初步诊断，确诊需做实验室检查。诊断该病时应以一个猪场整个猪群为单位，只要发现一只病猪，就可以认为该猪群是病猪群。

**1. 病原分离培养鉴定**　将病料剪成 1 cm³ 的小块，直接接种于培养基，37 ℃培养 10～14 天，每天观察培养基变化情况。待培养基变为均匀混浊的黄色时，将培养物接种于固体培养基中，37 ℃培养，每天观察一次。待长出菌落时，在显微镜低倍镜下观察菌落形态，挑取可疑菌落做纯培养及染色镜检。

**2. 血清学检查**　血清学诊断方法有微量间接血凝试验（IHA），其他抗体检测的方法有补体结合试验（CFT）、酶联免疫吸附试验（ELISA）、微粒凝集试验（MAT）、乳胶凝集试验、免疫荧光试验等。

**3. 生化试验鉴定**　支原体的生化试验鉴定程序：首先做洋地黄皂苷的敏感性试验，然后做脲酶试验，在特殊情况下如果疑为螺原体，应进行形态学检查，如果类似支原体属，应先确定是否为发酵葡萄糖或水解精氨酸来确定支原体种的组合。常见支原体种的范围归纳为两组，发酵葡萄糖/不水解精氨酸，不发酵葡萄糖/水解精氢酸。

**4. X 线检查**　在肺叶的内侧区及心膈角区呈现不规则的絮状渗出性阴影，密度中等，边缘模糊。对阴性猪应隔 2～3 个月再复检 1 次。

## 三、防治

### （一）预防

自然感染和人工感染的康复猪能产生免疫力，说明人工免疫是可能的，但免疫保护力与血清 IgG 抗体水平相关性不大，母源抗体保护力低，起主要作用的是局部免疫。目前使用两类疫苗用于预防：一类是弱毒疫苗，另一类是灭活疫苗。弱毒疫苗和灭活疫苗的免疫保护力均有限，预防或消灭猪支原体性肺炎主要在于坚持采取综合防治措施，因此，应全面考虑疫苗预防、生物安全与药物控制等综合措施。

在疫区，以健康母猪培育无病后代，建立健康猪群为主。未发病地区和猪场的主要措施如下：坚持自繁自养，尽量不从外地引进猪只，必须引进时，要严格隔离和检疫；加强饲养管理，搞好兽医卫生工作，推广人工授精，避免母猪与种公猪直接接触，保护健康母猪群；科学饲养，采取全进全出和早期隔离断奶技术，从系统观念上提高生物安全标准。

### （二）治疗

治疗时，土霉素、金霉素及卡那霉素对病猪有疗效。

 小提示

注意本病与猪肺丝虫病、猪蛔虫病及猪肺疫的区别。猪肺丝虫幼虫可以引起猪发生咳嗽，可于粪便中检出虫卵或幼虫，剖检时可在支气管内发现虫体，并在膈叶的后缘形成病变和剪开时见到虫体。蛔虫幼虫所引起的咳嗽，数天内逐渐消失，无气喘症状。猪肺疫由多杀性巴氏杆菌所引起。

# 任务二 猪 痢 疾

猪痢疾曾称为血痢、黏液出血性下痢或弧菌性痢疾，是由致病性猪痢疾短螺旋体引起的猪的一种肠道传染病。其特征为黏液性或黏液出血性下痢，大肠黏膜发生卡他性出血性炎症，有的发展为纤维素性坏死性炎症。

## 一、病原

该病的病原为猪痢疾短螺旋体，主要存在于猪的病变部位肠段黏膜、肠内容物及粪便中。猪痢疾短螺旋体有 4～6 个弯曲，两端尖锐，呈缓慢旋转的螺丝线状，新鲜病料在暗视野显微镜下可见较活泼的螺旋体旋转运动。本菌严格厌氧，革兰氏染色阴性，苯胺染料或吉姆萨染液着色良好，组织切片以镀银染色为好。

猪痢疾短螺旋体对外界环境抵抗力较强，在粪便中 5 ℃可存活 61 天，25 ℃可存活 7 天，在土壤中 4 ℃能存活 102 天，−80 ℃能存活 10 年以上。其对消毒剂抵抗力不强，普通浓度的过氧乙酸、来苏尔和氢氧化钠均能迅速将其杀死。

## 二、诊断要点

### （一）流行特点

**1. 传染源** 病猪或带菌猪是主要传染源，康复猪带菌可长达数月。

**2. 传播途径** 消化道是唯一的传播途径，病菌通过污染周围环境、饲料、饮水或经饲养员、用具、运输工具的携带等媒介引起间接传播。

**3. 易感动物** 猪痢疾仅引起猪发病。各种年龄和不同品种猪均易感，但 7～12 周龄的猪发生较多。仔猪的发病率和病死率比成年猪高。

该病无明显季节性，流行经过比较缓慢，持续时间较长且可反复发病。该病往往先在一个猪圈开始发生几例，以后逐渐蔓延开来。在较大的猪群流行时，如治疗不及时，常常拖延几个月，而且很难根除。

### （二）临诊症状

潜伏期 3 天至 2 个月，自然感染多为 1～2 周。猪群初次发生该病时，通常为最急性型，随后转变为急性型和慢性型。

**1. 最急性型** 表现为剧烈腹泻，排便失禁，迅速脱水、消瘦而死亡。

**2. 急性型** 临床往往先有个别猪突然死亡，病初病猪精神稍差，食欲减少，粪便变软，表面附有条状黏液。以后迅速下痢，粪便黄色柔软或水样。重病例在 1～2 天粪便充满血液和黏液。在出现下痢的同时，腹痛，体温稍高，维持数天，以后下降至常温，死前体温降至常温以下。随着病程的发展，病猪精神沉郁，体重减轻，渴欲增加，粪便恶臭带有血液、黏液和坏死上皮组织碎片。病猪迅速消瘦，弓腰缩腹，起立无力，极度衰弱，最后死亡，病程约 1 周。

**3. 慢性型** 下痢，黏液及坏死组织碎片较多，血液较少，病期较长。进行性消瘦，生长迟滞。不少病例能自然康复，但间隔一定时间，部分病例可能复发甚至死亡，病程为 1 个月以上。

### （三）病理变化

病理变化局限于大肠、回盲结合处。大肠黏膜肿胀，并覆盖黏液和带血块的纤维素，大肠内容物软至稀薄，并混有黏液、血液和组织碎片。当病情进一步发展时，黏膜表面坏死，形成假膜；有时黏膜上只有散在成片的薄而密集的纤维素，剥去假膜露出浅表糜烂面。大肠病理变化导致黏膜吸收功能障碍，使体液和电解质平衡失调，发生进行性脱水、酸中毒和高血钾，这可能是该病引起死亡的原因。

在早期病例中，黏膜上皮与固有层分离，微血管外露而发生灶性坏死。当病理变化进一步发展时,肠黏膜表层细胞坏死,黏膜完整性受到不同程度的破坏,并形成假膜。在固有层内有大量炎症细胞浸润,肠腺上皮细胞不同程度变性、萎缩和坏死。黏膜表层及腺窝内可见数量不一的猪痢疾短螺旋体,但以急性期数量较多,有时密集呈网状。

**（四）诊断**

根据特征性流行规律、临诊症状及病理变化的特点可以做出初步诊断。一般取急性病例的猪粪便和肠黏膜制成涂片染色,用暗视野显微镜检查,每视野可见 3～5 条短螺旋体,可以作为定性诊断依据,确诊还需从结肠黏膜和粪便中分离和鉴定出致病性猪痢疾短螺旋体。

**1. 血清学试验** 有凝集试验、间接荧光抗体法、被动溶血试验、琼脂扩散试验和 ELISA 等,比较实用的是凝集试验和 ELISA,主要用于猪群检疫。

**2. 鉴别诊断** 该病应注意与下列几种疾病进行鉴别。

（1）沙门氏菌病:败血症变化,在实质器官和淋巴结有出血或坏死,小肠内可发现黏膜病理变化,肠道糠麸样溃疡,都是沙门氏菌病的重要特性。鉴别应根据大肠内有无猪痢疾短螺旋体和从小肠或其他实质器官中分离出沙门氏菌来确定。

（2）猪增生性肠炎:该病病理变化主要见于小肠,主要鉴别点为增生性肠炎病理变化特点和肠上皮细胞有胞内劳森菌的存在（表 3-5）。

（3）结肠炎:由结肠菌毛样短螺旋体引起,临诊症状与慢性型猪痢疾相似,但剖检病理变化局限于结肠,结肠炎确诊在于结肠菌毛样短螺旋体的存在。

另外,还应注意与猪瘟、猪传染性胃肠炎、猪流行性腹泻及其他胃肠出血疾病进行鉴别。

**表 3-5　猪增生性肠炎与猪梭菌性肠炎和猪痢疾鉴别**

| 项　　目 | 猪增生性肠炎 | 猪梭菌性肠炎 | 猪　痢　疾 |
|---|---|---|---|
| 病原 | 胞内劳森菌 | C 型产气荚膜梭菌 | 猪痢疾短螺旋体 |
| 发生猪群 | 生长育肥猪和成年猪 | 小于 7 日龄多见 | 2～4 月龄多发 |
| 临诊症状 | 皮肤苍白、腹泻、粪便颜色黑色、血红色或暗红色 | 急性型排出带血的红褐色水样稀类,其中含有灰白色坏死组织碎片,消瘦、脱水 | 黏液性和出血性下痢 |
| 特征性病理变化 | 回肠和结肠隐窝内未成熟的肠细胞发生腺瘤样增生 | 小肠严重出血坏死,内容物红色,有气泡 | 肠和盲肠黏膜肿胀、出血,大肠黏膜坏死、有伪膜 |
| 实验室诊断 | 免疫荧光、PCR | 分离细菌,接种动物 | 测定抗体、采样镜检 |
| 防治 | 抗生素治疗 | 疫苗预防 | 抗生素有效 |

## 三、防治

控制该病主要是加强饲养管理,采取综合防治措施。严禁从疫区引进生猪,必须引进时,应隔离检疫 2 个月,猪场实行全进全出饲养制度,进猪前应按消毒程序与要求认真消毒。保持猪圈内外干燥,防鼠灭鼠,粪便及时无害化处理,饮水应加含氯消毒剂处理。发病猪场最好全群淘汰病猪,彻底清理和消毒,空圈 2～3 个月,再引进健康猪;对易感猪群选用多种药物预防,并结合清除粪便、消毒、干燥及隔离措施,以控制甚至净化猪群。

 案例分析

2021 年 7 月某规模养猪场生猪发生一种以高热、咳嗽、喘气、呼吸困难、鼻腔流出黏液性鼻液,可视黏膜潮红、眼睑水肿,腹泻,共济失调,全身皮肤苍白,耳、下颌、四肢、腹下皮肤发绀为主要症状的传染性疾病。2～3月龄猪发病率最高，死亡较为严重。该猪场存栏 2600 余只，病病 1186 只，发病率 45.6%，死亡猪 414 只，死亡率 34.9%，造成了极大的经济损失。病猪突然发病，精神沉郁，食欲减少或废绝，高热达 40.5～42 ℃；可视黏膜潮红、眼睑、眼结膜、脸部水肿发红；咳嗽、打喷嚏，呼吸加快，喘气，犬坐式张口腹式呼吸；鼻流浆液或黏性鼻液，严重者口鼻流出淡红色或红色泡沫样液体；有的猪突然发病，站立不稳，走路摇摆，共济失调，贫血，全身苍白，卧地不起，触摸猪体疼痛尖叫，驱赶时四肢呈鸭泳状；头、颈、下颌、腹下、四肢末端皮肤出现紫红色，最后衰竭而窒息死亡。

剖检发现气管、支气管充满泡沫样液体，胸腔有淡黄色的积液，胸腔浆膜与内脏被膜有纤维素薄膜，常与胸腔粘连；肺水肿，充血，出血，呈红褐色，切面多汁，有血性液体流出，肺门淋巴结肿大，切面多汁，呈髓样变；心包腔有灰黄色的透明液体，心脏增大，有点状出血；脾大，边缘有针尖大的出血点；胃底部的胃壁增厚，有胶冻样液体、条状出血斑和出血点；肠黏膜水肿，有点状和条状出血；肠系膜淋巴结水肿，有点状出血。根据所学知识，对该病例进行有效诊断并提出有效的防治措施。

**技能训练 3-1**

# 猪瘟抗体间接 ELISA 检测方法

## 一、范围

规定了猪瘟抗体的间接 ELISA 检测方法，适用于猪瘟抗体检测。

## 二、缩略语

下列缩略语适用于此技能训练。

CSFV：猪瘟病毒（Classical Swine Fever Virus）

ELISA：酶联免疫吸附试验（Enzyme-Linked Immunosorbent Assay）

HRP：辣根过氧化物酶（Horseradish Peroxidase）

OD：光密度（Optical Density）

## 三、试剂

猪瘟病毒 E2 蛋白、标准阳性血清、标准阴性血清、酶结合物、包被液、磷酸盐缓冲液、封闭液、1× 洗涤液、稀释液、底物液 A、底物液 B、终止液、商品化试剂盒。

## 四、器材和设备

37 ℃温箱、酶标仪、各种规格的微量移液器（20 μL、200 μL、1000 μL）和吸头、多道移液器（200 μL）、酶联反应板、血清稀释板（96 孔一次性 U 形血凝板或 96 孔细胞培养板）、一次性注射器（5～10 mL）。

## 五、血清样本的采集及处理

（1）样本采集及处理：采集静脉血时，每只猪使用一个注射器。建议进行前腔静脉或耳静脉无菌采血，采血量不少于 2 mL，室温静置于斜面 2 h，待血液自然凝固后，置于 2～8 ℃冰箱中放置不少于 2 h，4000 r/min 离心 10 min，用移液器小心吸出上层血清。

（2）血清样本的存放与运送：血清样本若在一周内检测，可置于 2～8 ℃条件下保存。若超过一周检测，应置于−20 ℃以下冷冻保存。运输时注意冷藏，确保样品有效。采集的血清样本可用冰袋或保温桶加冰密封等方式运输，运输时间应尽量缩短。按照《兽医实验室生物安全技术管理规范》进行样品的生物安全标识。

## 六、操作步骤

（1）包被：用包被液将猪瘟病毒 E2 蛋白稀释至 0.25 μg/mL，按每孔 100 μL 加入酶联反应板中,2~8 ℃包被 6 h。包被结束后,弃去孔中液体,每孔加入 1×洗涤液 300 μL,洗涤 1 次。

（2）封闭:每孔加入新鲜配制的封闭液 300 μL,2~8 ℃封闭 24 h。封闭结束后,弃去孔中液体,每孔加入 1×洗液 300 μL,洗涤 1 次,即为抗原包被板。抗原包被板若不及时使用,则可将孔中液体在吸水材料上拍干,于室温中干燥（温度 25 ℃±2 ℃,湿度≤40％）1 h。装于铝箔袋中,抽真空,置于 2~8 ℃保存备用。

（3）加稀释液:进行血清检测时,向抗原包被板中加入稀释液,每孔 50 μL。

（4）血清的稀释和加样:将待检血清、标准阴性血清、标准阳性血清于血清稀释板中分别做 1∶50 稀释后,按位序分别向抗原包被板中加入稀释后的样本,每孔 50 μL,其中标准阴、阳性血清各加 2 孔。充分混匀后,37 ℃温箱中反应 30 min。吸取不同血清时需要更换吸头。

（5）洗涤:弃去孔中液体,每孔加入 300 μL 洗涤液,室温放置 3 min,洗涤 3 次,甩干洗涤液。

（6）加酶结合物和孵育:用稀释液将酶结合物稀释至工作浓度,每个反应孔加入 100 μL。37 ℃温箱孵育 30 min。

（7）洗涤:同（5）。

（8）加底物和显色:将底物液 A 和底物液 B 等体积混合,混合后立即加入抗原包被板中,每孔 100 μL,室温避光显色 10 min,每孔加入 100 μL 终止液。

（9）每孔加入终止液 100 μL。

（10）在酶联免疫检测仪 450 nm 波长处读取各孔的 OD 值,并以 620 nm 或 650 nm 作为背景参考波长,以去除背景值,15 min 内完成。样本 OD 值＝$OD_{450 nm}-OD_{620 nm}/OD_{650 nm}$。

（11）结果计算（参照国家标准计算公式）。

（12）试验成立条件:当标准阳性血清 OD 值在 1.0~3.5 范围内、标准阴性阳性率（IE）值≤8％时,试验成立。否则,应重新检测。

（13）结果判定:当待检血清样本的 IE 值≥310％时判为猪瘟抗体阳性,当血清样本的 IE 值≤8％时,判为猪瘟抗体阴性;当血清样本的 IE 值在 8％~10％之间时,判为可疑。可疑结果可在数日后重新采样检测。如仍在此范围,判为阴性。

（14）采用商品化试剂盒时,接其说明书进行操作和判定。

 技能训练3-2

# 非洲猪瘟诊断技术

## 一、试剂

0.1 mol/L PBS(pH 7.4)、0.04 mol/L PBS(pH 7.4)、50％甘油-PBS 保存液、青霉素（浓度为 10000 IU/mL）、链霉素（浓度为 10000 μg/mL）。

## 二、采样用具

（1）器械:解剖刀、剪刀、镊子、骨锯、注射器及针头、组织匀浆器等。

（2）容器:真空采血管（含 EDTA 抗凝剂）、离心管（2 mL、10 mL）、样品保存管等。

（3）个人防护用具:防护服、防护镜、防护帽、防护靴、口罩、一次性手套等。

（4）采样记录用品:采样单、记号笔、防水标签等。

（5）其他:医用棉签、医用纱布、封口膜、冰袋等。

## 三、样品采集

（1）口鼻拭子采集:采集病死猪或发病猪、同群猪的口鼻拭子样品。用医用棉签在口腔或鼻腔转动至少 3 圈,采集口腔、鼻腔的分泌物;蘸取分泌物后,立即将拭子浸入 1 mL 50％甘油-PBS 保存液中,剪去露出部分,盖紧离心管盖,密封后冷藏或冷冻保存。

（2）全血样品采集：在发病猪群中，使用真空采血管（含 EDTA 抗凝剂）采集一定数量发病猪、同群猪全血各 5 mL，密封后冷藏或冷冻保存。

（3）血清样品采集：在每一发病猪群中，采集发病猪、同群猪全血各 5 mL，室温放置 12～24 h，分离血清，装入离心管中，密封后冷藏或冷冻保存。

（4）组织样品采集：采集病死猪或扑杀发病猪的组织样品。首选脾脏，其次为扁桃体、淋巴结、肾脏、骨髓等。脾脏、肾脏采集约 3 cm×3 cm 大小，扁桃体整体采集，淋巴结出血严重的整体采集，骨髓采集长度约 3 cm。将所采集样品放入 50% 甘油-PBS 保存液中。

## 四、样品处理

（1）口、鼻拭子样品处理：口、鼻拭子标记样品编号，立即进行非洲猪瘟（ASF）病原检测或冷冻储存备用。

（2）全血样品处理：全血标记样品编号，立即进行 ASF 病原检测或冷冻储存备用。

（3）血清样品处理：血清标记样品编号，立即进行非洲猪瘟病毒（ASFV）抗体检测或冷冻储存备用。

（4）组织样品处理：取适量采集的组织样品置于组织匀浆器中充分研磨，加入终浓度为 1000 IU/mL 的青霉素、1000 $\mu$g/mL 的链霉素，灭菌的 0.1 mol/L PBS（pH7.4）制备 10% 组织匀浆液。2000 r/min 离心处理 10 min。取上清液，标记编号，立即进行 ASF 病原检测或冷冻储存备用。

## 五、普通 PCR 方法

1）试剂　DNA 提取试剂盒；PCR 预混液（2×）：Tag DNA 聚合酶（0.05 U/$\mu$L），反应缓冲液，4 mmol/L MgCl$_2$ 以及 0.4 mmol/L 的 dNTP；无核酸酶水、TAE 缓冲液、2% 的琼脂糖凝胶、6× 上样缓冲液。

2）仪器设备　自动化核酸提取仪、PCR 扩增仪、台式低温高速离心机（最大离心力 12000 $g$ 以上）、稳压稳流电泳仪和水平电泳槽、凝胶成像仪（或紫外透射仪）、微量可调移液器、无核酸酶离心管与吸头、PCR 扩增管。

3）引物序列。

引物针对 ASFV B646L 基因的保守区域设计。

上游引物 PPA-1：5'-AGTTATGGGAAACCCGACCC-3'。

下游引物 PPA-2：5'-CCCTGAATCGGAGCATCCT-3'。

扩增产物大小为 257 bp。

4）试验程序

（1）核酸提取：采用 DNA 提取试剂盒提取各类样本中的病毒核酸，或用自动化核酸提取仪提取各类样本中的病毒核酸。如在 2 h 内检测可将提取的核酸置于冰上保存，否则应置于 −20 ℃ 冰箱保存。每次抽提核酸，应至少包括一个阳性对照和一个阴性对照。阳性对照样品应为 ASFV 核酸阳性样本（血清、全血、10% 组织匀浆或细胞培养上清液），阴性对照样品应为无核酸酶水或者 ASFV 核酸阴性样本（血清、全血、10% 组织匀浆或细胞培养上清液）。

（2）核酸扩增：

①扩增体系：每个样品配制 22 $\mu$L PCR 反应混合液，组成如下：

无核酸酶水　　　　　　　　　7.5 $\mu$L

PCR 预混液（2×）　　　　　　12.5 $\mu$L

PPA-1（10 $\mu$mol/L）　　　　　1 $\mu$L

PPA-2（10 $\mu$mol/L）　　　　　1 $\mu$L

将 22 $\mu$L PCR 反应混合液加入每个 0.2 mL PCR 扩增管；将 3 $\mu$L DNA 模板加入 PCR 扩增管中。每次进行普通 PCR 扩增时均应设立阳性、阴性及空白对照。阳性对照应用阳性对照样品所提取核酸作为模板，阴性对照应用阴性对照样品所提取核酸作为模板，空白对照应用无核酸酶水作为

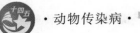

模板。加入模板后,密封反应管,瞬时离心。将所有 PCR 扩增管放在 PCR 仪中。

②扩增条件:95 ℃预变性 10 min;95 ℃变性 15 s;62 ℃退火 30 s;72 ℃延伸 30 s;40 个循环;72 ℃终延伸 7 min。

③PCR 扩增产物电泳:将 5 μL 的 6×上样缓冲液加入 PCR 产物中,混匀后取 8 μL 加入使用 1 ×TAE 缓冲液配制的 2%琼脂糖凝胶中,电泳 30～40 min。电泳结束后,将琼脂糖凝胶置于凝胶成像仪中观察结果。

5)试验成立条件 阳性对照应有大小为 257 bp 的特异性扩增条带,且阴性对照和空白对照应无任何扩增条带。

6)普通 PCR 结果判定

符合 5)的条件,被检样品有大小为 257 bp 的特异性扩增条带,且与阳性对照条带分子量大小相符,则该样品判为 ASFV 核酸阳性;被检样品无特异性的扩增条带,则判为 ASFV 核酸阴性。

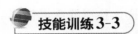技能训练3-3

# 猪蓝耳病病毒 RT-PCR 检测技术

## 一、试剂

变性液(将 250 g 异硫氰酸胍、17.6 mL 0.75 mol/L(pH 7.0)柠檬酸钠和 26.4 mL 10%(m/V) 十二烷基肌酸钠溶 293 mL 水中。65 ℃条件下搅拌、混匀,直至完全溶解。室温条件下保存,每次使用前按每 50 mL 变性液加入 0.36 mL 的 14.4 mol/L 的 β-巯基乙醇)、2 mol/L 乙酸钠溶液(pH 4.0)、1.0%琼脂糖凝胶、50×TAE 电泳缓冲液、EB 溶液、加样缓冲液、DEPC 处理的灭菌双蒸、水及用其配置的 75%酒精等。

引物:HP-PRRSV 和美洲型 PRRSV 检测引物序列如下:

上游引物 PRRST1:5′-ATGGGCGACAATGTCCCTAAC-3′

上游引物 PRRST2:5′-GAGCTGAGTATTTTGGGCGTG-3′

引物合成后短期内可 4 ℃存放,需长期保存应冻存于-20 ℃。待用时应稀释至 20 pmol 浓度。

## 二、仪器设备

高速冷冻离心机、PCR 扩增仪、核酸电泳仪和水平电泳槽、恒温水浴锅、冰箱、微量移液器、凝胶成像系统、超净工作台等。

## 三、操作程序

### (一)样品的采集和处理

选择代表性病症的病死猪,无菌采集肺、脾、淋巴结和扁桃体等组织,常规监测临床健康待检猪可采集血清或淋巴结。0 ℃以下冷藏并在 4 h 内送至实验室检测,或在-20 ℃的环境中保存备用。

### (二)RNA 的提取

**1. RNA 提取方法** 采用异硫氰酸胍一步法,或者市售商品化 RNA 提取试剂盒。

**2. 异硫氰酸胍一步法步骤**

(1)每次试验前应设立阳性、阴性和空白对照。取组织群品进行研磨匀浆后冻融 2 次,12000 r/min 离心 5 min。

(2)取 100 μL 组织匀浆上清,加入变性液 300 μL 颠倒混约,继续加入 30 μL 2 mol/L 乙酸钠 (pH 4.0)。反复颠倒离心管 5 次,一般在 25 ℃的室温下放置 5 min,12000 r/min、4 ℃离心取上清。

(3)再依次加入 150 μL 饱和酚、150 μL 氯仿-异戊醇,然后盖上管盖,反复颠倒混匀 5 次,冰浴 5 min。

(4)然后以 12000 r/min、4 ℃离心 20 min,将上层含 RNA 的水相移入一新管中,不应吸取水相的最下层。

（5）加入等体积的异丙醇，颠倒混匀，冰浴静置 10 min 沉淀 RNA。

（6）12000 r/min、4 ℃离心 10 min，弃上清。

（7）加入 1 mL 用 DEPC 水配制的 75％酒精颠倒混匀洗涤沉淀，12000 r/min、4 ℃离心 10 min，弃上清。

（8）将含有 RNA 沉淀的离心管静置干燥沉淀 5～10 min，然后用 20 μL DEPC 处理水将沉淀充分溶解，在 20 ℃条件下保存备用。

### （三）RT-PCR 操作步骤

**1. 反转录**

（1）反转录引物使用下游引物 PRRST2，42 ℃反应 1.5 h，合成 cDNA 链。20 μL 反转录体系中包括：

| | |
|---|---|
| RNA 模板 | 5 μL |
| RNA 酶制剂（40 U/μL） | 0.5 μL |
| 5×AMV Buffer | 4 μL |
| 2.5 mmol dNTPs（2.5 mmoL/μL） | 4 μL |
| 下游引物 PRRST2（20 pmol/L） | 1 μL |
| AMV 反转录酶 | 0.5 μL |
| DEPC 水 | 5 μL |
| 总计 | 20 μL |

（2）使用商品化的反转录试剂盒也可按试剂盒使用说明进行。

**2. PCR 扩增** 使用特异性引物对 cDNA 进行 PCR 扩增，PCR 反应条件为 95 ℃预变性 5 min，30 个循环，每个循环包括：94 ℃变性 30 s，55 ℃退火 50 s，72 ℃延伸 1 min，最后 72 ℃延伸 10 min 结束。PCR 产物以 1％琼脂糖凝胶电泳鉴定。其中需加入抽提的阴性、阳性和空白对照作为参照。25 μL 的 PCR 反应体系中包括：

| | |
|---|---|
| 10×PCR buffer | 2.5 μL |
| dNTPs（10 mmol/L） | 2 μL |
| 上游引物 PRRST1（20 pmoL/μL） | 0.5 μL |
| 下游引物 PRRST2（20 pmoL/μL） | 0.5 μL |
| DNA 聚合酶（5 U/L） | 0.5 μL |
| cDNA | 3 μL |
| 灭菌三蒸/超纯水 | 16 μL |
| 总计 | 25 μL |

**3. 电泳**

（1）制备 1.0％琼脂糖凝胶板。

（2）取 5 μL PCR 产物与 0.5 μL 加样缓冲液混合，加入琼脂糖凝胶板的加样孔中。

（3）电泳时加入 DNA 分子量标准对照。

（4）盖好电泳仪，插好电极，电压 110V，电泳 20～30 min。

（5）用紫外凝胶成像仪或者紫外透射仪观察扩增结果。

（6）用分子量标准比较判断 PCR 片段大小。

## 四、结果判定

### （一）阳性、阴性对照检测结果

在阳性对照出现 421 bp（HP-PRRSV）/511 bp（美洲型）的扩增带、阴性对照无相应目标条带，该次检测成立，并判定结果。

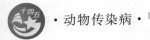

## （二）待检样品检测结果

待检样品出现 421 bp 的扩增条带,判定为 HP-PRRSV 阳性;待检样品出现 511 bp 的扩增条带,判定为美洲型 PRRSV 阳性,同时出现 421 bp、511 bp 的目标条带,则判定为 HP-PRRS 和美洲型 PRRSV 双阳性。没有出现 421 bp 和 511 bp 条带则判定为高致病性蓝耳病和经典美洲型猪蓝耳病病毒阴性。

# 猪伪狂犬病 ELISA 检测技术

## 一、试验材料

抗原、酶标抗体、待检血清、阴性血清、阳性血清;底物邻苯二胺-过氧化氢(OPD-H$_2$O$_2$)溶液、抗原包被液、封闭液、冲洗液、终止液及酶标反应板等。

## 二、仪器设备

酶标仪、恒温培养箱、微量移液器、移液器吸头等。

## 三、操作步骤

**1. 包被** 用包被液将抗原稀释到工作浓度加入酶标反应板孔内,每孔 100 μL,37 ℃作用 1 h 后,放入 4 ℃冰箱过夜。

**2. 洗涤** 弃去孔内液体,用冲洗液冲洗 3 次,每次 3 min,用吸水纸拍干。

**3. 封闭** 各孔加入封闭液 100 μL,37 ℃作用 1 h。按操作步骤 2 洗涤。

**4. 加入待检血清和阴性、阳性血清对照** 待检血清经 56 ℃ 30 min 灭活后,用冲洗液做 1∶40 稀释,加入抗原孔中,每孔 100 μL;同时将阴性血清对照和阳性血清对照各加入 3 个抗原孔中,分别标记,37 ℃作用 1 h,重复操作步骤 2 洗涤。

**5. 加入酶标抗体** 用冲洗液将酶标抗体按工作浓度稀释,每孔加入 100 μL,37 ℃作用 1 h。按操作步骤 2 洗涤。

**6. 加入底物邻苯二胺-过氧化氢** 每孔加入 100 μL,室温避光显色 25 min。

**7. 终止反应** 每孔加入 50 μL 终止液终止反应。

**8. 测定吸光度值(OD)** 在酶标仪上于 490 nm 波长条件下测定吸光度值。

**9. 结果的判定**

NC 为阴性血清加入 3 个抗原孔反应后测定的吸光度值的平均值;

PC 为阳性血清加入 3 个抗原孔反应后测定的吸光度值的平均值;

血清检测值与阳性对照血清检测值之比(S/P)值计算:

$S/P = (样品 A_{490} - NC)/(PC - NC)$,如 $S/P \geqslant 0.5$,则判为抗体阳性;如 $S/P < 0.5$,则判为抗体阴性。

# 猪传染性胸膜肺炎检测技术

## 一、实训目的

掌握猪传染性胸膜肺炎的诊断方法。

## 二、材料准备

(1)材料:革兰氏染液、巧克力培养基、血琼脂或改良的 TSA 培养基、猪放线杆菌胸膜肺炎抗原、辣根过氧化物酶标记物(HRP-SPA),以及标准阴、阳性血清。

（2）用具：培养皿、接种环、酒精灯、恒温培养箱、生化实验管、10～100 μL 可调微量移液器、微量振荡器等。

### 三、方法步骤

**1. 显微镜检查** 染色镜检采取鼻腔分泌物、支气管分泌物和肺等作病料,采集的样品制成触片,革兰氏染色,镜检。

猪传染性胸膜肺炎放线杆菌形态学特征:革兰氏阴性小球杆菌或纤细的小杆菌,直径 0.5～2 nm,长度 60～450 nm。有荚膜和菌毛,不形成芽孢且无鞭毛,有的成双排列。新鲜病料中常呈两极着色,人工培养 24～96 h 可见到丝状菌。

**2. 细菌分离培养** 无菌采取病料,用经火焰灭菌并冷却的接种环蘸取病料内部组织后划线接种于在血琼脂或改良 TSA 培养基上,于(36±1)℃培养(24±2)h,如菌落生长缓慢,可延长至(48±2)h 后观察。或无菌接种于改良 TSB 肉汤于 37℃培养 24h 后,无菌操作将肉汤培养液划线接种于血琼脂或改良的 TSA 培养基上,37℃培养 24 h。

改良 TSA 培养基上菌落特征:圆形、边缘整齐、表面光滑湿润、灰白色、半透明、针尖大小、凸起、露珠样。

血琼脂培养基上菌落特征:乳白色、露珠状、中间微隆起、呈 β-溶血。

巧克力培养基上菌落特征:针尖大小、2～3 mm 大小、灰白色、圆形隆起、闪光不透明。

卫星现象:取纯化后的单菌落划线接种于改良 TSA 培养基,再垂直于接种线水平划线接种金黄色葡萄球菌,37℃恒温培养箱中培养 24h 后,可见在分离菌和金黄色葡萄球菌划线交叉处细菌菌落生长较好,距离交叉处越远细菌生长越差,呈"卫星现象"生长。

**3. 生化试验** 能分解木糖、甘露醇、葡萄糖、甘露糖、蔗糖、果糖和麦芽糖,不能分解乳糖、七叶苷、山梨醇、棉子糖、阿拉伯糖和鼠李糖。ONPG 试验、尿素酶试验、硫化氢试验、硝酸盐还原试验阳性;靛基质试验、甲基红试验、V-P 试验和氧化酶试验均为阴性。

**4. 报告结果** 综合以上培养形态、染色特性及生化反应试验报告。

**5. 酶联免疫吸附试验(ELISA)**

（1）操作方法:

①抗原包被:用抗原包被液,将猪放线杆菌胸膜肺炎 ELISA 抗原稀释成一个单位的抗原,用微量移液器将稀释好的抗原,加入酶标板各孔内,每孔 50 μL,加盖后放 37℃吸附 4h,再转入 4℃冰箱放置 18～20 h。

②洗涤:甩掉酶标板孔内的抗原包被液,加入冲洗液,室温下浸泡 2 min,甩去冲洗液,用吸水纸吸干并驱除孔内气泡。再重新加入冲洗液,按同法洗两次。

③加入被检血清:被检血清先用血清稀释液做 1:200 稀释,每份血清加两孔,每孔 50 μL。

④对照:每块酶标板均设标准阳性、阴性血清和空白孔对照。血清稀释和加量与前相同,空白对照加血清稀释液 50 μL。

⑤加样完毕后加盖置 37℃恒温培养箱内 40 min。

⑥取出酶标板将其甩干,用冲洗液洗涤 4 次。

⑦加酶标记的 SPA:HRP-SPA 标记物用稀释液按标签记载的效价稀释后使用,每孔内加入 50 μL。置 37℃水浴或恒温培养箱中 30 min。

⑧取出酶标板,将其甩干,用冲洗液冲洗 3 次。

⑨加底物溶液:每孔加入新配制的底物溶液 100 μL,置 37℃避光反应,待标准阳性血清孔呈现淡黄色时终止反应(反应时间与室温有关,5～10 min)。

⑩终止反应:每孔加入终止液 50 μL。

（2）判定:

①在酶标仪 490 nm 波长处,测定酶标板的每孔吸光度值,求出每份被检两孔的平均吸光度值

$(S)$，除以同板标准阴性两孔的平均吸光度值$(N)$，则得出每份被检血清的$S/N$值。判定标准：每份血清1∶200倍稀释的$S/N$值≥4为阳性，$S/N$≤3.5的为阴性，$S/N$介于3.5和4之间的为疑似。

②目测判定：在无酶标仪情况下，可用直接目测方法。对各孔反应液颜色的深浅程度进行比较，被检样品的反应液颜色与标准阳性血清孔的颜色基本相同，呈淡棕红色判为阳性，颜色浅于标准阳性孔或无色者，判为阴性（判定时酶标板下衬以白色背景）。

## ➡ 模块小结

猪的传染病相对其他动物复杂而难防控，在我国长期存在的猪传染病病原在不断地发生着变异，发病症状也变得更加微妙，直观诊断难度在变大。目前，猪瘟、猪蓝耳病、猪伪狂犬病、非洲猪瘟号称猪的"四大病"，尤其是非洲猪瘟，2018年在我国出现以后，改变了养猪业的格局，导致散养户一再退出市场。

猪圆环病毒病的阳性猪场已很普遍。猪传染性胃肠炎、猪流行性腹泻一旦侵犯猪场，处理不当会造成巨大损失。副猪嗜血杆菌病、猪链球菌病犹如孪生兄弟，常同时攻击猪群。猪丹毒虽然可防可控，但不时地会反弹，给养殖户带来损失。猪传染性胸膜肺炎，在环境差的猪场，发病后较难控制。猪支原体病，虽然死亡率不高，可对猪的生产性能影响很大。

猪病何其多，控制何其难，养殖过程中首先应该做好的是生物安全，切记，切记！

## ➡ 执考真题及自测题

### 一、单选题

1. 猪气喘病的剖解特征是（　　）。

A. 肺有对称性的虾肉样病变　　　　　　B. 肺气肿　　　　　　　　　　C. 肺充血出血

D. 全身败血症　　　　　　　　　　　　E. 肺间质增宽

2. 在剖解上主要表现为纤维素性胸膜肺炎的疾病是（　　）。

A. 猪蓝耳病　　　　　　　　　　　　　B. 猪传染性胸膜肺炎　　　　　C. 猪瘟

D. 猪丹毒　　　　　　　　　　　　　　E. 猪圆环病毒病

3. 猪痢疾在临床上的特征是（　　）。

A. 拉黄色稀粪　　　　　　　　　　　　B. 白色稀粪

C. 拉稀带有血液、胶冻样　　　　　　　D. 拉稀呈水样　　　　　　　　E. 拉绿色稀粪

4. 在临床上不具有腹泻症状的传染病是（　　）。

A. 猪梭菌性肠炎　B. 仔猪副伤寒　　C. 猪痢疾　　　　D. 猪气喘病　　　E. 大肠杆菌病

5. 猪丹毒传播途径不包括（　　）。

A. 饲料传播　　　B. 饮水传播　　　C. 伤口传播　　　D. 土壤传播　　　E. 胎盘传播

6. 猪肺疫的病原是（　　）。

A. 多杀性巴氏杆菌　　　　　　　　　　B. 猪肺炎支原体　　　　　　　C. 猪丹毒杆菌

D. 副猪嗜血杆菌　　　　　　　　　　　E. 猪胸膜肺炎放线杆菌

7. 对猪传染性萎缩性鼻炎最易感的是（　　）。

A. 育肥猪　　　　B. 断乳仔猪　　　C. 哺乳仔猪　　　D. 成年公猪　　　E. 妊娠母猪

8. 仔猪梭菌性肠炎又称（　　）。

A. 仔猪白痢　　　B. 仔猪黄痢　　　C. 仔猪红痢　　　D. 仔猪痢疾　　　E. 仔猪胃肠炎

### 二、多选题

1. 非洲猪瘟病毒的传播途径包括（　　）。

A. 虫媒传播　　　　　　　　　　　　　B. 消化道　　　　　　　　　　C. 直接接触传播

D. 间接接触传播　　　　　　E. 风媒传播

2. 非洲猪瘟能够感染的猪群包括(　　)。

A. 种公猪　　　　　　B. 成年母猪　　　　　　C. 保育猪

D. 育肥猪　　　　　　E. 后备母猪

3. 猪瘟的主要传染源是(　　)。

A. 病猪　　　　　　B. 潜伏期带毒猪　　　　　　C. 隐性带毒猪

D. 病死猪　　　　　　E. 发病猪采食接触的饲料

4. 临诊上猪瘟需要与下列哪些疾病进行鉴别诊断?(　　)

A. 急性败血性猪丹毒　　　　　　B. 急性猪肺疫　　　　　　C. 急性副伤寒

D. 口蹄疫　　　　　　E. 猪伪狂犬病

5. 猪繁殖与呼吸综合征病毒感染后的获得性免疫反应主要是(　　)。

A. 主动免疫　　B. 被动免疫　　C. 细胞免疫　　D. 体液免疫　　E. 黏膜免疫

6. 猪伪狂犬病病毒的传播途径主要是(　　)。

A. 直接接触传播　　　　　　B. 间接接触传播　　　　　　C. 胎盘传播

D. 饲料传播　　　　　　E. 饮水

7. 猪传染性胃肠炎的主要病理变化包括(　　)。

A. 急性肠炎

B. 胃肠充满凝乳块,胃黏膜充血

C. 肠壁弹性下降,管壁变薄,呈透明或半透明状

D. 肠系膜淋巴结肿胀

E. 个别猪肠黏膜充血

8. 猪气喘病的传播途径主要有(　　)。

A. 呼吸道传播　　　　　　B. 直接接触传播　　　　　　C. 飞沫传播

D. 蜱虫传播　　　　　　E. 消化道传播

9. 副猪嗜血杆菌引起猪的多发性纤维素性浆膜炎和关节炎,主要临床特征是(　　)。

A. 关节肿胀　　　　　　B. 多发性浆膜炎　　　　　　C. 关节炎

D. 高死亡率　　　　　　E. 呼吸困难

# 模块四
# 家禽传染病

# 项目九 禽病毒性传染病

## 项目导入

　　我国是家禽养殖大国,集约化、规模化养殖的快速发展和家禽及其产品贸易的全球化,给我国养禽业带来诸多问题,禽病的发生在这些问题中尤为突出。由病毒引起的疾病在家禽传染病中占有很大的比例,由其引起的动物死亡率在所有病因中居第 2 位,仅次于细菌引起的疾病。绝大部分病毒病为免疫抑制性疾病,造成机体免疫力下降,继发动物发生各种混合感染和多器官系统衰竭综合征,使整个鸡群处于免疫抑制状态。通过学习本部分内容,可以熟悉家禽病毒传染病的病原、流行病学特点、临诊症状、病理变化及防控措施。

## 学习目标

　　▲知识目标

　　1. 掌握新城疫、马立克氏病、传染性法氏囊病、传染性支气管炎、传染性喉气管炎、禽白血病、鸡传染性贫血、产蛋下降综合征、安卡拉病、禽脑脊髓炎、鸭瘟、鸭病毒性肝炎、番鸭细小病毒病、小鹅瘟等的流行病学、临诊症状、病理变化与防控措施。

　　2. 掌握鸭坦布苏病毒病、鹅星状病毒病的流行病学特点、临诊症状、病理变化与防控措施。

　　▲技能目标

　　1. 熟练掌握鸡新城疫血凝及血凝抑制试验的操作。

　　2. 具备鸡传染性法氏囊病检测技能。

　　▲思政与素质目标

　　1. 解读我国在家禽传染病方面的成就,增强学生民族自豪感。

　　2. 培养学生生态环境保护及公共卫生意识。

　　3. 教育学生养成良好的职业操守。

# 任务一 新 城 疫

扫码看课件
9-1

　　新城疫(newcastle disease,ND)也称亚洲鸡瘟或伪鸡瘟,我国民间俗称"鸡瘟",是由新城疫病毒引起的鸡和火鸡的一种急性、热性、高度接触性传染病,常呈败血症经过,其特征是高热、呼吸困难、下痢、有神经症状、浆膜和黏膜出血,发病率和致死率都很高。

## 一、病原

　　新城疫病毒(newcastle disease virus,NDV)属于副黏病毒科腮腺炎病毒属,完整病毒粒子近圆形,有囊膜,在囊膜的外层有呈放射状排列的突起物或纤突,具有能刺激宿主产生抑制红细胞凝集和中和抗体的抗原成分。

*Note*

163

NDV 存在于病鸡所有器官、体液、分泌物和排泄物,以脑、脾和肺含毒量最高,骨髓含毒时间最长。从不同地区和鸡群分离到的 NDV,对鸡的致病性有明显差异。NDV 的毒株间差异的区别标准是依据鸡胚平均死亡时间(MDT)、1 日龄雏鸡脑内接种致病指数(ICPI)和 6 周龄鸡静脉注射致病指数(IVPI)来区别的。根据致病性试验将 NDV 毒株分为强毒力、中等毒力和低毒力三个型。

NDV 的一个很重要的生物学特性就是能吸附于鸡、火鸡、鸭、鹅及某些哺乳动物(人、豚鼠)的红细胞表面,并引起红细胞凝集(HA),这种特性与病毒囊膜上纤突所含的血凝素和神经氨酸酶有关。这种血凝现象能被抗 NDV 的抗体所抑制(HI),因此可用 HA 和 HI 来鉴定病毒和进行流行病学调查。

NDV 对乙醚、氯仿敏感。病毒在 60 ℃ 30 min 失去活力,真空冻干病毒在 30 ℃,可保存 30 天,在直射阳光下,病毒经 30 min 死亡。病毒在冷冻的尸体可存活 6 个月以上,常用的消毒剂如 2% 氢氧化钠溶液、5% 漂白粉溶液、70% 酒精,20 min 即可将 NDV 杀死。病毒对酸碱稳定,pH 3～10 条件下能不被破坏。

## 二、诊断要点

### (一)流行特点

在自然条件下,本病主要发生于鸡、火鸡和鸽子,但近年来在我国常对鹅严重致病,野鸭、野鸡、鹌鹑、斑鸠、乌鸦、麻雀、八哥、燕子等其他自由飞翔的或笼养的鸟类大部分也能自然感染本病或伴有临诊症状或呈隐性经过。在所有易感禽中,鸡最易感,不同品种和各种日龄的鸡均可感染,但幼雏和中雏易感性最高,两年以上的鸡易感性较低。

传染源主要是病鸡和间歇期的带毒鸡,但鸟类的传播作用也不可忽视,传染源通过口、鼻分泌物和粪便排出病毒。本病主要经消化道和呼吸道传播,病毒也可经眼结膜、受伤的皮肤和泄殖腔黏膜侵入鸡体,鸡蛋也可带毒而传播本病。非易感的野禽、外寄生虫、人畜也可机械传播病原。

该病一年四季均可发生,但以春秋较多。鸡场内鸡一旦发生本病,未免疫易感鸡群感染时,4～5 天可波及全群,发病率、死亡率可高达 90% 以上,免疫效果不好的鸡群感染时症状不典型,发病率、死亡率较低。

### (二)临诊症状

自然感染的潜伏期一般为 2～14 天,平均为 5 天。根据临诊表现和病程的长短,本病分为典型新城疫和非典型新城疫两种病型。

**1. 典型新城疫** 当非免疫鸡群或免疫失败的鸡群受到强毒株感染时,可引起典型新城疫的暴发,发病率和死亡率可高达 90% 以上。典型新城疫往往发生在流行初期,鸡群突然发病,常无明显症状而出现个别鸡只迅速死亡,各种年龄的鸡都可发生,但以 30～50 日龄的鸡多发。

随后在感染鸡群中出现比较典型的症状,病鸡体温升高达 43～44 ℃,食欲减退或废绝,垂头缩颈,鸡冠及肉髯渐变为暗红色或紫黑色。咳嗽,呼吸困难,有黏液性鼻漏,常伸头,张口呼吸,并发出"咯咯"的喘鸣声。口流黏液,嗉囊内充满液体内容物,倒提时常有大量酸臭的液体从口内流出。粪便稀薄,呈黄绿色或黄白色(图 4-1),后期排蛋清样的粪便。随着病程的发展有的病鸡还出现神经症状,如翅、腿麻痹,转圈,头颈歪斜或后仰,病鸡动作失调,反复发作,最终瘫痪或半瘫痪,最后体温下降,不久死亡,病程 2～5 天。1 月龄内的雏鸡病程较短,症状不明显,病死率高;成年母鸡在发病初期产蛋量急剧下降,产软壳蛋等畸形蛋或停止产蛋。

**2. 非典型新城疫** 鸡群在具备一定免疫水平时遭受强毒攻击而发生的一种表现形式。主要是由于雏鸡的母源抗体含量高,接种新城疫疫苗后,不能获得坚强的免疫力;或因免疫后时间较长,保护力下降到临界水平,而鸡群内本身存在 NDV 强毒循环传播;或有其他免疫抑制性疾病存在;或免疫程序不合理、抗体不整齐、疫苗质量不佳或免疫剂量不足等,当强毒侵入时,仍可发生新城疫。其主要特点是病情比较缓和,症状不很典型,仅表现呼吸道症状和神经症状,其发病率和病死率变动幅度大,可从百分之几到百分之十几。

雏鸡常见呼吸道症状,张口伸颈,气喘,咳嗽,口有黏液,有摇头或吞咽动作,并出现零星死亡。排绿色稀粪,1周左右大部分鸡趋向好转,病程稍长者少数出现神经症状,如歪头、扭脖或呈仰面观星状,翅、腿麻痹,稍遇刺激或惊扰,全身抽搐就地旋转,数分钟后又恢复正常。

青年鸡常见于二次弱毒疫苗(Ⅱ系或Ⅳ系)接种之后,病鸡排黄绿色稀粪,呼吸困难,10%左右病鸡出现神经症状。

成年鸡症状不明显,或仅有轻度的呼吸道症状和神经症状,其发病率和病死率低,有时产蛋鸡仅表现为产蛋量下降,下降幅度为10%~30%,并出现软壳蛋和糙皮蛋等,半个月后产蛋量逐渐回升,但要2~3个月才能恢复正常。

### (三)病理变化

**1. 典型新城疫** 主要病变为全身黏膜、浆膜出血和坏死,尤其以消化道和呼吸道最为明显。个别病死鸡可见胸骨内面及心外膜上有出血点。口腔有大量黏液,嗉囊内充满大量酸臭液体和气体,在食道与腺胃、腺胃与肌胃交界处常见条状或不规则出血斑,腺胃黏膜水肿,其乳头或乳头间有明显的出血点,或有溃疡和坏死,这是比较特征的病变。肌胃角质层下也常见出血点,有时形成溃疡。小肠到盲肠和直肠黏膜有大小不等的出血点,肠黏膜上有时可见"岛屿状或枣核状溃疡灶"(图 4-2),有的在黏膜上形成伪膜,伪膜脱落后即成溃疡,这亦是本病的一个特征性病理变化。盲肠扁桃体常见肿大、出血和坏死。严重者肠系膜及腹腔脂肪上可见出血点。喉头、气管黏膜充血,偶有出血,肺有时可见淤血或水肿。心外膜、心冠脂肪有细小如针尖大的出血点。产蛋母鸡的卵泡和输卵管显著充血,卵膜破裂,卵黄流入腹腔引起卵黄性腹膜炎。脑膜充血或出血。肝、脾、肾无特殊病变。

图 4-1 病鸡排绿色稀便

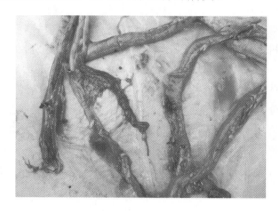

图 4-2 病鸡肠道枣核样出血

**2. 非典型新城疫** 病理变化不明显,仅见黏膜出现卡他性炎症,喉头和气管黏膜充血,以及小肠有不同程度的出血,直肠黏膜弥漫性出血。腺胃乳头出血很少见到,但多剖检一些鸡只,可见有的病鸡腺胃乳头有少量出血点,直肠黏膜和盲肠扁桃体多见出血。

### (四)诊断

根据本病的流行特点、临诊症状和病理变化进行综合分析,可做出初步诊断。

实验室检查有助于对本病进行确诊。病毒分离和鉴定是诊断新城疫最可靠的方法,常用的是鸡胚接种、HA 和 HI 试验、中和试验及荧光抗体检测。但应注意,从鸡分离出的 NDV 不一定是强毒病毒,还不能证明该鸡群流行新城疫。因为有的鸡群存在强毒和中等毒力的 NDV,必须针对分离的毒株做毒力测定后,才能做出确诊。还可以应用免疫组化法和 ELISA 来诊断本病。

应注意本病与禽流感的鉴别,鉴别要点见表 4-1。

表 4-1　新城疫与禽流感鉴别要点

| 项　　目 | 新　城　疫 | 禽　流　感 |
|---|---|---|
| 鸡冠、肉垂、眼睑肿胀 | － | ＋＋＋ |
| 气囊壁增厚、纤维素性渗出 | － | ＋＋＋ |
| 出血性素质 | ＋＋ | ＋＋＋＋ |
| 心脏、肝脏灶状坏死 | － | ＋＋＋ |
| 肠管伪膜性、溃疡性病变 | ＋＋＋ | － |
| 肾小球坏死 | － | ＋＋＋＋ |
| 淋巴组织坏死 | ＋＋＋ | ＋ |
| 脚鳞出血 | － | ＋＋ |

### 三、防治

#### （一）严格采取生物安全措施

日常坚持卫生消毒制度,防止一切带毒动物和污染物品进入鸡群,进出人员、车辆及用具严格消毒。

#### （二）预防接种

鸡新城疫疫苗种类很多,但总体上分为弱毒疫苗和灭活疫苗两大类。

国内使用的有Ⅰ系苗(Mukteswar 株)、Ⅱ系苗(HB1 株)、Ⅲ系苗(F 株)、Ⅳ系苗(Lasota 株)和Ⅴ系苗及其克隆株 Clone30 等。Ⅰ系苗属中等毒力,在弱毒疫苗中毒力最强,一般用于 2 月龄以上的鸡,或经 2 次弱毒疫苗免疫后的鸡,幼龄鸡使用后可引起严重反应,甚至导致发病。Ⅰ系苗多采用肌内注射,接种后 3~4 天即可产生免疫力,免疫期可达 6 个月以上。在发病地区常用作紧急接种。

Ⅱ系苗毒力最弱,Ⅲ系苗比Ⅱ系苗毒力稍强,Ⅳ系苗比Ⅰ系苗弱,比Ⅲ系苗毒力强。Ⅱ系苗、Ⅲ系苗、Ⅳ系苗和 Clone30 弱毒疫苗,大小鸡均可使用,多采用滴鼻、点眼、饮水及气雾等方式进行免疫。当气雾免疫时,若鸡群存在支原体、大肠杆菌和其他呼吸道病毒感染则易诱发呼吸道疾病,因而使用气雾免疫接种时应慎重。目前应用最广的是Ⅴ系苗及其克隆株 Clone30,可应用于任何日龄的鸡。Ⅱ系苗常用于雏鸡首次免疫。

灭活疫苗多与 Lasota 株或Ⅱ系苗配合使用。灭活疫苗接种后产生的抗体水平高而均匀,因不受母源抗体干扰,免疫力可持续半年以上。

母源抗体对新城疫免疫应答有很大的影响,雏鸡在 3 日龄时抗体滴度最高,以后逐渐下降。在有条件的鸡场,根据对鸡群 HI 抗体免疫监测结果确定初次免疫和再次免疫的时间。对鸡群抽样采血做 HI 试验,如果 HI 效价高于 2 时,进行首次免疫几乎不产生免疫应答,一般将抗体水平 3~4 作为免疫接种的界限。免疫检测可了解免疫接种效果,也可为制订或修改免疫程序提供依据。

#### （三）注意防治免疫抑制性疾病

一旦鸡群患上马立克氏病、传染性法氏囊病、白血病网状内皮组织增生症等免疫抑制性疾病,此时接种新城疫疫苗,鸡群产生抗体水平较低,严重的甚至无抗体产生,使用中等偏强毒力的鸡传染性法氏囊疫苗病(IBD 疫苗),亦可使新城疫的免疫应答受到严重抑制。

#### （四）扑灭措施

新城疫发生时应按《中华人民共和国动物防疫法》及其他有关规定处理。对被污染的用具、物品和环境要彻底消毒,病鸡和死鸡尸体深埋或焚烧。同时对全场鸡用Ⅰ系苗或Ⅳ系苗接种,接种顺序为假定健康鸡群至可疑鸡群,一般免疫注射后 3 天,饮水免疫后 5 天可停止或减少死亡。在发病初期注射抗血清或卵黄抗体可控制本病。

对非典型新城疫在注射Ⅰ系苗的同时,还应注射油佐剂灭活疫苗,后者能使鸡群产生高而均一的抗体水平,从而清除在鸡群中的长期存在的强毒。

 小提示

（1）新城疫与禽流感在临诊症状上非常相似,临诊应做好鉴别。
（2）新城疫又叫亚洲鸡瘟,禽流感又叫欧洲鸡瘟,两种病均俗称为鸡瘟。

# 任务二　传染性法氏囊病

扫码看课件
9-2

　　传染性法氏囊病(infectious bursal disease,IBD)是由传染性法氏囊病病毒引起的鸡的一种急性高度接触性传染病。本病发病突然、传播快、发病率高,病程短,主要表现为腹泻、颤抖、极度虚弱并引起死亡。特征性病变为法氏囊水肿、出血、有干酪样渗出物,肾肿大并有尿酸盐沉积,腿肌、胸肌出血,腺胃和肌胃交界处有条状出血。幼鸡感染本病后,可导致免疫抑制,并可诱发多种疫病或使多种疫苗免疫失败。

## 一、病原

　　本病病原为传染性法氏囊病病毒(infectious bursal disease virus,IBDV),属于双股双节 RNA 病毒科双股双节 RNA 病毒属。病毒是单层衣壳,无囊膜,病毒无红细胞凝集特性。

　　目前已知 IBDV 有 2 个血清型,即血清 I 型(鸡源性毒株)和血清 II 型(火鸡源性毒株)。采取交叉中和试验,血清 I 型毒株中可分为 6 个亚型。这些亚型毒株在抗原性上存在明显的差别,亚型间的相关性为 10%～70%,这种毒株之间的抗原性差异可能是免疫失败的原因之一。病毒在外界环境中极为稳定,能够在鸡舍内长期存在。病毒特别耐热,56 ℃ 3 h 病毒效价不受影响,60 ℃ 90 min 病毒不被灭活,70 ℃ 30 min 才可灭活病毒。

## 二、诊断要点

### （一）流行特点

　　自然感染仅发生于鸡,各种品种的鸡都能感染,3～6 周龄的鸡最易感。近年报道,138 日龄的鸡也发生本病,成年鸡一般呈隐性经过。

　　病鸡是主要传染源,其粪便中含有大量病毒,污染饲料、饮水、垫料、用具、人员等,通过直接接触和间接接触传播。病毒可持续存在于鸡舍中,污染环境中的病毒可存活 122 天。小粉甲虫蚴是本病传播媒介。

视频:传染
性法氏囊病

　　本病往往突然发生,传播迅速,病鸡通常在感染后第 3 天开始死亡,5～7 天达到高峰,以后很快停息,表现为高峰死亡和迅速康复的曲线。死亡率差异很大,有的仅为 3%～5%,一般为 15%～20%,严重发病群死亡率可达 60% 以上。据不少国家报道,有 IBDV 超强毒株存在,死亡率可高达 70%。本病常与大肠杆菌病、新城疫、鸡支原体病混合感染,混合感染时死亡率也有上升。

### （二）临诊症状

　　本病潜伏期为 2～3 天,最初发现有些鸡啄自己的泄殖腔。病鸡羽毛蓬松,采食减少,畏寒,常堆在一起,精神委顿,随即出现腹泻,排出白色黏稠和水样稀粪。严重者头垂地,闭眼呈昏睡状态。后期病鸡体温低于正常,严重脱水,极度虚弱,最后死亡。近几年来,发现由 IBDV 亚型毒株或变异株感染的鸡,表现为亚临诊症状,炎症反应弱,法氏囊萎缩,死亡率较低,但由于产生免疫抑制严重,危害性更大。

### （三）病理变化

　　死于 IBD 的鸡表现为脱水,腿部和胸部肌肉出血(图 4-3)。法氏囊的病变具有特征性,可见法氏囊内黏液增多,法氏囊水肿和出血(图 4-4),体积增大,重量增加,比正常重 2 倍,5 天后法氏囊开始萎

缩,切开后黏膜皱褶多混浊不清,黏膜表面有点状出血或弥漫性出血。严重者法氏囊内有干酪样渗出物。肾脏有不同程度的肿胀。腺胃和肌胃交界处有条状出血点。

图 4-3　外侧腿肌出血

图 4-4　法氏囊水肿

### (四) 诊断

根据本病的流行特点和病理变化的特征,如突然发病,传播迅速,发病率高,有明显的高峰死亡和迅速康复的曲线特点,法氏囊水肿和出血,体积增大,黏膜皱褶多混浊不清,严重者法氏囊内有干酪样渗出物,可做出初步诊断。由 IBDV 变异株感染的鸡,只有通过法氏囊的病理组织学观察和病毒分离才能做出诊断。

取发病鸡的法氏囊和脾,经磨碎后制成悬液,接种于 9～12 日龄 SPF 鸡胚绒毛尿囊膜上。死亡鸡胚可见到胚胎水肿、出血。再用中和试验来鉴定病毒。也可以取病死鸡的法氏囊,制成悬液,经鼻或口服感染 21～25 日龄易感鸡,感染后 48～72 h 出现症状,死亡剖检见法氏囊有特征性病变。

### 三、防治

加强环境卫生的消毒工作是控制本病的关键措施,必须贯穿种蛋、孵化、育雏的全过程,选用有效消毒剂对育雏舍、用具、鸡笼等进行喷洒消毒,反复消毒 2～3 次,每两次之间间隔 4～6 h。在彻底消毒的育雏舍内的育雏可以防止早期感染。生产中应提高种鸡的母源抗体水平,保护子代雏鸡,避免早期感染。对雏鸡也应进行免疫接种,常用的疫苗有活疫苗或灭活疫苗。

鸡群发病后,必须立即清除病鸡、病死鸡,应深埋或焚烧。选择合适的消毒剂对鸡舍、鸡体表周围环境,进行严格彻底消毒。另外,应加强饲养管理,降低饲料中的蛋白含量,提高维生素含量。供应充足的饮水,饮水中加 5% 的糖或 0.1% 的盐,或在饮水中加入口服补液盐,有利于减少对肾脏的损害。

# 任务三　传染性支气管炎

扫码看课件
9-3

传染性支气管炎(infectious bronchitis,IB)是由传染性支气管炎病毒引起的鸡的一种急性、高度接触传染性的呼吸道疾病,其特征是病鸡咳嗽、打喷嚏和气管发出啰音。雏鸡还可出现流涕,产蛋鸡产蛋减少。肾型病鸡表现为排白色稀糊状粪便,肾肿大、苍白,有大量尿酸盐沉积。该病具有高度传染性,感染鸡生长受阻,耗料增加、产蛋的数量和质量下降、死淘率增加,给养鸡业造成巨大经济损失。

### 一、病原

传染性支气管炎病毒(infectious bronchitis virus,IBV)属于冠状病毒科冠状病毒属,多数呈圆形,有囊膜和纤突,基因组为单股正链 RNA。在世界上已分离出 30 多个血清型,并且有新的血清型和变异株不断出现。多数毒株能使气管产生特异性病变,也有些毒株能引起肾病变和生殖道病变。

Note

不同血清型或毒株之间的交叉保护力较低或完全不能交叉保护。病毒主要存在于病鸡呼吸道渗出物中。肝、脾、肾和法氏囊中也能发现病毒。病毒在肾和法氏囊内停留的时间可能比在肺和气管中还要长。

本病毒能在 10～11 日龄的鸡胚中生长。自然毒初次接种鸡胚，多数鸡胚能存活，少数生长迟缓，到第 10 代时，可在接种后的第 9 天引起 80％的鸡胚死亡。特征性变化是鸡胚发育受阻、胚体萎缩呈小丸形，羊膜增厚，紧贴胚体，卵黄囊缩小，尿囊液增多等。感染鸡胚经 1％胰酶或磷脂酶 C 处理后，才具有血凝性。

多数病毒株在 56 ℃ 15 min 失活，－20 ℃能保存 7 年之久。病毒对一般消毒剂敏感，在 0.01％高锰酸钾溶液中 3 min 内死亡。病毒在室温中能抵抗 1％HCl(pH 2)、1％NaOH(pH 12)1 h，而新城疫病毒、传染性喉气管炎病毒和鸡痘病毒在室温中不能耐受 pH 2 的溶液，这在鉴别上有一定意义。

## 二、诊断要点

### （一）流行特点

本病仅发生于鸡，但小雉可感染发病，其他家禽均不感染。各种年龄的鸡都可发病，但雏鸡最为严重。有母源抗体的雏鸡有一定抵抗力(约 4 周)。过热、严寒、拥挤、通风不良以及维生素、矿物质和其他营养缺乏以及疫苗接种等均可促进本病的发生。适应于鸡胚的毒株，脑内接种乳鼠，可引起乳鼠死亡。

本病的主要传播方式是病鸡从呼吸道排出病毒，经空气飞沫传染给易感鸡。此外，通过饲料、饮水等，也可经消化道传染。病鸡康复后可带毒 49 天，在 35 天内具有传染性。本病无季节性，传播迅速，几乎在同一时间内有接触史的易感鸡都会发病。

### （二）临诊症状

潜伏期 36 h 或更长一些。病鸡看不到前驱症状。突然出现呼吸症状，并迅速波及全群为本病特征。4 周龄以下鸡常表现伸颈、张口呼吸、打喷嚏、咳嗽、有啰音，病鸡全身衰弱，精神不振，食欲减少，羽毛松乱，昏睡、翅下垂。个别鸡鼻窦肿胀，流黏性鼻汁，眼泪多，逐渐消瘦，康复鸡发育不良。

成年鸡出现轻微的呼吸道症状，产蛋鸡产蛋量下降，并产软壳蛋或粗壳蛋等。蛋的质量变差，如蛋白稀薄呈水样，蛋黄和蛋白分离以及蛋白黏着于壳膜表面等。

病程一般为 1～2 周，雏鸡的死亡率可达 25％，6 周龄以上的鸡死亡率很低。康复后的鸡具有免疫力，血清中的相应抗体至少持续一年可被测出，但其高峰期是在感染 3 周前后。

肾型毒株感染鸡，呼吸道症状轻微或不出现，或呼吸症状消失后，病鸡沉郁，持续排白色或水样粪便，迅速消瘦，饮水量增加。

### （三）病理变化

主要病理变化是气管、支气管、鼻腔和窦内有浆液性、卡他性和干酪样渗出物。气囊可能混浊或含有黄色干酪样渗出物，病死鸡后段气管或支气管中可能有一种干酪性的栓子(图 4-5)。在大的支气管周围可见到小灶性肺炎。产蛋鸡的腹腔内可以发现液状卵黄物质，卵泡充血、出血、变形。18 日龄以内幼雏，有的见输卵管发育异常，致使成熟期不能正常产蛋。

肾病变型可见肾肿大出血，多数呈斑驳状的"花斑肾"(图 4-6)，肾小管和输尿管因尿酸盐沉积而扩张。在严重病例，白色尿酸盐沉积可见于其他组织器官表面。

### （四）诊断

肾病变型传染性支气管炎一般易做出现场诊断，混合感染的传染性支气管炎确诊需进行实验室检查。

**1. 病毒的分离**　无菌采取急性期病鸡气管渗出物和肺组织，制成悬液，每毫升加青霉素和链霉素各 1 万单位，置 4 ℃冰箱过夜，以抑制细菌污染。经尿囊腔接种于 10～11 日龄鸡胚。初代接种的

视频：传染性支气管炎

图 4-5　支气管干酪样栓子

图 4-6　花斑肾

鸡胚，孵化至 19 天，可见少数鸡胚发育受阻，而多数鸡胚能存活，这是本病毒的特征。病毒若在鸡胚中连续传几代，则可使鸡胚呈现规律性死亡，并导致特征性病变。也可收集尿囊液再经气管接种易感鸡，如有本病毒存在，则被接种的鸡在 18 h 后可出现症状，有气管啰音。也可将尿囊液经 1‰ 胰蛋白酶 37 ℃ 作用 4 h，再做血凝及血凝抑制试验进行初步鉴定。近年来已建立起直接检查感染鸡组织中 IBV 核酸的 RT-PCR 方法。

**2. 气管环培养**　利用 18～20 日龄鸡胚，取 1 mm 厚气管环做旋转培养，37 ℃ 24 h，在倒置显微镜下可见气管环纤毛运动活泼。感染 IBV 后，1～4 天可见纤毛运动停止，继而上皮细胞脱落。此法可用于 IBV 分离、滴定及血清分型。

**3. 血清学诊断**　IBV 抗体具有多型性，不同血清学方法对群特异和型特异抗原反应不同。酶联免疫吸附试验、免疫荧光及免疫扩散法，一般用于群特异血清检测；而中和试验、血凝抑制试验一般可用于初期反应抗体的型特异性抗体检测。抗体 IgG 浓度于接种 IBV 后 1～3 周达到高峰，然后下降；IgM 浓度在第 3 周上升，保持到第 5 周，因此，常于感染初期和恢复期分别测血清效价，如恢复期血清效价高于初期，可诊断为本病。

### 三、防治

严格执行卫生防疫措施。鸡舍要注意通风换气，防止鸡群过挤，注意保温，加强饲养管理，补充维生素和矿物质，增强鸡体抗病力。

# 任务四　传染性喉气管炎

扫码看课件
9-4

传染性喉气管炎(infectious laryngotracheitis，ILT)是由传染性喉气管炎病毒引起的鸡的一种急性高度接触性呼吸道传染病。特征是病鸡呼吸困难，咳嗽和咳出含有血液的渗出物，喉头、气管黏膜肿胀、出血，甚至黏膜糜烂和坏死，产蛋鸡产蛋率下降。本病传播快，感染率较高，1924 年首次报道于美国，现已遍布世界养禽的国家和地区。

### 一、病原

传染性喉气管炎病毒(infectious laryngotracheitis virus，ILTV)，属于 α 疱疹病毒亚科中的鸡疱疹病毒 1。病毒粒子有囊膜，基因组为双股 DNA。

病毒大量存在于病鸡的气管组织及其渗出物中。肝、脾和血液中较少见。病毒容易在鸡胚中繁殖，鸡胚感染后 2～12 天死亡，胚体变小，绒毛尿囊膜增生和坏死，形成混浊的斑块病灶。病毒易在鸡胚细胞培养物上生长繁殖，最早(接种后 4～6 h)的细胞变化为核染色质变位和核仁变圆。随后胞质融合，成为多核的巨细胞，并且最早在接种后 12 h 便能检出核内包涵体。随着培养时间的延长，多核细胞的胞质出现大的空泡，并且由于细胞变性而变为嗜碱性粒细胞。

ILTV 的不同毒株在致病性和抗原性上均有差异，但被认为只有一个血清型。由于不同毒株对鸡的致病力差异很大，所以本病的控制十分困难。

病毒的抵抗力很弱，55 ℃只能存活 10～15 min，37 ℃存活 22～24 h，但在 13～23 ℃中能存活 10 天。对一般消毒剂都敏感，如 3％来苏尔或 1‰氢氧化钠溶液，1 min 即可杀死病毒。

## 二、诊断要点

### （一）流行特点

在自然条件下，主要侵害鸡，不同年龄的鸡均易感，但以成年鸡的症状最具特征。野鸡、孔雀、幼火鸡也可感染。

病鸡和康复后的带毒鸡是主要传染源。病毒存在于气管和上呼吸道分泌液中，通过咳出血液和黏液而经上呼吸道传播，污染的垫料、饲料和饮水，也可成为传播媒介。易感鸡与接种活疫苗的鸡长时间接触，也可感染本病。

视频：传染
性喉气管炎

### （二）临诊症状

自然感染的潜伏期为 6～12 天。

急性病例的特征症状是鼻孔有分泌物和呼吸时发出湿性啰音，继而咳嗽和喘气。严重病例，呈现明显的呼吸困难症状（图 4-7），咳出带血的黏液，有时死于窒息。检查口腔时，可见喉部黏膜上有淡黄色凝固物附着，不易擦去。病鸡迅速消瘦，鸡冠发紫，有时排绿色稀粪，衰竭死亡。病程为 5～7 天或更长，个别鸡逐渐恢复成为带毒者。

有些比较缓和的呈地方流行性，其症状为病鸡生长迟缓，产蛋减少，流泪，结膜炎，严重病例见眶下窦肿胀，病鸡多死于窒息，间歇性发生死亡。

### （三）病理变化

典型的病理变化为喉和气管黏膜充血和出血。喉部黏膜肿胀，有出血斑，并覆盖黏液性分泌物，有时这种渗出物呈干酪样假膜状，可能会将气管完全堵塞（图 4-8）。炎症也可扩散到支气管、肺和气囊或眶下窦。比较缓和的病例，仅见结膜和窦内上皮水肿及充血。

组织学变化可见黏膜下水肿，有细胞浸润。疾病早期可见核内包涵体。

图 4-7　病鸡张口呼吸、呼吸困难

图 4-8　气管内有黄色干酪样物质

### （四）诊断

根据流行特点、临诊症状和典型的病理变化，即可做出诊断。症状不典型时，与传染性支气管炎、鸡毒支原体感染临诊症状不易区别时（表 4-2），须进行实验室诊断。

表 4-2　传染性支气管炎与传染性喉气管炎鉴别要点

| 项　　目 | 传染性支气管炎 | 传染性喉气管炎 |
|---|---|---|
| 病原 | 传染性支气管炎病毒 | 传染性喉气管炎病毒 |
| 发病日龄 | 各年龄的鸡 | 成年鸡 |

续表

| 项　目 | 传染性支气管炎 | 传染性喉气管炎 |
| --- | --- | --- |
| 病死率 | 雏鸡达25%左右,成鸡低 | 平均死亡率在10%~20% |
| 流涕 | 无流涕现象 | 多有流涕 |
| 其他症状 | 雏鸡张口伸颈 | 严重咳嗽,咳出血痰 |
| 剖检变化 | 气管充满黏痰,输卵管发炎 | 喉头和气管黏膜严重出血,气管内有干酪样物质 |

**1. 鸡胚接种**　以病鸡的喉头、气管黏膜和分泌物,经无菌处理后,接种于10~12日龄鸡胚尿囊膜上,接种后4~5天鸡胚死亡,见绒毛尿囊膜增厚,有灰白色坏死斑。

**2. 包涵体检查**　取发病后2~3天的喉头黏膜上皮或者将病料接种于鸡胚,取死胚的绒毛尿囊膜进行包涵体检查,见细胞核内有包涵体。

**3. 用已知抗血清与病毒分离物做中和试验**　可用单层细胞培养的蚀斑减数试验或绒毛尿囊膜坏死斑减数试验来测定,可确诊。此外荧光抗体、免疫琼脂扩散试验也可作为本病的诊断方法。

## 三、防治

严格坚持隔离、消毒等措施,封锁疫点,禁止可能污染的人员、饲料、设备和鸡只的移动。野毒感染和疫苗接种都可造成ILTV潜伏感染,因此避免将康复鸡或接种疫苗的鸡与易感鸡混群饲养尤其重要。药物治疗仅是对症疗法,可使呼吸困难的症状缓解。

目前有两种疫苗可用于免疫接种。一是弱毒疫苗,经点眼、滴鼻免疫。但ILT弱毒疫苗一般毒力较强,免疫鸡可出现轻重不同的反应,甚至引起成批死亡,接种途径和接种量应严格按说明书进行。另一种是强毒疫苗,可涂擦于泄殖腔黏膜,4~5天,黏膜出现水肿和出血性炎症,表示接种有效,但排毒的危险性很大,一般只用于发病鸡场。灭活疫苗的免疫效果一般不理想。

# 任务五　马立克氏病

马立克氏病(Marek's disease,MD),是由马立克氏病病毒引起的一种高度接触性传染病,以各种内脏器官、外周神经、性腺、虹膜、肌肉和皮肤单独或多发淋巴样细胞浸润并形成肿瘤为特征。MD存在于世界所有养禽国家和地区,其危害随着养鸡业的集约化而增大。OIE及我国都将其列为二类动物疫病。

## 一、病原

马立克氏病病毒(Marek's disease virus,MDV)是一种细胞结合性病毒。MDV分三个血清型:1型为致瘤的MDV;2型为不致瘤的MDV;3型为火鸡疱疹病毒(HVT)毒株。MDV基因组为线状双股DNA,可在鸭胚成纤维(DEF)细胞和鸡肾(CK)细胞上繁殖,并产生蚀斑。

MDV的复制为典型的细胞结合病毒复制。MDV感染后,在体内与细胞之间的相互作用有3种形式。第一种是生产性感染,主要在非淋巴细胞,病毒DNA复制,抗原合成,产生病毒颗粒。第二种是潜伏感染,主要发生于T细胞,但也可见于B细胞、脊神经节的施万(Schwann)细胞和卫星细胞。第三种是转化性感染,是MD淋巴瘤中大多数转化细胞的特征。转化性感染仅见于T细胞,且只有强毒的1型MDV能引起。转化性感染常伴随着病毒DNA整合进宿主细胞基因组。转化细胞表达多种非病毒抗原。

MDV对理化因素作用的抵抗力不强,对热、酸、有机溶剂及消毒剂均敏感。5%福尔马林溶液、3%来苏尔、2%火碱甲醛蒸汽熏蒸等均可杀死病毒。

## 二、诊断要点

### (一)流行特点

鸡是最重要的自然宿主,除鹌鹑外其他动物自然感染没有实际意义。致病力强的毒株可对火鸡造成严重损害。不同品种或品系的鸡均能感染 MDV，但对发生 MD（肿瘤）的抵抗力差异很大。感染时鸡的年龄对发病有很大影响，特别是出雏室和育雏室的早期感染可导致很高的发病率和死亡率。年龄大的鸡发生感染，病毒可在体内复制，并随脱落的羽囊皮屑排出体外，但大多不发病。母鸡比公鸡更易患 MD。

病鸡和带毒鸡是主要的传染源，病毒通过直接或间接接触经气源传播。在羽囊上皮细胞中复制的病毒，随羽毛、皮屑排出，使鸡舍内的灰尘成年累月保持传染性。很多外表健康的鸡可长期持续带毒排毒，故在一般条件下 MDV 在鸡群中广泛传播，于性成熟时几乎全部感染。本病不发生垂直传播。人工感染可用病鸡血液、肿瘤匀浆悬液或无细胞病毒接种 1 日龄易感雏鸡，或与感染鸡直接或间接接触。

鸡群所感染 MDV 的毒力对发病率和死亡率影响很大。根据火鸡疱疹病毒（HVT）疫苗能否提供有效保护，将 MDV 分为温和毒、强毒和超强毒型，我国已有超强毒型的存在。应激等环境因素也可影响 MD 的发病率。

**（二）临诊症状**

本病是一种肿瘤性疾病，潜伏期较长，受病毒的毒力、剂量、感染途径和鸡的遗传品系、年龄和性别的影响，症状可以存在很大差异。种鸡和产蛋鸡常在 16～20 周龄出现临诊症状，迟可至 24～30 周龄或 60 周龄以上。

MD 的临诊表现与 MDV 的毒力有关，一般可分为神经型、内脏型、眼型和皮肤型。特征性症状是一个或多个肢体非对称的进行性不全麻痹，随后发展为完全麻痹。病鸡因受侵害的神经不同而表现不同的症状，翅以下垂为特征。控制颈肌的神经受害可导致头下垂或头颈歪斜。迷走神经受害可引起嗉囊扩张或喘息。早期步态不稳，后完全麻痹，不能行走，蹲伏地上，或呈一腿伸向前方，另一腿伸向后方的特征性"劈叉"姿势，这是坐骨神经受侵害的特征性症状。

有些病鸡虹膜受害，导致失明。病鸡一侧或两侧虹膜正常视力消失，呈同心圆状或斑点状，甚至呈弥漫的灰白色。开始时瞳孔边缘变得不齐，后期则仅为一针尖大小孔。

**（三）病理变化**

外周神经，以腹腔神经丛、前肠系膜神经丛、臂神经丛、坐骨神经丛和内脏大神经最常见。受害神经横纹消失，变为灰白色或黄白色，有时呈水肿样外观。病变常为单侧性，将两侧神经对比有助于诊断。

内脏器官最常被侵害的是卵巢，其次为肾、脾、肝、心、肺、胰、肠系膜、腺胃和肠道。在上述器官和组织中可见大小不等的肿瘤块（图 4-9），肿瘤块呈灰白色，质地坚硬而致密，有时肿瘤呈弥漫性，使整个器官变得很大。除法氏囊外，内脏的眼观变化很难与禽白血病等其他肿瘤病相区别。

法氏囊通常萎缩，极少数情况下发生弥漫性增厚的肿瘤变化，由肿瘤细胞的滤泡间浸润所致。皮肤病变常与羽囊有关，但不限于羽囊，病变可融合成片，呈清晰带白色的结节，拔毛后的胴体尤为明显。

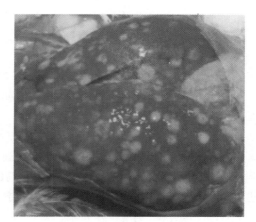

图 4-9　肝大小不等的肿瘤块

**（四）诊断**

MDV 具有高度接触传染性的，在商业鸡群中几乎无所不在，但在感染鸡中仅有一小部分发生 MD。此外，接种疫苗的鸡虽能得到保护不发生 MD，但仍能感染强毒型 MDV。因此，是否感染 MDV 不能作为诊断 MD 的标准，必须根据疾病特异的流行特点、临诊症状、病理学和肿瘤标记做出诊断。

MD 一般发生于 1 月龄以上的鸡，2～7 月龄为发病高峰时间；病鸡常有典型的肢体麻痹症状，出

视频：马立克氏病

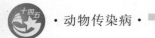

现外周神经受害、法氏囊萎缩、内脏肿瘤等病理变化,这些都是 MD 的特征,一般不会造成误诊。

虽然检查鸡群感染 MDV 情况对建立 MD 诊断并无多大帮助,但对流行病学监测和病毒特性研究具有重要意义。常用的方法有病毒分离,检查组织中的病毒标记和血清中的特异性抗体。病毒分离常用 DEF 和 CK 细胞(1 型病毒)或 CEF 细胞(2、3 型病毒),分离物用型特异单抗进行鉴定。组织中的病毒标记,可用 FA、AGP 和 ELISA 等方法检查病毒抗原,或用 DNA 探针检查病毒基因组。FA、AGP 和 ELISA 等方法也可用于检查血清中的 MDV 特异性抗体。

### 三、防治

疫苗接种是防治本病的关键,以防止出雏室和育雏室早期感染为中心的综合性防治措施对提高免疫效果和减少损失起重要作用。

早期感染可能是引起免疫鸡群超量死亡最重要的原因,因为疫苗接种后需 7 天才能产生坚强免疫力,而在这段时间内在出雏室和育雏室都有可能发生感染。

# 任务六　禽白血病

禽白血病(avian leukemia,AL)是由禽白血病或肉瘤病毒群中的病毒引起的禽类的多种肿瘤性疾病的统称。在临床上有多种表现形式,包括淋巴细胞性白血病、成红细胞性白血病、成髓细胞性白血病、血管瘤、骨髓细胞瘤、内皮瘤、肾瘤、纤维肉瘤、结缔组织瘤和骨化石病等,其中以淋巴细胞性白血病最常见。本病在许多国家甚至养鸡业发达的国家均存在,在我国几乎波及所有商品鸡群。

### 一、病原

禽白血病/肉瘤病毒群中的病毒属反转录病毒科禽 C 型反转录病毒群。

根据囊膜糖蛋白抗原差异,对不同遗传型鸡胚成纤维(CEF)细胞的宿主范围和各病毒之间的干扰情况,本群病毒被分为 A、B、C、D、E 和 J 等亚群。A 和 B 亚群病毒是现场常见的外源性病毒;C 和 D 亚群病毒在现场很少发现;而 E 亚群病毒则包括无所不在的内源性白血病病毒,致病力低;J 亚群病毒则是近年来从肉用型鸡中分离到的。

本群病毒在形态上是典型的 C 型肿瘤病毒,病毒接种 11 日龄鸡胚绒毛尿囊膜,在 8 天后可产生痘斑;接种 5~8 日龄鸡胚卵黄囊则可产生肿瘤;接种 1 日龄雏鸡的翅蹼,经长短不等的潜伏期后也可产生肿瘤。肉瘤病毒可在 CEF 细胞上生长,产生转化细胞灶,常用于病毒的定量测定。

### 二、诊断要点

#### (一)流行特点

鸡是本群所有病毒的自然宿主。不同品种或品系的鸡对病毒感染和肿瘤发生的抵抗力差异很大。

外源性淋巴细胞性白血病病毒(LLV)的传播方式有两种:通过蛋从母鸡到子代的垂直传播和通过直接或间接接触从鸡到鸡的水平传播。垂直传播在流行病学上十分重要,因为它使感染从上一代传到下一代。大多数鸡通过与先天性感染鸡的密切接触获得感染。通常感染鸡只有一小部分发生淋巴细胞性白血病(LL),但不发病的鸡可带毒并排毒。出生后最初几周感染病毒的鸡 LL 发病率高,随感染时间后移,则 LL 发病率迅速下降。

内源性淋巴细胞性白血病病毒通常通过公鸡和母鸡的生殖细胞遗传传递,多数有遗传缺陷,不产生传染性病毒粒子,少数无缺陷,在胚胎或幼雏也可产生传染性病毒,像外源性淋巴细胞性病毒那样传递,但大多数鸡对它有遗传抵抗力。内源性淋巴细胞性白血病病毒无致瘤性或致瘤性很弱。

#### (二)临诊症状

淋巴细胞性白血病的潜伏期长,自然病例可见于 14 周龄后的任何时间,但通常以性成熟时发病率最高。

淋巴细胞性白血病无特异症状,可见鸡冠苍白、皱缩,间或发绀。食欲不振、消瘦和衰弱也很常见。腹部常增大,可触摸到肿大的肝、法氏囊或肾。一旦显现临诊症状,通常病程发展很快。无明显病毒感染的产蛋鸡和种鸡产蛋相关性能可受到严重影响,如产蛋减少 20~30 枚,性成熟迟,蛋小而壳薄,受精率和孵化率下降。

### (三)病理变化

肝、法氏囊和脾几乎都有眼观肿瘤,肾、肺、性腺、心肌、骨髓和肠系膜也可受害(图 4-10、图 4-11)。肿瘤大小不一,可为结节性、粟粒性或弥漫性。肿瘤组织的显微变化呈灶性和多中心,即使弥漫性肿瘤也是如此。病鸡外周血液的细胞成分没有一致的或有意义的变化。

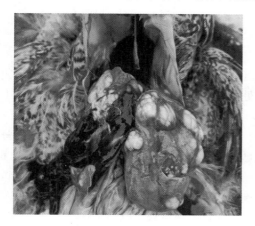

图 4-10 肝大小不一的肿瘤

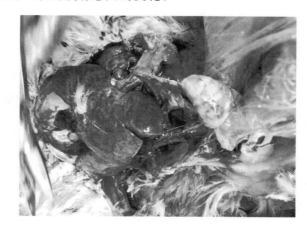

图 4-11 心肌的肿瘤

### (四)诊断

临诊诊断主要根据流行病学和病理学检查。病毒分离鉴定和血清学检查在日常诊断中很少使用,但它们是建立无禽白血病种鸡群所不可缺少的。禽白血病病毒(如 LIV)能在敏感 CEF 细胞中繁殖,但不产生细胞病变。它们的存在及亚群鉴定可用下列试验测定:抗力诱导因子试验可用来测定材料中是否存在禽白血病病毒并鉴定其所属亚群;补体结合试验和 ELISA 可以测定病毒的群特异抗原;非产毒细胞激活试验(NP)可用于检查病毒和确定其亚群;表型混合试验(PM 试验)也可用来测定病毒和鉴定其亚群。

## 三、防治

### (一)加强饲养管理和环境卫生消毒

给鸡群提供良好的外部环境条件,减少应激。特别是育雏期(最少 1 个月)封闭隔离饲养,并实行全进全出饲养管理制度。病毒抵抗力不强,重视日常消毒,及时处理粪便可杀灭环境中的潜在病原。发现病鸡、可疑鸡应坚决淘汰,以消灭传染源。

### (二)重视种群净化

本病主要为垂直传播,病毒型间交叉免疫力很低,雏鸡免疫耐受对疫苗不产生免疫应答,所以对本病的控制尚无切实可行的方法。降低种鸡群的感染率和建立无禽白血病的种鸡群是控制本病的最有效措施。种鸡在 8 周龄和 18~22 周龄时,用阴道拭子采集原料检查抗原;在 22~24 周龄时,检查是否有病毒血症,同时检测蛋清、雏鸡胎粪中的抗原,阳性种鸡、种蛋和种雏全部淘汰,选择试验阴性母鸡的受精蛋进行孵化,要求在隔离条件下出雏饲养,连续进行 4 代,建立无病鸡群。但此法由于费时长、成本高、技术复杂,一般种鸡场还难以实行。

### (三)提高非特异性免疫

使用免疫增强剂,如黄芪多糖、人参多糖、党参多糖、干扰素、鸡转移因子、肿瘤坏死因子、白细介素等,以增强禽对禽白血病病毒的抵抗力。另外也可用抗病毒中药,如板蓝根、穿心莲、大青叶、金银花、鱼腥草、黄连、龙胆草等,作为鸡的日常保健药品,以提高鸡抵抗禽白血病的能力。

# 任务七　产蛋下降综合征

产蛋下降综合征(egg drop syndrome 1976,EDS 76)是由腺病毒引起的以产蛋量下降为主要特征的传染病,病鸡其他方面没有明显症状,主要表现为产蛋量骤然下降、蛋壳异常(薄壳蛋、软壳蛋)、蛋体畸形、蛋质低劣和蛋壳颜色变淡。

本病 1976 年首次发生于荷兰,1977 年分离到病毒,随后英国、法国、德国、美国、澳大利亚、日本等 20 多个国家相继报道有本病发生,我国在 1991 年分离到病毒证实有本病存在。

## 一、病原

产蛋下降综合征病毒属于 Ⅲ 群禽腺病毒,是无囊膜的双股 DNA 病毒。基因组 DNA 分子量比 Ⅰ 群禽腺病毒小;限制性酶切分析表明两者之间无共同之处。本病毒有 13 条结构多肽,有 7 条与 Ⅰ 群禽腺病毒的结构多肽相对应。

本病毒能在鸭胚、鸭胚肾和鸭胚成纤维细胞、鸡胚肝和鸡胚成纤维细胞上生长繁殖,但在鸡胚肾和火鸡细胞中生长不良;在哺乳动物细胞中不能生长。在鸭胚中生长良好,可使鸭胚死亡。EDS 76 病毒能凝集鸡、鸭、火鸡、鹅、鸽的红细胞。

在国内外分离到的 EDS 76 病毒株有 10 余种,已知各地分离到的毒株同属一个血清型。病毒对乙醚、氯仿不敏感,对 pH 适应谱广,0.3% 福尔马林溶液 48 h 可使病毒完全失活。

## 二、诊断要点

### (一)流行特点

本病除鸡易感外,自然宿主为鸭、鹅和野鸭。品种不同的鸡对 EDS 76 病毒易感性有差异,产褐色蛋母鸡最易感。本病主要侵害 26～32 周龄鸡,35 周龄以上较少发病。

本病传播方式主要是垂直传播,但水平传播也不可忽视,因为从鸡的输卵管、泄殖腔、粪便、肠内容物都能分离到病毒,病鸡可向外排毒经水平传播给易感鸡。当病毒侵入鸡体后,在鸡性成熟前对其不表现出致病性,在产蛋初期由于应激反应,病毒活化而使产蛋鸡发病。

图 4-12　软壳蛋、表面粗糙蛋等

### (二)临诊症状

感染鸡本身无明显临诊症状,通常是 26～32 周龄产蛋鸡突然出现群体性产蛋量下降,产蛋率比正常下降 20%～40%,甚至达 50%。病初蛋壳色泽变淡,紧接着产出软壳蛋、薄壳蛋、无壳蛋、小蛋等畸形蛋,蛋壳表面粗糙,蛋白水样,蛋黄色淡,或蛋白中混有血液、异物等(图 4-12)。异常蛋可占产蛋量的 15% 以上。蛋的破损率可达 40% 左右。种蛋受精率和孵化率降低。病程一般可持续 4～10 周,以后逐渐恢复,但难以达到正常水平。

### (三)病理变化

本病一般不导致死亡,无明显肉眼可见病理变化。剖检个别鸡可见卵巢萎缩、卵泡充血,输卵管和子宫黏膜有出血性和卡他性炎症,有的肠道出现卡他性炎症。

### （四）诊断

根据流行特点和临诊症状可做出初步诊断,本病的特点是引起产蛋量下降的持续时间较非典型新城疫(ND)、低致病性禽流感、传染性法氏囊病(IB)等引起的要长,确诊需要进行实验室诊断。

**1. 病原分离和鉴定**　从病鸡的输卵管、泄殖腔、肠内容物和粪便采取病料,经无菌处理后,从尿囊腔接种于 10~12 日龄鸭胚(无腺病毒抗体)。病料也可以接种于鸭胚和鸡胚成纤维细胞。若分离的病毒发现有血凝现象,再用已知抗 EDS 76 病毒血清,进行 HI 试验或中和试验进行鉴定。

**2. 血清学试验**　HI 试验是常用的诊断方法之一,如果鸡群 HI 效价在 1∶8 以上,证明此鸡群已感染。此外还可采用中和试验、ELISA、荧光抗体和双向免疫扩散试验等方法诊断本病。

## 三、防治

### （一）杜绝 EDS 76 病毒的传入

做好鸡舍及周围环境和孵化室的消毒工作,粪便无害化处理,鸡、鸭分开饲养,防止饲养管理用具混用和人员串走,以防止水平传播。从非疫区引种,引进种鸡群要严格隔离饲养。产蛋下降期的种蛋不能留种用。

### （二）免疫预防

疫苗有 EDS 76 油佐剂灭活疫苗、EDS 76 与 ND 二联油佐剂灭活疫苗和 ND-IB EDS 76 三联油佐剂灭活疫苗。商品产蛋鸡或蛋用种鸡,于 110~130 日龄免疫接种。肉用种鸡于 160 日龄前后免疫接种。

### （三）发病后措施

本病尚无有效治疗方法,发病后应加强饲养管理和进行带鸡消毒,预防继发感染。在饮水中加入电解多维、禽用白细胞干扰素,连用 7 天,可以促进病鸡康复。

# 任务八　禽脑脊髓炎

禽脑脊髓炎(avian encephalomyelitis,AE)是由禽脑脊髓炎病毒引起的一种急性高度接触性传染病,又称流行性震颤。该病主要侵害雏鸡的中枢神经系统,雏鸡主要表现为共济失调、渐进性瘫痪和头颈部肌肉震颤,主要病变是非化脓性脑炎。产蛋鸡感染后出现短暂的产蛋率和孵化率下降。

## 一、病原

禽脑脊髓炎病毒(avian encephalomyelitis virus,AEV)是小 RNA 病毒科中的肠道病毒,无囊膜。

AEV 的不同毒株间无血清学差异,但野毒株和鸡胚适应毒株之间有明显生物学区别。野毒株的致病性有差异,都嗜肠道,易经口感染雏鸡,通过粪便排毒。有一些野毒株嗜神经性较强,感染幼雏后引起严重的中枢神经症状和损害。野毒在通过快速继代适应于鸡胚之前对鸡胚不致死。鸡胚适应毒株(Van Roekel 株)是高度嗜神经的,注射接种可在所有年龄的鸡中引起疾病。本病毒对氯仿、酸、胰酶、胃蛋白酶、DNA 酶有抵抗力。

## 二、诊断要点

### （一）流行特点

除鸡外,野鸡、鹌鹑和火鸡也能自然感染。AE 实质上是一种肠道感染,粪中排毒可持续数天。因病毒对环境抵抗力很强,传染性可保持很长时间。幼雏排毒可持续 2 周以上,而 3 周龄以上雏鸡排毒仅持续 5 天左右。垫料等污染物是主要传播媒介,可把感染引入有易感鸡群的其他农场。

垂直传播在病毒的传播中起很重要的作用。如易感鸡群在性成熟后被感染,则母鸡以不同比例

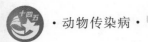

将病毒传给种蛋,病毒还可在孵化器内进一步传播,使后代发生 AE。

### （二）临诊症状

经胚胎感染的雏鸡的潜伏期为 1～7 天,而自然发病通常在 1～2 周龄。病鸡最早症状是目光呆滞,随后出现进行性共济失调,驱赶时走动显得不能控制速度和步态,最终倒卧一侧(图 4-13)。呆滞显著时可伴有衰弱的呻吟,刺激或骚扰可诱发病雏的颤抖,持续时间长短不一,并经不规则的间歇后再发。共济失调通常在颤抖之前出现,通常发展到不能行走,之后是疲乏、虚脱,最终死亡。少数出现症状的鸡可存活,但其中部分发生失明。本病有明显的年龄抵抗力。2～3 周龄后感染很少出现临诊症状。成年鸡感染可发生暂时性产蛋率下降(5%～10%),但不出现神经症状。

### （三）病理变化

AE 唯一的眼观变化是病雏肌胃有带白色的区域,它由浸润的淋巴细胞团块所致。这种变化不很明显,容易忽略。主要的显微变化在中枢神经系统(CNS)和某些内脏器官。外周神经不受累,这有鉴别诊断意义。最常见的其他变化是脑和脊髓所有部位有显著的血管周袖套,脑膜充血(图 4-14),中脑圆核和卵圆核恒有疏松小胶质细胞增生,是具有诊断意义的变化。脑干核神经元的中央染色质溶解也具有诊断意义。

图 4-13  两腿麻痹,不能站立

图 4-14  脑膜充血

### （四）诊断

中枢神经系统胶质细胞增多、淋巴细胞血管周浸润、轴突型神经元变性和某些内脏组织的淋巴滤泡增生可作为 AE 的诊断依据。分离到病毒或血清特异性抗体效价升高,则可进一步确诊。

病毒分离以取脑、胰或十二指肠材料为好,接种来自易感鸡群的 5～7 日龄胚卵黄囊,待孵化出壳后观察 10 天是否出现症状。有症状时取病鸡脑、胰和腺胃检查显微变化或用荧光抗体法(FAT)检查病毒抗原。健康雏鸡接种试验,取病雏脑组织悬液颅内接种 1 日龄敏感雏,在 1～4 周出现典型症状。特异性抗体可通过病毒中和试验(VNT)、间接 FA 法、琼脂扩散试验(IDT)、ELISA 和被动血凝试验(PHA)测定。

## 三、防治

### （一）平时的预防

防止从疫区引进种蛋与种鸡,种鸡感染后 1 个月内所产的蛋不能用于孵化。

### （二）免疫接种

目前使用的疫苗有两种,一类是弱毒疫苗,种鸡接种弱毒疫苗后母源抗体保留到 8 周龄时才消失,加之弱毒疫苗对雏鸡有一定的毒力,所以建议在 10 周龄以上,但不能迟于开产前 4 周接种弱毒疫苗,使母鸡在开产前获得免疫力,弱毒疫苗只能用于流行区。另一类是油佐剂灭活疫苗,灭活疫苗一般在开产前 4 周经肌内或皮下接种,必要时可在种鸡产蛋中期再接种 1 次。

## （三）发病时的措施

本病尚无有效治疗药物。一般应将发病鸡群扑杀并进行无害化处理。污染场地、用具彻底消毒或在种鸡发病时用油佐剂灭活疫苗进行紧急免疫。

# 任务九 安卡拉病

鸡心包积液综合征（HPS），又称安卡拉病或心包积液-肝炎综合征（HHS），主要是由Ⅰ群禽腺病毒4型引起的鸡的一种高度接触性传染病。临床发病急，突然死亡，死亡率快速增高；剖检以心包积液为典型特征，肾脏、肺脏肿大，肝脏肿大、变性、坏死，肝细胞内有嗜碱性包涵体。2012年开始，我国江苏、山东、河南等地鸡群出现新型Ⅰ群禽腺病毒感染流行，这种病毒1987年首次在巴基斯坦安卡拉出现，所以该病也称为"安卡拉病"。

## 一、病原

禽腺病毒根据其抗原性不同分为Ⅰ、Ⅱ和Ⅲ3个群，其中Ⅰ群可分为A～E 5个种共12种血清型，主要引起包涵体肝炎（IBH）和鸡心包积液综合征及肌胃糜烂（GE）等。而心包积液综合征主要是由Ⅰ群C种血清4型的禽腺病毒引起的。我国新流行的是禽腺病毒Ⅰ群血清4型的禽腺病毒。Ⅰ群禽腺病毒，无囊膜，为双股DNA病毒，对热较稳定，在室温下可存活较长时间，能抵抗乙醚、氯仿及pH 3～9，但1∶1000的甲醛可使其失活。

## 二、诊断要点

### （一）流行特点

本病发病急，致死率极高，死亡率达20%～80%。

**1. 传染源** 病鸡和带毒鸡是主要的传染源。

**2. 传播途径** 本病可垂直传播和经粪-口水平传播。

**3. 易感动物** 本病多发生于3～6周龄的肉鸡，也可见于产蛋鸡等。

### （二）临诊症状

本病在发病初期无明显症状，病鸡精神萎靡后24 h内死亡，发病急，致死率极高。发病鸡群多于3周龄开始死亡，4～5周龄达到高峰，高峰持续4～8天，5～6周龄死亡减少。病程为8～15天，死亡率20%～80%。

### （三）病理变化

剖检病鸡以心包内有淡黄色清亮积液（图4-15）；肾脏、肺脏肿大；肝脏肿大、变性、坏死，有出血点或出血斑（图4-16），肝细胞内有嗜碱性包涵体为主要病理特征。

### （四）实验室诊断

从病死鸡采集的组织样品应以肝脏为主；活鸡采集泄殖腔拭子。

**1. 病原学诊断** 病毒分离与鉴定，包括鸡胚接种分离和细胞接种分离。

**2. 血清学试验及分子生物学诊断** 可用琼脂扩散试验、聚合酶链式反应（PCR）、荧光定量聚合酶链式反应、病毒中和试验（VNT）等方法。

## 三、防治

### （一）预防

本病目前无可靠的预防疫苗，主要是做好肉鸡养殖场的饲养管理和消毒工作，同时加强检疫工作。

图 4-15　病鸡心包内有淡黄色透明积液

图 4-16　肝脏肿大,有出血点和出血斑

## （二）控制和扑灭

本病无特效治疗药物。鸡群发病后,应采取隔离、扑杀、消毒、无害化处理等综合防治措施。

# 任务十　鸡传染性贫血

鸡传染性贫血(CIA)是由鸡传染性贫血病毒(CIAV)引起的以雏鸡再生障碍性贫血、全身淋巴组织萎缩、皮下和肌肉出血为特征的一种免疫抑制性疾病。

## 一、病原

鸡传染性贫血病毒(CIAV),为圆环病毒科环病毒属的一种单股 DNA 病毒,无囊膜,无血凝性。不同病毒株毒力有一定差异,但抗原性无差别。病毒能在鸡胚中增殖。本病毒对乙醚和氯仿有抵抗力;在 60 ℃耐 1 h 以上,100 ℃经 15 min 可被灭活;对酸稳定,在 pH 3 环境下经 3 h 不死;对一般消毒剂的抵抗力较强。

## 二、诊断要点

### （一）流行特点

传染性法氏囊病病毒、马立克氏病病毒、禽网状内皮组织增殖症病毒以及免疫抑制药物能增强本病毒的传染性和降低母源抗体的抵抗力,从而增高鸡的发病率和病死率。本病毒可诱导雏鸡免疫抑制,不仅能增加对继发感染的易感性,而且能降低疫苗的免疫力,特别是对马立克氏病疫苗的免疫。

**1. 传染源**　病鸡和带毒鸡是主要传染源。

**2. 传播途径**　种鸡感染后,可通过种蛋垂直传播给下一代。也可通过消化道和呼吸道传播。

**3. 易感动物**　各品种、年龄的鸡均易感,自然发病多见于 2～4 周龄鸡。当有马立克氏病、传染性法氏囊病、禽网状内皮组织增殖症等免疫抑制性疾病发生时,雏鸡对鸡传染性贫血病毒的易感性增高,发病早且严重。

### （二）临诊症状

雏鸡感染本病的主要临床特征是贫血,病鸡精神沉郁、虚弱、消瘦,聚堆及行动迟缓,羽毛蓬乱,喙、肉髯、面部和可视黏膜苍白(图 4-17、图 4-18),羽毛囊有淤血和出血性病灶,生长不良。

成年鸡或有母源抗体的雏鸡感染无明显临床症状。

### （三）病理变化

病鸡表现为再生障碍性贫血、消瘦,骨髓被脂肪组织取代呈黄白色,肌肉及内脏器官苍白(图 4-19),肝脏、肾脏肿大并褪色;血液稀薄,凝血时间延长,血细胞比容下降;全身性淋巴组织萎缩,胸腺、法氏囊、脾脏和盲肠扁桃体以及其他组织内淋巴细胞严重缺失(图 4-20)。

图 4-17 病鸡鸡冠苍白

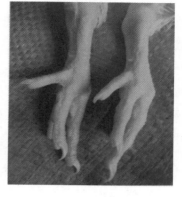

图 4-18 病鸡白腿、白爪

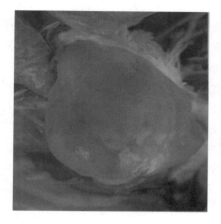

图 4-19 肌肉颜色变淡、轻度出血

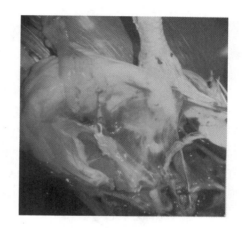

图 4-20 法氏囊萎缩、消失、变平

## （四）实验室诊断

无菌采集病鸡胸腺、骨髓、脾脏、盲肠扁桃体、肝脏、肺脏、法氏囊等组织器官为病料。

**1. 病原学诊断** 病毒分离培养。

**2. 血清学试验和分子生物学诊断** 可用酶联免疫吸附试验（ELISA）、免疫酶试验、聚合酶链式反应（PCR）、荧光聚合酶链式反应（QPCR）、间接免疫荧光试验（IFA）等方法进行诊断。

## 三、防治

### （一）预防

加强和重视鸡群的日常饲养管理和兽医卫生措施，防止因环境因素及其他传染病导致的免疫抑制，及时接种马立克氏病疫苗、传染性法氏囊病疫苗，加强监测。引进种鸡时，应加强检疫，防止从外地引入带毒鸡而将本病传染给健康鸡群，种鸡可用疫苗进行免疫接种。

### （二）控制和扑灭

本病目前尚无特效治疗药物。平时应加强种鸡群检疫，及时淘汰和扑杀感染鸡，雏鸡感染也应及时淘汰，并采取相应的防疫措施。

# 任务十一 鸭 瘟

鸭瘟（DP）又名鸭病毒性肠炎，俗称"大头瘟"。本病是由鸭瘟病毒引起的鸭、鹅和天鹅、雁及其他雁形目禽类的急性、热性、败血性、接触性传染病。临床特征是高热稽留、两脚发软无力、排绿色稀

扫码看课件
9-6

粪、流泪和部分病鸭头颈肿大。剖检变化是食道黏膜小点出血、常有灰黄色伪膜覆盖或溃疡,泄殖腔黏膜充血、出血、水肿和伪膜覆盖,肝有不规则的大小不等的出血点和灰白色坏死灶。本病能对养鸭生产造成很大的威胁和损失。

## 一、病原

鸭瘟病毒属疱疹病毒科马立克氏病毒属,是一种 DNA 病毒。病毒存在于病鸭各内脏器官、血液、分泌物和排泄物中,以肝、脾、脑、肺、血液、食道及泄殖腔中含毒量较高。鸭瘟病毒只有一个血清型,各毒株间的毒力有差异,能够交叉免疫保护。鸭瘟病毒对高温的抵抗力不强,但对低温抵抗力较强,在−7～−5 ℃能保存毒力达 3 个月;对乙醚和氯仿敏感;常用的消毒剂如 0.5％苯酚溶液 60 min、0.5％漂白粉溶液和 5％生石灰 30 min 能杀灭鸭瘟病毒。

## 二、诊断要点

### (一)流行特点

鸭瘟一年四季都可发生,一般以春夏之交和秋季流行较为严重。当鸭瘟传入一个易感鸭群后,一般在 3～7 天开始出现零星病例,再经 3～5 天陆续出现大批病鸭,整个流行过程一般为 2～6 周。如果鸭群中有免疫鸭或耐过鸭,流行期可达 2～3 个月或更长。

**1. 传染源** 病鸭和带毒鸭是主要的传染源,被其排泄物、分泌物污染的饲料、饮水、用具和运输工具等是传播鸭瘟的重要媒介,带毒野生水禽常成为传播本病的自然疫源和媒介。

**2. 传播途径** 鸭瘟主要经消化道传播,也可通过交配、呼吸道和眼结膜等途径传播。

**3. 易感动物** 自然条件下只有鸭、鹅、天鹅、大雁对鸭瘟有敏感性。不同品种、年龄、性别的鸭均可感染本病。鸭瘟流行时,成年鸭(特别是种鸭)的发病和死亡最为严重,1 月龄以内的雏鸭发病较少。

### (二)临诊症状

视频:鸭瘟

自然感染的潜伏期一般为 3～4 天。鸭群突然出现持续性高死亡率(图 4-21),病初体温升高(43 ℃以上),呈稽留热。这时病鸭表现为精神委顿,头颈缩起,食欲降低或停食,渴欲增加,羽毛松乱无光泽,两翅下垂,两脚麻痹无力、走动困难,流泪和眼睑水肿(图 4-22)。同时病鸭下痢,排出绿色或灰白色稀粪。泄殖腔黏膜充血、出血、水肿,严重者黏膜外翻。用手翻开肛门时,可见到泄殖腔黏膜有黄绿色的假膜,不易剥离。成年鸭死亡时膘情良好,死亡的鸭阴茎脱垂明显;产蛋鸭群在死亡高峰期产蛋量明显下降;2～7 周龄商品雏鸭表现为脱水、消瘦,喙发蓝,结膜炎、流泪,鼻腔有渗出物和泄殖腔有血染等特点。

自然条件下,鹅感染鸭瘟,其临床特点与鸭相似。

图 4-21 鸭群大批死亡

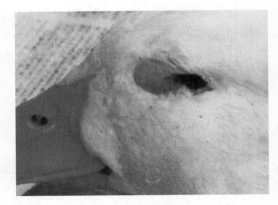

图 4-22 流泪,眼周围羽毛沾湿

### (三)病理变化

鸭瘟眼观变化见败血症的病变。体表皮肤有许多散在出血斑,眼睑常粘连干酪样分泌物。部分头颈肿胀的病例,皮下组织有黄色胶冻样浸润(图 4-23)。食道黏膜有纵行排列的灰黄色假膜覆盖或小出血斑点,假膜易剥离,剥离后食道黏膜留有溃疡斑(图 4-24),这种病变具有特征性。肠黏膜充血出血,以十二指肠和直肠较为严重。泄殖腔黏膜表面覆盖一层灰褐色或绿色的坏死痂,不易剥离,黏膜上有出血点和水肿。产蛋鸭的卵巢滤泡增大,有出血点和出血斑,有时卵泡破裂,引起腹膜炎。雏鸭感染鸭瘟病毒时,法氏囊呈深红色,表面有针尖状的坏死灶,囊腔充满白色的凝固性渗出物。

组织学变化以血管壁损伤和凝固性坏死为主,肝细胞和肠黏膜上皮细胞有核内包涵体。

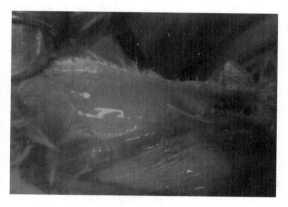

图 4-23 颈部皮下胶冻样浸润

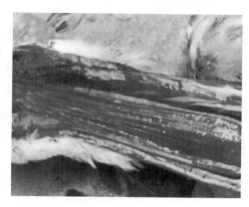

图 4-24 食道黏膜有纵行排列的灰黄色假膜覆盖

### (四)实验室诊断

在发病早期无菌采集病鸭血液或刮取口腔伪膜及溃疡处黏液;动物死亡后无菌采取肝、脾、肾等组织样品。

**1. 病原学诊断** 病毒分离培养。

**2. 血清学和分子生物学诊断** 可用 PCR 方法、荧光定量 PCR 方法、直接荧光抗体试验、中和试验、间接 ELISA 等进行诊断。

## 三、防治

### (一)预防

不从疫区引进鸭,如需引进时,要严格检疫。免疫接种是预防鸭瘟最为经济和有效的方法。目前我国使用的主要是鸭瘟活疫苗,注射后 3~4 天产生免疫力,2 月龄以上免疫期为 9 个月,雏鸭免疫期为 1 个月。

### (二)控制和扑灭

一旦发生鸭瘟,立即采取隔离、扑杀、消毒、无害化处理等综合性防治措施。未发病鸭用鸭瘟活疫苗紧急接种。

# 任务十二　鸭病毒性肝炎

扫码看课件
9-7

鸭病毒性肝炎(DVH)是由鸭肝炎病毒感染雏鸭引起的一种急性高度致死性的传染病,其特征是发病急、传播迅速、病程短和病死率高。临床表现特点为角弓反张,病理变化特征为肝脏肿大和出血性斑点,是养鸭业的主要威胁之一。

## 一、病原

鸭肝炎病毒(DHV)是由小 RNA 病毒科禽肝炎病毒属鸭肝炎病毒的 3 个型和星状病毒科禽星状病毒属的 2 种鸭星状病毒引起,其中主要是由血清Ⅰ型鸭肝炎病毒引起。

鸭肝炎病毒耐寒,具有一定的热稳定性,56 ℃加热 60 min 仍可存活;2%来苏尔、0.1%福尔马林

*Note*

溶液、20%无水碳酸钠溶液等都不能使其失活,但在1%甲醛溶液、2%氢氧化钠溶液中15～20 ℃经2 h,2%次氯酸钙溶液中15～20 ℃经3 h,0.2%福尔马林溶液中经2 h均可使其完全失活。

## 二、诊断要点

### (一)流行特点

本病一年四季均可发生,以3—4月初孵化季节的雏鸭发病率最高。饲养管理不良,缺乏维生素和矿物质,饲养密度过大,鸭舍阴暗潮湿,卫生条件差,均可促进本病的发生和加重病情。鸭肝炎病毒也可与沙门氏菌、大肠杆菌、曲霉菌、鸭疫里默氏杆菌等混合感染或出现继发感染。

**1. 传染源** 病鸭和带毒鸭是主要传染源。

**2. 传播途径** 本病主要通过消化道和呼吸道传染,无垂直传播。

**3. 易感动物** 本病主要是感染鸭,雏鹅也可自然感染发病,在自然条件下不感染鸡、火鸡。本病一般只发生于5周龄内的雏鸭,1周龄内的雏鸭发病率和死亡率可达90%,1～3周龄雏鸭死亡率在50%左右。成年鸭可呈隐性感染,不发病,成为带毒鸭。

### (二)临诊症状

感染初期病鸭精神萎靡、缩颈、翅下垂、呆滞、共济失调;食欲减退、厌食;半天至一天后,身体失去平衡歪向一侧,发生全身性抽搐,两腿痉挛式划动(图4-25)。死时头向后仰,呈角弓反张姿势(图4-26)。最急性病鸭,常未见任何异常,而突然抽搐痉挛死亡。病程短,可在1～2天死亡。一个鸭群感染3天后可以全部死亡,但大多数在第2天死亡。

图4-25 病鸭精神沉郁,倒向一侧

图4-26 病死雏鸭头向背部扭曲,呈角弓反张姿势

### (三)病理变化

剖检可见病变主要发生在肝脏。肝脏肿大、有点状或斑状出血,也有可能伴有明显的脾大、肾脏肿胀和肾血管充血。肝脏显微病变的特点是肝细胞广泛坏死和胆管增生,有不同程度的细胞炎性反应和出血(图4-27)。

年龄较大的鸭感染,临床症状和病理变化不明显,要注意鉴别。本病应注意和鸭瘟、鸭霍乱鉴别。

### (四)实验室诊断

无菌采取病鸭肝脏作为病料。

**1. 病原学诊断** 动物接种试验、鸭胚或鸡胚接种试验、细胞培养分离试验有助于诊断。

**2. 血清学和分子生物学诊断** 可用反转录聚合酶链式反应(RT-PCR)、实时荧光PCR试验、病毒中和试验、微量血清中和试验等进行诊断。

## 三、防治

### （一）预防

加强环境卫生管理，严格执行全进全出饲养管理制度及检疫、消毒制度。免疫接种是控制本病的有效措施。目前用的疫苗主要是鸭病毒性肝炎弱毒活疫苗、鸭病毒性肝炎二价灭活疫苗。种鸭在开产前1~2周免疫1~2次，保证雏鸭获得较高的母源抗体保护。对于雏鸭，低母源抗体雏鸭1~3日龄免疫，高母源抗体雏鸭7~10日龄免疫。

### （二）控制和扑灭

一旦发生鸭病毒性肝炎，应立即采取隔离

图4-27 肝脏肿大，表面有出血斑

和消毒措施。早期可用鸭病毒性肝炎冻干蛋黄抗体或鸭病毒性肝炎精制蛋黄抗体进行治疗和紧急免疫接种。

# 任务十三 鸭坦布苏病毒病

鸭坦布苏病毒病是由鸭坦布苏病毒（TMUV）引起的主要发生于产蛋鸭的一种新发现的急性、热性传染病。临床表现主要是产蛋量下降，病理变化主要是卵巢出血和坏死。

## 一、病原

鸭坦布苏病毒属于黄病毒科黄病毒属恩塔亚病毒群，为单股正链RNA病毒，有囊膜，不能凝集鸡、鸭、鹅、鸽的红细胞。本病毒对氯仿、乙醚、去氧胆酸钠、酸、热敏感，56 ℃加热15 min即可被灭活。

## 二、诊断要点

### （一）流行特点

该病发病率可达100%，死亡率5%~30%；其传播速度快，感染性强。本病一年四季均可发生，但夏、秋两季多发。

**1. 传染源** 病鸭和带毒鸭是主要的传染源。

**2. 传播途径** 鸭坦布苏病毒可经鸟、蚊传播，也可经粪便污染环境、饲料、饮水、器具、运输工具等来传播。

**3. 易感动物** 本病主要危害鸭，鹅、鸡也可发病。感染发病鸭群以产蛋鸭为主。

### （二）临诊症状

雏鸭以病毒性脑炎为特征，产蛋鸭以产蛋量下降为特征。雏鸭感染后出现生长迟缓，产蛋鸭感染后出现群体性采食量和产蛋量下降，甚至停止产蛋。病鸭精神沉郁、扎堆，羽毛逆立，体温升高，排绿色稀便；少量病鸭出现站立不稳、震颤、行走困难（图4-28）、两腿呈游泳状挣扎姿势（图4-29）。继发感染、不当的药物治疗或饲养管理不当等因素可使发病鸭的死亡率高达15%。

### （三）病理变化

产蛋鸭卵巢变性、坏死，卵泡变形、充血、出血和破裂（图4-30、图4-31），出现卵黄性腹膜炎，输卵管萎缩；肝脏肿大、脾大、出血；心冠脂肪有大小不一的出血点；气管环出血，肺脏出血；腺胃出血、肠黏膜脱落出血；胰腺出血、水肿。

扫码看课件
9-8

视频：鸭坦
布苏病毒病

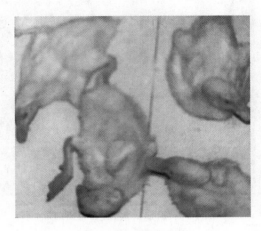

图 4-28　病鸭瘫痪

图 4-29　病鸭腹部朝上,两腿呈游泳状挣扎

图 4-30　卵巢充血、出血(一)

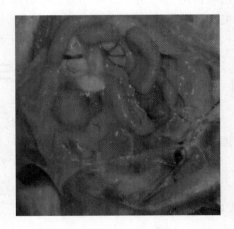

图 4-31　卵巢充血、出血(二)

雏鸭脑水肿,脑膜有弥散性大小不一的出血点,脑部毛细血管充血;心包、胸腔积液,有时伴有肾脏红肿或尿酸盐沉积;肺脏出血,肝脏肿大呈土黄色;腺胃出血,肠黏膜有弥漫性出血。

**(四)实验室诊断**

组织样品可采集死禽或发病禽的肺脏、脾脏、肾脏、卵巢等组织以及血清样品。

**1. 病原学诊断**　病毒分离鉴定、鸭胚(或鸡胚)接种。

**2. 血清学试验和分子生物学诊断**　可用免疫荧光技术、RT-PCR 技术、荧光 RT-PCR 技术、ELISA 抗体检测、HI 抗体检测等方法进行诊断。

### 三、防治

**(一)预防**

除搞好环境卫生、加强生物安全防护措施、减少各种应激因素外,对规模化养鸭场还可用鸭坦布苏病毒病活疫苗或鸭坦布苏病毒灭活疫苗进行预防。

**(二)控制和扑灭**

发病后,采取隔离、消毒等防疫措施。本病无特效治疗药物,除改善饲养管理外,可在饲料或饮水中加入一些抗生素、黄芪多糖、复合维生素等进行辅助治疗。

# 任务十四 番鸭细小病毒病

番鸭细小病毒病(MDP)是由番鸭细小病毒引起的雏番鸭的一种急性、败血性传染病。临床上以腹泻和喘气为特征,主要病变特征是肠道严重发炎,肠黏膜坏死、脱落,肠管肿胀、出血。

## 一、病原

番鸭细小病毒(MDPV),属于细小病毒科依赖细小病毒属,属单股 DNA 病毒,无囊膜,对鸡、鸭、鸽子、猪等动物的红细胞均无凝集作用。该病毒对乙醚、胰蛋白酶、酸和热等灭活因子有较强的抵抗力,但对紫外线照射敏感。

## 二、诊断要点

### (一)流行特点

本病的发生无明显的季节性,但由于冬、春两季气温低,育雏室空气流通不畅,空气中氨和二氧化碳浓度较高,所以发病率和死亡率较高。另外,发病率和死亡率与日龄密切相关,日龄越小,发病率和死亡率越高,一般从 4~5 日龄开始发病,10 日龄左右达到高峰,20 日龄以后为零星发病;3 周龄内的雏番鸭发病率为 20%~60%,死亡率为 20%~40%。

**1. 传染源** 病番鸭和带毒番鸭是主要的传染源。被番鸭细小病毒污染的排泄物(粪便)、饲料、饮水、用具、人员、环境等是主要传播媒介。种蛋外壳、孵化环境和孵化器污染番鸭细小病毒常使出壳的雏番鸭严重发病。

**2. 传播途径** 本病主要经消化道传播。

**3. 易感动物** 雏番鸭是唯一的自然感染发病的动物。本病多发生在 2~4 周龄,故有"三周病"之称。

### (二)临诊症状

本病自然感染的潜伏期为 4~16 天,病程 2~7 天。临床症状以消化系统和神经系统功能紊乱为主。根据病程长短,可分为最急性、急性和亚急性三型。

**1. 最急性** 多见于 6 日龄以内的雏番鸭,病程短,多数病例没有先驱症状即倒地死亡。

**2. 急性** 多见于 7~21 日龄雏番鸭,主要表现为精神委顿,羽毛松乱,两翅下垂,尾端向下弯曲,两脚无力,懒于走动,厌食,离群;有不同程度腹泻,排出灰白色或淡绿色稀粪,并黏附于肛门周围;呼吸困难,喙端发绀,后期常蹲伏,张口呼吸。病程一般为 2~4 天,濒死前两肢麻痹,倒地,衰竭死亡,该型占整个病例的 90% 以上。

**3. 亚急性** 多见于发病日龄较大的雏鸭,主要表现为精神委顿,喜蹲伏,张口呼吸(图 4-32),两脚无力,行走缓慢,排黄绿色或灰白色稀粪,并黏附于肛门周围(图 4-33)。病程 5~7 天,死亡率低,大部分病鸭颈部、尾部脱毛,喙变短,生长发育受阻,成为僵鸭。

### (三)病理变化

大部分病死鸭肛门周围有稀粪黏附,泄殖腔扩张、外翻。心脏变圆,心壁松弛,尤以左心室病变明显。肝脏稍肿大,胆囊充盈。肾脏和脾脏稍肿大。胰腺肿大且表面散布针尖大灰白色病灶(图 4-34)。肠道呈卡他性炎症,或黏膜有不同程度的充血和点状出血,尤以十二指肠和直肠后段黏膜为甚(图 4-35),少数病例盲肠黏膜也有点状出血。

### (四)实验室诊断

采集病死或濒死期雏番鸭的肝、脾、胰腺等组织作为病料。

**1. 病原学诊断** 病毒分离鉴定。

**2. 血清学试验和分子生物学诊断** 可用乳胶凝集抑制试验(LPAI)、间接荧光抗体试验(IFA)、

图 4-32　番鸭张口呼吸

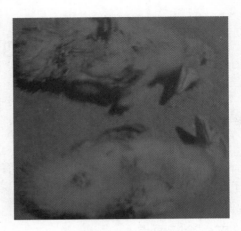

图 4-33　番鸭排绿色稀粪,且黏附于肛门周围

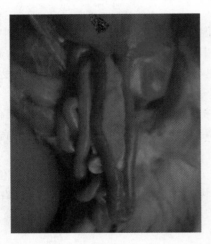

图 4-34　番鸭胰腺表面大量的灰白色坏死点

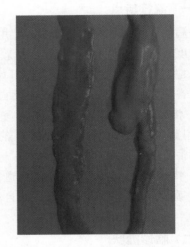

图 4-35　番鸭十二指肠黏膜出血

酶联免疫吸附试验(ELISA)、聚合酶链式反应(PCR)等方法进行诊断。

### 三、防治

#### (一)预防

加强环境控制措施,减少病原污染,特别是加强种蛋、孵化器、育雏室环境及用具等的严格消毒措施,对本病的防控具有重要作用。疫苗免疫是有效控制本病的关键措施,1 日龄雏番鸭接种番鸭细小病毒弱毒疫苗,种番鸭在产蛋前 2 周接种番鸭细小病毒弱毒疫苗;用番鸭细小病毒高免血清对刚出壳的雏番鸭进行皮下注射,可大大降低发病率。

#### (二)治疗

发病后,采取隔离、消毒等防疫措施。本病无特效治疗药物,发病初期可用番鸭细小病毒高免血清进行治疗。

# 任务十五　小　鹅　瘟

小鹅瘟又称鹅细小病毒病、雏鹅病毒性肠炎,是由鹅细小病毒引起的雏鹅的一种急性败血性、高度接触性传染病,以渗出性肠炎为主要病理变化。本病主要侵害 1 月龄以内的雏鹅和雏番鸭,发病率和死亡率高,可造成严重的经济损失,是目前危害养鹅业的重要传染病之一。

扫码看课件
9-9

## 一、病原

鹅细小病毒（GPV），又称小鹅瘟病毒，属于细小病毒科依赖细小病毒属，为无囊膜的单股 DNA 病毒，目前只有一种血清型，小鹅瘟病毒与番鸭细小病毒存在抗原相关性。病雏的内脏组织、肠、脑及血液都含有病毒。常用鹅胚和番鸭胚分离病毒，能形成核内嗜酸性包涵体。小鹅瘟病毒对不良环境的抵抗力强，65 ℃加热 30 min 对其滴度无影响，能抵抗 56 ℃ 3 h，对乙醚等有机溶剂不敏感，对胰酶和酸稳定。

## 二、诊断要点

### （一）流行特点

**1. 传染源** 病鹅的排泄物含有大量病毒，是主要的传染源。在自然条件下，成年鹅感染后无临床症状，但可经卵将病传至下一代。孵化环境及用具的严重污染，可使孵出的雏鹅大批发病。

**2. 传播途径** 通过垂直传播和接触传播感染。

**3. 易感动物** 本病主要侵害 1 月龄以内的雏鹅和雏番鸭。鹅的易感性随日龄的增长而减弱，1 周龄以内的雏鹅死亡率可达 100%，10 日龄以上鹅死亡率一般不超过 60%，20 日龄以上鹅的发病率低，而 1 月龄以上鹅则极少发病。

### （二）临诊症状

本病的潜伏期因感染时的日龄而异，1 日龄感染为 3～5 天，2～3 周龄感染为 5～10 天。根据发病时间的长短划分为三种类型，分别是最急性、急性和亚急性。

**1. 最急性** 多发生于 7 日龄以内的雏鹅，没有出现明显症状即死亡。

**2. 急性** 多发生于 1～2 周龄的雏鹅，起初表现为渴欲增强、厌食、无力、不愿活动。许多病鹅的鼻和眼睛周围有大量分泌物，眼睑呈现红肿，病鹅有摇头症状。许多病鹅尿生殖腺红肿，排出大量的白色稀粪（图 4-36）。

视频：小鹅瘟

**3. 亚急性** 在流行末期，雏鹅消瘦拉稀，病程 3～7 天，少数存活的鹅生长发育不正常，表现为生长停滞，背部和颈部羽毛大量脱落，裸露的皮肤呈深红色。病鹅腹腔内还可能出现积液（图 4-37），使雏鹅呈"企鹅状"姿势站立。检查病鹅可发现其口腔和舌表面覆盖一层纤维素性伪膜。

图 4-36 病鹅排白色稀粪

图 4-37 病鹅腹腔积液

### （三）病理变化

小鹅瘟特征性典型病理变化主要集中在肠道，小肠会发生急性纤维素性坏死性肠炎，肠道黏膜脱落与肠道内容物形成同心圆栓塞物，也可在中、下段的空肠和回肠部，以及其他肠段出现（图 4-38）。病变肠管肿胀变粗，比正常的增大 1～3 倍，肠壁触摸紧张有紧实感，外观如香肠状，变得异常薄（图 4-39）。肝脏肿大淤血呈古铜色。肾脏肿胀，输尿管可见尿酸盐沉积。

### （四）实验室诊断

对死亡或濒死动物，无菌采取肝、胰、脾、肾、脑等样品；活动物，采集全血；对于动物产品，采集内

*Note*

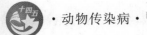

脏、组织。

**1. 病原学诊断** 用鹅胚接种或番鸭胚接种进行病毒分离鉴定。

**2. 血清学试验和分子生物学诊断** 可用琼脂扩散试验、夹心酶联免疫吸附试验(夹心 ELISA)、冰冻切片免疫荧光方法、聚合酶链式反应(PCR)、鹅胚中和试验、免疫荧光试验等进行诊断。

图 4-38 小肠发生急性纤维素性坏死性肠炎，肠道内形成栓塞物

图 4-39 肠管肿胀变粗，形如香肠

### 三、防治

#### (一)预防

对于小鹅瘟的预防，一是要加强生物安全措施，尽量避免从疫区购进种蛋、雏鹅及种鹅，如必须引进，一定要严格检疫，加强孵化室、孵化器和育雏室的消毒。二是要用小鹅瘟活疫苗对种鹅和雏鹅进行免疫接种。

#### (二)控制和扑灭

发病后，应立即采取隔离、扑杀、消毒、无害化处理等防疫措施，迅速控制疫情。目前尚无有效治疗小鹅瘟的药物，对感染小鹅瘟及受威胁的雏鹅群，可用小鹅瘟冻干卵黄抗体或小鹅瘟精制卵黄抗体进行注射，能起到治疗和预防作用。

# 任务十六　鹅星状病毒病

鹅星状病毒病是雏鹅感染鹅星状病毒后，以内脏器官及关节腔的严重尿酸盐沉积为主要病理变化特征的传染病。

### 一、病原

鹅星状病毒是一类无囊膜、呈球状、直径为 28～30 nm 的单股正链 RNA 病毒。

### 二、诊断要点

#### (一)流行特点

**1. 传染源** 病鹅、隐性带毒鹅和带毒种蛋是主要传染源。

**2. 传播途径** 一般认为主要通过粪-口途径进行水平传播，食物和水可以作为鹅星状病毒传播的载体。

**3. 易感动物** 主要感染雏鹅，不同品种鹅群均可发生，更换饲料以及减少饲喂量均无效。

#### (二)临诊症状

自然感染的潜伏期约为 3 天，经蛋感染的雏鹅最早可在 3 日龄发病，以 5～20 日龄最为常见，死亡率最高可达 90%。初期为急性经过,急性期过后形成慢性感染或隐性感染。

病鹅精神沉郁,呆立不动或卧地倦动,采食减少,从发病到死亡最快几小时。一开始排白色稀粪,随后转为黄绿色稀粪。发病高峰期约一星期,病程稍长的鹅消瘦,一些小鹅眼球表现出明显的灰白多云状外观。

### (三)病理变化

剖检最典型的病理变化为器官的尿酸盐沉积,内脏器官及关节腔的尿酸盐沉积最为严重(图 4-40),气管也能见环状白色尿酸盐沉积。

### (四)诊断

**1. 组织学病变** 病鹅肾小管上皮细胞出现坏死,肾间质出血,肾小球肿胀,脾脏有大量红细胞浸润,肝细胞空泡变性,尿酸盐沉积。

**2. 血清学试验** 可使用 RT-PCR 检测病原。采取疑似鹅星状病毒感染鹅的内脏组织,制备模板,再进行 PCR 鉴定。

图 4-40 病鹅内脏尿酸盐沉积

## 三、防治

加强引种检疫,国内异地引入种鹅及其精液、种蛋时,应取得原产地动物防疫监督机构的检疫合格证明。到达引入地后,种鹅必须隔离饲养 7 天以上,并由引入地动物防疫监督机构进行检测,合格后方可混群饲养。由于鹅星状病毒病往往在 3 日龄左右就开始发病,孵化场成为感染的重要来源,种蛋收集好后用福尔马林熏蒸消毒,或用其他高效消毒剂喷雾消毒一次后再送往孵化室,消毒剂使用方法按说明书进行。孵化室地面和墙壁可用 2%氢氧化钠溶液喷洒消毒,加强鹅场生物安全管理,肉鹅场实行全进全出饲养方式。控制人员、车辆和物质出入鹅场,严格执行清洁和消毒程序,及时清除粪便和污染的垫料。加强饲养管理。

减少各种应激因素,如鹅舍温度、湿度突然变化,光照的骤变,噪声,惊吓等,适量投喂青饲料。

# 项目十　禽细菌性传染病

## 项目导入

　　细菌性传染病在禽病当中占的比例比较大,临床上多与其他病混合出现,如细菌性传染病与病毒传染病混合出现、细菌性传染病与细菌性传染病混合出现等。鸡传染性鼻炎、鸭传染性浆膜炎,在临床上比较多见,发病症状明显。通过对本部分内容的学习,可以熟悉家禽细菌性传染病的病原、流行病学特点、临诊症状、病理变化及防控措施。

## 学习目标

　　▲知识目标

　　1. 熟悉鸡传染性鼻炎及鸭传染性浆膜炎病原的分离鉴定方法。

　　2. 掌握鸡传染性鼻炎、鸭传染性浆膜炎等病的流行病学特点、临诊症状、病理变化与防控措施。

　　▲技能目标

　　1. 熟悉鸡传染性鼻炎、鸭传染性浆膜炎的临床诊断方法。

　　2. 掌握鸡传染性鼻炎的血清学诊断方法。

　　▲思政与素质目标

　　1. 培养学生分析问题和解决问题的能力。

　　2. 教育学生养成良好的职业操守。

## 任务一　鸡传染性鼻炎

　　鸡传染性鼻炎(infectious coryza,IC)是由副鸡嗜血杆菌引起的鸡的一种以鼻腔、眶下窦炎症,流涕、面部水肿和结膜炎为特征的急性呼吸系统疾病,由于产蛋鸡感染后产蛋减少,幼龄鸡感染后增重减慢及淘汰鸡数增加,常造成严重的经济损失。如有并发感染和其他应激因素,则损失更大。

### 一、病原

　　鸡副嗜血杆菌(*Haemophilus paragallinarum*,HPG),属于巴氏杆菌科嗜血杆菌属,本菌两端钝圆,不形成芽孢,无荚膜,无鞭毛。对营养的需求较高,属于兼性厌氧菌。鲜血琼脂或巧克力琼脂可满足本菌的营养需求,经24 h后可形成露滴样小菌落,不溶血。本菌可在鸡胚卵黄囊内接种,24~48 h致死鸡胚,在卵黄和鸡胚内含菌量较高。

　　用菌体抗原做直接凝集试验,将本菌分为A、B、C三个血清型。我国以A血清型较为流行,各型之间无交叉保护作用。本菌的抵抗力很弱,对热及消毒剂很敏感。

## 二、诊断要点

### （一）流行特点

本病可发生于各种年龄的鸡，4周龄至3岁的鸡最易感，但个体差异较大。病鸡及隐性带菌鸡是传染源，而且慢性病鸡及隐性带菌鸡是鸡群中发生本病的重要原因。其传播可由飞沫及尘埃经呼吸道传染，也可通过污染的饲料和饮水经消化道感染。

本病的发生与诱因有关。如鸡群拥挤，不同年龄的鸡混群饲养，通风不良，鸡舍内闷热，氨气浓度高，或鸡舍寒冷潮湿，缺乏维生素A，受寄生虫侵袭等都能促使鸡群严重发病。鸡群接种禽痘疫苗引起的全身反应，也常常是传染性鼻炎的诱因。本病多发生于秋、冬两季，这可能与气候和饲养管理条件有关。

### （二）临诊症状

本病潜伏期短，自然接触感染，在1～3日出现症状。

鼻腔和窦有炎症的病鸡，表现为鼻腔流稀薄清液，后转为有浆液黏性分泌物，打喷嚏；眼周及脸水肿（图4-41），眼结膜炎、红眼和肿胀。食欲降低及饮水减少，或有下痢，体重减轻。仔鸡生长不良；成年母鸡产卵减少甚至停止；公鸡肉髯常见肿大。如炎症蔓延至下呼吸道，则呼吸困难并有啰音；病鸡常摇头欲将呼吸道内的黏液排出，最后常窒息而死。强毒菌株感染的病死率较高。无并发感染的发病率高而病死率低。

图4-41 眼周及面部水肿

### （三）病理变化

主要病变为鼻腔和窦黏膜呈急性卡他性炎，黏膜充血肿胀，表面覆有大量黏液，窦内有渗出物凝块，后成为干酪样坏死物。常见卡他性结膜炎，结膜充血肿胀。脸部及肉髯皮下水肿。严重时可见气管黏膜炎症，偶有肺炎及气囊炎。卵泡变性、坏死和萎缩。

视频：鸡传染性鼻炎

### （四）诊断

本病和慢性呼吸道病、慢性鸡霍乱、禽痘，以及维生素A缺乏症等的症状相类似，故仅从临诊上来诊断本病有一定困难，须进一步做出鉴别诊断。

**1. 病原分离鉴定** 可用消毒棉拭子自2～3只病鸡的窦内、气管或气囊无菌采取病料，直接在血琼脂平板上画直线，然后再用葡萄球菌在平板上画横线，放在含5% $CO_2$ 的缸内37 ℃培养。获得纯培养后，再做其他鉴定。

**2. 血清学诊断** 可用加有5%鸡血清的鸡肉浸出液培养鸡嗜血杆菌制备抗原，用凝集试验检查鸡血清中的抗体，通常鸡被感染后7～14日即可出现阳性反应，可维持一年或更长的时间。此外，血凝抑制试验（HIT）和琼脂扩散试验，也可用于诊断本病。

## 三、防治

### （一）加强饲养管理和消毒

鸡场内每栋鸡舍应做到全进全出，清舍之后要彻底进行消毒，空舍一定时间后方可让新鸡群进入。鸡群饲养密度不应过大；不同年龄鸡分开饲养；寒冷季节，注意防寒保暖、通风换气；定期带鸡消毒。不从有本病的鸡场购进种鸡或鸡苗。

### （二）免疫接种

用传染性鼻炎三价油佐剂灭活疫苗进行免疫接种。一般于25～35日龄进行首次免疫接种，于

*Note*

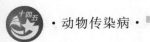

产蛋前 15~20 日进行二次免疫。

### （三）发病后的措施

对鸡舍进行带鸡消毒,发病鸡群用灭活菌苗免疫接种,并配合药物治疗,可以较快地控制本病。

鸡副嗜血杆菌对磺胺类药物等多种抗生素有一定的敏感性。磺胺类药物是首选药。一般用复方新诺明或磺胺增效剂与其他药物合用,或者用 2~3 种磺胺类药物组成的联磺制剂能取得较明显效果。双氢链霉素和一些磺胺类药物有协同作用,但要注意产蛋鸡应慎用磺胺类药物。

# 任务二　鸭传染性浆膜炎

鸭传染性浆膜炎(infection serositis of duck)又称鸭疫里默氏杆菌病,是由鸭疫里默氏杆菌引起的主要侵害雏鸭等多种禽类的一种急性或慢性接触性传染病。多发于 1~8 周龄的雏鸭。我国于 1982 年首次报道本病,目前各养鸭省区均有发生,发病率与死亡率均甚高,是危害养鸭业的主要传染病之一。

## 一、病原

病原为鸭疫里默氏杆菌(*Riemerella anatipestifer*),本菌为革兰氏阴性小杆菌,无芽孢,不能运动,有荚膜,涂片经瑞氏染色呈两极浓染,初次分离可将病料接种于胰蛋白胨大豆琼脂(TSA)或巧克力琼脂平板,在含有 $CO_2$ 的环境中培养。本菌不发酵碳水化合物,但少数菌株发酵葡萄糖、果糖、麦芽糖或肌醇。不产生吲哚和硫化氢,不还原硝酸盐。

到目前为止共发现有 21 个血清型。我国目前至少存在 7 个血清型(即 1、2、6、10、11、13 和 14 型),以 1 型最为常见。

## 二、诊断要点

### （一）流行特点

1~8 周龄的鸭均易感,但以 2~3 周龄的小鸭最易感。1 周龄以下或 8 周龄以上的鸭极少发病,小鹅亦可感染发病。本病在感染群中的污染率很高,有时可达 90% 以上,死亡率为 5%~75%。

本病四季均可发生,主要经呼吸道或通过皮肤伤口(特别是脚部皮肤)感染而发病。恶劣的饲养环境,如育雏密度过大,空气不流通,潮湿,过冷过热以及饲料中缺乏维生素或微量元素和蛋白水平过低等均易造成发病或发生并发症。

### （二）临诊症状

潜伏期 1~3 日,最急性病例常无任何临诊症状突然死亡。急性病例多见于 2~4 周龄小鸭,临诊表现为倦怠,缩颈,不食或少食,眼鼻有分泌物,有淡绿色腹泻物,不愿走动,运动失调,濒死前出现神经症状;头颈震颤,角弓反张,尾部轻轻摇摆,不久抽搐而死,病程一般为 1~3 日,幸存者生长缓慢。日龄较大的小鸭(4~7 周龄)多呈亚急性或慢性经过,病程达 1 周或 1 周以上。病鸭表现除上述症状外,时有出现头颈歪斜,不断鸣叫,转圈或倒退运动。这样的病例能长期存活,但发育不良。

### （三）病理变化

最明显的眼观病变是纤维素性渗出物,它可波及全身浆膜面,如心包膜、肝脏表面以及气囊。渗出物可部分地机化或干酪化,即构成纤维素性心包炎、肝周炎或气囊炎(图 4-42)。中枢神经系统感染可出现纤维素性脑膜炎。少数病例见有输卵管炎,即输卵管膨大,内有干酪样物蓄积。慢性局灶性感染常见于皮肤,偶尔也出现在关节,皮肤出现坏死性皮炎,关节发生关节炎。

### （四）诊断

根据临诊症状和剖检变化可做出初步诊断,但应注意与鸭大肠杆菌败血症、鸭巴氏杆菌病、鸭衣原体病和鸭沙门氏菌病相区别,确诊必须进行微生物学检查。

图 4-42　病鸭肝周炎和心包炎

可直接取病变器官涂片镜检,如取血液、肝脏、脾脏或脑作涂片,瑞氏染色镜检常可见两端浓染的小杆菌,但往往菌体很少,不易与多杀性巴氏杆菌区别。细菌的分离与鉴定,可无菌采集心血、肝或脑等病变材料,接种于 TSA 培养基或巧克力培养基上,在含 $CO_2$ 的环境中培养 $24\sim48$ h,观察菌落形态并做纯培养,对其若干特性进行鉴定。如果有标准定型血清,可采用玻片凝集或琼脂扩散反应进行血清型的鉴定,也可做荧光抗体法检查。

### 三、防治

#### (一)平时的预防措施

首先要改善育雏室的卫生条件,特别注意通风、干燥、防寒以及饲养密度。尽力减少雏鸭转舍、气温变化、运输和驱赶等应激因素对鸭群的影响。

#### (二)疫苗接种

由于本菌的血清型多,各血清型之间缺乏交叉免疫保护,因此在疫苗应用时,要经常分离鉴定各地流行菌株的血清型,选用同型菌株的疫苗,以确保免疫效果。

#### (三)药物防治

药物防治应该建立在药敏试验的基础上。应用敏感药物进行预防和治疗。对于症状和病变比较严重的病鸭,即使使用敏感药物,疗效也可能并不理想。

# 项目十一 禽其他微生物传染病

## 项目导入

　　这部分内容主要介绍支原体病、禽曲霉菌病及禽念珠菌病。鸡毒支原体感染在养鸡场的出现很普遍，会影响鸡的生产性能，该病的控制有难度但又必须防治。另两种禽病是真菌引起的，临床治疗中使用抗生素是没有疗效的，需要用相应的真菌药物进行防治。熟悉这几种病的发病特点及防控方法也是兽医工作者的必修课。

## 学习目标

　　▲知识目标

　　1. 掌握熟悉鸡毒支原体感染、禽曲霉菌病及禽念珠菌病的病原特性。

　　2. 熟悉鸡毒支原体感染、禽曲霉菌病及禽念珠菌病的流行特点、临诊症状、病理变化与防控措施。

　　▲技能目标

　　1. 熟悉鸡毒支原体感染的临床诊断方法。

　　2. 掌握真菌病临床诊断的方法。

　　▲思政与素质目标

　　1. 培养学生观察问题的能力和分析问题的能力。

　　2. 培养学生养成良好的职业操守。

　　3. 培养学生刻苦钻研和吃苦耐劳的精神。

## 任务一　鸡毒支原体感染

　　鸡毒支原体感染是由鸡毒支原体引起的鸡的一种慢性呼吸道传染病，该病又称慢性呼吸道病（chronic respiratory disease，CRD），其特征为咳嗽、流鼻涕、呼吸啰音、喘气和窦部肿胀。本病发展慢、病程长、死亡率低，但在鸡群中长期蔓延，导致幼鸡生长缓慢，肉鸡胴体品质量下降，蛋鸡产蛋下降，种蛋孵化率、出雏率降低，发病鸡群用药增加。该病在我国鸡群中普遍存在，给养禽业造成严重经济损失。

### 一、病原

　　鸡毒支原体（Mycoplasma gallisepticum，MG），呈细小球杆状，用吉姆萨染色着色良好。本菌为好氧菌和兼性厌氧菌，在液体培养基中培养 5～7 日，可分解葡萄糖产酸。在固体培养基上，生长缓慢，能凝集鸡和火鸡红细胞。

　　本支原体接种于 7 日龄鸡胚卵黄囊中，只有部分鸡胚在接种后 5～7 日死亡，如连续在卵黄囊继代,则死亡更加规律,病变更明显。

## 二、诊断要点

### （一）流行特点

鸡和火鸡对本病有易感性,4～8 周龄鸡和火鸡最易感,纯种鸡比杂种鸡易感。病鸡和隐性感染鸡是本病的传染源。本病的传播有垂直和水平传播两种方式。病原可通过飞沫经呼吸道传播,也可以通过饮水、饲料、用具传播。另外,配种时也可传播。

本病在鸡群中传播较为缓慢,但在新发病的鸡群中传播较快。根据所处的环境因素不同,疾病的严重程度差异很大,如拥挤、卫生条件差、气候变化、通风不良、饲料中维生素缺乏和不同日龄的鸡混合饲养,均可加剧疾病的严重性并使死亡率增高。如继发和并发感染,能使本病更加严重,其中主要有传染性支气管炎病毒、传染性喉气管炎病毒、新城疫病毒、传染性法氏囊病毒、鸡嗜血杆菌和大肠杆菌等。带有 MG 的雏鸡,在用气雾和滴鼻法进行新城疫弱毒疫苗免疫时,能激发本病的发生。本病一年四季均可发生,以寒冷季节流行严重,成年鸡则多表现为散发。

### （二）临诊症状

潜伏期为 4～21 日。幼鸡发病,症状比较典型,表现为浆液或浆液黏液性鼻液,鼻孔堵塞、频频摇头、打喷嚏、咳嗽,还可见鼻窦炎、结膜炎和气囊炎。当炎症蔓延下部呼吸道时,则喘气和咳嗽更为显著,有呼吸啰音。病鸡食欲不振,生长停滞。后期可因鼻腔和眶下窦中蓄积渗出物而引起眼睑肿胀(图 4-43),症状消失后,发育受到不同程度的抑制。成年鸡很少死亡,幼鸡如无并发症,病死率低。产蛋鸡感染后,表现为产蛋量下降和孵化率降低,孵出的雏鸡活力降低。滑液膜支原体可引起鸡和火鸡发生急性或慢性的关节滑液膜炎、腱滑液膜炎或滑液囊炎。

### （三）病理变化

单纯感染 MG 时,可见鼻道、气管、支气管和气囊内含有混浊的黏稠渗出物(图 4-44)。气囊壁变厚和混浊,严重者有干酪样渗出物。自然感染的病例多为混合感染,可见呼吸道黏膜水肿、充血、肥厚。窦腔内充满黏液和干酪样渗出物,有时波及肺、鼻窦和腹腔气囊,如有大肠杆菌混合感染时,可见纤维素性肝被膜炎和心包炎,火鸡常见到明显的鼻窦炎。

图 4-43　病鸡颜面部肿胀

图 4-44　气囊混浊,有大量黏液

### （四）诊断

根据流行特点、临诊症状和病理变化,可做出初步诊断,但进一步确诊须进行病原分离鉴定和血清学检查。做病原分离时,可取气管或气囊的渗出物制成悬液,直接接种于支原体肉汤或琼脂培养基;血清学方法以血清平板凝集试验(SPA)最常用,其他还有 HIT 和 ELISA。

## 三、防治

### （一）安全引种

引进种鸡、雏鸡和种蛋时,都必须从确实无病的鸡场购买,平时要加强饲养管理,尽量避免引起

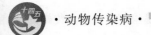

鸡体抵抗力降低的一切应激因素。

#### （二）清除种蛋内 MG

经卵传播是 MG 感染的重要传播途径，阻断这条途径可防止垂直传播，对预防本病很重要。可用抗生素处理降低或消除卵内的支原体。

抗生素处理：将孵化前的种蛋加温到 37 ℃，然后立即放入 5 ℃左右对支原体有抑制作用的支原净、红霉素等抗生素溶液中 15～20 min；也可以将种蛋放在密闭容器的抗生素溶液中，抽出部分空气，然后再徐徐放入空气使药液进入蛋内；或将抗生素溶液注入蛋内。

#### （三）接种疫苗

有 MG 弱毒活疫苗和 MG 油佐剂灭活疫苗。

MG 弱毒疫苗为 F 株支原体制成的疫苗。F 株支原体致病力极为轻微，雏鸡点眼接种不引起任何可见症状或气囊上变化，不影响增重，免疫期为 7 个月。免疫鸡产下的蛋也不带菌。

MG 油佐剂灭活疫苗使用时可参照说明。一般给 1～2 月龄母鸡注射，在开产前再注射 1 次。

#### （四）建立无支原体感染的种鸡群

对 2、4、6 月龄的鸡进行血清学检查，淘汰阳性鸡，留下阴性鸡群隔离饲养，由这种程序育成的鸡群，在产蛋前再全部进行血清学检查一次，必须是无阳性反应的鸡才能用作种鸡。当完全阴性反应后亲代鸡群所产的蛋，不经过药物或热处理孵出的子代鸡群，经过几次检测都未出现一只阳性反应鸡后，可以认为已建立无支原体感染的鸡群。

#### （五）治疗

泰乐菌素、环丙沙星、林可霉素、土霉素、四环素等早期治疗对本病都有一定疗效。鸡毒支原体菌株对许多抗生素易产生耐药性，而且停药后往往复发，长期单一使用某种药物，往往效果不明显，临床用药应该做到剂量适宜、疗程充足、联合用药和交替用药等。

# 任务二　禽曲霉菌病

禽曲霉菌病主要是由烟曲霉菌和黄曲霉菌等曲霉菌引起的多禽类和哺乳动物的一种真菌性疾病，本病的特征性表现主要在呼吸系统，尤其是在肺和气囊发生炎症并形成霉菌结节，故本病又称曲霉菌性肺炎。本病在幼禽多发，且呈急性群发性暴发，发病率和死亡率都很高，使养禽业损失很大。在成年禽中则多为散发。

### 一、病原

主要病原为半知菌纲曲霉菌属中的烟曲霉，其次为黄曲霉，此外还有多种曲霉菌。

本菌为需氧菌，在室温和 37～45 ℃均能生长。在马铃薯培养基和其他糖类培养基上均可生长。烟曲霉在固体培养基中，初期形成白色绒毛状菌落，经 24～30 h 开始形成孢子，菌落呈面粉状、浅灰色、深绿色、黑蓝色，而菌落周边仍呈白色。曲霉菌能产生毒素，可使动物痉挛、麻痹、死亡和组织坏死等。

曲霉菌的孢子抵抗力很强，煮沸后 5 min 才能将其杀死，常用消毒剂有 5％甲醛溶液、苯酚溶液、过氧乙酸和含氯消毒剂。

### 二、诊断要点

#### （一）流行特点

各种禽类都有易感性，以 4～12 日龄幼禽易感性最高，常为急性和群发性，成年禽表现为慢性和散发。禽类常因接触发霉饲料和垫料经呼吸道或消化道而感染。哺乳动物如马、牛、绵羊、山羊、猪和人也可感染，但为数甚少。

孵化室受曲霉菌污染时,新生雏可感染。阴暗潮湿鸡舍和不洁的育雏器及其他用具、梅雨季节、空气污浊等均能使曲霉菌增殖,易引起本病发生。孢子易穿过蛋壳,而引起死胚或出壳后不久出现症状。

### (二)临诊症状

急性者可见病禽呈抑郁状态,多卧伏、拒食,对外界反应淡漠。病程稍长,可见呼吸困难,伸颈张口,细听可闻气管啰音。冠和肉髯发绀,食欲显著下降或不食,饮欲增加,常有下痢。有的表现神经症状,如摇头、头颈不随意屈曲、共济失调、脊柱变形和两腿麻痹。病原侵害眼时,结膜充血、眼肿、眼睑封闭,下睑有干酪样物,严重者失明。急性病程 2～7 日死亡,慢性可延至数周。

### (三)病理变化

病变以侵害肺部为主,典型病例可在肺部发现粟粒大至黄豆大的黄白色或灰白色结节,结节的硬度似橡皮样或软骨样,切开后可见有层次的结构,中心为干酪样坏死组织,内含大量菌丝体,外层为类似肉芽组织的炎性反应层,含有巨细胞。除肺外,气管和气囊也能见到结节,并可能有肉眼可见的菌丝体,呈绒球状。其他器官如胸腔、腹腔、肝、肠浆膜等处有时亦可见到。个别病例呈局灶性或弥漫性肺炎变化。

### (四)诊断

根据流行特点、临诊症状和病理变化可做出初步诊断,确诊则需进行微生物学检查。取病理组织(结节中心的菌丝体最好)少许,置载玻片上,加生理盐水 1～2 滴,用针拉碎病料,加盖玻片后镜检,可见菌丝体和孢子;接种于马铃薯培养基或其他真菌培养基,生长后进行检查鉴定。

## 三、防治

### (一)综合预防

科学的饲养管理是预防本病的关键措施。保持室内外环境的干燥、清洁,防止潮湿和积水,饲槽、饮水器经常清洗;保持合理的饲养密度,垫料经常翻晒和更换;保持饲料新鲜,严禁饲喂过期、发霉的饲料;搞好孵化室卫生,防止雏鸡被由霉菌感染;育雏室进鸡前用甲醛液熏蒸消毒和 0.3% 过氧乙酸消毒。

### (二)治疗

发现疫情时,迅速查明原因,并立即排除,同时进行环境、用具等消毒工作,如及时隔离病雏,更换发霉的饲料与垫料,清扫禽舍,喷洒 1：2000 的硫酸铜溶液。严重病例扑杀淘汰。

本病目前尚无特效治疗方法。

# 任务三  禽念珠菌病

禽念珠菌病又称霉菌性口炎、白色念珠菌病,是由白色念珠菌引起的一种霉菌性传染病,本病也可感染哺乳动物和人类,其主要特征是在禽的上消化道黏膜出现白色伪膜和溃疡。

## 一、病原

白色念珠菌(*Candida albicans*)是半知菌纲中念珠菌属的一种。此菌在自然界广泛存在,在健康的畜禽及人的口腔、上呼吸道和肠道等处寄居。

本菌为类酵母菌,在病变组织及普通培养基中皆产生芽生孢子及假菌丝。出芽细胞呈卵圆形,似酵母细胞状,革兰氏染色阳性。

本菌为兼性厌氧菌,在沙保氏培养基上经 37 ℃培养 1～2 日,生成酵母样菌落。在玉米琼脂培养基上,室温中经 3～5 日,可产生分枝的菌丝体、厚膜孢子及芽生孢子,而非致病性念珠菌不产生厚膜孢子。该菌能发酵葡萄糖和麦芽糖,对蔗糖、半乳糖产酸,不分解乳糖、菊糖,这些特性有别于其他

*Note*

199

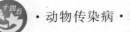

念珠菌。

## 二、诊断要点

### （一）流行特点

本病主要见于幼龄的鸡、鸽、火鸡和鹅,野鸡、松鸡和鹌鹑也有报道,人也可以感染。

幼禽对本病易感性比成年禽高,且发病率和病死率也高。鸡群中发病的大多数为两个月内的幼鸡。病鸡的粪便含有大量病原,污染饲料和环境,通过消化道传染。但内源性感染不可忽视,如营养缺乏、长期应用广谱抗生素或皮质类固醇,饲养管理卫生条件不好,以及其他疫病使机体抵抗力降低,都可以促使本病发生。也可能通过蛋壳传染。

### （二）临诊症状

鸡患病后生长不良、病鸡精神不振、羽毛粗乱、食量减小或停食,消化障碍,嗉囊胀满,但明显松软,挤压时有痛感,并有酸臭气体自口中排出。有时病鸡下痢,粪便呈灰白色。一般1周左右死亡。

雏鸽感染后口腔与咽部黏膜充血、潮红、分泌物稍多且黏稠。青年鸽发病初期可见口腔、咽部有白色斑点,继而逐渐扩大,演变成黄白色干酪样伪膜。口气微臭或带酒糟味。个别鸽引起软嗉症,嗉囊胀满,软而收缩无力。食欲废绝,排墨绿色稀粪,多在病后2～3日或1周左右死亡。

幼鸭主要表现为呼吸困难,喘气,叫声嘶哑,发病率和死亡率都很高。

### （三）病理变化

病理变化主要集中在上消化道,可见喙结痂,口腔、咽和食道有干酪样伪膜和溃疡。嗉囊黏膜明显增厚,被覆一层灰白色斑块状伪膜,易刮落(图4-45)。伪膜下可见坏死和溃疡。少数病禽引起胃黏膜肿胀、出血和溃疡,颈胸部皮下形成肉芽肿。肺有坏死灶及干酪样物。腺胃与肌胃交界处出血,肌胃角质层有出血斑。心肌肥大,肝大呈紫褐色,有出血斑。肠黏膜呈炎性出血,肠壁变薄,肠系膜有黑红色或黄褐色的干酪样渗出物附着。

图4-45 嗉囊表面白色丘状疹

### （四）诊断

病禽上消化道黏膜的特征性增生和溃疡灶,常可作为本病的诊断依据。确诊必须采取病变组织或渗出物做抹片检查,观察酵母状的菌体和假菌丝,并做分离培养,特别是玉米培养基上能鉴别出是否为病原性菌株。必要时取培养物,做成1‰菌悬液1 mL给家兔静脉注射,4～5日家兔即死亡,可在肾皮质层产生粟粒样脓肿;皮下注射可在局部发生脓肿,在受害组织中出现菌丝体和孢子。

## 三、防治

### （一）预防

加强饲养管理,降低饲养密度,保持饮水清洁和良好的卫生。禽舍要干燥、通风,料槽、饮水器等用具每周清洗消毒。严禁饲喂发霉变质饲料,发现病禽立即隔离。

## （二）治疗

使用硫酸铜溶液进行治疗可取得一定疗效。适量补给复合 B 族维生素,对大群防治有一定效果。

 技能训练4-1

# 鸡新城疫抗体检测

## 一、目的要求

掌握利用血凝(HA)和血凝抑制(HI)试验进行新城疫抗体水平测定的方法,以便检查疫苗使用效果和制订合理的免疫程序。

## 二、实训条件

### （一）用具

96 孔 V 形血凝板、微量移液器、恒温培养箱、微量振荡器、离心机、5 mL 注射器、刻度离心管等。

### （二）材料

生理盐水 100 mL、新城疫病毒液、新城疫病毒待检血清、新城疫病毒阳性血清、新城疫病毒阴性血清等。

## 三、操作方法

### （一）试验准备

**1. 抗原的制备**　一般以鸡新城疫Ⅱ系或 LaSota 系冻干苗接种鸡胚,收获尿囊液制备,也可向有关单位购买。

**2. 被检血清的制备**　将被检鸡群编号登记,用消过毒的干燥注射器由翅静脉采血,并注入洁净干燥试管内,在室温中静置或离心,待血清析出后使用。每只鸡应更换一个注射器,严禁交叉使用。大型鸡场采样比例不低于 0.5%,鸡群越小抽样比例越大,一般每群鸡采血不少于 16 份。

**3. 稀释液的准备**　pH 为 7.0~7.2 的磷酸盐缓冲液或灭菌的生理盐水。

**4. 制备 1% 鸡红细胞悬液**　从无特定病原(SPF)鸡或无新城疫血凝抑制抗体的 1~2 只健康公鸡的翅静脉采血,如需用大量时可自心脏采血,加入有抗凝剂(3.8% 枸橼酸钠溶液)的灭菌试管内迅速混匀。将血液注入离心管中,用 20 倍量 pH 为 7.0~7.2 磷酸盐缓冲液(或生理盐水洗涤 3~4次),每次以 2000 r/min 离心 3~4 min,最后一次 5 min,每次离心后弃去上清液洗去血浆及白细胞,最后将红细胞用磷酸盐缓冲液配成 1% 鸡红细胞悬液。

### （二）新城疫病毒液血凝价的测定

采用 96 孔 V 形血凝板测定新城疫病毒的血凝价。

(1) 首先用微量移液器向 1~12 孔加入稀释液 50 μL。

(2) 用微量移液器取已知的新城疫病毒液 50 μL,加入第一孔,反复抽动 3 次后,吸出 50 μL 加入第二孔,在第二孔抽动 4 次后,吸出 50 μL 加入第三孔,如此连续稀释至第十一孔后吸出 50 μL 弃去。第 12 孔不加新城疫病毒液作为红细胞空白对照。

(3) 各孔依次加 1% 鸡红细胞悬液 50 μL。

按表 4-3 操作术式进行操作,加样完毕,将反应板置于微量振荡器上振荡 1 min,或手持血凝板摇动混匀,并放室温(18~20 ℃)下作用 30~40 min,或置 37 ℃恒温培养箱中作用 15~30 min,直到对照孔红细胞呈明显的圆点沉于孔底,取出观察并判定结果。

表 4-3 新城疫病毒血凝试验操作术式

单位:μL

| 孔号 | 1 | 2 | 3 | 4 | 5 | 6 | 7 | 8 | 9 | 10 | 11 | 12 |
|---|---|---|---|---|---|---|---|---|---|---|---|---|
| 生理盐水 | 50 | 50 | 50 | 50 | 50 | 50 | 50 | 50 | 50 | 50 | 50 | 50 |
| 新城疫病毒液 | 50 | 50 | 50 | 50 | 50 | 50 | 50 | 50 | 50 | 50 | 50<br>50 | |
| 病毒稀释倍数 | $2^1$ | $2^2$ | $2^3$ | $2^4$ | $2^5$ | $2^6$ | $2^7$ | $2^8$ | $2^9$ | $2^{10}$ | $2^{11}$ | 对照 |
| 1%鸡红细胞悬液 | 50 | 50 | 50 | 50 | 50 | 50 | 50 | 50 | 50 | 50 | 50 | 50 |

在微量振荡器上振荡 1 min,或手持血凝板摇动混匀

室温(18～20 ℃)下作用 30～40 min,或置 37 ℃恒温培养箱中作用 15～30 min

| 结果举例 | ＋＋＋＋ | ＋＋＋＋ | ＋＋＋＋ | ＋＋＋＋ | ＋＋＋＋ | ＋＋＋＋ | ＋＋＋＋ | ＋＋＋ | ＋＋ | ± | − | − |

反应强度判定标准:＋＋＋＋表示 100%红细胞完全凝集,呈网状铺于反应孔底端,边缘不整或呈锯齿状;＋＋＋表示 75%红细胞凝集;＋＋表示 50%红细胞出现凝集;＋表示 25%红细胞出现凝集;一表示红细胞不凝集,全部沉淀至反应孔最底端,呈圆点状,边缘整齐。±表示红细胞不完全凝集,下沉情况界于＋与一之间。

结果判定时,也可将血凝板倾斜 45°角,观察沉于孔底的红细胞流动现象以判定是否凝集,凡沉于管底的红细胞沿着倾斜面向下呈线状流动即呈泪滴状流淌,与红细胞对照孔一致者,判定为红细胞完全不凝集。

能使红细胞完全凝集的病毒液的最大稀释倍数为该病毒的血凝滴度,或称血凝价。如表 4-3 所示,一个血凝单位为 $1:2^7$,而用于血凝抑制试验需 4 个血凝单位,故抗原稀释倍数应为 $2^7/4=32$。

### 四、新城疫病毒待检血清抗体的测定

新城疫病毒凝集红细胞的作用,能被特异性抗体抑制,因此可用 HI 试验(血凝抑制试验)测定鸡血清中的 HI 抗体效价(滴度),并可用标准血清,做新分离病毒的鉴定与未知病毒的诊断。

同样可采用 96 孔 V 形血凝板,每排孔可检查 1 份血清样品。

用微量移液器向第 1～11 孔加入稀释液 50 μL,第 12 孔加入 100 μL。然后换一个枪头吸取 50 μL 被检血清注入第 1 孔,抽放 4 次混匀后,吸出 50 μL 注入第 2 孔,如此倍比稀释至第 10 孔,并从第 10 孔吸出 50 μL 弃去。接着第 1～11 孔分别加入已标定好的 4 单位病毒液 50 μL,混合均匀后,振荡 1～2 min,置室温(18～20 ℃)静置 20 min 或 37 ℃恒温培养箱中静置 5～10 min,取出后每孔再加入 1%鸡红细胞悬浮液 50 μL,充分混匀后振荡 1 min,放室温(18～20 ℃)静置 30～40 min 或 37 ℃恒温培养箱中静置 15～30 min。第 11 孔为病毒凝集对照,第 12 孔为红细胞对照。操作术式见表 4-4。

结果观察:将反应板倾斜 45°,沉于管底的红细胞沿着倾斜面向下呈线状流动者为沉淀,表明红细胞未被或不完全被病毒凝集;如果孔底的红细胞铺平孔底,凝成均匀薄层,倾斜后红细胞不流动,说明红细胞被病毒凝集。

能完全抑制 4 单位病毒凝集红细胞的血清最大稀释度称为该血清的血凝抑制滴度或血凝抑制价。用被检血清的稀释倍数或以 2 为底的对数(log2)表示。如上例,该血清的红细胞血凝抑制效价为 $1:2^6$ 或 HI 效价为 6(log2)。

用此方法对鸡群进行检疫时,若 HI 效价≤3log2,判为阴性;如 HI 效价≥4log2,判为试验阳性。

表 4-4　病毒血凝抑制试验操作术式　　　　　　　　　　　　　　　单位：μL

| 孔　号 | 1 | 2 | 3 | 4 | 5 | 6 | 7 | 8 | 9 | 10 | 11 | 12 |
|---|---|---|---|---|---|---|---|---|---|---|---|---|
| 稀释液 | 50 | 50 | 50 | 50 | 50 | 50 | 50 | 50 | 50 | 50 | 50 | 100 |
| 被检血清 | 50 | 50 | 50 | 50 | 50 | 50 | 50 | 50 | 50 | 50 / 50 | | |
| 4 单位病毒液 | 50 | 50 | 50 | 50 | 50 | 50 | 50 | 50 | 50 | 50 | 50 | |
| 抗血清稀释倍数 | $2^1$ | $2^2$ | $2^3$ | $2^4$ | $2^5$ | $2^6$ | $2^7$ | $2^8$ | $2^9$ | $2^{10}$ | 对照 | 对照 |
| 室温(18～20 ℃)下静置 20 min,或 37 ℃恒温培养箱中静置 5～10 min | | | | | | | | | | | | |
| 1％鸡红细胞悬液 | 50 | 50 | 50 | 50 | 50 | 50 | 50 | 50 | 50 | 50 | 50 | 50 |
| 充分混匀后振荡 1 min | | | | | | | | | | | | |
| 室温(18～20 ℃)静置 30～40 min,或 37 ℃恒温培养箱中静置 15～30 min | | | | | | | | | | | | |
| 结果举例 | − | − | − | − | − | − | ± | ± | ＋ | ＋ | ＋＋＋＋ | − |

## 五、注意事项

（1）血凝板尤其是微量血凝板的清洗,对试验结果有很大的影响。一般清洗程序:试验完毕后,立即用自来水反复冲洗,再用含洗涤剂的温水浸泡 30 min,并在洗涤剂溶液中以棉拭子洗凹孔及板面,用自来水冲洗多次,最后以蒸馏水冲净 2～3 次,在 37 ℃恒温培养箱内烘干备用。

（2）试验感作温度,在 4～37 ℃范围内,随温度上升,血凝和血凝抑制滴度提高。感作常用 18～22 ℃。

（3）许多研究者认为来源不同的个体鸡只的红细胞对新城疫病毒的敏感性不同,一般血凝抑制滴度相差 1～2 个滴度。所以试验时最好用 3～4 只鸡的红细胞。红细胞的浓度对本试验结果也有很大的影响,一般红细胞浓度增加(0.5％～1％),血凝滴度下降,血凝抑制滴度有所上升。

（4）试验用稀释液的 pH 对试验有影响,稀释液 pH＜5.8 红细胞易自凝,pH＞7.8 凝集的红细胞易离散。

【考核标准】

（1）明确鸡新城疫抗体检测的目的及意义。

（2）能制备 1％鸡红细胞悬液。

（3）规范、熟练操作血凝试验,并能判定血凝价。

（4）会配制 4 单位病毒液。

（5）规范、熟练操作血凝抑制试验,并能判定血凝抑制价。

技能训练 4-2

# 鸡传染性法氏囊病检测技术

## 一、实训目标

掌握鸡传染性法氏囊病的诊断方法。

## 二、设备材料

### （一）器材

剪刀、镊子、荧光显微镜、玻片、组织搅拌器、离心机及离心管、90 mm 平皿,吸管(1 mL、10 mL)、带胶乳头滴管、精制琼脂粉、打孔器(直径 6 mm)、pH 7.2 PBS、氯化钠、0.1％苯酚溶液、酒精棉、来苏尔、病鸡等。

**（二）诊断制剂**

传染性法氏囊病阳性血清、传染性法氏囊病阴性血清、传染性法氏囊病病毒抗原、传染性法氏囊病荧光抗体等。

### 三、内容及方法

#### （一）临诊诊断要点

**1. 流行特点**　传染性法氏囊病多见于雏鸡和幼鸡，以3～6周龄鸡最易感。在易感鸡群中，往往是突然发病，3～5日死亡达到高峰，第6日后死亡减少或停止死亡。

**2. 症状**　本病在初发生的鸡群多呈急性经过，早期症状表现为有的鸡啄肛门和羽毛，随后病鸡出现下痢、食欲减退、精神委顿、畏寒、消瘦、羽毛无光泽，病鸡脱水虚弱而死亡。死亡率一般在5%～25%，如毒力强的毒株侵害，其死亡率可达60%以上。

**3. 病变**　剖检时可见胸肌、腿肌肌肉出血，腺胃和肌胃交界处有片状出血。法氏囊水肿比正常大2～3倍。法氏囊明显出血，黏膜皱褶上有出血点，囊内黏液较多，出血严重者法氏囊呈紫红色。病程长的法氏囊内有干酪样物质，有的病鸡法氏囊萎缩，肾肿大并有尿酸盐沉积。

#### （二）实验室诊断

**1. 琼脂扩散试验**　本法是检测血清中特异性抗体或法氏囊组织中病毒抗原的最常用诊断方法。

（1）病料采集：采集发病早期的血液样品，3周后再采血样，并分离血清。为了检出法氏囊中的抗原，无菌采取10只左右鸡的法氏囊，用组织搅拌器制成匀浆，以3000 r/min离心10 min，取上清液备用。

（2）琼脂板制备：取1 g琼脂粉溶化于含有0.1%苯酚的8%氧化钠溶液100 mL中，水浴加温使充分溶化后吸15 mL倒入90 mm平皿内。

（3）打孔和加样：事先制好打孔的图案（中央1个孔和外周6个孔），放在琼脂板下面，用打孔器打孔，并剔去孔内琼脂。直径为6 mm，孔距为3 mm，现以检测抗原为例进行加样。中央孔加传染性法氏囊病阳性血清，1、4孔加入已知抗原，2、3、5、6孔加入被检抗原，加满而不溢出为度，将平皿倒置放在湿盒内，置37 ℃恒温培养箱内经24～48 h观察结果。

（4）结果判定：在传染性法氏囊病阳性血清与被检抗原孔之间，有明显沉淀线者判为阳性，相反，如果不出现沉淀者判为阴性。传染性法氏囊病阳性血清和已知抗原孔之间一定要出现明显沉淀线，本试验方可确认。

**2. 免疫荧光抗体检查**

（1）被检材料：采取病死鸡的法氏囊、肾和脾，冰冻切片制片后，用丙酮固定10 min。

（2）染色方法：在切片上滴加传染性法氏囊病荧光抗体，置湿盒内在37 ℃感作30 min后取出，先用pH 7.2 PBS冲洗，继而用蒸馏水冲洗，自然干燥后滴加甘油缓冲液封片（甘油9份，pH 7.2 PBS溶液1份）镜检。

（3）结果判定：镜检时见片上有特异性的荧光则判为阳性，未出现特异性的荧光或出现非特异性荧光则判为阴性。

（4）注意事项：滴加传染性法氏囊病荧光抗体于已知阳性标本上，应呈现明显的特异性的荧光。滴加传染性法氏囊病荧光抗体于已知阴性标本片上，应不出现特异性的荧光。本法在感染12 h后就可在法氏囊和盲肠扁桃体检出病毒。

技能训练4-3

# 鸡马立克氏病的诊断

### 一、实训目标

掌握鸡马立克氏病的诊断方法。

## 二、设备材料

### （一）用具

注射器(1 mL 或 2 mL)8～10 只、6～8 号针头 20 只、10 mm×100 mm 试管若干只(分离血清或浸提羽髓抗原)、玻璃棒(直径 6～8 mm、圆头长约 16 cm)4～6 只；刻度吸管、滴管 18～20 只,分别吸加马立克氏病病毒制品(标准抗原或已知阳性血清)、被检鸡血清或羽髓浸提液；烧杯或搪瓷缸 4～6 个(盛蒸馏水),分别洗涤吸管和玻璃棒；玻璃平皿、精制琼脂粉、打孔器(直径 3 mm)；含 8% 氯化钠的 PBS(0.01 moL,pH 7.2～7.4)；氯化钠、镊子、剪刀、酒精棉、来苏尔；疑似病鸡等。

### （二）诊断制剂

标准抗原、阳性血清。

## 三、内容及方法

### （一）诊断依据

本病的诊断主要依据临诊症状和病理变化。血清和病毒的诊断方法可用于鸡群感染情况的监测,但不能作为发生马立克氏病的诊断依据。几乎所有鸡群都存在马立克氏病病毒感染,但只有部分鸡群发生马立克氏病。免疫鸡群可以防止马立克氏病发生,但不能阻止马立克氏病病毒强毒感染。

神经型可根据病鸡特征性麻痹症状以及病变确诊,表现受害神经增粗,横纹消失,有时呈水肿样外观。因受害的坐骨神经丛和臂神经丛常为单侧,与另一侧对比容易发现明显差别。马立克氏病内脏型应与鸡淋巴细胞性白血病区别,可通过肿瘤组织学检查进行诊断。马立克氏病肿瘤主要由大、中、小 T 淋巴细胞组成,而淋巴白血病肿瘤主要由大小均一的 B 淋巴细胞组成。

### （二）琼脂扩散试验

检测病鸡羽髓中的马立克氏病病毒抗原或鸡血清中的马立克氏病病毒特异性抗体。其方法如下。

**1. 1% 琼脂平板制备** 用含 8% 氯化钠的 PBS(0.01 mol,pH 7.2～7.4)配制 1% 琼脂溶液,水浴加温使充分溶化后,加至直径 90 mm 培养皿,每皿约 15 mL,平置,在室温下凝固冷却后,将琼脂平板放在预先印好的 7 孔形图案上,用打孔器按图形准确位置打孔,中央孔直径为 3 mm,周边孔直径为 3 mm,孔距均为 3 mm,每个平皿可打 4～5 组孔。

**2. 检测羽髓中马立克氏病病毒抗原**

向中央孔加马立克氏病阳性血清,向周边 1、4 孔加标准马立克氏病琼脂扩展抗原,向周边 2、3、5、6 孔加待检羽髓浸提液。羽髓浸提液的制作方法:选拔受检鸡含羽髓丰满的羽毛数根(幼鸡 8 根以上,成年鸡 3～5 根),将带有羽髓的毛根剪集于试管内,每管滴加 2～3 滴 PBS,用玻璃棒将羽毛根压集于管底,以适当的压力转动玻璃棒 10 多次,待浸提液充分混浊后,倾斜试管,以玻璃棒引流将浸提液导至管口,另一人用吸管将之移加入孔内。

**3. 检测血清抗体(被检鸡血清)**

向中央孔滴加标准马立克氏病琼脂扩展抗原,向周边孔滴加待检血清,其中有一孔加阳性血清,均以加满而不溢出为度。将加样后的琼脂平皿加盖后平放于加盖的湿盒内,置 37 ℃ 恒温培养箱中孵育,8～24 h 观察并记录结果。

## 四、结果判定

上述方法可用于 20 日龄以上鸡羽髓马立克氏病病毒抗原检测和 1 月龄以上鸡的血清抗体检测,被检样品孔与中央孔之间形成清晰的沉淀线,并与周边已知抗原和阳性血清孔的沉淀线互相融合者,判为阳性,不出现沉淀线的判为阴性;已知抗原与阳性血清之间所产生的沉淀线末端弯向被检样品孔内侧时,则该被检样品判为弱阳性。有的被检材料可能会出现两条以上沉淀线,则最突出的沉淀线为 A 线,次要的沉淀线为 B 线,都属于阳性反应。

*Note*

→ **模块小结**

　　近些年来,家禽传染病在临诊上变得越来越复杂难控,在养殖地区老的传染病没有控制住,而一些新的传染病又不断出现。发病症状变得温和而不易判断,多须借助实验室检测才能确诊。

　　禽流感与新城疫在临诊上有许多相似的症状,诊断时应注意细节。传染性喉气管炎与传染性支气管炎是截然不同的两种传染病,但呼吸道症状有相似之处。传染性法氏囊病发病时间多集中在 3～6 周龄鸡,无论蛋鸡还是肉鸡都应做好预防。鸡场一旦出现马立克氏病,做好净化是良策。产蛋下降综合征对蛋鸡的生产性能影响大,应提前做好预防。鸡支原体病很普遍,做好生物安全是关键。

　　鸭瘟、鸭病毒性肝炎、番鸭细小病毒病是养鸭业的三大"杀手",养殖过程中不可忽视。鹅病虽少但不可大意,小鹅瘟、鹅星状病毒病是强敌。

→ **执考真题及自测题**

## 一、单选题

1. 禽流感的病原属(　　　)。

A. 副黏病毒　　　　B. 副嗜血杆菌　　　C. 疱疹病毒　　　　D. 冠状病毒　　　　E. 正黏病毒

2. 可在咽喉部及上部气管处的黏膜表面形成白色假膜的传染病是(　　　)。

A. 禽流感　　　　　　　　　　B. 新城疫　　　　　　　　　　C. 鸡痘

D. 传染性支气管炎　　　　　　E. 传染性喉气管炎

3. 鸡痘的接种途径是(　　　)。

A. 饮水　　　　　　B. 点眼或滴鼻　　　C. 肌内注射　　　D. 气雾　　　　　E. 翼膜刺种

4. 肝脏有针尖大小白色坏死灶的疾病是(　　　)。

A. 传染性支气管炎　　　　　　B. 鸡沙门氏菌病　　　　　　　C. 禽霍乱

D. 鸡新城疫　　　　　　　　　E. 大肠杆菌病

5. 有呼吸道症状的传染病是(　　　)。

A. 鸡新城疫　　　　B. 马立克氏病　　　C. 传染性贫血　　D. 大肠杆菌病　　E. 传染性法氏囊病

6. 鸡新城疫活疫苗为中等毒力的是(　　　)。

A. 鸡新城疫Ⅰ系　　　　　　　B. 鸡新城疫Ⅱ系

C. 鸡新城疫Ⅲ系　　　　　　　D. 鸡新城疫Ⅳ系　　　　　　　E. 油佐剂灭活疫苗

7. 下列哪种疾病是鸡的免疫抑制性疾病?(　　　)

A. 新城疫　　　　　　　　　　B. 禽流感

C. 传染性法氏囊病　　　　　　D. 传染性支气管病　　　　　　E. 慢性呼吸道病

8. 神经型马立克氏病的特征性姿势是(　　　)。

A. 大劈叉　　　　　B. 角弓反张　　　　C. 摇头　　　　　D. 缩颈　　　　　E. 跛脚

9. 在实际生产中,马立克氏病疫苗应在鸡(　　　)时免疫接种。

A. 1 日龄　　　　　B. 7 日龄　　　　　C. 12 日龄　　　　D. 35 日龄　　　E. 60 日龄

10. 在临床上咳出带有血样液体的禽传染病是(　　　)。

A. 鸡新城疫　　　　　　　　　B. 传染性喉气管炎　　　　　　C. 传染性法氏囊病

D. EDS 76　　　　　　　　　　E. 淋巴白血病

11. 在疾病早期,感染细胞的胞核内见有包涵体的是(　　　)。

A. 新城疫　　　　　　　　　　B. 禽流感

C. 传染性支气管炎　　　　　　D. 传染性喉气管炎

E. 传染性法氏囊病

12. 产蛋下降综合征主要侵害（  ）的鸡。

A. 10～20 周龄 　　　　　　B. 26～32 周龄 　　　　　　C. 30～40 周龄

D. 50～55 周龄 　　　　　　E. 60～62 周龄

13. 传染性鼻炎是由（  ）引起鸡的急性呼吸道传染病。

A. 副黏病毒 　　　　　　B. 副鸡嗜血杆菌 　　　　　　C. 疱疹病毒

D. 呼肠孤病毒 　　　　　　E. 腺病毒

14. 鸡慢性呼吸道病的病原是（  ）。

A. 巴氏杆菌 　　　　　　B. 副鸡嗜血杆菌

C. 鸡败血支原体 　　　　　　D. 呼肠孤病毒 　　　　　　E. 副黏病毒

15. 自然条件下,传染性法氏囊病最常见于（  ）的鸡。

A. 3～6 月龄 　　B. 3～6 周龄 　　C. 3～6 日龄 　　D. 6～15 周龄 　　E. 1 日龄

16. 禽脑脊髓炎一般只有（  ）会表现明显的临诊症状。

A. 青年禽 　　B. 雏禽 　　C. 成年禽 　　D. 产蛋期禽 　　E. 高龄鸡

17. 下列不会引起家禽肿头特征的疾病是（  ）。

A. 支原体病 　　　　　　B. 传染性法氏囊病 　　　　　　C. 大肠杆菌病

D. 传染性鼻炎 　　　　　　E. 禽流感

18. 鸭疫里氏杆菌病的主要特征不包括（  ）。

A. 纤维素性心包炎 　　　　　　B. 纤维素性肝周炎 　　　　　　C. 纤维素性气囊炎

D. 纤维素性肠炎 　　　　　　E. 眼分泌物增多

19. 鸡群接种疫苗的原则是（  ）。

A. 尽可能接种所有的疫苗

B. 发什么病,接种什么疫苗

C. 一般不使用疫苗,用药物和蛋黄液等预防控制疾病

D. 根据当地疫情,制订合理的免疫程序,选用优质的疫苗

E. 使用自己存放的疫苗进行免疫

20. 治疗禽曲霉菌病的有效药物是（  ）。

A. 四环素 　　B. 甲砜霉素 　　C. 多黏菌素 B 　　D. 制霉菌素 　　E. 阿莫西林

21. 规模化鸡场禽流感灭活疫苗免疫首选途径是（  ）。

A. 滴鼻 　　B. 点眼 　　C. 饮水 　　D. 注射 　　E. 雾化

22. 下列疾病中发病禽腿鳞片下出血的是（  ）。

A. IB 　　B. ND 　　C. AI 　　D. MD 　　E. ILT

23. 下面哪个禽病不会引起"花斑肾"症状?（  ）

A. IB 　　B. IBD 　　C. ND 　　D. 痛风 　　E. MD

24. 下列疾病中没有呼吸道症状的是（  ）。

A. ND 　　B. AI 　　C. IBD 　　D. IB 　　E. MD

25. 下列疾病中不会引起家禽心包炎和肝周炎特征的是（  ）。

A. 禽霍乱 　　　　　　B. 大肠杆菌病 　　　　　　C. 支原体病

D. 鸭传染性浆膜炎 　　　　　　E. 禽白血病

## 二、多选题

1. 患有内脏型马立克氏病时最常侵害的器官是（  ）。

A. 肾脏 　　B. 肺脏 　　C. 卵巢 　　D. 脾脏 　　E. 肠道

2. 典型鸡传染性法氏囊病病例的早期临床症状有（  ）。

A. 腹泻排白色水样稀粪 　　　　　　B. 病鸡闭眼呈昏睡状态

C. 体温低于正常 　　　　　　D. 部分鸡自啄泄殖腔 　　　　　　E. 脱水、虚脱

3. 鸭传染性浆膜炎的重要传播媒介有(　　　)。

A. 污染的粪便　　　　　　　　　　B. 污染的空气　　　　　　　　　　C. 皮肤伤口

D. 库蚊叮咬　　　　　　　　　　　E. 污染的饮水

4. 鸭浆膜炎的肉眼病变有"雏鸭三炎"之称，主要形成纤维素性渗出性炎。这些纤维素性渗出性炎可发生于全身的浆膜面，其中最为常见的部位是(　　　)。

A. 心包　　　　　B. 肝脏表面　　　　C. 脑膜　　　　　　D. 气囊　　　　　E. 肠黏膜

5. 鸭瘟在临床上的主要表现为(　　　)。

A. 体温升高　　　　　　　　　　　B. 呼吸困难　　　　　　　　　　　C. 两腿麻痹

D. 下痢　　　　　　　　　　　　　E. 食道及泄殖腔黏膜有假膜覆盖

# 模块五
# 牛羊传染病

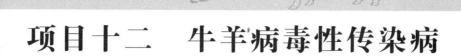

# 项目十二　牛羊病毒性传染病

## 项目导入

临床上,我们常会重视反刍动物的内科病,而忽视反刍动物的传染病,尤其是牛羊病毒性传染病。一个规模化的牛场或者羊场若忽视了病毒性传染病的防控,可能会造成颠覆性的损失。一旦引发牛流行热、牛病毒性腹泻-黏膜病会严重影响牛的生长性能甚至死亡。2019年牛结节性皮肤病的传入也严重影响了养牛业的发展。牛海绵状脑病目前没有治疗方法,我们应该严守国门,禁止传入。小反刍兽疫常给养羊业带来巨大的经济损失,羊传染性脓疱病传入羊场后,难以清除,常能在羊场持续几年。这些病毒性传染病如何发现、如何科学防控,本部分内容将带给你答案。

## 学习目标

▲知识目标

1. 掌握牛流行热、牛病毒性腹泻-黏膜病、牛结节性皮肤病等病毒性传染病的流行特点、临诊症状及防治措施。

2. 掌握小反刍兽疫、蓝舌病、羊传染性脓疱病等病的流行特点、临诊症状及防治措施。

3. 了解牛海绵状脑病、瘙痒病的相关知识。

▲技能目标

1. 掌握牛病毒性腹泻-黏膜病RT-PCR检测技术,牛流行性热病毒RT-PCR检测技术。

2. 熟悉小反刍兽疫、羊传染性脓疱的临床诊断的要点。

▲思政与素质目标

1. 解读我国控制牛羊病毒性传染病的策略,增强学生的自信心。

2. 培养学生善观察、勤思考的能力。

# 任务一　牛流行热

扫码看课件
12-1

牛流行热是由牛流行热病毒引起的牛的一种急性热性传染病,发病特征为突发高热、流泪、有泡沫样流涎,鼻漏、呼吸促迫及后躯僵硬,跛行。临诊发病率高,病死率低,一般呈良性经过,大部分牛经2~3日便可恢复正常,故又称暂时热或三日热。

本病广泛流行于非洲、亚洲及大洋洲。我国也有本病的发生和流行,而且分布面较广。因为大批牛发病,对奶牛的产奶量有明显的影响,而且部分牛常由于瘫痪而被淘汰,给养牛业带来相当大的经济损失。

## 一、病原

牛流行热病毒又称牛暂时热病毒,属弹状病毒科暂时热病毒属的成员,像子弹形或圆锥形,为单

*Note*

股 RNA 病毒,有囊膜。本病毒可在牛肾、牛睾丸以及牛胎肾细胞上繁殖,并产生细胞病变,也可在仓鼠肾原代细胞和传代细胞(BHK-21)上生长并产生细胞病变。本病毒在非洲绿猴肾传代细胞(Vero细胞)上也能繁殖。

本病毒各分离株间的同源性很高,差异极小。枸橼酸盐抗凝的病牛血液于 2～4 ℃储存 8 日后仍有感染性。感染鼠脑悬液于 4 ℃经 1 个月,毒力无明显影响。于 −20 ℃以下低温保存,可长期保持毒力。本病毒对热敏感,56 ℃经 10 min,37 ℃经 18 h 可被灭活。置于 pH2.5 以下或 pH9 以上环境中数十分钟可使之灭活,对乙醚和氯仿敏感。

## 二、诊断要点

### (一)流行特点

本病的发生具有明显的周期性,6～8 年或 3～5 年流行一次,具有明显的季节性,一般在夏末到秋初、高温炎热、多雨潮湿、蚊蝇多生的季节流行。本病的传染力强,传播迅速,短期内可使很多牛发病,呈流行性或大流行性。有时疫区与非疫区交错相嵌,呈跳跃式流行。栏舍阴暗潮湿、狭窄拥挤、长途运输、重度劳役、营养不良等各种因素而导致牛的抵抗力下降时,就会引发该病流行。

**1. 传染源** 病牛是本病的主要传染源。

**2. 传播途径** 吸血昆虫是本病的重要传播媒介。吸血昆虫(蚊、蝇)叮咬病牛后再叮咬易感的健康牛而传播,故疫情的存在与吸血昆虫的出没相一致,也可经呼吸道传播。

**3. 易感动物** 本病主要侵害奶牛和黄牛,水牛较少感染,以 3～5 岁牛多发,1～2 岁牛及 6～8 岁牛次之,犊牛及 9 岁以上牛少发,6 月龄以下的犊牛感染不表现临诊症状。膘情较好的牛发病时病情较严重。母牛尤以妊娠牛发病率略高于公牛,产奶量高的母牛发病率高。绵羊可人工感染并产生病毒血症,继则产生中和抗体。

### (二)临诊症状

视频:牛流行热

该病潜伏期 3～7 日,牛突然发病,开始 1～2 头,很快波及牛群或整个地区,体温升高达 39.5～42.5 ℃,维持 2～3 日后,降至正常。在体温升高的同时,病牛流泪、畏光、眼结膜充血、眼睑水肿(图5-1)。呼吸急促,病牛发出哼哼声,食欲废绝,咽喉区疼痛,反射减少或停止。多数病牛鼻炎性分泌物呈线状,随后变为黏性鼻涕。口腔发炎、流涎,口角有泡沫(图5-2)。有的病牛四肢关节水肿、僵硬、疼痛,病牛站立不动并出现跛行,最后因站立困难而倒卧,皮温不整,特别是角根、耳、肢端有冷感。粪便初干,常有黏液,发生严重肠炎时,表现腹痛努责,剧烈腹泻,粪便中带有大量黏液和血液。若不及时救治,病牛往往很快死亡,妊娠后期的母牛常会发生流产或死胎、哺乳期母牛泌乳量会下降或停止泌乳。该病病程为 3～5 日,治疗及时,常预后良好。少数严重病牛可于 1～3 日死亡,但病死率一般不超过 1%。有的病牛常因跛行或瘫痪而被淘汰。

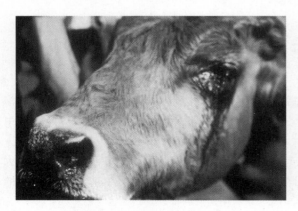

图 5-1 病牛流泪、眼睑水肿

图 5-2 病牛流涎,口角有泡沫

### （三）病理变化

主要病理变化在呼吸道,上呼吸道黏膜充血、出血、肿胀。急性死亡的自然病例,可见明显的肺间质气肿,还有一些牛可有肺充血与肺水肿。肺气肿的肺高度膨隆,间质增宽,内有气泡,压迫肺呈捻发音。肺水肿病例胸腔积有大量暗紫红色液体,两侧肺肿胀,间质增宽,内有胶冻样浸润,肺切面流出大量暗紫红色液体,气管内积有大量的泡沫状黏液。淋巴结充血、肿胀和出血,实质器官混浊肿胀。真胃、小肠和盲肠呈卡他性炎症和渗出性出血。

### （四）诊断

本病的特点是大群发生,传播快速,有明显的季节性,发病率高,病死率低,结合病牛的临床表现,可做出初步诊断。确诊本病还要做病原分离鉴定或用中和试验、补体结合试验、琼脂凝胶免疫扩散试验、免疫荧光法、ELISA 等进行检验。必要时取病牛全血,用易感牛做交叉保护试验。

## 三、防治

对本病的防治重点是早发现、早隔离、早治疗。

### （一）预防

发生疫情后及时隔离病牛,并进行严格的封锁和消毒,消灭蚊蝇等吸血昆虫以控制该病的流行,最好在本病流行之前进行预防接种。自然病例恢复后可获得 2 年以上的较强免疫力,而人工免疫迄今未达到如此效果。

### （二）治疗

发生本病时,要对病牛及时隔离,及时治疗,对假定健康牛群及受威胁牛群可采用高免血清进行紧急预防接种。用抗生素等抗菌药物防止并发症和继发感染。治疗时,切忌灌药,因病牛咽肌麻痹,药物易流入气管和肺里,引起异物性肺炎。

# 任务二　牛病毒性腹泻-黏膜病

牛病毒性腹泻-黏膜病是由牛病毒性腹泻病毒引起的,主要发生于牛的一种急性、热性传染病,其临诊特征为黏膜发炎、糜烂、坏死和腹泻。

## 一、病原

牛病毒性腹泻病毒(BVDV)是黄病毒科瘟病毒属的成员,为单股 RNA、有囊膜的病毒,直径 50 ~80 nm,呈圆形。BVDV 与猪瘟病毒和羊边界病病毒为同属病毒,有密切的抗原关系。

本病毒能在胎牛肾、睾丸、肺、皮肤、肌肉、鼻甲、气管以及猪肾等细胞培养物中增殖传代,也适应于牛胎肾传代细胞系。BVDV 株中有的能使培养细胞形成空泡及死亡,而有的毒株只能使培养细胞产生较少的可见变化,感染细胞呈现正常状态。根据这一特性,可将 BVDV 分为两个生物型,即致细胞病理变化型和非致细胞病理变化型。

病毒主要分布在血液、精液、脾、骨髓及肠淋巴结,妊娠期母畜的胎盘等组织以及呼吸道、眼及鼻的分泌物中。本病毒对乙醚、氯仿、胰酶等敏感,pH 3 以下易被杀死;在 50 ℃氯化镁溶液中不稳定;56 ℃很快被灭活;血液和组织中的病毒在－70 ℃可存活多年。

## 二、诊断要点

### （一）流行特点

本病呈地方流行性,常年均可发生,但多见于冬末和春季。新疫区急性病例多,不论是放牧牛还是舍饲牛,大小均可感染发病,发病率通常不高,约为 5%,病死率为 90%～100%;老疫区则急性病例少,发病率和死亡率都很低,隐性感染率在 50% 以上。本病也常见于肉用牛群中,关闭饲养的牛群发病时往往呈暴发流行。

**1. 传染源** 患病动物中的带毒动物是本病的主要传染源。患病动物的分泌物和排泄物中含有病毒。绵羊多为隐性感染,但妊娠期绵羊常发生流产或产下先天性畸形羔羊,这种羔羊也可成为传染源。近年来在欧美一些国家猪的感染率很高,一般呈亚临诊感染。康复牛可带毒6个月。

**2. 传播途径** 直接或间接接触均可传播本病,主要通过消化道和呼吸道而感染,也可通过胎盘感染。

**3. 易感动物** 本病可感染黄牛、水牛、牦牛、绵羊、山羊、猪、鹿及小袋鼠,家兔可人工感染。各种年龄的牛对本病毒均易感,以6~18月龄者居多。

**(二)临诊症状**

潜伏期为7~14日,人工感染时为2~3日,临诊表现有急性和慢性两种类型。

**1. 急性型** 突然发病,体温升至40~42℃,持续4~7日,有的可发生第二次升高,随着体温升高,白细胞减少,持续1~6日。继而又有白细胞微量增多,有的可发生第二次白细胞减少。病牛精神沉郁,厌食,鼻、眼有浆液性分泌物(图5-3),2~3日损害之后常发生严重腹泻,开始水样腹泻,后带有黏液和血。有些病牛常因蹄叶炎及趾间皮肤糜烂坏死而导致跛行(图5-4)。急性病例恢复的少见,通常死于发病后1~2周,少数病例病程可拖延至1个月。

图5-3 牛鼻腔有浆液性分泌物　　　　图5-4 趾间皮肤糜烂坏死

**2. 慢性型** 病牛很少有明显的发热病状,但体温可能又高于正常。引人注意的临诊症状是鼻镜上的糜烂,眼常有浆液性的分泌物,口腔内很少有糜烂,但门牙牙龈通常发红。由于蹄叶炎及趾间皮肤糜烂坏死而导致的跛行是最明显的临诊症状。大多数病牛死于2~6个月,也有些可拖延到1年以后。母牛在妊娠期感染本病时常发生流产或产下先天性缺陷犊牛,最常见的缺陷是小脑发育不全。病犊牛有的可能只呈现轻度共济失调,有的可能完全缺乏协调和站立的能力,有的出现失明。

**(三)病理变化**

主要病理变化在消化道和淋巴组织。鼻镜、鼻黏膜、齿龈、上腭、舌面两侧及颊部黏膜有糜烂及浅溃疡(图5-5)。严重病例的喉头黏膜上有溃疡及弥散性坏死(图5-6),特征性损害是食道黏膜糜烂,形状大小不等,呈直线排列。瘤胃黏膜偶见出血和糜烂,真胃炎性水肿和糜烂。肠壁因水肿而增厚,肠淋巴结肿大。小肠有急性卡他性、出血性、溃疡性以及坏死性等不同程度的炎症。在流产胎牛的口腔、食道、真胃及气管内可能有出血斑和溃疡。运动失调的新生犊牛,有严重的小脑发育不全及两侧脑室积水。趾间皮肤及全蹄冠急性糜烂性炎症,后发展为溃疡及坏死。

组织学检查,可见鳞状上皮细胞呈空泡变性、肿胀、坏死。真胃黏膜的上皮细胞坏死,腺腔出血并扩张,固有层黏膜下水肿,有白细胞浸润和出血。小肠黏膜的上皮细胞坏死,腺体形成囊腔。

**(四)诊断**

在本病严重暴发流行时,可根据发病史、临诊症状及病理变化做出初步诊断,最后确诊需依赖病毒的分离鉴定及血清学检查。

图 5-5 病牛口腔硬腭板糜烂

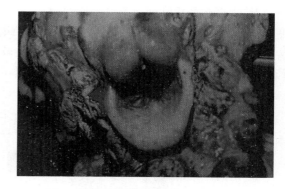
图 5-6 病牛喉头黏膜充血、出血、肿胀

**1. 病原鉴定** 病毒的分离应于病牛急性发热期取血液、尿、鼻液或眼分泌物,剖检时取脾、骨髓、肠系膜淋巴结等部位,人工感染易感犊牛或乳兔来分离病毒;也可用牛胎肾细胞、牛睾丸细胞分离病毒。

**2. 血清学试验** 目前应用最广的是血清中和试验,试验时采取双份血清(间隔3~4周),滴度升高4倍以上者为阳性,本法既可用来定性,也可用来定量。此外,还可用补体结合试验、免疫荧光技术、琼脂扩散试验等进行诊断。

**3. 分子生物学诊断** 反转录-聚合酶链式反应(RT-PCR)为常用的一种方法,它可以高度特异、灵敏地检测器官组织、培养细胞中的 BVDV;核酸杂交技术可直接检测血和组织器官中的 BVDV。

## 三、防治

本病尚无有效的治疗方法。应用收敛剂和补液疗法可缩短恢复期,减少损失。使用抗生素和磺胺类药物,可减少继发性细菌感染。平时预防要加强口岸检疫,防止引入带毒牛、羊和猪。在国内进行牛只调拨或交易时,要加强检疫,防止本病的扩大和蔓延。国外主要采用淘汰持续感染动物和疫苗接种进行防疫。由于本病毒与猪瘟病毒在分类上同为瘟病毒属,有共同的抗原关系,近年来,猪对本病毒的感染率日趋上升,也使猪瘟的防治工作变得更加复杂。

# 任务三 牛传染性鼻气管炎

牛传染性鼻气管炎,又称坏死性鼻炎和红鼻子病,是由牛传染性鼻气管炎病毒引起的牛的急性、热性、接触性传染病。这种病毒还可引起牛的生殖道感染、结膜炎、流产、乳房炎等其他类型的疾病。因此,它是由同一病原引起的多种病症的传染病。本病在全世界分布广泛,给养牛业造成严重的经济损失。

## 一、病原

牛传染性鼻气管炎病毒,又称牛(甲型)疱疹病毒,是疱疹病毒科甲型疱疹病毒亚科单纯疱疹病毒属的成员。本病毒为双股 RNA 病毒,有囊膜,直径为 130~180 nm。对乙醚和酸敏感,于 pH 7.0 的溶液中很稳定,4 ℃下可保存 30 日,其感染滴度几乎无变化,22 ℃保存 5 日,感染滴度下降至1/10,−70 ℃保存的病毒,可存活数年。许多消毒剂都可使其灭活。

本病毒只有一个血清型,与马鼻肺炎病毒、马立克氏病病毒和伪狂犬病病毒有部分相同的抗原成分。

## 二、诊断要点

### (一)流行特点

**1. 传染源** 病牛和带毒牛为主要传染源。

**2. 传播途径** 常通过空气经呼吸道传染，交配也可传染，从精液中可分离到病毒。本病多发于寒冷季节，牛群过分拥挤，密切接触，可促进本病的传播。

**3. 易感动物** 主要感染牛，尤以肉用牛较为多见，其次是奶牛。肉用牛的发病率有时高达75％，其中又以200日龄的牛最为易感，病死率也较高。

### （二）临诊症状

潜伏期一般为4～6日，有时可达20日以上，人工滴鼻或气管内接种的潜伏期可缩短至18日。本病可表现为多种类型，常见的有以下几种。

图5-7 病牛出现"红鼻子"

**1. 呼吸道型** 通常于每年较冷的月份出现，病情轻重程度不一，急性病例可侵害整个呼吸道，对消化道的侵害较轻。病初高热，体温达39.5～42 ℃，精神极度沉郁、拒食、有大量黏液性鼻漏、鼻高度充血，因鼻窦及鼻镜组织高度发炎而称为"红鼻子"（图5-7），有结膜炎及流泪，因炎性渗出物阻塞而发生呼吸困难及张口呼吸，因鼻黏膜的坏死，呼气中常有臭味。呼吸加快、咳嗽，有时可见血性腹泻。奶牛病初期产奶量大减，后期完全停止。病程如不延长则可恢复产量。重型病例数小时即死亡，大多数病程为10日以上。严重的流行，发病率可达75％以上，但病死率在10％以下。

**2. 生殖道感染型** 母牛、公牛均可发生，潜伏期为1～3日，病初发热，病牛沉郁，无食欲，尿频。母牛阴门流线条黏液，污染附近皮肤，阴门、阴道发炎充血，阴道底有不等量黏稠无臭的黏液性分泌物，阴门黏膜上出现小的白色病灶，可发展成脓疱，大量小脓疱使阴户前庭及阴道壁形成广泛的灰色坏死膜，经10～14日痊愈。公牛感染时潜伏期为2～3日，沉郁、不食，生殖道黏膜充血，轻症1～2日消退，可恢复；严重的病例发热，包皮、阴茎上发生脓疱，随即包皮肿胀及水肿，尤其当有细菌继发感染时更重，一般出现临诊症状后10～14日开始恢复，有的公牛不表现症状而有带毒现象。

**3. 脑膜脑炎型** 该型主要发生于犊牛，体温升高达40 ℃以上。犊牛共济失调，沉郁，随后兴奋、惊厥、口吐白沫，最终倒地，角弓反张，磨牙，四肢划动，病程短促，多归于死亡。

**4. 眼炎型** 主要症状是结膜炎、角膜炎，表现为结膜充血、水肿，并可形成粒状灰色的坏死膜、角膜轻度混浊。眼、鼻流浆液脓性分泌物，很少引起死亡。

**5. 流产型** 胎牛感染为急性过程，7～10日死亡，死后1～2日排出体外。

### （三）病理变化

呼吸道型，呼吸道黏膜高度发炎，有浅溃疡，其上被覆腐臭黏液脓性渗出物，有时可见成片的化脓性肺炎。常有皱胃黏膜发炎及溃疡，大小肠有卡他性肠炎，流产胎儿肝、脾有局部坏死，有时皮肤有水肿。

### （四）诊断

根据流行特点、临诊症状和剖检变化可做出初步诊断，确诊要做病毒分离鉴定。取感染发热期病牛鼻腔分泌物，流产胎儿可取其胸腔液或胎盘子叶，可用牛肾细胞培养分离，再用中和试验及荧光抗体来鉴定病毒。琼脂扩散试验和间接血凝试验也可以用于该病的诊断。

## 三、防治

### （一）预防

引进牛只，要隔离观察和进行血清学试验，发病时应立即隔离病牛，同时对所有没有感染的牛接种疫苗，目前常用疫苗有弱毒疫苗、灭活疫苗和亚单位疫苗。母牛免疫后，犊牛的母源抗体可持续4

个月。

### （二）治疗

本病无特效疗法，必须采取检疫、隔离、封锁、消毒等综合防治措施，发病时，立即隔离病牛，采取广谱抗生素防止细菌继发感染，配合对症治疗减少死亡。病后加强护理，提高营养水平，增强机体抵抗力，康复后可获得较强的免疫力。

# 任务四　牛恶性卡他热

牛恶性卡他热（malignant catarrhal fever，MCF）又名恶性头卡他，是狷羚疱疹病毒Ⅰ型引起的牛等偶蹄兽的一种急性、热性、高度致死性、淋巴增生性传染病，临床上以高热、呼吸道、消化道黏膜的黏脓性和坏死性炎症为特征，散发于世界各地。

## 一、病原

本病病原为狷羚疱疹病毒Ⅰ型，属于疱疹病毒科疱疹病毒亚科。病毒存在于病牛的血液、脑、脾等组织中。在血液中的病毒紧紧附着于白细胞上，不易脱离，也不易通过细菌滤器。病毒对外界环境的抵抗力不强，不能抵抗冷冻及干燥。病毒在室温中 24 h 或冰点以下温度可失去传染性，因而病毒较难保存。

## 二、诊断要点

### （一）流行病学

牛恶性卡他热在自然情况下，主要发生于黄牛和水牛，其中 1～4 岁的牛较易感，老牛发病少见。绵羊及非洲角马可以感染，但其症状不易察觉或无症状，成为病毒携带者。本病在流行病学上的一个明显特点是不能由病牛直接传递给健康牛。一般认为绵羊无症状带毒是牛群暴发本病的来源。

本病一年四季均可发生，更多见于冬季和早春，多呈散发性，有时呈地方流行性。多数地区发病率较低，而病死率可高达 60%～90%。

### （二）临诊症状

自然感染的潜伏期，长短变动很大，一般 4～20 周或更长，最多见的是 28～60 日。人工感染犊牛通常为 10～30 日。牛恶性卡他热有以下几种病型：最急性型、消化道型、头眼型、良性型和慢性型等。头眼型被认为最典型，也是非洲最常见的一型。在欧洲则以良性型及消化道型最常见。

最初症状有高热稽留（41～42 ℃）、肌肉震颤、寒战、食欲锐减、瘤胃弛缓、泌乳停止、呼吸及心跳加快和鼻镜干热等，呈最急性经过的病例可能在此时即死亡。高热同时还伴有鼻、眼有少量分泌物，一般第 2 日以后，口腔与鼻腔黏膜充血、坏死及糜烂。数日后，鼻孔前端分泌物变为黏稠脓样，典型病例中，形成黄色长线状物垂直于地面。这些分泌物干涸后，聚集在鼻腔，妨碍气体通过，引起呼吸困难；口腔黏膜广泛坏死及糜烂，并流出带有臭味涎液。炎症蔓延到额窦会使头颅上部隆起；如蔓延到牛角骨床，则牛角松离甚至脱落。体表淋巴结肿大，白细胞减少。病初便秘后拉稀，排尿频数，有时混有血液和蛋白质。母畜阴唇水肿，阴道黏膜潮红肿胀，个别病牛出现神经症状。病程较长时皮肤出现红疹、小疱疹等。

最急性型，病程短至 1～3 日，不表现特征症状而死亡。消化道型常最终死亡，头眼型常伴发神经症状，预后不良。一般病程为 4～14 日，病症轻微时可以恢复，但常复发，病死率很高。

### （三）病理变化

头眼型以类似白喉性、坏死性变化为主，可能由骨膜波及骨组织，特别是鼻甲骨、筛骨和角床的骨组织。喉头、气管和支气管黏膜充血，有小出血点，也常覆有假膜。肺充血及水肿，也见有支气管肺炎。

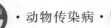 

消化道型以消化道黏膜变化为主。真胃黏膜和肠黏膜有出血性炎症,部分形成溃疡。在较长的病程中,泌尿生殖器官黏膜也呈现炎症变化。脾正常或中等肿胀,肝、肾肿胀,胆囊可能充血、出血,心包和心外膜有小出血点,脑膜充血,有浆液性浸润。组织学检查,在脑、肝、肾、心、肾上腺和小血管周围有淋巴细胞浸润;身体各部的血管有坏死性血管炎变化。

**（四）诊断**

根据流行病学、临诊症状及病理变化可做出初步诊断。确诊需进行实验室检查,包括病毒分离、培养鉴定、动物实验和血清学诊断等。

本病易与牛瘟、牛病毒性腹泻-黏膜病、口蹄疫、牛蓝舌病等混淆,应注意鉴别。

### 三、防治

**1. 治疗**　目前本病尚无特效治疗方法,应综合对症处理。

**2. 预防**　控制本病最有效的措施是不让绵羊等反刍动物与牛群接触及混养,同时注意畜舍和用具的消毒。

# 任务五　牛白血病

牛白血病(bovine leucosis,BL)又称牛地方流行性白血病,是由牛白血病病毒引起的牛、绵羊等动物的一种慢性肿瘤性疾病。以全身淋巴结肿大、淋巴样细胞恶性增生、进行性恶病质和高病死率为特征。

本病早在19世纪末即被发现,目前本病分布广泛,几乎遍及全世界养牛的国家。

### 一、病原

本病病原为牛白血病病毒,属于反录病毒科丁型反录病毒属。病毒粒子呈球形,外包双层囊膜。病毒含单股 RNA,能产生反转录酶,存在于感染动物的淋巴细胞中,具有凝集绵羊和鼠红细胞的作用。

该病毒对外界环境抵抗力较弱,对乙醚和胆盐敏感,60 ℃以上可使病毒失去感染力。紫外线照射和反复冻融对病毒有较强的杀灭作用,病毒对一般消毒剂敏感。

### 二、诊断要点

**（一）流行病学**

**1. 传染源**　病畜和带毒者是本病的传染源,潜伏期平均为4年。

**2. 传播途径**　血清流行病学调查结果表明:病毒可水平传播、垂直传播及经初乳传染给犊牛。近年来证明吸血昆虫在本病传播上具有重要作用。被污染的医疗器械(如注射器、针头),可以起到机械性传播本病的作用。目前,尚无证据证明本病毒可以感染人,但要做出本病毒对人完全没有危险性的结论还需进一步研究。

**3. 易感动物**　本病主要发生于牛、绵羊,水牛和水豚也能感染。临床多见成年牛发病,尤以4~8岁的牛最常见。

**（二）临诊症状**

本病有亚临床型和临床型两种表现。亚临床型无瘤的形成,其特点是淋巴细胞增生,可持续多年或终生,对健康状况没有影响。这样的病畜有些可进一步发展为临床型,病畜生长缓慢,体重减轻,体温一般正常,有时略微升高。从体表或经直肠可摸到某些淋巴结呈一侧或对称性增大。腮淋巴结或股前淋巴结常显著增大,触摸时可移动。如一侧肩前淋巴结增大,病畜的头颈可向对侧偏斜;眶后淋巴结增大可引起眼球突出。出现临诊症状的病畜,通常最终会死亡,但其病程可因肿瘤发生的部位、程度不同而异,一般为数周至数月。

**（三）病理变化**

主要病变为淋巴结肿大 3~5 倍、器官肿大，淋巴结被膜紧张，呈均匀灰色，柔软，切面突出，常伴有出血和坏死。心脏、皱胃和脊髓常发生浸润，心肌浸润常发生于右心房、右心室和心膈，色灰而增厚。循环紊乱导致全身性被动充血和水肿。脊髓被膜外壳里的肿瘤结节，使脊髓受压导致变形、萎缩。皱胃壁由于肿瘤浸润而增厚变硬。肾、肝、肌肉、神经干和其他器官亦可受损，但脑的病变少见。

**（四）诊断**

临床诊断基于触诊发现增大的淋巴结（腮、肩前、股前）。在疑有本病的牛只，直肠检查具有重要意义。尤其在发病的初期，触诊骨盆腔和腹腔的器官可以发现组织增生的变化，具有特别诊断意义的是腹股沟和髂淋巴结的增大。

对感染淋巴结做活组织检查，发现有成淋巴细胞（瘤细胞），即可以证明有肿瘤的存在。尸体剖检可以见到特征的肿瘤病变。

牛白血病病毒能激发特异性抗原抗体反应的观察，可利用琼脂扩散试验、补体结合试验、中和试验、间接免疫荧光技术、酶联免疫吸附试验等进行检测。

## 三、防治

**（一）治疗**

本病尚无特效疗法。

**（二）预防**

根据本病的发生呈慢性持续性感染的特点，防治本病应以广泛检疫，淘汰阳性牛为中心，采取包括定期消毒、驱除吸血昆虫、杜绝因手术、注射可能引起的交叉传染等在内的综合性措施。无病地区应严格防止引入病牛和带毒牛；引进新牛必须进行认真的检疫，发现阳性牛立即淘汰，但不得出售，阴性牛也必须隔离 3 个月以上才能混群。发病牛场每年应进行 3~4 次临床检查、血液和血清学检查，不断剔除阳性牛；对感染不严重的牛群，也可借此净化牛群。如感染牛只较多或牛群长期处于感染状态，应采取全群扑杀的坚决措施。

# 任务六　牛海绵状脑病

扫码看课件
12-2

牛海绵状脑病（bovine spongiform encephalopathy，BSE）俗称"疯牛病"（mad cow disease，MCD），是由朊病毒引起的牛的一种神经性、渐进性的致死性疾病。临床特征是精神和行为失常，共济失调，死后大脑呈海绵状空泡变性。本病发病缓慢，最终死亡，自 1985 年 4 月首次在英国发现以来，至今已在许多国家都有发现。目前，世界上有 100 多个国家面临着疯牛病的严重威胁，世界动物卫生组织（OIE）将其列为 A 类动物疫病。

## 一、病原

BSE 的病原是一种无核酸的蛋白质侵染因子（简称朊病毒或朊粒），是由宿主神经细胞表面正常的一种糖蛋白在翻译后发生某些修饰而形成的异常蛋白，与原糖蛋白相比，该异常蛋白对蛋白酶具有较强抵抗力。

## 二、诊断要点

**（一）流行病学**

BSE 于 1985 年最早发现于英国，英国 BSE 感染牛或肉骨粉的出口，将该病传给其他国家。至 2001 年 1 月，已有英国、爱尔兰、葡萄牙、瑞士、法国、比利时、丹麦、德国、卢森堡、荷兰、西班牙、日本等 15 个国家发生过 BSE。

*Note*

易感动物为牛科动物,包括家牛、非洲林羚、大羚羊以及瞪羚、白羚、金牛羚、弯月角羚和美欧野牛等。易感性与品种、性别、遗传等因素无关。发病以 4～6 岁牛多见,2 岁以下的病牛罕见,6 岁以上牛发病率明显降低。奶牛因饲养时间比肉牛长,且肉骨粉用量大而发病率较高。猫、虎、豹、狮等猫科动物也易感。

BSE 发生流行需以下两个要素:一是本国存在大量绵羊且有痒病流行或从国外进口了被传染性海绵状脑病污染的动物产品;二是用反刍动物肉骨粉喂牛。

### (二)临诊症状

BSE 平均潜伏期为 4～5 年。病牛临床表现主要为精神、行为异常,运动障碍和感觉障碍。常见有病牛不安、恐惧、狂暴,神志恍惚、磨牙等,当有人靠近或追逼时易出现攻击性行为。运动障碍主要表现为共济失调、颤抖或倒下。病牛步态呈"鹅步"状,四肢伸展过度,有时倒地难以站立。感觉障碍最常见的是对触摸声音和光过度敏感,这也是 BSE 病牛很重要的临床诊断特征。用手触摸或用钝器触压牛的颈部、肋部,病牛会异常紧张颤抖,用扫帚轻碰后蹄,也会出现紧张的踢腿反应;病牛听到敲击金属器械的声音,会出现震惊和颤抖反应;病牛在黑暗环境中,对突然出现的灯光,会出现惊吓和颤抖反应。多数病牛食欲正常,体重减轻,产奶量减少,体温偏高,呼吸频率增加。病牛病情日益严重,病程一般为 14～90 天,少数长达 12 个月,病牛最后死亡或被扑杀。

### (三)病理变化

BSE 无肉眼可见的病理变化,也无生物学和血液学异常变化,肝脏等实质器官未见异常。典型的组织病理学和分子学变化都集中在中枢神经系统。牛海绵状脑病有 3 个典型的非炎性病理变化。

(1)出现双边对称的神经空泡具有重要的诊断价值,包括灰质神经纤维网出现微泡即海绵状变化,这是牛海绵状脑病的主要空泡病变。BSE 很少有其他类型的大空泡,而这类空泡是痒病的特征性病变。

(2)星型细胞肥大常伴随于空泡的形成。

(3)大脑淀粉样病变是痒病家族病的一个不常见的病理学特征,BSE 存在淀粉样病变,但不多见。

### (四)诊断

根据临诊症状只能做出疑似诊断,确诊需进一步做实验室诊断。

**1. 病原检查**　目前还没有 BSE 病原的分离方法。生物学方法,即用感染牛或其他动物的脑组织通过非胃肠道途径接种小鼠,是目前检测感染性的唯一方法。因潜伏期至少为 300 日,该方法实际诊断意义不大。

**2. 脑组织病理学检查**　组织病理学检查,在病畜死后立即取整个大脑以及脑干或延脑,经 10% 福尔马林溶液固定后送检。以病牛脑干核的神经元空泡化和海绵状变化的出现为检查依据。在组织切片效果较好时,确诊率可达 90%,本法是最可靠的诊断方法,但需在牛死后才能确诊,且检查需要较高的专业水平和丰富的神经病理学观察经验。

**3. 电镜检查**　检测痒病相关纤维蛋白类似物。

**4. 鉴别诊断**　该病应与有机磷农药中毒(有明显的中毒史,发病突然,病情短)、低镁血症、神经性酮病(可通过血液生化检查和治疗性诊断确诊)、李氏杆菌感染引起的脑病(病程短,有季节性,冬春多发,脑组织有大量单核细胞浸润)、狂犬病(有狂犬咬伤史,病程短、脑组织有内基小体)、伪狂犬病(通过抗体检查即可确诊)、脑灰质软化或脑皮质坏死、脑内肿瘤、脑内寄生虫病等(通过脑部大体解剖即可确诊)相区别。

## 三、防治

### (一)治疗

本病尚无有效疗法。应采取以下措施,减少 BSE 病原在动物中的传播。

## （二）控制

根据 OIE 的建议，建立 BSE 的持续监测和强制报告制度。禁止用反刍动物源性饲料饲喂反刍动物。禁止从 BSE 发病国或高风险国进口活牛、牛胚胎和精液、脂肪、MBM（肉骨粉）或含 MBM 的饲料、牛肉、牛内脏及有关制品。

我国尚未发现该病，应加强国境检疫，严防传入，一旦发现可疑病牛，立即隔离并报告当地动物防疫监督机构，力争尽早确诊。确诊后扑杀所有病牛和可疑病牛，甚至整个牛群，尸体焚毁或深埋。根据流行病学调查结果进一步采取措施。

# 任务七　小反刍兽疫

扫码看课件 12-3

小反刍兽疫（peste des petits ruminants，PPR）又称为绵羊和山羊瘟、伪牛瘟、口腔炎-肺炎-肠炎综合征，是一种主要感染山羊和绵羊的急性接触性传染病，主要以发热、眼鼻分泌物增多、口炎、腹泻和肺炎为特征。此病流行于非洲、阿拉伯半岛、大部分中东国家和南亚、西亚。世界动物卫生组织将其列为 A 类动物疫病，在我国则被列为一类动物疫病。

## 一、病原

小反刍兽疫病毒属副黏病毒科麻疹病毒属，与麻疹病毒、犬瘟热病毒、牛瘟病毒等有相似的理化及免疫学特性。病毒呈多形性，粗糙的球形。病毒颗粒较牛瘟病毒大，核衣壳为螺旋中空杆状并有特征性的亚单位，有囊膜，可在胎绵羊肾、胎羊及新生羊的睾丸细胞、Vero 细胞上增殖并致细胞病变（CPE），形成合胞体。

## 二、诊断要点

### （一）流行病学

**1. 传染源**　主要为患病动物和隐性感染动物，处于亚临床型的病羊尤为危险。病畜的分泌物和排泄物均含有病毒。

**2. 传播途径**　通过直接和间接接触传染或呼吸道飞沫传染。

**3. 易感动物**　主要感染山羊、绵羊、羚羊、美国白尾鹿等小反刍动物，山羊发病比较严重。牛、猪等可以感染，但通常为亚临床经过。目前，主要流行于非洲西部、中部和亚洲的部分地区。

在易感动物群中该病的发病率可达 100%，严重暴发时病死率为 100%。目前，未见人感染该病毒的报道。

### （二）临诊症状

潜伏期一般为 3~21 日，《陆生动物卫生法典》规定为 21 日。自然发病仅见于山羊和绵羊。山羊发病严重，绵羊也偶有严重病例发生。一些康复山羊的唇部形成口疮样病变。感染动物临诊症状与牛瘟病牛相似，急性型的体温可上升至 41 ℃，并持续 3~5 日。感染动物精神沉郁，背毛无光，口鼻干燥，食欲减退，流出黏液脓性鼻液（图 5-8），呼出恶臭气体。在发热的前 4 日，口腔黏膜充血，颊黏膜进行性广泛性损害，导致多涎，随后出现坏死性病灶，开始口腔黏膜出现小的粗糙的红色浅表坏死病灶，以后变成粉红色，感染部位包括下唇、下齿龈等处。严重病例可见坏死病灶波及齿垫、腭、颊部及其乳头、舌头等处。后期出现带血水样腹泻，严重的病例脱水消瘦，随之体温下降，出现咳嗽、呼吸异常。轻度感染时，死亡率不超过 50%，幼年动物发病严重，发病率和死亡都很高。

视频：小反刍兽疫

### （三）病理变化

尸体剖检显示的病理变化与牛瘟相似。病畜可见结膜炎、坏死性口炎等肉眼病变，严重病例可蔓延到硬腭及咽喉部。皱胃常出现病变，而瘤胃、网胃、瓣胃很少出现病变。病变部常出现有规则、有轮廓的糜烂，创面红色出血。肠可见糜烂或出血（图 5-9），尤其在结肠直肠结合处呈特征性线状出

Note

血或斑马样条纹。淋巴结肿大,脾有坏死性病变,鼻甲、喉、气管等处有出血斑。

图 5-8　病羊流脓性鼻液

图 5-9　病羊肠部出血

### (四) 诊断

根据临诊症状和病理变化可做出初步诊断,确诊需进一步做实验室诊断。

实验室诊断:在国际贸易中,病毒中和试验为指定诊断方法,替代诊断方法为酶联免疫吸附试验。

病原检查:琼脂凝胶免疫扩散试验,该方法简单,但对病毒抗原含量低的温和型小反刍兽疫检测灵敏度不高;免疫捕获酶联免疫吸附试验,本法可快速鉴别诊断小反刍兽疫病毒和牛瘟病毒;对流免疫电泳试验;组织培养和病毒分离。

血清学检查:病毒中和试验、竞争酶联免疫吸附试验。

病料采集:用棉拭子无菌采集眼睑下结膜分泌物和鼻腔、颊部及直肠黏膜,全血、血清。用于组织病理学检查的样品,可采集淋巴结(尤其是肠系膜和支气管淋巴结)、脾、大肠和肺脏,置于 10% 福尔马林溶液中保存待检。

### (五) 鉴别诊断

诊断小反刍兽疫时,应注意与牛瘟、蓝舌病、口蹄疫做鉴别。

### 三、防治

严禁从存在本病的国家或地区引进相关动物。一旦发生本病,应严格按《中华人民共和国动物防疫法》规定,采取紧急强制性的控制和扑灭措施,扑杀患病和同群动物。疫区及受威胁区的动物应进行紧急预防接种。

扫码看课件

12-4

# 任务八　蓝　舌　病

蓝舌病又称为口鼻疮、伪口蹄疫和口鼻病,是由蓝舌病病毒引起的反刍动物的一种急性、非接触性传染病。临床上主要发生于绵羊,以发热、消瘦、口、鼻和胃黏膜发生溃疡性炎症为特征。病羊特别是病羔羊长期发育不良、死亡,胎儿畸形,羊毛被破坏,病毒造成的经济损失很大。

本病的分布很广,很多国家均有本病存在。1979 年我国云南省首次发现绵羊蓝舌病,1990 年在甘肃省又从黄牛中分离出蓝舌病病毒。本病被 OIE 列入 A 类动物疫病目录,我国将其列入一类动物疫病病种名录。

### 一、病原

蓝舌病病毒属于呼肠孤病毒科环状病毒属的双股 RNA 病毒,已知病毒有 24 个血清型,同时各型之间无交互免疫力。该病毒对外界环境的抵抗力较强,在腐败的血液中可保持活力数年,耐干燥,但对酸碱敏感。常用的消毒剂如 3% 甲醛溶液和 3% 氢氧化钠溶液能迅速将其灭活。

## 二、诊断要点

### （一）流行病学

**1. 易感动物** 各种反刍动物易感，绵羊最易感，不分品种、性别和年龄，1 岁左右的绵羊最易感，吃奶的羔羊有一定的抵抗力。牛和山羊的易感性较低，多为隐性感染。

**2. 传染源** 病畜和病愈带毒畜是本病的主要传染源，病愈绵羊血液能带毒达 4 个月之久。牛和山羊感染后多数成为无症状带毒者，同时也是重要传染源。

**3. 传播途径** 本病主要通过吸血昆虫传播，绵羊虱蝇也能机械传播本病。公牛感染后，精液内带有病毒，通过交配和人工授精传染给母牛，病毒也可通过胎盘感染胎儿。

**4. 流行特点** 本病发生具有严格的季节性，多发于湿热的夏季和早秋，特别是池塘、河流较多的低洼地区。

### （二）临诊症状

本病潜伏期为 3～8 天，病初病畜体温为 40.5～41.5 ℃，表现为厌食、精神委顿、离群、流涎，口唇水肿可蔓延到面部和耳部，甚至到颈部和腹部。口腔黏膜充血而后发绀（图 5-10），呈青紫色。发热几天后，口腔连同唇、齿龈、颊、舌黏膜糜烂，导致吞咽困难；随着病程的发展，在溃疡部位有血液渗出，使唾液呈红色。鼻流炎性、黏性分泌物，鼻孔周围结痂，引起呼吸困难和鼾声。有的蹄冠、蹄叶发炎（图 5-11），触之敏感，故呈不同程度的跛行，甚至膝行或卧地不动。病羊后期消瘦衰弱，有的便秘或腹泻，有的下痢带血。妊娠母羊患此病可发生流产、死胎或胎儿先天性异常。病程一般为 6～14 天，经 10～15 天痊愈，6～8 周后蹄部也恢复。妊娠 4～8 周的母羊遭受感染时，其分娩的羔羊中约 20% 的有发育缺陷，如脑积水、小脑发育不足、回沟过多。山羊的症状与绵羊相似，但一般比较轻微。牛通常缺乏症状，约有 5% 的病例可显示轻微症状，其临床表现与绵羊相同。

视频：蓝舌病

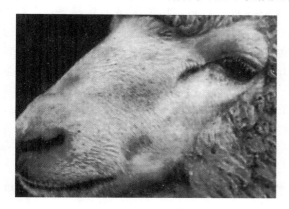

图 5-10 面部无毛区皮肤充血

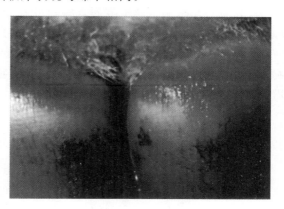

图 5-11 蹄部充血和淤血

### （三）病理变化

病变主要见于口腔、瘤胃、心脏、肌肉、皮肤和蹄部，口腔出现糜烂和深红色区，舌、齿龈、硬腭、颊黏膜和唇水肿。瘤胃黏膜有深红色区和坏死灶。真皮充血、出血和水肿。肌肉出血，肌纤维变性，有时肌间有浆液和胶冻样浸润，消化道、呼吸道和泌尿道黏膜及心肌、心内外膜均有出血点，严重者消化道黏膜有坏死和溃疡。脾脏通常肿大，肾和淋巴结轻度发炎和水肿，有时出现蹄叶炎变化。

### （四）诊断

**1. 临诊诊断** 根据流行病学、典型症状和病理变化可以做初步诊断。发病绵羊主要表现为发热，白细胞减少，口唇肿胀，糜烂，跛行，行动强直，蹄叶发炎等；牛和其他动物多为亚临床感染。

**2. 实验室诊断** 确诊可取病料接种绵羊、鸡胚或易感细胞分离病毒。也可进行血清学诊断：琼脂扩散试验，补体结合反应和免疫荧光抗体技术具有群特异性，可用于该病的定性试验。中和试验

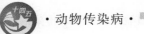

具有型特异性,可用来区别蓝舌病的血清型,也可采用 DNA 探针技术进行诊断。

**3. 鉴别诊断** 牛羊蓝舌病与口蹄疫、牛病毒性腹泻-黏膜病、牛恶性卡他热、牛传染性鼻气管炎、水疱性口炎、牛瘟等有相似之处,应注意鉴别。

## 三、防治

**1. 预防** 定期进行药浴、驱虫,控制和消灭本病的媒介昆虫,做好牧场的排水工作。预防和控制本病的关键是有效疫苗的应用。在流行地区可在每年发病季节前 1 个月接种疫苗;新发病地区可用疫苗进行紧急接种。目前所用疫苗有弱毒疫苗、灭活疫苗和亚单位疫苗,以弱毒疫苗比较常用。

**2. 处置** 非疫区发现疫情时,采取坚决措施扑杀发病羊群和与其接触过的所有羊群及其他易感动物,并彻底消毒,防止本病的扩散。在疫区有条件时,对病畜或分离出病毒的阳性带毒畜应予以扑杀,血清学阳性畜禽要定期复检,限制其流动,就地饲养使用,不能留作种用。对病畜要精心护理,严格避免烈日风雨,给予易消化的饲料,每天用温和的消毒液冲洗口腔和蹄部。预防继发感染可用磺胺类药或抗生素。

# 任务九　羊传染性脓疱

羊传染性脓疱又名羊传染性脓疱性皮炎,俗称"羊口疮",是由羊传染性脓疱病毒引起的绵羊和山羊的一种急性接触性传染病,羔羊最易患病。其临床特征为羊的口内外皮肤和黏膜发生疾病,经过红斑、丘疹,水疱和脓疱等阶段,最后形成痂块,传播迅速,流行广泛,发病率高。本病见于世界各地,特别是欧洲、非洲,美洲及大洋洲多见。我国在多省都有出现。

## 一、病原

羊传染性脓疱病毒属于痘病毒科副痘病毒属。该病毒对高热和常用的消毒剂均敏感,58 ℃ 5 min 可灭活,但对外界环境具有相当强的抵抗力,暴露于夏季阳光下的病变干痂的传染性可持续 30～60 日,羊舍、羊毛上的病毒可存活半年。干燥痂皮内的病毒在低温下能长期保存,对 3% 的硼酸溶液、2% 的水杨酸钠溶液、10% 的漂白粉溶液有抵抗力。若用 2% 的氢氧化钠(或氢氯化钾)溶液或 1% 的醋酸溶液可在 5 min 内将病毒杀死。

## 二、诊断要点

### (一)流行病学

**1. 传染源** 病羊和带毒动物为主要传染源。

**2. 传播途径** 病毒主要存在于病羊皮肤和黏膜的脓疱和痂皮内,通过损伤的皮肤、黏膜侵入机体。病畜的皮毛、尸体,污染的饲料、饮水、牧地、用具等可成为传播媒介。

**3. 易感动物** 本病多发生于秋季、冬末和春初,感染的羊,无性别和品种差异,以 3～6 个月龄的羔羊发病最多。传染很快,常见群发,病死率较高。成年羊为常年散发,人和猫也可感染本病,其他动物不易感染。

由于病毒对外界的抵抗力较强,故该病在羊群中可常年流行。人与病羊接触也会造成感染。

### (二)临诊症状与病理变化

潜伏期为 4～8 天。本病在临床上一般分为唇型、蹄型和外阴型,也见混合型感染病例。

**1. 唇型** 病羊首先在口角、上唇或鼻镜上出现散在的小红斑,逐渐变为丘疹和小结节,继而成为水疱或脓疱,破溃后结成黄色或棕色的疣状硬痂。如为良性经过,则经 1～2 周痂皮干燥、脱落而康复。严重病例,患部继续发生丘疹、水疱、脓疱、痂垢并互相融合,波及整个口唇周围及眼睑和耳廓等部位,形成大面积龟裂、易出血的污秽痂垢。痂垢下伴以肉芽组织增生,痂垢不断增厚,整个嘴唇肿大外翻(图 5-12)、隆起,影响采食,病羊日趋衰弱。部分病例常伴有坏死杆菌、化脓性病菌的继发感染,引起深部组织化脓和坏死,致使病情恶化。有些病例口腔黏膜及牙龈处也发生水疱、脓疱和糜烂(图 5-13),使病羊采食、咀嚼和吞咽困难。个别病羊可因继发肺炎而死亡。继发感染的病害可能蔓延至喉、肺以及真胃。

图 5-12　病羊嘴唇肿大外翻

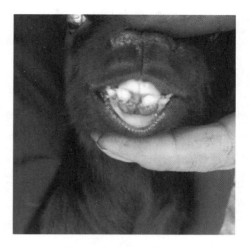

图 5-13　病羊牙龈糜烂

**2. 蹄型**　病羊多见一肢患病,但也可能同时或相继侵害多肢甚至全部蹄端。通常于蹄叉、蹄冠或系部皮肤上形成水疱、脓疱,破裂后则成为由脓液覆盖的溃疡。如继发感染则发生化脓、坏死,常波及基部、蹄骨,甚至肌腱或关节。病羊跛行,长期卧地,病期缠绵。也可能在肺脏、肝脏及乳房中发生转移性病灶,严重者因器官衰竭而死或因败血症而死。

**3. 外阴型**　外阴型病例较为少见。病羊表现为分泌黏性或脓性阴道分泌物,在肿胀的阴唇及附近皮肤上发生溃疡;乳房和乳头皮肤上出现脓疱、烂斑和痂垢(多系病羔羊吮乳时传染)(图 5-14);公羊则表现为阴囊鞘肿胀,出现脓疱和溃疡。

**(三)诊断**

根据临诊症状,特别是病羊口角周围有增生性桑葚状突起及流行病学等即可初诊。必要时直接分离培养病毒,显微镜检查包涵体或用血清学方法诊断。

本病应和羊痘、溃疡性皮炎、坏死杆菌病和蓝舌病等进行鉴别诊断。羊痘有明显的体温变化,全身反应严重、结节呈圆形、凸出表面、界线明显、呈脐状,在四肢内侧和体表其他皮肤较薄的部位可见到痘疹的发展过程。

图 5-14　病羊乳房有脓疱

溃疡性皮炎主要侵害一岁以上的羊,损伤主要表现为组织破坏,以溃疡为主,不形成疣状痂。

坏死杆菌病主要表现为组织坏死,而无水疱、脓疱,也无疣状增生物,必要时应做细菌学检查和动物实验进行鉴别。

蓝舌病病变出现于口角部并可延伸到口腔黏膜,有较严重的全身反应,病死率高,是由吸血昆虫传播的,发病率较羊传染性脓疱低。

## 三、防治

本病主要是由创伤感染所致,所以防止皮肤、黏膜的损伤是减少该病发生的有效手段。不从疫区引进羊只和购买畜产品,必须引进时,应隔离检验2～3周。

发病时,将病羊及时隔离,彻底消毒病羊圈舍、场地和用具。常用的消毒剂有3%的苯酚溶液、2%的氢氧化钠溶液或20%的石灰乳等。病羊在隔离的情况下进行治疗,治疗方法参照口蹄疫。病

死羊尸体应深埋或焚毁。

在常出现该病的地区,可使用羊传染性脓疱弱毒疫苗免疫接种。通常接种部位为尾根或大腿内侧。实行活毒疫苗接种时,应做好隔离和消毒工作。

# 任务十 瘙 痒 病

绵羊瘙痒病又称慢性传染性脑炎,又名"驴跑病""痒病"和"震颤病",是由瘙痒病朊病毒引起的一种成年绵羊缓慢发展的中枢神经系统变性疾病。临诊症状为潜伏期特别长,病羊出现中枢神经系统变性,具有剧痒、共济失调、高死亡率等特点。羊群遭受本病感染后,很难清除,每年都有不少羊因患该病死亡或被淘汰。瘙痒病的危害不仅是使羊群死亡淘汰,更重要的是失去了活羊、羊精液、羊胚胎以及有关产品的市场,对养羊业危害极大。1732年瘙痒病最初在英国发生,而后蔓延到世界各地。

## 一、病原

瘙痒病的病原有与一般病原不同的生物学特性,目前定名为朊病毒,或称蛋白质侵染因子,迄今未发现其含有核酸。瘙痒病朊病毒可人工感染多种实验动物。动物机体感染后不发热,不产生炎症,也无特异性免疫应答反应。瘙痒病朊病毒对各种理化因素抵抗力强。紫外线照射、离子辐射以及热处理均不能使朊病毒完全灭活。瘙痒病朊病毒在 37 ℃经过 20％福尔马林溶液处理 18 h 不能使其完全灭活,在 20 ℃条件下置于无水乙醇内 2 周仍具有感染性。瘙痒病动物的脑悬液可耐受 pH 2.1～10.5 环境达 24 h 以上。瘙痒病朊病毒不被多种核酸酶(RNA 酶和 DNA 酶)灭活。5 moL/L 氢氧化钠溶液、90％苯酚溶液、5％次氯酸钠溶液、碘酊、6～8 moL/L 尿素,1％十二烷基磺酸钠对瘙痒病病原有很强的灭活作用。

## 二、诊断要点

### (一)流行病学

本病存在明显的家族史,病羊所产后代常发病。不同性别、品种的羊均可发生瘙痒病,但品种间存在着明显的易感性差异,如英国萨福克种绵羊更为敏感。瘙痒病一般发生于 2～5 岁的绵羊,5 岁以上的和 1 岁半以下的羊通常不发病。患病羊或潜伏期感染羊为主要传染源。瘙痒病可在无关联的羊间水平传播,病羊不仅可以通过接触将病原传给绵羊或山羊,也可垂直传播给后代。健康羊群长期放牧于污染的牧地(被病羊胎膜污染)也可被感染。瘙痒病通常呈散发性流行,感染羊群内只有少数羊发病,传播缓慢。小鼠、仓鼠、大鼠和水貂等实验动物均可人工感染瘙痒病。羊群一旦感染瘙痒病,很难根除,几乎每年都有少数病羊死于本病。

### (二)临诊症状

自然感染潜伏期为 1～3 年或更长。早期,病羊敏感、易惊,有些病羊表现有攻击性或离群呆立,不愿采食。有些病羊则容易兴奋,头颈抬起,眼凝视或目光呆滞。大多数病例通常呈现行为异常、瘙痒、运动失调及痴呆等症状,头颈部以及腹肋部肌肉发生频繁震颤。瘙痒症状有时很轻微甚至观察不到。用手抓搔病羊腰部,常发生伸颈、摆头、咬唇或舔舌等反射性动作。严重时病羊脱毛、破损甚至撕脱,病羊常啃咬腹肋部、股部或尾部或在墙壁、栅栏等物体上摩擦痒部皮肤,致使被毛大量脱落,皮肤红肿发炎甚至破溃出血。病羊常以一种高举步态运步,呈现特殊的驴跑步样姿态或雄鸡步样姿态,后肢软弱无力,肌肉颤抖,步态蹒跚。病羊可照常采食但日渐消瘦,体重明显下降,常不能跳跃,遇沟坡、门槛等障碍时,反复跌倒或卧地不起。病程数周或数月,甚至 1 年以上,少数病例也可急性经过,患病数日即突然死亡,病死率高达 100％。

### (三)病理变化

病死羊尸体剖检,除见尸体消瘦、被毛脱落以及皮肤损伤外,常无肉眼可见的病理变化。经组织病理学检查可知主要变化是中枢神经系统的海绵样病变。自然感染的病羊以中枢神经系统神经元的空泡变性和星状胶质细胞肥大增生为特征,病变通常是非炎症性的,两侧对称。大量的神经元发生空泡化,胞质内出现一个或多个空泡,呈圆形或卵圆形,且界限明显,胞核常被挤压于一侧甚至消失。神经元空泡化主要见于延脑,呈弥漫性或局灶性,多见于脑干的灰质和小脑皮质内。大脑皮层常无明显的变化。

### (四)诊断

瘙痒病的临诊症状具有特征性,结合流行病学分析(如由疫区购进种羊或患病动物父母代有瘙痒病的病史等),一般可做出诊断。确诊通常依赖组织病理学检查、异常朊病毒蛋白(PrPSC)的免疫学检测、瘙痒病相关纤维(SAF)检查等实验室检查,必要时可做动物接种试验。

瘙痒病通常须与梅迪-维斯纳病、螨病和虱病等疾病进行鉴别。瘙痒病在临床表现上具有特征性,病羊瘙痒,组织病理学检查中枢神经系统呈海绵样肥大增生,与梅迪-维斯纳病不同。此外,梅迪-维斯纳病,可用免疫血清学方法检出抗体,而瘙痒病则不能。螨病、虱病虽然能引起瘙痒、咬伤、皮毛脱落、皮肤发炎等,但仔细检查,可发现螨、虱等寄生虫。

## 三、防治

由于本病潜伏期长、发展缓慢、不能用血清学检疫,一般的防治措施效果不大,目前尚无瘙痒病适用的生物制品。预防本病发生的根本措施是严禁从有瘙痒病的国家和地区引进种羊、羊精液以及羊胚胎。引进动物时,严格进行口岸检疫,引入羊在检疫隔离期间发现瘙痒病应全部扑杀和销毁,并进行彻底消毒,以除后患。不得从有瘙痒病国家和地区购入含反刍动物蛋白的饲料。无瘙痒病地区发生瘙痒病,应立即申报,同时采取扑杀、隔离、封锁、消毒、监测等措施予以扑灭。

# 任务十一　牛结节性皮肤病

牛结节性皮肤病是由痘病毒科山羊痘病毒属的牛结节性皮肤病病毒引起的牛全身性感染疾病,又称牛结节疹(lumpy skin disease,LSD)、牛疙瘩皮肤病,该病的临床特征是病牛发热、消瘦、淋巴结肿大,以皮肤水肿、局部形成坚硬的结节或溃疡为主要特征。目前该病不传染人,世界动物卫生组织将其列为法定报告的动物疫病,我国农业农村部暂时将其作为二类动物疫病管理。感染牛消瘦,产奶量下降,皮张鞣制后具有凹陷或孔洞而导致其利用价值大大降低。

## 一、病原

牛结节性皮肤病病毒为双股 DNA 病毒,与羊痘病毒毒株之间的同源性可达 80%。牛结节性皮肤病病毒对热敏感,55 ℃条件下 2 h、65 ℃条件下 30 min 便可灭活;耐冻融,在-90 ℃可保存 10 年,在受感染的组织液 4 ℃可保存 6 个月。对 20%乙醚、氯仿、1‰福尔马林溶液敏感;对阳光也敏感,在黑暗条件下可保持活力长达几个月。

## 二、诊断要点

### (一)流行特点

该病于 1926 年在津巴布韦被首次确诊。2015 年希腊、俄罗斯、哈萨克斯坦相继报告发生,该病目前广泛分布于非洲、中东、中亚、东欧等地区。2019 年 8 月,我国新疆伊犁州首次确诊发生该病。自然感染的潜伏期一般为 14~28 日。在生产实践中发现该病的发病率差异较大,不稳定,发病率为 2%~45%;病死率一般不超过 10%。该病主要发生于吸血虫媒活跃的季节。

传染源:感染牛结节性皮肤病病毒的牛,感染牛和发病牛的皮肤结节、唾液、精液等均含有病毒。

传播途径:主要是通过吸血昆虫(蚊、蝇、蠓、虻、蜱等)叮咬传播,也可通过相互舔舐传播,摄入被污染的饲料和饮水也会感染该病,共用污染的针头也能导致群内传播,感染公牛的精液中带有病毒,可通过自然交配或人工授精传播。

易感动物：该病能感染所有牛,黄牛、奶牛、水牛等均易感,无年龄差异。

### （二）临诊症状

该病的临床表现差异很大,跟动物的健康状况和感染的病毒量有关。主要表现:体温升高,可达41 ℃左右,可持续 1 周时间,精神消沉不愿活动,出现眼结膜炎、流鼻涕、流涎;发热后 48 h 皮肤上会出现直径 10～50 mm 不等的结节,尤其以头、颈、肩部、乳房、外阴、阴囊等部位居多(图 5-15);结节破溃后,吸引蝇蛆,反复结痂,迁延数月不愈(图 5-16);口腔黏膜出现水疱,继而破溃和糜烂;牛的四肢及腹部、会阴等部位出现水肿,导致牛不愿活动;公牛可能暂时或永久性不育;妊娠母牛流产,发情期可延迟数月。

图 5-15　牛皮肤结节

图 5-16　牛皮肤结节溃烂

### （三）病理变化

消化道和呼吸道内表面有结节病变。淋巴结肿大,出血;心脏肿大,心肌外表充血、出血,呈现斑块状瘀血;肺脏肿大有少量出血点;肾脏表面有出血点;气管黏膜充血,内有大量黏液。肝脏肿大,边缘钝圆;胆囊肿大,为正常 2～3 倍,外壁有出血斑;脾大,质地变硬,有出血状况;胃黏膜出血,小肠弥漫性出血。

### （四）实验室诊断

**1. 临床诊断**　可通过特异的临诊症状、病理变化做出初诊,确诊需要进一步进行实验室病原学检测和血清学技术检测。

**2. 实验室诊断**　实验室诊断采取的方法有病原学检测和血清学技术检测。病原学检测包括病原的分离与鉴定,取新鲜病料经适当方法处理后接种于易感细胞进行病毒分离,出现细胞病变后用血清中和试验或间接免疫荧光试验进行鉴定。同时,也可取病料切片直接进行荧光抗体染色观察分析,也可使用透射电子显微镜观察检查,这是牛结节性皮肤病病毒最直接、快速的鉴定方法。还有聚合酶链式反应、环介导等温扩增检测、重组酶多聚酶扩增检测等。血清学检测技术包括病毒中和试验、蛋白印迹分析法、间接酶联免疫吸附试验等。

## 三、防治

### （一）预防

牛结节性皮肤病疫情防控主要遵循"预防为主、治疗为辅"的动物疫病防控原则,每年按时规范接种山羊痘疫苗,对全部牛只尾根皮内接种疫苗,即可获得较好的保护效果;平时也要加强对牧场的日常消毒以及牧场闭环管理,有效阻断传染源。

### （二）控制

突出重点,全面排查。对高风险地区牛只开展排查,包括与发病牛有流行病学关联的牛只,与发病牛同群饲养活牛,发病牛周围地区活牛,走私活牛等。发现皮肤出现多发性结节、结痂等牛结节性皮肤病临诊症状的活牛,立即隔离,限制病牛及同群牛移动并及时采样送检。

规范处置,及时报告。怀疑为牛结节性皮肤病的,要及时诊断报告。对确诊疫情,严格处置。扑杀发病及监测阳性牛并进行无害化处理;清洗、消毒并消灭吸血虫媒及其滋生地;限制所在地牛调出;开展紧急免疫。疫情处置结束后,及时报告疫情总体处理和流调情况。

强化培训,科学养殖。全面加强畜牧兽医机构承担防疫检疫工作人员技术培训,切实加强对牛只养殖、经营、屠宰等相关从业人员的宣传教育。提高养牛场(户)生物安全防护意识,引进动物隔离观察,实施吸血虫媒控制措施。必要时,报批后采取免疫措施。

 小提示

### 海关如何做好牛结节性皮肤病的预防控制

(1)严格执行锚地检疫,做好进境牛只的临床检查。

发现疑似病例,依据《进出境动物重大疫情应急处置预案》内容,采集疑似患病动物样品进行牛结节性皮肤病检测。根据检测结果,采取相应处置措施。

(2)做好病媒防控消杀,阻断传播途径。

提高养殖场所生物安全水平,监督落实虫媒消杀处理,实施吸血虫媒控制措施,清除滋生环境。

(3)严格防疫消毒,强化隔离场及周边环境监测。

隔离场使用前,采集隔离场及周边地面、墙体、圈舍、空气等环境样本,开展牛结节性皮肤病监测,降低国内外疫病交叉感染的可能性;牛只入境前,严格按照规定对隔离场内外进行防疫消毒,并做好防疫消毒评价。

(4)禁止输入。

禁止直接或间接从牛结节性皮肤病疫区输入牛及其相关产品(源于牛未经加工或者虽经加工但仍有可能传播疫病的产品)。

*Note*

# 项目十三  牛羊细菌性传染病

## 项目导入

　　羊梭菌性疾病对羊的危害非常大，临床上出现之后常来不及治疗即引起死亡，因此提前做好该病的预防是最科学的方法。气肿疽也是梭菌引起的反刍动物的一种急性、发热性传染病。本项目主要介绍梭菌引起的传染病，熟悉它们的发病特点，做好防控，才能助牛羊养殖顺利发展。

## 学习目标

　　▲知识目标

　　1. 掌握羊快疫及羊猝狙、羊肠毒血症、羊黑疫和羔羊痢疾的流行特点、临诊症状及防治措施。

　　2. 熟悉气肿疽的发病特点。

　　▲技能目标

　　1. 结合临诊症状，临床上能初步判断羊梭菌性疾病。

　　2. 临床上能正确地使用疫苗防控羊梭菌性疾病。

　　▲思政与素质目标

　　1. 培养学生的判断能力及逻辑思维能力。

　　2. 培养学生的大局意识。

## 任务一  羊梭菌性疾病

　　羊梭菌性疾病是由梭状芽孢杆菌属中的细菌所引起的一类急性传染病，包括羊快疫及羊猝狙、羊肠毒血症、羊黑疫和羔羊痢疾等。这一类疾病的临诊症状有不少相似之处，易混淆。这些疾病都能造成急性死亡，对养羊业危害很大。

### 一、羊快疫及羊猝狙

　　羊快疫及羊猝狙是由梭状芽孢杆菌属中两种不同的病菌引起的急性传染病。羊快疫由腐败梭菌引起，以真胃出血性炎症为特征。羊猝狙由 C 型产气荚膜梭菌的毒素所引起，以溃疡性肠炎和腹膜炎为特征。两者可混合感染，其特征是突然发病，病程极短，几乎看不到临诊症状即死亡；胃肠道呈出血性、溃疡性炎症变化，肠内容物混有气泡；肝大质脆，色多变淡，常伴有腹膜炎。

#### （一）病原

　　腐败梭菌，革兰氏阳性厌氧杆菌，菌体宽 $0.6\sim0.8~\mu m$，长 $2\sim4~\mu m$，有鞭毛，能运动，在动物体内外均能产生芽孢，不形成荚膜。本菌可产生 $\alpha$、$\beta$、$\gamma$、$\delta$ 四种毒素。一般消毒剂均能杀死本菌繁殖体，但芽孢的抵抗力较强，在 95 ℃下需 2.5 h 方可杀死。

产气荚膜梭菌，旧称魏氏梭菌，菌体呈直杆状，两端钝圆，革兰氏染色阳性。芽孢大而圆，位于菌体中央或近端，多数菌株能形成荚膜。本菌能产生强烈的外毒素，现已知有 α、β、γ、δ、ε、η、θ、ι、κ、λ、μ、ν 共 12 种，主要致死毒素有 α、β、ε、ι 四种。这四种毒素均为蛋白质，具有酶活性，不耐热，有抗原性，用化学药物处理可变为类毒素。产气荚膜梭菌根据主要致死性毒素及其抗毒素中和试验分为 A、B、C、D、E 五型，每型产生一种主要毒素及一种或数种次要毒素。

### （二）诊断要点

**1. 流行特点**

（1）羊快疫：绵羊对羊快疫最易感。发病羊的营养多在中等以上，年龄多在 6～18 个月。一般经消化道感染（腐败梭菌如经伤口感染则引起各种家畜的恶性水肿）。山羊和鹿也可感染本病。

（2）羊猝狙：本病发生于成年绵羊，以 1～2 岁绵羊发病较多。常见于低洼、沼泽地区，多发生于冬、春季节，常呈地方流行性。

**2. 临诊症状**

（1）羊快疫：突然发病，病羊往往来不及出现临诊症状，就突然死亡。有的病羊离群独处，卧地，不愿走动，强迫行走时表现虚弱和运动失调。腹部膨胀（图 5-17），有疝痛。体温表现不一，有的正常，有的升高至 41.5 ℃左右。病羊最后极度衰竭、昏迷，通常在数小时至 1 日内死亡，极少数病例可存活 2～3 日，罕有痊愈者。

（2）羊猝狙：病程短促，常未见到临诊症状即突然死亡。有时发现病羊掉群、卧地，表现不安、衰弱、痉挛，眼球突出，在数小时内死亡。死亡是由毒素侵害与生命活动有关的神经元发生休克所致。

图 5-17 病羊腹部膨胀

（3）羊快疫及羊猝狙混合感染：根据在我国观察所见，有最急性型和急性型两种临诊表现。

①最急性型：一般见于流行初期。病羊突然停止采食，精神不振，四肢分开，弓腰，头向上，行走时后躯摇摆；喜伏卧，头颈向后弯曲，磨牙，不安，有腹痛表现；眼畏光流泪，结膜潮红，呼吸促迫；从口、鼻流出泡沫，有时带有血色。随后呼吸愈加困难，痉挛倒地，四肢做游泳状，迅速死亡。从出现临诊症状到死亡通常为 2～6 h。

②急性型：一般见于流行后期。病羊食欲减退，步态不稳，排粪困难，有里急后重表现。喜卧地，牙关紧闭，易惊厥。粪团变大，色黑而软，其中杂有黏稠的炎症产物或脱落的黏膜；有的排油黑色或深绿色的稀粪，有时带有血丝；有的排蛋清样稀粪，带有难闻的臭味。心跳加速。一般体温不升高，但临死前呼吸极度困难时，体温可上升至 40 ℃以上，不久即死亡。从出现临诊症状到死亡通常为 1 日，也有少数病例延长至数日。

山羊发病率一般比绵羊低，发病羊几乎 100% 死亡。

**3. 病理变化**

（1）羊快疫：新鲜尸体主要呈现真胃出血性炎症变化。黏膜，尤其是胃底部及幽门附近的黏膜，常有大小不等的出血斑块，表面发生坏死，出血坏死区低于周围的正常黏膜，黏膜下组织常水肿。胸腔、腹腔、心包有大量积液，暴露于空气中易于凝固。心内膜下和心外膜下有多数点状出血。肠道和肺脏的浆膜下也可见到出血，胆囊多肿胀。病羊死后如未及时剖检，尸体则因迅速腐败而出现其他死后变化。

（2）羊猝狙：主要见于消化道和循环系统。十二指肠和空肠黏膜严重充血（图 5-18）、糜烂，有的区段可见大小不等的溃疡。胸腔、腹腔和心包大量积液，后者暴露于空气后，可形成纤维素絮块，浆膜上有小点状出血。病羊刚死时骨骼肌表现正常，但在死后 8 h，细菌在骨骼肌里增殖，使肌间隔积聚血样液体，肌肉出血，有气性裂孔。

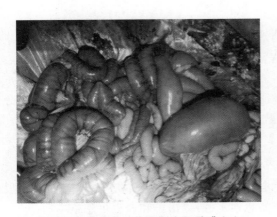

**图 5-18　病羊十二指肠和空肠黏膜充血**

（3）羊快疫及羊猝疽混合感染：混合感染死亡的羊，尸体迅速腐败，腹围迅速胀大，可视黏膜充血，血液凝固不良，口、鼻等处常有白色或血色泡沫。最急性的病例，胃黏膜皱襞水肿，增厚数倍，黏膜上有紫红斑，十二指肠充血、出血。急性病例前三胃的黏膜有自溶脱落现象，真胃黏膜坏死脱落或水肿，有大小不一的紫红斑，甚至形成溃疡；小肠黏膜水肿、充血，黏膜面常附有糠皮样坏死物。肝脏多呈水煮色，混浊、肿大、质脆，胆囊胀大，胆汁浓稠呈深绿色。肾脏在病程稍长或死后时间较久时，可有软化现象。大多数病例出现腹腔积液，带血色，脾多正常，少数淤血。膀胱积尿，量多少不等，呈乳白色。部分病例胸腔有淡红色混浊液体，心包内充满透明或血染液体，心脏扩大，心外膜有出血斑点；肺呈深红色或紫红色，弹性较差，气管内常有血色泡沫。全身淋巴结水肿，颌下、肩前淋巴结充血、出血及浆液浸润。肌肉出血，肌肉结缔组织积聚血样液体和气泡。肩前、股前、尾底等处皮下有红黄色胶样浸润，在淋巴结及其附近尤其明显。

**4. 诊断**

羊快疫和羊猝疽病程急速，生前诊断比较困难。确诊需进行微生物学和毒素检查。羊快疫的病原腐败梭菌虽然可产生毒素，但直到目前，还没有直接从病羊体内检查出毒素的有效方法。死亡羊只均有菌血症，因而检查心和肝、脾等脏器中的病菌即可确诊。本菌在肝脏的检出率较其他脏器为高。用肝脏被膜做触片染色镜检，除可发现两端钝圆、单在及呈短链的细菌之外，常常还有呈无关节的长丝状者。在其他脏器组织的涂片中，有时也可发现，但并非所有病例都能发现该菌。必要时可进行细菌的分离培养和动物实验（小鼠或豚鼠）。

羊猝疽的诊断是从体腔渗出液、脾脏取材做 C 型产气荚膜梭菌的分离和鉴定，也可用小肠内容物的离心上清液静脉接种小鼠，检测有无毒素。

**（三）防治**

由于本病的病程短促，往往来不及治疗，因此必须加强平时的饲养管理和防疫措施。在本病常发地区，每年可定期注射 1～2 次羊快疫、羊猝疽二联疫苗或羊快疫、羊猝疽、羊肠毒血症三联疫苗。近年来，我国又研制成功厌氧菌七联干粉疫苗（羊快疫、羊猝疽、羔羊痢疾、羊肠毒血症、羊黑疫、肉毒中毒、破伤风七联疫苗），这种菌苗可以随需配合。

## 二、羊肠毒血症

羊肠毒血症是由 D 型产气荚膜梭菌引起的一种急性毒血症疾病。因该病死亡的羊肾组织易于软化，因此又常称此病为"软肾病"。本病在临诊症状上类似羊快疫，故又称"类快疫"。

**（一）病原**

D 型产气荚膜梭菌，为革兰氏阳性厌氧粗大杆菌。无鞭毛，不能运动。菌体长 $2～8~\mu m$，宽 $1～1.5~\mu m$，多为单个，有时为短链状或成对。在动物体内可形成芽孢。芽孢抵抗力较强，在 95 ℃下需 2.5 h 方可被杀死，其繁殖体在 60 ℃时 15 min 即可被杀死。3% 的甲醛溶液 30 min 可杀死芽孢，一般消毒剂均易杀死其繁殖体。

**（二）诊断要点**

**1. 流行特点**　绵羊、山羊均可感染本病。D 型产气荚膜梭菌为土壤常在菌，也存在于污水中。羊只采食被病菌芽孢污染的饲料或饮被病菌芽孢污染的水后，芽孢便进入消化道，其中大部分被真胃里的酸杀死，一小部分存活者进入肠道。

本病有明显的季节性和条件性。在牧区，多发于春末夏初青草萌发和秋季牧草结籽后的一段时期；在农区，则常常是在收菜季节，羊只食入大量菜根、菜叶，或收了庄稼后羊群抢茬吃大量谷类的时候发生此病。

本病多呈散发，绵羊发生较多，山羊较少。2～12月龄的羊最易发病。发病的羊多为膘情较好的。

**2. 临诊症状** 本病潜伏期很短，多为突然发病，很少见到临诊症状，往往在出现临诊症状后便很快死亡。症状可分为两种类型：一类以搐搦为特征，另一类以昏迷和静静死去为特征。前者在倒毙前，四肢出现强烈的划动，肌肉颤搐，眼球转动，磨牙，口水过多；随后头颈显著抽缩，往往死于4 h内。后者病程不太急，其早期临诊症状为步态不稳，以后卧倒，并有感觉过敏，流涎，上下颌"咯咯"作响。继而昏迷，角膜反射消失，有的病羊发生腹泻，通常在3～4 h静静地死去。搐搦型和昏迷型在临诊症状上的差别是吸收的毒素多少不一。

**3. 病理变化** 病理变化常限于消化道、呼吸道和心血管系统。真胃含有未消化的饲料。回肠的某些区段呈急性出血性炎症变化，重症病例整个肠段变为红色。心包常扩大，内含50～60 mL的灰黄色液体和纤维素絮块，左心室的心内外膜下有多数小出血点。肺脏出血和水肿。胸腺常出血。肾脏比平时更易于软化，似脑髓状（图5-19），一般认为这是一种死后变化，但不能在死后立刻见到。组织学检查可见肾皮质坏死，脑和脑膜血管周围水肿，脑膜出血，组织液化性坏死。

图5-19 病羊肾脏软化

**4. 诊断** 本病初步诊断可依据发生的情况和病理变化，确诊需依靠实验室检查。在实践中，仅从肠道发现D型产气荚膜梭菌或检出ε毒素，尚不足以确诊为本病，因为D型产气荚膜梭菌在自然界广泛存在，且ε毒素亦可存在于有自然抵抗力的或免疫过的羊只肠道而不被吸收。因此，确诊本病应根据以下几点：肠道内发现大量D型产气荚膜梭菌；小肠内检出ε毒素；肾脏和其他实质脏器内发现D型产气荚膜梭菌；尿内发现葡萄糖。

产气荚膜梭菌毒素的检查和鉴定可用小鼠或豚鼠做中和试验。

## （三）防治

当羊群中出现本病时，应立即搬圈，转移到干燥的地区放牧。在常发地区，应定期注射羊肠毒血症疫苗或羊快疫、羊猝疽和羊肠毒血症三联疫苗或厌氧菌七联干粉疫苗。

在牧区，夏初为多发季节，应该少抢青，让羊群多在青草萌发较迟的地方放牧；秋末时，可尽量到草黄较迟的地方放牧；在农区，针对引起发病的原因，减少或暂停抢茬，少喂菜根、菜叶等多汁饲料。要加强羊只的饲养管理，加强羊只的运动。本病无论是急性还是慢性都没有有效的治疗方法。

## 三、羊黑疫

羊黑疫又名传染性坏死性肝炎，是由B型诺维梭菌引起的绵羊、山羊的一种急性高度致死性毒血症。本病的特征是肝实质的坏死病灶。

### （一）病原

诺维梭菌，属于梭状芽孢杆菌属，为革兰氏阳性大杆菌，严格厌氧，能形成芽孢，不产生荚膜，具有周身鞭毛，能运动。

本菌分为A、B、C三型。A型诺维梭菌可产生四种外毒素；B型诺维梭菌可产生五种外毒素；C型诺维梭菌不产生外毒素，此型菌与脊髓炎有关，但无病原学意义。

### （二）诊断要点

**1. 流行特点** 本菌能使1岁以上的绵羊感染，以2～4岁的绵羊发生最多，发病羊多为营养良好的肥胖羊只。山羊也可感染,牛偶可感染。实验动物中以豚鼠最为敏感,家兔、小鼠易感性较低。

本病主要在春、夏发生于肝片吸虫流行的低洼潮湿地区,与肝片吸虫的感染密切相关。

**2. 临诊症状** 本病在临诊上与羊快疫、羊肠毒血症极其类似。病程十分急促,绝大多数未见临诊症状而突然死亡,少数病例病程稍长,可拖延 1～2 日,但几乎没有超过 3 日的病例。病羊掉群,不食、呼吸困难,体温 41.5 ℃左右,呈昏睡俯卧,并保持在这种状态下毫无痛苦地突然死去。

**3. 病理变化** 病死羊皮下静脉显著充血,皮肤呈暗黑色,胸部皮下组织常水肿。浆膜腔有液体渗出,暴露于空气中易于凝固,液体常呈黄色;腹腔积液略带血色。胸腔、腹腔、心包腔有积液,左心室心内膜下常出血。真胃幽门部和小肠充血、出血。肝脏充血肿胀,从表面可看到或摸到一个至多个凝固性坏死灶,坏死灶的界限清晰,灰黄色,呈不整圆形,周围常为一鲜红色的充血带围绕,坏死灶直径可达 2～3 cm,切面呈半圆形。羊黑疫肝脏的这种坏死变化是很典型的,具有重要的诊断意义。这种病理变化和未成熟肝片吸虫通过肝脏所造成的病理变化不同,后者为黄绿色,为弯曲似虫样的带状病痕。

**4. 诊断** 在羊黑疫流行的地区发现急死或昏睡状态下死亡的病羊,剖检见特殊的肝脏坏死变化,有助于诊断。必要时可做细菌学检查和毒素检查。毒素检查可用卵磷脂酶试验,此法检出率和特异性较高。

### (三)防治

本病的预防首先在于控制肝片吸虫的感染。特异性免疫可使用羊黑疫、羊快疫二联疫苗或厌氧菌七联干粉疫苗进行预防接种。发生本病时,应将羊群移牧于干燥地区。对病羊可用抗诺维梭菌血清治疗。

## 四、羔羊痢疾

羔羊痢疾是由 B 型产气荚膜梭菌引起的初生羔羊的一种急性毒血症。该病以剧烈腹泻、小肠发生溃疡和羔羊发生大批死亡为特征。

### (一)病原

本病的病原在不同地区不尽相同,通常认为主要的病原为 B 型产气荚膜梭菌,也称 B 型魏氏梭菌。该菌为革兰氏阳性厌氧杆菌,菌体长 4～8 $\mu$m,宽 1.0～1.5 $\mu$m,不能运动,在动物体内形成荚膜,能产生芽孢,一般消毒剂可杀死其繁殖体。繁殖体在干燥土壤中可存活 10 日,在潮湿土壤中可存活 35 日,在干燥粪便中可存活 10 日、湿粪中可存活 5 日。芽孢在土壤中可存活 4 年。

### (二)诊断要点

**1. 流行特点** 本病主要危害 7 日龄以内的羔羊,其中又以 2～3 日龄的发病为多,7 日龄以上的很少患病。促进羔羊痢疾发生的不良诱因主要包括:母羊妊娠期营养不良,羔羊体质瘦弱;气候寒冷,特别是大风雪后,羔羊受冻;哺乳不当,羔羊饥饱不匀。因此,羔羊痢疾的发生和流行,表现出一系列明显的规律性。草差而又没有做好补饲的年份,羔羊痢疾常易发生;气候最冷和变化较大的月份,发病最为严重;纯种细毛羊的适应性差,发病率和死亡率最高,杂种羊的发病率和死亡率则介于纯种羊与土种羊之间。传染途径主要是通过消化道,也可通过脐带或创伤传染。

**2. 临诊症状** 自然感染的潜伏期为 1～2 日,病羔羊病初精神委顿,低头拱背,不想吃奶,不久就发生腹泻,粪便恶臭,有的稠如面糊,有的稀薄如水。后期,有的粪便还含有血液,直到成为血便。病羔羊逐渐虚弱,卧地不起,若不及时治疗,常在 1～2 日死亡,只有少数症状较轻的,可能自愈。有的病羔羊,腹胀而不下痢,或只排少量稀粪,其主要临诊症状为四肢瘫软,卧地不起,呼吸急促,口流白沫,最后昏迷,头向后仰,体温降至常温以下。病情严重的,病程很短,若不加紧救治,常在数小时到十几小时死亡。

**3. 病理变化** 尸体脱水现象严重。最显著的病理变化是在消化道。真胃内往往存在未消化的凝乳块。小肠(特别是回肠)黏膜充血发红,常可见到多数直径为 1～2 mm 的溃疡,溃疡周围有一出血带环绕。有的肠内容物呈血色(图 5-20)。肠系膜淋巴结肿胀、充血,间或出血。心包积液,心内膜有时有出血点。肺常有充血或淤血区域。

图 5-20　肠壁紫红并出血,肠内容物呈血色

**4. 诊断**　在常发地区,依据流行特点、临诊症状和病理变化一般可以做出初步诊断,确诊需进行实验室检查,以鉴定病菌及其毒素。

### (三)防治

本病发病因素复杂,应实施抓膘保暖、合理哺乳、消毒隔离、预防接种和药物防治等综合措施才能有效地予以防治。每年秋季对母羊注射羔羊痢疾疫苗或厌氧菌七联干粉疫苗,产前 2～3 周再接种一次。治疗羔羊痢疾的方法很多,各地应用效果不一,应根据当地条件和实际效果选用。

# 任务二　气　肿　疽

气肿疽又称黑腿病或鸣疽,是由气肿疽梭菌引起的反刍动物的一种急性、发热性传染病。该病主要呈散发或地方流行性,其特征为肌肉丰满部位(如臀部、股部、腰部、肩部、颈部及胸部)发生炎性气性肿胀,按压有捻发音,常伴有跛行。

## 一、病原

气肿疽梭菌,属梭菌属,为圆端杆菌,能运动,在体内外均可形成芽孢,呈纺锤状,专性厌氧。幼龄培养物呈革兰氏染色阳性,但是陈旧培养物可能呈革兰氏染色阴性。

该菌在血液琼脂上可形成边缘不整、扁平、灰白色纽扣状的圆形菌落,呈 β 型溶血。在厌氧肉肝汤中生长时培养基混浊,产气。本菌的繁殖体对理化因素的抵抗力不强,而芽孢的抵抗力则极强,在土壤内可以存活 5 年以上,干燥病料内芽孢在室温中可以生存 10 年以上,液体中的芽孢可以耐受 20 min 煮沸。0.2%升汞溶液在 10 min、3%福尔马林溶液 15 min 内可杀死芽孢。在盐腌肌肉中可存活 2 年以上,在腐败的肌肉中可存活 6 个月。

## 二、诊断要点

### (一)流行特点

本病常呈散发或地方流行性,有一定的地区性和季节性。多发生在潮湿的山谷牧场及低湿的沼泽地区,较多病例见于天气炎热的多雨季节以及洪水泛滥时。夏季昆虫活动猖獗时,也易发生。舍饲牲畜则可因饲喂了疫区饲料而发病。

**1. 传染源**　本病传染源为患病动物,但并不是直接接触传播。

**2. 传播途径**　气肿疽梭菌芽孢长期生存于土壤中,进而污染饲草或饮水。动物采食后,经口腔和咽喉创伤侵入组织,也可由松弛或微伤的胃、肠黏膜侵入血液。绵羊气肿疽多为创伤感染,即芽孢随着泥土通过产羔、断尾、剪毛、去势等创伤进入组织而感染。草场或放牧地被气肿疽梭菌污染后,此病将会年复一年地在易感动物中有规律重复出现。吸血昆虫的叮咬也可传播。

**3. 易感动物**　自然情况下气肿疽主要侵害黄牛、水牛,绵羊少见,山羊、鹿及骆驼有过发病报道,猪与貂类虽可感染但更少见。鸡、马、骡、驴、犬、猫不感染,人对此病有抵抗力。6 个月至 3 岁的牛容易感染,幼犊或更大年龄者也有发病,肥壮牛似比瘦弱牛更易感染。

### (二)临诊症状

潜伏期 3～5 日,最短 1～2 日,最长 7～9 日,人工感染 4～8 h 即有体温反应及明显局部炎性肿胀。各种动物临诊表现基本相似。

**1. 黄牛**　发病多呈急性经过,病死率可达 100%。体温升高到 41～42 ℃,早期即出现跛行。相继出现特征性临诊症状,即在多肌肉部位发生肿胀,初期热而痛,后中央变冷、无痛。患部皮肤干硬呈暗红色或黑色,有时形成坏疽。触诊有捻发音,叩诊有明显鼓音。切开患部,从切口流出污红色带泡沫酸臭液体。肿胀多发生在腿上部、臀部、腰部、荐部、颈部及胸部等(图 5-21)。局部淋巴结肿大,触之坚硬。食欲、反刍消失,呼吸困难,脉搏快而弱,最后体温或再稍微回升,随即死亡。病程 1～3日,也有长至 10 日者。若病灶发生在口腔,腮部肿胀有捻发音,发生在舌部则舌肿大伸出口外,有捻发音。老牛患病,其病势常较轻,中等发热,肿胀也较轻,有时疝痛臌气,可能康复。

图 5-21　病牛肩部肿胀

**2. 绵羊**　多因创伤感染,感染部位肿胀。非创伤感染病例多与病牛临诊症状相似,体温升高、食欲不振、跛行,患处发生肿胀,触之有捻发音。皮肤呈蓝红色或黑色,有时有血色浆液渗出和表皮脱落,常在 1～3 日死亡。

本病在新疫区的发病率可达 40%～50%,病死率接近 100%。

### (三)病理变化

尸体表现轻微腐败变化,但因皮下结缔组织气肿及瘤胃臌气而致尸体显著膨胀。因肺脏在濒死期水肿,由鼻孔流出血样泡沫,肛门与阴道口也有血样液体流出。在肌肉丰厚部位(如股、肩、腰等部)有捻发音性肿胀,肿胀可以从患部肌肉扩散至邻近组织,但有的只限于局部骨骼肌。患部皮肤或正常或部分坏死。皮下组织呈红色或金黄色胶样物质浸润,有的部位有出血或小气泡。肿胀部的肌肉潮湿或干燥,呈海绵状有刺激性酪酸样液体渗出,触之有捻发音,切面污棕色,或有灰红色、淡黄色和黑色条纹,肌纤维束被小气泡胀裂。如病程较长,患部肌肉组织坏死性病理变化明显(图 5-22)。这种捻发音性肿胀,也可偶见于舌肌、喉肌、咽肌、膈肌、肋间肌等。

胸腹腔有暗红色浆液,心包积液呈暗红色,液体增多,胸膜、腹膜常有纤维蛋白或胶冻样物质。心脏内外膜有出血斑,心肌变性,色淡而脆。肺小叶间水肿,淋巴结急性肿胀和出血性浆液浸润。脾常无变化或被小气泡胀大,血呈暗红色。肝切面有大小不等棕色干燥病灶,这种病灶在死后仍继续扩大,由于产气,形成多孔的海绵状肝。肾脏也有类似变化,胃肠有时有轻微出血性炎症。

### (四)诊断

根据流行病学、临诊症状和病理变化,可做出初步诊断,确诊需依靠实验室检查。采取肿胀部位的组织水肿液、心血或各内脏器官等病料接种厌氧培养基可分离气肿疽梭菌,也可将病料接种豚鼠

**图 5-22　肌肉切面色暗、多孔、呈海绵状**

以获得该菌的纯培养物或进行肝触片染色观察。动物实验时也可用厌气肉肝汤中生长的纯培养物肌内接种豚鼠,豚鼠在 6～60 h 死亡。

气肿疽易与恶性水肿混淆,也与炭疽、巴氏杆菌病有相似之处,应注意鉴别(表 5-1)。

**表 5-1　恶性水肿、炭疽、巴氏杆菌病鉴别诊断**

| 疾病名称 | 诊断要点 |
|---|---|
| 恶性水肿 | 气肿不显著,肝表面触片染色镜检可见到特征的长丝状的腐败梭菌 |
| 炭疽 | 脾高度肿大,取末梢血涂片镜检,可见到荚膜竹节状的炭疽杆菌 |
| 巴氏杆菌病 | 肿胀部位主要见于咽喉和颈部,镜检可见两极着色的巴氏杆菌 |

## 三、防治

采取土地耕种或植树造林等措施,可使气肿疽梭菌污染的草场变为无害。疫苗接种是控制本病的有效措施。我国于 1950 年研制出气肿疽氢氧化铝甲醛灭活疫苗,皮下注射,免疫期 6 个月,犊牛 6 个月时再加强免疫一次,可获得很好的免疫保护效果。近年来又研制成功气肿疽、巴氏杆菌病二联干粉疫苗。病畜应立即隔离治疗;受威胁的牛群紧急接种或注射抗气肿疽高免血清,死畜严禁剥皮吃肉,应深埋或焚烧。圈栏、用具以及被污染的环境用 3％福尔马林溶液或 0.2％的升汞溶液消毒,粪便、污染的饲料和垫草等均应焚烧销毁。

治疗本病早期可用抗气肿疽高免血清,静脉或腹腔注射,同时应用青霉素和四环素,效果较好。

# 项目十四　牛羊其他微生物传染病

无论是在散养户还是在规模化养殖场中,羊支原体肺炎都比较常见,尤其是在长途运输或者天气突然变化的应激情况下更容易发生。知晓发病原因,熟悉防范措施是远离本病的理论基础。

## 学习目标

▲知识目标

1. 熟悉羊支原体肺炎的病原。

2. 掌握羊支原体肺炎的流行特点、临诊症状及防治措施。

▲技能目标

1. 根据症状,临床上能初步判断羊支原体肺炎。

2. 掌握发病羊的治疗方法。

▲思政与素质目标

1. 培养学生的观察能力与逻辑推理能力。

2. 培养学生吃苦耐劳的精神品质。

羊支原体肺炎又称羊传染性胸膜肺炎,是由多种支原体所引起的高度接触性传染病,其临诊特征为高热、咳嗽,胸和胸膜发生浆液性和纤维素性炎症,呈急性或慢性经过,病死率很高。

## 一、病原

病原包括丝状支原体山羊亚种、丝状支原体丝状亚种、山羊支原体山羊肺炎亚种和绵羊肺炎支原体。该类支原体均为细小、多型性的微生物,革兰氏染色阴性,用吉姆萨、卡斯坦奈达氏或亚甲蓝染色法着色良好。对理化因素的抵抗力很弱。对红霉素高度敏感,四环素和氯霉素对其也有较强的抑制作用,其对青霉素、链霉素不敏感。

## 二、诊断要点

### (一)流行特点

阴雨连绵,寒冷潮湿,羊群密集、拥挤等因素,有利于空气飞沫传染的发生。冬季和早春枯草季节多发,发病后病死率也较高。新疫区的暴发,几乎都是由引进或迁入病羊或带菌羊而引起的。

**1. 传染源**　病羊是主要的传染源,其肺组织和胸腔渗出液中含有大量病原,主要经呼吸道分泌物排菌,病羊治愈后其肺组织内的病原在相当长时期内也具有活力,这种羊也有散播病原的危险。

**2. 传播途径**　本病常呈地方流行性,接触传染性很强,主要通过空气飞沫经呼吸道传染。

**3. 易感动物**　丝状支原体山羊亚种能自然感染山羊、绵羊,并能实验感染牛,其中以3岁以下的山羊最易感染;丝状支原体丝状亚种自然感染牛引起牛传染性胸膜肺炎,某些菌株可感染山羊;山羊支原体山羊肺炎亚种只感染山羊;绵羊肺炎支原体可感染绵羊和山羊。

### （二）临诊症状

潜伏期短者为 5～6 日,长者为 3～4 周,平均为 18～20 日。根据病程和临诊症状,可分为最急性型、急性型和慢性型。

**1. 最急性型** 病初体温增高,可达 41～42 ℃,极度委顿,食欲废绝,呼吸急促而有痛苦的鸣叫。数小时后出现肺炎临诊症状,呼吸困难,咳嗽,并流浆液性带血鼻液。肺部叩诊呈浊音或实音,听诊肺泡呼吸音减弱、消失或呈捻发音,36 h 内,渗出液充满肺并进入胸腔,病羊卧地不起,四肢直伸,呼吸极度困难,每次呼吸则全身颤动;黏膜高度充血,发绀;目光呆滞,呻吟哀鸣,不久窒息而亡。病程一般不超过 5 日,个别仅 12～24 h。

**2. 急性型** 临床最常见,病初体温升高,继而出现短而湿的咳嗽,伴有浆液性鼻液。4 日后,咳嗽变干而痛苦,鼻液转为铁锈色的脓性黏液,黏附于鼻孔和上唇,结成干硬的棕色痂垢。多在一侧出现胸膜肺炎变化,叩诊有实音区,听诊有支气管呼吸音和摩擦音,按压胸壁表现敏感、疼痛。高热稽留不退,食欲锐减,呼吸困难和痛苦呻吟,眼睑肿胀,流泪,眼有黏液脓性分泌物(图 5-23)。口流泡沫状唾液,头颈伸直,腰背拱起,腹肋紧缩,妊娠母羊发生大批流产。最后病羊倒卧,极度衰弱委顿,有的发生臌胀和腹泻,甚至口腔中出现溃疡,唇、乳房等部位皮肤发疹,濒死前体温降至常温以下。病期多为 7～15 日,有的可达 1 个月,不死亡的转为慢性。

**3. 慢性型** 多见于夏季。全身临诊症状轻微,体温升至 40 ℃左右。病羊咳嗽和腹泻,鼻液时有时无,身体衰弱,被毛粗乱无光。如饲养管理不良,与急性病例接触或机体抵抗力降低时,很容易复发或出现并发症而迅速死亡。

### （三）病理变化

多局限于胸部,呈纤维素性肺炎的变化。胸腔常有淡黄色液体,暴露于空气后其中有纤维蛋白凝块。急性病例多为一侧损害,间或两侧有纤维素性肺炎;肝变区凸出于肺表,颜色由红色至灰色不等,切面呈大理石样(图 5-24);纤维素渗出液的充盈使得肺小叶间组织变宽,小叶界限明显,支气管扩张;血管内血栓形成。胸膜变厚而粗糙,上有黄白色纤维素层附着,直至胸膜与肋膜、心包发生粘连。支气管淋巴结和纵隔淋巴结肿大,切面多汁并有出血点。有心包积液,心肌松弛、变软。急性病例还可见肝、脾大,胆囊肿胀,肾肿大和膜下有小点出血。病程延长者肺肝变区机化,结缔组织增生,甚至有包囊化的坏死灶。

图 5-23 羊眼睛周边有脓性分泌物

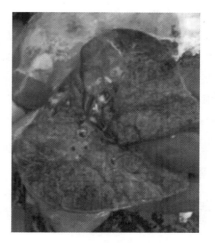

图 5-24 肺切面如大理石样

### （四）诊断

由于本病的流行规律、临诊表现和病理变化都很有特征,故做出初步诊断并不困难。确诊需进行病原分离鉴定和血清学试验。血清学试验可选择补体结合反应、乳胶凝集试验和间接凝集试验

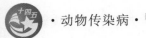
等,多用于慢性病例的诊断或对羊群进行抗体监测。

本病在临诊上和病理上均与羊巴氏杆菌病相似,但对病料进行细菌学检查便可区别。

### 三、防治

平时预防,除加强一般措施外,关键是防止引入或迁入病羊和带菌者。新引进羊只必须隔离检疫 1 个月以上,确认健康时方可混入大群。

免疫接种是预防本病的有效措施。我国目前除原有的用丝状支原体山羊亚种制造的山羊传染性胸膜肺炎氢氧化铝疫苗和鸡胚化弱毒疫苗以外,又研制出绵羊肺炎支原体灭活疫苗。应根据当地病原的分离结果,选择使用。

发病羊群应进行封锁,及时对全群进行逐头检查,对病羊、可疑病羊和假定健康羊分群隔离和治疗;对被污染的羊舍、场地、饲养用具和病羊的尸体、粪便等,应进行彻底消毒及无害化处理。

用替米考星注射液皮下注射,能有效地治疗和预防本病。病初使用足够剂量的土霉素、四环素等有治疗效果。

技能训练 5-1

## 牛病毒性腹泻病毒 RT-PCR 检测技术

### 一、实验器材

#### (一)仪器设备

PCR 仪、台式低温高速离心机、电泳仪、电泳槽、冰箱、凝胶成像系统、微量移液器、水浴锅等。

#### (二)试剂

商品化 RNA 提取试剂盒、Taq DNA 聚合酶(5 U/μL)、M-MLV 反转录酶、dNTP、DL2000 DNA标记条带、引物等。

根据牛病毒性腹泻病毒 5′-UTR 区特异性片段设计一对特异性引物。

上游引物:5′-ATGCCCWTAGTAGGACTAGCA(W=A/T)-3′。

下游引物:5′-TCAACTCCATGTGCCATGTAC-3′;扩增的目的片段长度为 288 bp。

#### (三)对照样品

阳性对照样品由指定单位提供或根据以下方法制备:将牛病毒性腹泻病毒国际标准毒株按 10%接种原代牛睾丸细胞,于 37 ℃吸附 1 h 后加入维持液(见附"维持液"1),37 ℃培养,待细胞病变达到70%时收获病毒悬液,冻融 2～3 次,5000 r/min 离心 10 min,取上清液备用。

阴性对照样品由指定单位提供或根据以下方法制备:将生长良好的原代牛睾丸细胞,冻融 2～3次,5000 r/min 离心 10 min,取上清液备用。

### 二、操作步骤

#### (一)采样工具

棉拭子、剪刀、镊子、2 mL 离心管及研钵等,采样工具应经(121±2) ℃ 15 min 高压灭菌并烘干。

#### (二)样品的采集与处理

**1. 活牛** 对疑似感染牛采集鼻分泌物。将拭子深入鼻腔来回擦拭 2～3 次并旋转,取分泌物。将采集的鼻拭子放入盛有 2 mL PBS(见附"0.01 mol/L pH 7.2 PBS 的配制")的离心管中,编号备用。

**2. 病死牛** 用无菌剪刀、镊子采集肠黏膜刮取物或肺、淋巴结等。将采集的样品装入无菌采样袋,编号备用。

**3. 样品储运** 样品采集后置保温箱中,加入预冷的冰袋,密封。样品按照相关的运输要求包装,并以最快的方式(尽可能 24 h 内送达)送实验室进行检测。

**4. 样品处理**

(1) 鼻拭子:用含 1 000 U/mL 青霉素和链霉素的细胞培养液 4 倍稀释,2000 r/min 离心 15 min,取上清液,编号备用。

(2) 组织样品:用无菌的剪刀和镊子剪取待检样品 2 g 于研钵或组织匀浆器中充分研磨,再加 10 mL PBS(含牛血清白蛋白、青霉素和链霉素,见附"0.01 mol/L pH 7.2 PBS(含牛血清白蛋白、青霉素和链霉素)的配制")混匀,2000 r/min 离心 5 min 后,取 1 mL 上清液转入无菌的 2 mL 离心管中,编号备用。

**(三)一步法 RT-PCR 操作程序**

**1. RNA 的提取** 选择市售商品化 RNA 提取试剂盒,按照试剂盒操作说明书提取样品中的 RNA。在提取 RNA 时,设立阳性对照样品和阴性对照样品,按同样的方法提取 RNA。RNA 提取操作应在通风柜或生物安全柜中进行,避免 RNA 气溶胶的污染。

**2. 一步法 RT-PCR 反应体系及反应条件**

(1) RT-PCR 反应体系:在 0.2 mL 的反应管中依次加入如下物品,总体积 25 $\mu$L。

| | |
|---|---|
| 一步法 RT-PCR 缓冲液 | 2.5 $\mu$L |
| dNTP(2.5 mmol/L) | 2.5 $\mu$L |
| MgCl$_2$(2 mmol/L) | 5 $\mu$L |
| 上游引物(0.5 $\mu$mol/L) | 0.5 $\mu$L |
| 下游引物(0.5 $\mu$mol/L) | 0.5 $\mu$L |
| Taq DNA 聚合酶(1.25 U) | 0.5 $\mu$L |
| M-MLV 反转录酶(40 U) | 0.5 $\mu$L |
| RNA 酶抑制剂(20 U) | 0.5 $\mu$L |
| RNA 模板 | 5 $\mu$L |
| DEPC 水 | 7.5 $\mu$L |

(2) RT-PCR 反应条件:50 ℃ 30 min;94 ℃ 5 min;95 ℃ 30 s,63 ℃ 30 s,72 ℃ 30 s,40 个循环;72 ℃ 延伸 10 min。

**(四)扩增产物的电泳检测**

制备 1% 琼脂糖凝胶板(见附"1% 琼脂糖凝胶")。在电泳槽中加入 1×TAE 电泳缓冲液(见附"50×TAE 电泳缓冲液"),使液面刚刚没过凝胶,取 5 $\mu$L 扩增产物分别和适量加样缓冲液混合后,加到凝胶孔,加入 DL2000 DNA 标记条带。恒压(110 V)下电泳 30 min,将电泳好的凝胶放到凝胶成像系统上观察结果。

**(五)结果判定**

**1. 试验成立的条件** 阳性对照有 288 bp 的扩增条带,阴性对照没有相应条带,否则试验不成立。

**2. 样品检测结果** 在阳性对照、阴性对照都成立的前提下,若检测样品有 288 bp 的扩增条带,则判定该样品牛病毒性腹泻病毒核酸阳性,否则为阴性。

---

**试剂配制**

**1. 维持液**
DMEM 培养基内含青霉素 200 IU/mL,链霉素 200 IU/mL,抽滤除菌。

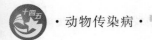
**2. PBS**

1）A 液

0.2 mol/L 磷酸二氢钠水溶液：$NaH_2PO_4 \cdot H_2O$ 27.6 g，溶于去离子水中，最后定容至 1000 mL 备用。

2）B 液

0.2 mol/L 磷酸氢二钠水溶液：$Na_2HPO_4 \cdot 7H_2O$ 53.6 g（或 $Na_2HPO_4 \cdot 12H_2O$ 71.6 g 或 $Na_2HPO_4 \cdot 2H_2O$ 35.6 g），加去离子水溶解，最后定容至 1000 mL，备用。

3）0.01 mol/L pH 7.2 PBS 的配制

取 A 液 14 mL、B 液 36 mL，加 NaCl 8.5 g，用去离子水定容至 1000 mL。经过滤除菌后，备用。

4）0.01 mol/L pH 7.2 PBS（含牛血清白蛋白、青霉素和链霉素）的配制

取 A 液 14 mL、B 液 36 mL，加 NaCl 8.5 g，牛血清白蛋白 5 g，用去离子水定容至 1000 mL。经过滤除菌后，无菌条件下分别按 10000 U/mL 加青霉素和链霉素，备用。

**3. 1%琼脂糖凝胶**

琼脂糖 1 g，放入 100 mL 1×TAE 电泳缓冲液中，加热溶化。温度降至 60 ℃ 左右时，均匀铺板，厚度为 3～5 mm。

**4. 50×TAE 电泳缓冲液**

1）0.5 mol/L 乙二铵四乙酸二钠溶液（pH8.0）

| | |
|---|---|
| 二水乙二铵四乙酸二钠 | 18.61 g |
| 灭菌双蒸水 | 80 mL |
| 氢氧化钠 | 调 pH 至 8.0 |
| 灭菌双蒸水 | 加至 100 mL |

2）50×TAE 电泳缓冲液

| | |
|---|---|
| 羟基甲基氨基甲烷（Tris） | 242 g |
| 冰乙酸 | 57.1 mL |
| 0.5 mol/L 乙二铵四乙酸二钠溶液（pH8.0） | 100 mL |
| 灭菌双蒸水 | 加至 1000 mL |

用时用灭菌双蒸水稀释使用。

 技能训练 5-2

# 牛流行性热病毒 RT-PCR 检测技术

## 一、实验器材

### （一）仪器设备

PCR 仪、台式低温高速离心机、电泳仪、电泳槽、冰箱、凝胶成像系统、微量移液器、水浴锅等。

### （二）试剂

商品化 RNA 提取试剂盒、一步法 RT-PCR 试剂盒、DL2000 DNA 标记条带、引物等。

根据牛流行性热病毒 5′-UTR 区特异性片段设计一对特异性引物。

上游引物：5′-GGTTGCACAGATGCGGTTAA-3′。

下游引物：R1:5-TTCCCCCTCTTGTTGATGTTCT-3′；扩增的目的片段长度为 799 bp。

**（三）对照样品**

阳性对照样品为牛流行性热病毒国际标准毒株,阴性对照样品可选其他病毒毒株。

## 二、操作步骤

### （一）采样工具

采血管、剪刀、镊子、2 mL 离心管及研钵等,采样工具应经(121±2) ℃ 15 min 高压灭菌并烘干。

### （二）样品的采集与处理

**1. 活牛** 对疑似感染发热牛采集全血,编号备用。

**2. 病死牛** 用无菌剪刀、镊子采集肺、淋巴结等。将采集的样品装入无菌采样袋,编号备用。

**3. 样品储运** 样品采集后置保温箱中,加入预冷的冰袋,密封。样品按照相关的运输要求包装,并以最快的方式(尽可能 24 h 内送达)送实验室进行检测。

**4. 组织样品的处理** 用无菌的剪刀和镊子剪取待检样品 2 g 于研钵或组织匀浆器中充分研磨,2000 r/min 离心 5 min 后,取 1 mL 上清液转入无菌的 2 mL 离心管中,编号备用。

### （三）一步法 RT-PCR 操作程序

**1. RNA 的提取** 选择市售商品化 RNA 提取试剂盒,按照试剂盒操作说明书提取样品中的 RNA。在提取 RNA 时,设立阳性对照样品和阴性对照样品,按同样的方法提取 RNA。RNA 提取操作应在通风柜或生物安全柜中进行,避免 RNA 气溶胶的污染。

**2. 一步法 RT-PCR 反应体系及反应条件**

（1）RT-PCR 反应体系:在 0.2 mL 的反应管中依次加入如下物品,总体积 50 $\mu$L。

| | |
|---|---|
| Prime Script Enzyme Mix | 2 $\mu$L |
| 2×1 Step buffer | 25 $\mu$L |
| 上游引物(20 $\mu$mol/L) | 1 $\mu$L |
| 下游引物(20 $\mu$mol/L) | 1 $\mu$L |
| RNA 模板 | 4 $\mu$L |
| DEPC 水 | 17 $\mu$L |

（2）RT-PCR 反应条件:50 ℃ 30 min;94 ℃ 30 s,55 ℃ 30 s,72 ℃ 1 min,30 个循环;72 ℃ 10 min。

### （四）扩增产物的电泳检测

制备 1%琼脂糖凝胶板(见附"1%琼脂糖凝胶")。在电泳槽中加入 1×TAE 电泳缓冲液(见附"50×TAE 电泳缓冲液"),使液面刚刚没过凝胶,取 5 $\mu$L 扩增产物分别和适量加样缓冲液混合后,加到凝胶孔,加入 DL2000 DNA 标记条带。恒压(110 V)下电泳 30 min,将电泳好的凝胶放到凝胶成像系统上观察结果。

### （五）结果判定

**1. 试验成立的条件** 阳性对照有 799 bp 的扩增条带,阴性对照没有相应条带,否则试验不成立。

**2. 样品检测结果** 在阳性对照、阴性对照都成立的前提下,若检测样品有 799 bp 的扩增条带,则判定该样品牛流行性热病毒核酸阳性,否则为阴性。

**试剂配制**

**1. 1%琼脂糖凝胶**

琼脂糖 1 g,放入 100 mL 1×TAE 电泳缓冲液中,加热溶化。温度降至 60 ℃ 左右时,均匀铺板,厚度为 3~5 mm。

**2. 50×TAE 电泳缓冲液**

1) 0.5 mol/L 乙二铵四乙酸二钠溶液(pH 8.0)

| | |
|---|---|
| 二水乙二铵四乙酸二钠 | 18.61 g |
| 灭菌双蒸水 | 80 mL |
| 氢氧化钠 | 调 pH 至 8.0 |
| 灭菌双蒸水 | 加至 100 mL |

2) 50×TAE 电泳缓冲液

| | |
|---|---|
| 羟基甲基氨基甲烷(Tris) | 242 g |
| 冰乙酸 | 57.1 mL |
| 0.5 mol/L 乙二铵四乙酸二钠溶液(pH 8.0) | 100 mL |
| 灭菌双蒸水 | 加至 1000 mL |

用时用灭菌双蒸水稀释使用。

→ **执考真题及自测题**

## 一、单选题

1. 小反刍兽疫疫情由( )确认。

A. 镇动物卫生监督所

B. 市动物疫病预防控制中心

C. 省动物疫病预防控制中心

D. 农业农村部

E. 县级人民政府

2. 小反刍兽疫主要通过( )传播。

A. 接触    B. 空气    C. 媒介昆虫    D. 蜱    E. 老鼠

3. 小反刍兽疫病毒存在( )血清型。

A. 1 个    B. 3 个    C. 5 个    D. 7 个    E. 8 个

4. 小反刍兽疫是我国( )类动物疫病。

A. 一    B. 二    C. 三    D. 四    E. 五

5. 羊痘病毒主要侵害( )。

A. 淋巴细胞    B. 上皮细胞    C. 红细胞    D. 神经细胞    E. 白细胞

6. 羊痘是由( )引起的传染病。

A. 病毒    B. 巴氏杆菌    C. 真菌    D. 细菌    E. 支原体

7. 我国目前用于防治绵羊痘和山羊痘的疫苗是( )。

A. 羊痘鸡胚化弱毒疫苗      B. 羊痘鸭胚化弱毒疫苗

C. 羊痘鸡胚化灭活疫苗      D. 羊痘鸭胚化灭活疫苗

E. 羊痘油佐剂灭活疫苗

8. ( )是即将屠宰羊的法定检疫对象。

A. 羊痘    B. 疥癣    C. 蓝舌病    D. 脑炎    E. 大肠杆菌病

9. 牛流行热的病原是( )。

A. 真菌    B. 病毒    C. 支原体    D. 衣原体    E. 细菌

10. 牛传染性胸膜肺炎的病原是( )。

A. 李氏杆菌    B. 牛分枝杆菌    C. 布鲁氏杆菌    D. 巴氏杆菌    E. 丝状支原体

11. 2 岁左右羊群,夏季放牧时,陆续出现发病死亡。大多未见临床症状而突然死亡。少数病例病程稍长的,出现体温升高达 41.5 ℃左右,呼吸高度困难,掉群,食欲废绝,皮肤呈紫黑色,很快呈昏睡俯卧,病畜保持在这种状态下毫无痛苦地死去,死后全身皮肤发黑。病程可达 1～2 日,但没有超过 3 日的。该病最可能的诊断是( )。

    A.羊肠毒血症     B.羊快疫     C.羊猝疽     D.羊黑疫     E.羔羊痢疾

12. 8 月龄羊,放牧过程中陆续出现有的羊突然死亡,有的羊离群独处,卧地,不愿走动,强迫行走时表现虚弱和运动失调。腹部膨胀,有鸣叫、回头顾腹(疝痛)表现。体温正常或升高至 41.5 ℃左右。迅速衰竭、昏迷,大多在几小时至一天死亡,极少数病例可持续 2～3 日,罕有痊愈者。如果该病是羊快疫,应采取的防控措施是( )。

    A.定期注射羊快疫、羊猝疽二联疫苗或羊快疫、羊猝疽、羊肠毒血症三联疫苗

    B.全群投服大剂量广谱抗菌药物

    C.停止喂食,全群输液

    D.停止放牧,全群投服精料

    E.转移草场,全群注射羊快疫、羊猝疽二联疫苗或羊快疫、羊猝疽、羊肠毒血症三联疫苗

13. 牛结核菌素试验的注射的方法为( )。

    A.肌内注射     B.皮下注射     C.皮内注射     D.静脉注射     E.腹腔注射

14. 引起羔羊痢疾的病原主要是( )。

    A.A 型产气荚膜梭菌

    B.B 型产气荚膜梭菌

    C.C 型产气荚膜梭菌

    D.D 型产气荚膜梭菌

    E.E 型产气荚膜梭菌

15. 结核病最主要的传染源是( )。

    A.开放性的结核病病牛

    B.隐性的结核病病牛

    C.病畜的排泄物和分泌物

    D.疑似结核病病牛

    E.刚发结核病病牛

## 二、多选题

1. 小反刍兽疫是由小反刍兽疫病毒引起的一种急性接触性传染性疾病,易感动物有( )。

    A.绵羊     B.山羊     C.黄牛     D.驴     E.骆驼

2. 羊梭菌性疾病包括( )。

    A.羊快疫     B.羊肠毒血症     C.绵羊猝疽

    D.羊坏死性肝炎     E.羔羊痢疾

3. 羊痘按症状分为( )。

    A.丘疹期     B.水疱期     C.脓疱期     D.结痂期     E.溃烂期

4. 下列哪些疾病是牛羊的病毒性传染病?( )

    A.牛流行热     B.牛地方性白血病     C.蓝舌病

    D.羊快疫     E.绵羊瘙痒病

# 模块六
# 其他动物传染病

# 项目十五  病毒性传染病

扫码看课件
15-1

# 任务一  犬  瘟  热

犬瘟热是由犬瘟热病毒引起的犬科、鼬科及浣熊科动物的一种高度接触性传染病。该病主要侵害呼吸道、胃肠道及中枢神经系统,临床特征为早期表现双相热、急性鼻卡他,后期出现支气管炎、肺炎、胃肠炎和神经症状,少数可出现鼻和足垫的过度角化。

## 一、病原

犬瘟热病毒是副黏病毒科麻疹病毒属的成员,有囊膜,只有 1 个血清型,通过对疾病流行地区 H 基因的比对分析发现,目前犬瘟热病毒毒株同时有多个基因型流行,能够在鸡胚成纤维细胞上生长。该病毒与麻疹病毒在抗原上有某些共同之处。病毒对紫外线敏感,60 ℃ 30 min 可将其灭活,3%甲醛溶液、5%苯酚溶液、3%氢氧化钠溶液等对其均具有良好的杀灭作用。

*Note*

249

## 二、诊断要点

### （一）流行特点

本病多发生于寒冷季节,在犬、狐狸、水貂等特种动物养殖场可暴发流行,造成严重的经济损失。

**1. 传染源** 病犬是最重要的传染源,病毒随其眼、鼻分泌物及尿液等排出体外。

**2. 传播途径** 主要经呼吸道和消化道感染,也可经眼结膜和胎盘感染。

**3. 易感动物** 犬瘟热病毒可侵害犬科、鼬科及浣熊科的多种动物。犬最易感,不同年龄的犬都可感染,哺乳仔犬由于有母源抗体的保护故而很少发病,3 月龄至 1 岁的幼犬发病率最高,2 岁以上的犬发病率逐渐降低。犬瘟热康复犬可获得终生免疫力。纯种犬、警犬比土种犬易感性高。毛皮动物中的狐狸、水貂也十分易感。

### （二）临诊症状

潜伏期一般为 3～9 日。病畜病初精神委顿,食欲不振。眼、鼻流出浆液性分泌物。体温升高可达 41 ℃,持续 1～2 日降至正常,此时精神、食欲恢复,经 2～3 日,体温再次升高,呈典型的双相热型。第二次发热可持续数周之久,动物体况下降,眼鼻分泌物增多、呈脓性(图 6-1),咳嗽,打喷嚏,呼出有恶臭的气体,鼻镜干燥甚至皲裂(图 6-2),发生眼结膜炎、角膜炎。消化道症状有呕吐,腹泻,粪便恶臭、混有黏液和血液(图 6-3)。某些病例会发生角膜溃疡。某些病例足垫和鼻翼皮肤角化过度,如人的手掌老茧。

神经症状一般出现在病后 1～3 周,经胎盘感染的幼犬可在 4～7 周龄时,成窝发生。动物表现阵发性抽搐、口吐白沫(图 6-4)、空嚼、步态不稳、共济失调、反射异常、肌肉痉挛等,其中以空嚼最为常见,出现惊厥后多以死亡为转归,某些耐过者会有舞蹈症、麻痹等后遗症。

仔犬于 7 日龄内感染时常出现心肌炎、双目失明。幼犬在永久齿长出之前感染会导致牙釉质损害,牙齿生长不规则。妊娠母犬感染可发生流产、死胎、仔犬成活率下降。警犬、军犬发病后常导致嗅觉缺损。

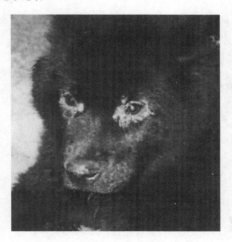

图 6-1  眼睛流脓性分泌物                    图 6-2  鼻镜干裂

### （三）病理变化

上呼吸道、眼结膜和肺呈卡他性或化脓性炎症,支气管或肺泡中充满渗出液。胃潮红。肠道黏膜呈卡他性或出血性炎症,大肠常有大量黏液,直肠黏膜出血、坏死脱落。肠系膜淋巴结及肠淋巴滤泡肿胀。胸腺多萎缩,呈胶冻样。

### （四）鉴别诊断

犬瘟热、犬传染性肝炎、犬细小病毒感染肠炎型鉴别诊断见表 6-1。

图 6-3 病犬拉血便

图 6-4 病犬口吐白沫

表 6-1 犬瘟热、犬传染性肝炎、犬细小病毒感染肠炎型鉴别诊断

| 鉴 别 要 点 | 犬 瘟 热 | 犬传染性肝炎 | 犬细小病毒感染肠炎型 |
|---|---|---|---|
| 病原 | 犬瘟热病毒 | 犬传染性肝炎病毒 | 犬细小病毒 |
| 神经症状 | 病程较长时出现 | 无 | 无 |
| 剑突压痛 | 无 | 有 | 无 |
| 皮肤过度角化 | 病程较长时出现 | 无 | 无 |
| 眼鼻卡他性炎症 | 有 | 一般无 | 无 |
| 血液不易凝固 | 无 | 有 | 无 |
| 暂时性蓝眼 | 无 | 有 | 无 |
| 肝和胆囊病变及腹腔积液 | 无 | 有 | 无 |
| 包涵体检查 | 主要为胞质内包涵体，偶见核内包涵体 | 核内包涵体 | 核内包涵体 |

**（五）实验室诊断**

**1. 包涵体检查** 无菌刮取病犬的鼻、眼黏膜，做成涂片，干燥，甲醇固定，苏木精-伊红染色后镜检，可见细胞质内有圆形或椭圆形的包涵体，呈红色，数量 1～10 个不等。

**2. 犬瘟热病毒金标抗体检测法** 本法以双抗体夹心法为原理，采用快速免疫层析技术检查样品中有无病毒的存在，灵敏度高，特异性强，且操作简便。用灭菌棉签采集犬的眼泪、鼻液或唾液置于稀释液中，吸取稀释的样品清液滴加于检测卡的加样孔中，若结果显示窗内 C、T 处各出现一条线，则判为阳性；若 C 处有线，T 处无线，则判为阴性；若 C 处无线，则判为无效。

**3. 其他** 病原检测（病毒分离鉴定、电镜检查）、免疫学检测技术（琼脂扩散试验、酶联免疫吸附试验、血清中和试验等）和分子生物学检测方法等。

## 三、防治

### （一）预防

定期进行免疫接种是预防犬瘟热的重要措施。目前，使用的疫苗均为冻干弱毒疫苗，有单苗和联苗两大类。如狂犬病、犬瘟热、犬副流感、犬腺病毒和犬细小病毒五联疫苗，犬瘟热、犬副流感、犬腺病毒和犬细小病毒感染四联疫苗，犬瘟热、犬细小病毒感染二联疫苗等。对于体内有母源抗体的幼犬，最好注射人用麻疹疫苗以避免母源抗体的干扰作用，当幼犬在 1～2 月龄时，用麻疹疫苗免疫 1 次，肌内注射 2～3 人份，至 3～4 月龄时，再用犬瘟热疫苗加强免疫，可获得较好的免疫效果。此外，要加强犬的饲养管理。在本病流行季节，严禁将家养宠物犬带到犬集结的地方。各养殖场应加强兽

扫码看课件
15-2

医卫生防疫措施,尽量做到自繁自养。

## (二)治疗

发生犬瘟热后,应尽早治疗,防止继发感染。对早期病犬使用犬瘟热高免血清进行治疗,肌内或皮下注射,2～3 mL/kg 体重,有良好的疗效。配合应用抗病毒药物、维生素、抗菌药物、皮质激素类药物、免疫增强剂和对症支持疗法,如输液、退热、收敛等,同时加强护理,并对犬舍环境进行消毒,有利于本病的治疗。

# 任务二 犬细小病毒感染

犬细小病毒(canine parvovirus,CPV)是犬科动物较常见的、危害较严重的病毒病性致病因子之一,是食肉动物细小病毒的典型代表。CPV 对 2～4 月龄的幼犬危害最大,CPV 感染的典型临床表现包括呕吐、发热、腹泻、脱水。通常病犬难以治愈,发病率和致死率达到 70%。CPV 感染对犬类的健康造成了极大的危害,给养犬业带来了重大的损失。

## 一、病原

CPV 是细小病毒科细小病毒属的成员,没有囊膜,在 4 ℃和 25 ℃能凝集猪和恒河猴的红细胞,但不能凝集其他动物的红细胞。本病毒与猫泛白细胞减少症病毒有共同的抗原成分,针对后者的疫苗能够帮助犬抵抗本病毒的感染。但部分变异株则失去了血凝性和与猫泛白细胞减少症病毒相关的抗原。本病毒对各种理化因素有较强的抵抗力,在室温下能存活 3 个月,pH 3 处理 1 h 不影响其活力。紫外线、甲醛、高锰酸钾和过氧乙酸等氧化物能使之失活。

## 二、诊断要点

### (一)流行特点

本病的发生无明显的季节性,但以春、秋季节多发。天气寒冷,气温骤变,卫生条件差及并发感染均可加重病情和提高病死率。

**1. 传染源** 病犬和带毒犬是主要的传染源,通过粪便、尿液、唾液和呕吐物将病毒排出体外,污染食物、饮水、垫料、饮食用具及周围环境。

**2. 传播途径** 病毒主要经消化道感染健康动物。

**3. 易感动物** 犬是犬细小病毒的主要自然宿主,其他犬科动物,如狐、狼等也可感染。各种年龄的犬均有易感性,但发病主要集中于 4 月龄至 5 岁龄的犬,以断奶前后的仔犬发病率和病死率最高。病毒变异株可导致猫发生感染。

### (二)临诊症状

本病的潜伏期为 7～14 日,临床上主要分为两种类型,即肠炎型和心肌炎型。

**1. 肠炎型** 常见于 2～6 月龄幼犬和成年犬,潜伏期为 7～14 日,病犬初期精神沉郁,厌食,突然呕吐,偶见发热,软便。病初粪便呈灰色、黄色或乳白色,带果冻状黏液,后排出恶臭的酱油样或番茄汁样血便(图 6-5),具有难闻的恶臭味。病犬迅速脱水,消瘦,毛乱,皮肤无弹性,精神高度沉郁,直至衰竭而死亡,病程一般为 1 周左右。

**2. 心肌炎型** 多见于 4～6 周龄幼犬,病犬突然发病,病初轻度腹泻或呕吐,而后很快死亡,死亡率高。心肌炎型临诊症状表现各不相同,有的表现为急性腹泻但没有心脏病症状而死亡;有的表现为腹泻症状,康复后数周或数月因充血性心力衰竭而死亡;有的 6 周龄至 6 月龄的正常犬会突发充血性心力衰竭而死亡。

### (三)病理变化

**1. 肠炎型** 病变主要见于小肠中后段,浆膜呈暗红色,浆膜下充血、出血,黏膜坏死脱落(图 6-

视频:犬细小病毒感染

Note

6）。肠内容物呈水样,混有血液和黏液。肠系膜淋巴结肿胀、充血或出血。

**2. 心肌炎型** 病变主要见于肺和心脏,肺水肿,局部充血、出血,导致肺表面颜色斑驳。心脏扩张,心房和心室内有淤血块,心肌和心内膜有非化脓性坏死灶,心肌有出血斑。

图 6-5 病犬酱油样或番茄汁样血便

图 6-6 病犬肠部充血

**（四）实验室诊断**

**1. 犬细小病毒金标抗体检测法** 因病犬的粪便中含毒量最高,故以此为检样。棉拭子采集的粪便经稀释后进行加样检测,判定标准同犬瘟热病毒金标抗体检测法。

**2. 血凝和血凝抑制试验** 以 1% 猪红细胞作为指示。采集粪便利用血凝试验检测其血凝性,然后用犬细小病毒阳性血清以血凝抑制试验做进一步鉴定。血凝抑制试验还可用于血清中抗体的检查。

## 三、防治

**（一）预防**

为预防本病的发生,应坚持定期给犬进行免疫接种。目前可选用的疫苗有犬细小病毒活疫苗,狂犬病、犬瘟热、犬副流感、犬腺病毒和犬细小病毒五联疫苗,犬瘟热、犬副流感、犬传染性肝炎和犬细小病毒感染四联疫苗,犬瘟热、细小病毒感染二联疫苗等,按说明书使用。

**（二）治疗**

本病心肌炎型由于病程较短,常来不及治疗病犬即死亡。肠炎型常采用对症治疗,以对因治疗和控制继发感染等为治疗原则。在对因治疗方面,肌内注射犬细小病毒单克隆抗体效果可靠。在对症治疗方面,止吐可用胃复安、爱茂尔、654-2,严重呕吐时应对症处理;止血可用止血敏、维生素 K;收敛止泻可用鞣酸蛋白、思密达;脱水时进行补液,注意先盐后糖,最好进行静脉输液。输液时应注意机体的酸碱平衡、离子平衡及脱水的程度,呕吐严重的犬应注意补充钾,腹泻严重的犬应注意补充碳酸氢钠,静脉输注犬血浆白蛋白可加速机体渗透压和体液平衡的恢复。控制继发感染方面,可根据病情应用抗生素,如青霉素类、头孢类、庆大霉素等药物。在治疗的同时,要加强护理工作,病初病犬应禁食 1～2 日,恢复期应控制饮食,给予稀软易消化的食物,少量多次,逐渐恢复到正常饮食。对污染的犬舍及用具等应进行反复消毒。

# 任务三　犬传染性肝炎

扫码看课件
15-3

犬传染性肝炎是由于感染犬腺病毒Ⅰ型（canine adenovirus-Ⅰ,CAV-Ⅰ）所致。CAV-Ⅰ可导致病犬出现发热、厌食、腹痛、急慢性感染、间质性肾炎、呕吐和腹泻等临床表现,同时还可见眼部病变,

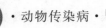

表现为"蓝眼"，这是该病亚临床感染的典型症状。

## 一、病原

犬腺病毒Ⅰ型病毒能凝集鸡、大鼠和人O型红细胞，这种血凝性能被特异性抗血清所抑制。本病毒与犬腺病毒Ⅱ型病毒（犬传染性喉气管炎的病原）在免疫学上能交叉保护。该病毒的抵抗力较强，在污染物上能存活10～14日，在室温下能抵抗95％酒精达24 h，污染的注射器和针头仅用酒精棉球消毒仍可传播本病。病毒不耐热，65 ℃ 3～5 min即可被灭活，常用的能有效灭活该病毒的消毒剂有苯酚、碘酊、氢氧化钠等。

## 二、诊断要点

### （一）流行特点

本病可发生于任何季节。

**1. 传染源** 病犬和带病毒犬是主要传染源。

**2. 传播途径** 病毒随分泌物、排泄物进入外界环境中，经消化道或呼吸道感染健康犬。病毒也可经胎盘感染胎儿。

**3. 易感动物** 在自然条件下，犬腺病毒Ⅰ型可感染犬、狐、浣熊等动物。在犬中，各种年龄和品种都可感染发病，但主要集中于1岁以内的幼犬，尤其是刚断奶的仔犬最易发病。成年犬多为隐性感染，即使发病也多能耐过。

### （二）临诊症状

本病潜伏期为7日左右。病犬体温升高至40～41 ℃，精神沉郁、食欲减退或废绝、饮欲增加、呕吐、腹痛、腹泻、粪便中带血，可在24 h内死亡。病程稍长的病例，出现贫血、黄疸、咽炎、蛋白尿、扁桃体炎、淋巴结肿大。特征性症状为眼角膜水肿、混浊、变蓝，俗称"蓝眼病"，病犬畏光，眼角流出大量浆液性分泌物，角膜混浊的特征是由角膜中心向四周扩展。

恢复期，混浊的角膜由四周向中心缓慢消退，混浊消退的犬大多可自愈，可视黏膜有不同程度的黄染。有的病犬出现呼吸、心跳加快，心律不齐，咳嗽，流浆液性或脓性鼻液。病犬血液不易凝结，一旦出血，往往血流不止，且多转归不良。轻症病例仅见食欲不振、体温稍高、流鼻液等症状，一般持续2～3日可自行康复。

### （三）病理变化

常见颈部、前胸、腹部皮下水肿。腹腔积液，暴露于空气后凝固呈胶冻样。肝脏肿大，被膜紧张，色淡呈黄褐色并混有大量暗红色斑点（图6-7），肝小叶清楚。胆囊呈黑红色，壁水肿、增厚、出血，有纤维蛋白沉着。肠系膜淋巴结肿大、出血。脾大，个别病例肺出血。

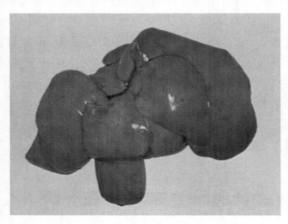

图6-7 病犬肝脏色淡，有出血点

#### （四）实验室诊断

**1. 生化检查** 病犬血液中白细胞数量减少、红细胞数量减少、沉降率加快、血凝时间延长。血清中谷丙转氨酶（ALT）、谷草转氨酶（AST）、碱性磷酸酶（ALP）、鸟氨酸氨甲酰基转移酶（OCT）和乳酸脱氢酶（LDH）活性升高，β球蛋白、胆红素增多。

**2. 血凝抑制试验** 本法可用于检查血清中有无相应的抗体存在。

**3. 犬腺病毒Ⅰ型金标抗体检测法** 本法检测样品为咽分泌物或尿液，结果判定同犬瘟热病毒金标抗体检测法。

### 三、防治

#### （一）预防

平时应加强饲养管理，严格兽医卫生措施。定期给犬进行免疫接种，目前大多是采用多联疫苗联合免疫的方法。如犬瘟热、犬传染性肝炎、犬细小病毒感染、犬副流感四联疫苗，狂犬病、犬瘟热、犬副流感、犬腺病毒和犬细小病毒感染五联疫苗等。紧急预防时，可注射犬病毒性肝炎高免血清。

#### （二）治疗

发现病犬应立即采用综合性措施进行治疗，如注射犬传染性肝炎抗血清，用抗病毒药物。静脉滴注复方氯化钠、5%葡萄糖溶液以纠正水及电解质紊乱。用抗生素等抗菌药物防止并发或继发感染。配合使用 ATP、维生素 $B_1$、维生素 $B_{12}$ 和维生素 C 等制剂以提高机体抵抗力。对患有角膜炎的犬可用 0.5%利多卡因和醋酸氢化可的松滴眼液交替点眼。对严重贫血的病犬可采用输血疗法。

# 任务四　犬副流感病毒感染

扫码看课件
15-4

犬副流感病毒感染是由犬副流感病毒（canine parainfluenza virus，CPIV）引起的，以鼻卡他和急性支气管炎为病理特征的一种犬接触性病毒性传染病，主要表现为打喷嚏、咳嗽以及流黏液性鼻涕等急性呼吸道炎症症状。

### 一、病原

犬副流感病毒在分类上属副黏病毒科副黏病毒属，可凝集人 O 型、鸡、豚鼠、大鼠、兔、犬、猫和羊的红细胞。病毒能在鸡胚中良好增殖，羊水和尿囊液中均含有高滴度的病毒，血凝效价可达 1 : 128，病毒对理化因素抵抗力不强。

### 二、诊断要点

#### （一）流行特点

本病发病没有明显的季节性，一年四季均可发生，幼犬往往成窝发病。

**1. 传染源** 急性期病犬是最主要的传染源。

**2. 传播途径** 病毒随其鼻液、唾液等分泌物排出体外。健康犬主要经呼吸道发生感染。

**3. 易感动物** 各种年龄和品种的犬对本病均易感，但以幼犬的易感性较高。幼犬感染后，往往病情较重，死亡率较高。成年犬则病情较轻，死亡率较低。

#### （二）临诊症状

犬感染后往往突然发病，表现为体温升高，精神沉郁，厌食，鼻孔流出浆液性或黏液性，甚至脓性分泌物（图 6-8），打喷嚏，剧烈咳嗽，呼吸急促，眼结膜潮红，流泪。病犬可在 1 周左右自然康复；若继发感染支原体或支气管败血波氏杆菌等，则病程延长，病情

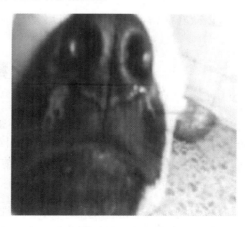

**图 6-8　病犬鼻孔流脓性分泌物**

*Note*

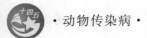 

加重,咳嗽可持续数周之久,甚至发生死亡。有的病犬感染后可表现后躯麻痹和运动失调等神经症状,病犬后肢可支撑躯体,但不能行走,膝关节和腓肠肌腱反射及自体感觉不敏感。

### (三) 病理变化

可见鼻孔周围有浆液性或黏液脓性鼻漏、结膜炎。剖检可见扁桃体炎、气管、支气管炎,有时肺部有点状出血。神经型主要表现为急性脑脊髓炎和脑内积水,整个中枢神经系统和脊髓均有病变,前叶灰质病变最为严重。

### (四) 鉴别诊断

犬副流感病毒感染与感冒的鉴别诊断见表 6-2。

表 6-2 犬副流感病毒感染与感冒的鉴别诊断

| 鉴别要点 | 犬副流感病毒感染 | 感 冒 |
|---|---|---|
| 发病特点 | 突然发病 | 气候多变时易发 |
| 传染性 | 有 | 无 |
| 体温 | 升高 | 升高至 40~41 ℃ |
| 鼻液 | 浆液性 | 浆液性至脓性 |
| 咳嗽 | 不太剧烈 | 剧烈 |
| 后期麻痹 | 有 | 无 |
| 出血性肠炎 | 有 | 无 |

### (五) 实验室诊断

**1. 犬副流感病毒金标抗体检测法** 本法检测样品为犬的呼吸道分泌物,结果判定标准同犬瘟热病毒金标抗体检测法。

**2. 血凝和血凝抑制试验** 可用于病毒的鉴定,也可用于血清抗体的检查。

## 三、防治

### (一) 预防

本病以预防为主。在平时应加强饲养管理,注意防寒保暖,做好卫生工作,避免环境突然改变等应激因素的影响。定期对犬进行免疫接种,目前国内使用的针对犬副流感的疫苗多为犬瘟热、犬细小病毒感染、犬副流感、狂犬病、犬腺病毒病五联活疫苗。

### (二) 治疗

在治疗方面,目前尚无特效药物。对发病犬可用高免血清或免疫球蛋白,以提高机体的抵抗力。使用广谱抗病毒药物以抑制病毒。应用抗生素或磺胺类药物以控制继发感染。此外,结合对症及支持疗法,以减轻病情,促使病犬早日康复。

# 任务五　猫泛白细胞减少症

猫泛白细胞减少症又称猫传染性肠炎、猫瘟热或猫运动失调症,是一种由猫泛白细胞减少症病毒(feline panleukopenia virus,FPV)感染引起的,以突发双相高热、呕吐、腹泻、脱水、白细胞严重减少、出血性肠炎为特征的急性、高度接触性传染病。

## 一、病原

猫泛白细胞减少症病毒是细小病毒科细小病毒属的成员,与犬细小病毒在抗原上具有相关性。本病毒只有一个血清型,能够凝集猪的红细胞。病毒对 70% 酒精、酸、碱、酚制剂、有机碘化物和季胺溶液具有一定的抵抗力。有机物内的病毒,在室温下能存活 1 年,0.5% 甲醛溶液和次氯酸能有效地将其杀灭。

## 二、诊断要点

### (一)流行特点

本病多见于秋末至冬、春季节,12 月至翌年 3 月发病率达 50% 以上。

**1. 传染源** 病猫和康复带毒猫是主要的传染源。病猫康复后的数周甚至一年以上还可通过粪便、尿液向外排毒。

**2. 传播途径** 病毒随其呕吐物、唾液、粪便和尿液等排出体外,污染食物、食具、猫舍以及周围环境,使易感猫接触后感染发病。病毒的侵入门户主要是消化道和呼吸道,在病毒血症期间可通过虱子、跳蚤和螨等吸血昆虫传播,妊娠母猫感染后还可经胎盘垂直感染胎儿。

**3. 易感动物** 本病主要侵害猫科动物,如猫、虎、豹、狮等,其他动物如浣熊、貂也可感染发病。各种年龄的猫均易感,但发病主要集中于 1 岁以下的小猫,尤其是 2～5 月龄的幼猫。

### (二)临诊症状

本病的潜伏期一般为 2～6 日,平均为 4 日。临床表现复杂,主要与病毒毒力、环境条件、年龄及机体的免疫状态有关,50% 以上的病例呈现亚临诊症状。

发病早期主要表现为精神倦怠,食欲减退,体温升高到 40 ℃ 左右,持续 24 h,然后恢复到正常,2～3 日又再次升高,呈现明显的双相热。随着病程的延长,病猫精神极度沉郁,食欲废绝,频繁呕吐,每天呕吐几次到几十次,呕吐物病初为食物,后转为黄绿色胃液,呈顽固性呕吐。3 日后腹泻,后期带血,呈咖啡色,脱水,眼球下陷,最后严重脱水,衰竭死亡。妊娠母猫感染后多发生流产、早产、产死胎或畸胎,出生的仔猫表现共济失调等症状。FPV 感染后也有造成视网膜异常的病例。幼猫死亡率最高,可达 90%,病程为 3～7 日。正常猫白细胞数为 15000～20000/mm³,发病后,病猫血液中的白细胞明显减少,且以淋巴细胞和中性粒细胞减少为主,多数降低到 8000/mm³ 以下,严重病例白细胞数可降低到 4000/mm³,一旦白细胞数降低到 2000/mm³ 以下,多数病猫预后不良。FPV 可诱导猫淋巴细胞凋亡,这也许是导致白细胞数减少的一个关键因素。

### (三)病理变化

病猫鼻眼出现脓性分泌物,眼球下陷,腹部蜷缩,皮下组织干燥、脱水。剖检时内脏病变主要在消化道,表现为胃肠空虚,黏膜充血、出血或水肿。肠道黏膜出血,在空肠和回肠还有纤维素性渗出物。肠道发生水肿时,可见肠壁增厚,肠系膜淋巴结肿大、出血,其切面呈现红、灰或白相间的大理石样花纹。胸腺萎缩、水肿,肝、脾仅见淤血变化。死于心肌炎综合征的病例,肺脏局部充血、出血及水肿,心肌红黄相间呈虎斑状,有的有灶状出血。

### (四)实验室诊断

**1. 猫泛白细胞减少症病毒金标抗体检测法** 检测样品为猫的粪便,结果判定标准同犬瘟热病毒金标抗体检测法。

**2. 血凝及血凝抑制试验** 本法可用于病毒的检测,也可用于血清抗体的检查。

## 三、防治

### (一)预防

定期接种可有效预防本病。常用的疫苗有猫泛白细胞减少症灭活疫苗和弱毒疫苗,如猫泛白细胞减少症、猫鼻气管炎、猫杯状病毒感染三联疫苗,猫泛白细胞减少症、猫流感、狂犬病三联疫苗等。幼猫在 6～12 周进行首次免疫,间隔 3～4 周进行二次免疫。推荐猫泛白细胞减少症疫苗的注射部位在猫右肩下侧,但应注意,弱毒疫苗不能用于孕猫,也不能用于 4 周龄以内的仔猫,因为有导致仔猫发生脑性共济失调的危险。另外,应加强饲养管理,注意卫生,增强机体抵抗力。

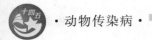

（二）治疗

本病最主要的治疗措施是补液和维持电解质平衡,同时应用庆大霉素、卡那霉素等广谱抗生素防止继发感染。在治疗中使用高免血清可明显提高疗效,同时配合对症治疗(如止呕、止泻、止血)和加强护理有利于病猫的康复。

# 任务六　猫白血病

猫白血病(feline leukemia,FeL)是由猫白血病病毒和猫肉瘤病毒引起的一种以恶性淋巴瘤为特征的传染病,以全身淋巴系统恶性肿瘤、免疫系统极度抑制和骨髓造血器官破坏性贫血为主要特征。

## 一、病原

病原为反转录病毒科的猫白血病病毒和猫肉瘤病毒。猫肉瘤病毒为免疫缺陷病病毒,只有在猫白血病病毒的协助下才能在细胞中复制,在猫肉瘤病毒分离物中均有猫白血病病毒的出现。两种病毒的结构、形态极其相似。根据囊膜抗原的不同,猫白血病病毒可分成 A、B、C 三个亚群(或血清型)。猫白血病病毒 A、B 亚群易从猫体内分离出,猫白血病病毒 C 亚群则不常见。猫白血病病毒 A 亚群致病作用很弱,但病毒血症时间持久。猫白血病病毒 B 亚群不易造成病毒血症,但致病作用最强。实验证明,猫白血病病毒 A 亚群能促进猫白血病病毒 B 亚群在猫体中的生长和传播。猫白血病病毒 C 亚群主要引起骨髓红细胞系发育不全,导致贫血。

猫白血病病毒对乙醚和胆盐敏感,56 ℃加热 30 min 可使其灭活,常用消毒剂及 pH 4.5 以下酸性环境能使其灭活,但其对紫外线有一定的抵抗能力。

## 二、诊断要点

### （一）流行特点

猫白血病病毒主要引起猫感染,在猫群中以水平传播为主要传播方式,病毒通过消化道和呼吸道传播。处于潜伏期的猫可通过唾液排出高滴度的病毒。不同性别和品种间易感性无差异,幼猫较成年猫易感。

### （二）临诊症状

潜伏期一般较长,症状多种多样。

**1. 与猫白血病病毒相关的肿瘤疾病**

（1）消化道淋巴瘤:主要以肠道淋巴组织或肠系膜淋巴结出现 B 细胞淋巴瘤为特征,表现为食欲减退,体重减轻,黏膜苍白,贫血,有时有呕吐或腹泻等症状。在病猫的腹部可触摸到肿瘤块。此型较多见,约占全部病例的 30%。

（2）多发性淋巴瘤:全身多处淋巴结肿大,身体浅表的病变淋巴结常可用手触摸到,瘤细胞常具有 T 细胞的特征。临床表现日渐消瘦、精神沉郁等一般症状。此型病例约占 20%。

（3）胸腺淋巴瘤:在胸前两侧可触摸到肿块,主要在胸腔纵隔淋巴结和胸腺形成肿瘤,充满胸腔。肿瘤形成和胸腔积液增多,压迫心肺,引起呼吸和吞咽困难,重者发生虚脱。该型常发生于青年猫。

（4）淋巴白血病:表现为初期骨髓细胞的异常增生。白细胞引起脾脏红髓扩张会导致恶变细胞的扩散及脾大,肝常肿大,淋巴结轻度至中度肿胀。临床上出现间歇热,食欲下降,机体消瘦,黏膜苍白,黏膜和皮肤上出现出血点,血液学检查可见白细胞总数增多。

**2. 与猫肉瘤病毒有关的免疫抑制**　主要与细胞损害和细胞发育障碍有关,表现为胸腺萎缩,淋巴结减小,中性粒细胞减少,骨骼红细胞系发育障碍。病猫表现为贫血、消瘦,抗病能力下降,易感其他疾病。

### （三）实验室诊断

最简捷的方法是用病猫的血涂片做免疫荧光抗体检查,可检出感染细胞中的抗原。此外,临床常用猫白血病检测试剂盒检测患病个体的全血、血清或唾液,仅需 0.05 mL 全血即可。

## 三、防治

### （一）预防

目前尚无有效疫苗可供使用。最为有效的防范措施是加强疾病的预防工作,尤其应加强检疫。在流动性较强且无猫白血病的猫群当中保证无外来个体将病毒带入,猫群中引进新成员时,必须进行猫白血病检疫,最好间隔 1 个月进行两次检疫,以证明确实无猫白血病病毒感染。加强隔离和淘汰,建立无猫白血病的健康猫群,即对血液学、血清学检测呈阳性的猫及时进行扑杀或无害化处理。

### （二）治疗

本病目前尚无有效治疗药物,一旦确诊本病,应立即扑杀。可利用血清学方法来治疗由猫白血病和猫肉瘤病毒联合引起的淋巴肉瘤,但彻底治愈的可能性不大。此方法主要是通过给患病个体输血使血细胞比容变得正常来治疗骨髓抑制或骨髓异常增生。

# 任务七　猫病毒性鼻气管炎

扫码看课件
15-5

猫病毒性鼻气管炎,又称猫传染性鼻气管炎,是由猫疱疹病毒Ⅰ型(feline herpes virus Ⅰ,FHV-Ⅰ)引起的一种以上呼吸道感染和角膜结膜炎为主要特征的呼吸系统病毒性传染病。FHV-Ⅰ具有高度的种属特异性,只感染猫科动物,呈全球性分布,在一些地区猫群中发病率可达 97% 以上,严重影响着宠物猫及野生猫科动物的健康。

## 一、病原

猫疱疹病毒Ⅰ型,属于疱疹病毒科疱疹病毒属,具有疱疹病毒的一般特征。本病毒对外界环境抵抗力较弱,在 −60 ℃时可存活 3 个月;加热至 50 ℃经 4～5 min 可使其失活;在干燥的环境中存活不超过 12 h;对酸、乙醚和氯仿等脂溶剂敏感。本病毒可吸附和凝集猫红细胞。

## 二、诊断要点

### （一）流行特点

**1. 传染源**　此病的传染源主要是患病动物和带毒动物。发病初期,病猫可通过分泌物排毒 14 日。几乎所有临床康复或耐过猫都是危险的传染源,它们长期带毒,对疾病的流行起重要作用。

**2. 传播途径**　直接接触、间接接触和垂直传播这 3 种方式都可传播该病。直接接触主要发生在同群个体之间,FHV-Ⅰ经眼、鼻、口分泌物排出,可在 1 m 范围内发生飞沫传播;哺乳期排毒易使仔猫感染,但仔猫是否发病取决于其母源抗体水平。间接接触主要通过媒介物带毒传播,如污染的住房、饲喂的食物、器皿和人员。孕猫感染后可能发生垂直感染并致胎儿死亡。此外,发情期亦可因交配感染。

**3. 易感动物**　FHV-Ⅰ具有高度的种属特异性,只感染猫及猫科动物,主要侵害幼猫,有时也引起其他猫科动物如印度豹、美洲狮发生感染,对人及其他异种动物、鸡胚都不致病。

### （二）临诊症状

本病潜伏期为 2～6 日,人工感染(肌内注射、静脉注射或滴鼻)潜伏期不足 48 h。仔猫较成年猫易感染,症状严重。病猫病初体温升高,精神沉郁,食欲减退,体重下降,上呼吸道感染症状明显,阵发性打喷嚏和咳嗽,畏光、流泪、结膜炎(图 6-9),鼻腔分泌物增多。鼻液先为浆液性后为黏脓性。

成年猫患此病时有结膜充血、水肿表现,在舌、硬腭、软腭、口唇还可发生溃疡。耐过性的猫则转为慢性,表现为咳嗽、呼吸道阻塞及鼻窦炎症状,个别病猫还可出现慢性角膜炎、结膜炎及失明。患病仔猫约半数死亡,在并发细菌感染时死亡率更高。

**图 6-9　病猫眼睛畏光、流泪**

### (三)病理变化

对病死猫进行尸检,可见鼻腔和鼻甲骨黏膜、喉头和气管呈弥漫性充血。重病例的鼻腔、鼻甲骨黏膜坏死,眼结膜、扁桃体、会厌软骨、喉头、气管、支气管甚至细支气管的部分黏膜上皮发生局灶性坏死。慢性病例可见鼻窦炎病变。

### (四)实验室诊断

常用的方法有病毒分离鉴定、抗原检测、病理组织学检查和分子生物学诊断。包涵体检查:刮取病猫上呼吸道黏膜做涂片,染色后镜检可见上皮细胞中的核内有嗜酸性包涵体。

## 三、防治

### (一)预防

目前市场已有预防猫鼻气管炎的弱毒疫苗,该药剂可单独应用也可与猫杯状病毒弱毒疫苗共同应用,还可与猫泛白细胞减少症及猫衣原体肺炎疫菌共同应用,效果均较佳。此外,平时要加强饲养管理,保持室内清洁卫生,并经常消毒。

### (二)治疗

本病目前尚缺乏较好的治疗方法,只能对症治疗防止继发感染,对病猫应用广谱抗生素可有效防止细菌继发感染,防止后遗症的发生。据报道,5-碘脱氧脲嘧啶核苷可用于治疗猫病毒性鼻气管炎引起的溃疡性角膜炎,人工合成的核苷类药物则具有抗疱疹病毒感染的功效。

# 任务八　猫杯状病毒感染

猫杯状病毒感染是由猫杯状病毒引起的猫的呼吸道传染病,临床表现为口腔溃疡、发热、打喷嚏、鼻炎、结膜炎,非典型症状可引起跛行、腹泻或致死性全身性疾病。

## 一、病原

猫杯状病毒(feline calicivirus,FCV)属于杯状病毒科水疱疹病毒属,是无囊膜单股正链 RNA 病毒。目前的研究发现猫杯状病毒仅有一个血清型,该病毒无血凝性。病毒对脂溶剂,如乙醚、氯仿具有抵抗力。50 ℃经 30 min 即被灭活,2%氢氧化钠溶液、5%来苏尔能有效地将其杀灭。

## 二、诊断要点

### （一）流行特点

在自然条件下，本病主要感染猫科动物，犬也能感染。1岁以下的猫最易感，尤其是8～12周龄的仔猫。病猫是本病的主要传染源，康复后可长期带毒并排毒，病毒随其口、鼻、眼分泌物和粪便等排出体外。本病主要通过直接接触病猫或健康带毒猫，飞沫和接触被污染的食具、垫料等传播，侵入门户主要是呼吸道和消化道。持续性感染的母猫可将病毒传播给后代。本病的发生率较高，但病死率较低。

### （二）临诊症状

本病的潜伏期为2～3日。病猫体温升高达39.5～40.5℃，为双相热型。症状轻重因毒株毒力强弱而异。口腔溃疡是本病特有的症状（图6-10），有时是唯一的症状，鼻腔也可出现溃疡。口腔溃疡常见于舌和硬腭，尤其是腭中裂周围和颊部，出现大面积的溃疡和肉芽组织增生，导致病猫采食困难。病猫精神沉郁，打喷嚏，口、鼻、眼分泌物增多，出现流涎和角膜炎。鼻眼分泌物初呈浆液性、灰色，继之呈黏液性，后呈脓性。感染通常局限于口腔和上呼吸道，毒株毒力较强时也可波及肺部，造成肺水肿和间质性肺炎，使病猫出现呼吸困难等症状。强毒株可引起30%的幼猫病死。一些毒株仅引起发热和肌肉疼痛，而无呼吸道症状；部分毒株与猫的慢性胃炎有关。1岁以上的猫感染后常呈隐性经过。

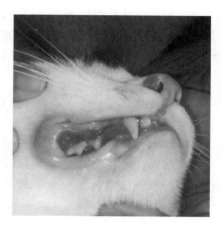

图6-10 猫口腔溃疡

### （三）实验室诊断

刮取病猫的眼、鼻黏膜，涂片，荧光抗体染色后使用荧光显微镜观察，若发现黄绿色荧光则判为阳性，反之判为阴性。

## 三、防治

### （一）预防

注射猫鼻气管炎、猫杯状病毒感染、猫泛白细胞减少症三联灭活疫苗能很好地预防本病。该疫苗是国际通用的产品，2月龄以上的猫免疫2次，间隔2～3周，肌内注射；以后，每年免疫1次。同时，应加强对猫的饲养管理，注意通风和环境卫生。

### （二）治疗

本病目前尚缺乏特效疗法，主要进行对症治疗，并使用广谱抗生素防止继发感染。

# 任务九　兔病毒性出血症

扫码看课件
15-6

兔病毒性出血症是由兔出血症病毒引起的兔的急性、烈性、高度致死性传染病，发病率达100%，病死率可达90%以上，是兔的一种毁灭性传染病，俗称"兔瘟"。本病以呼吸系统出血，肝脏坏死，实质脏器水肿、淤血及出血变化为特征。

## 一、病原

兔病毒性出血症病毒（rabbit viral hemorrhagic disease virus，RHDV）为单股正链RNA病毒，属于杯状病毒科兔病毒属，是侵害多种组织细胞的泛嗜性病毒，但肝脏是主要的受侵害器官。病毒对人的 O 型红细胞具有凝集性,此血凝性能被病毒性出血症病兔阳性血清所抑制,不能凝集禽类及哺乳动物的红细胞。病毒可以在乳鼠体内生长繁殖引起规律性的发病和死亡,且可以回归家兔使其发病死亡,但不能在体外细胞和禽胚中生长。病毒对理化因素抵抗力较强,对乙醚、三氯甲烷和 pH 3.0 有抵抗力,能够耐受 56 ℃ 1 h 的处理,对胰蛋白酶也不敏感。1%～2%甲醛溶液、10%漂白粉溶液、1%氢氧化钠溶液可以杀灭病毒。

## 二、诊断要点

### (一)流行特点

本病只发生于家兔和野兔,以青壮年兔多发,1 月龄以内的仔兔一般很少发病。不同品种均可感染,其中长毛兔的易感性高于皮肉兔。病兔和带毒兔是本病的传染源,病毒随其分泌物及排泄物排出体外。健康兔经消化道、呼吸道和皮肤伤口接触病毒而感染。本病一年四季均可发生,但以冬、春寒冷季节多见,在新疫区多呈暴发流行,病死率高。

### (二)临诊症状

自然感染潜伏期为 2～3 日,根据临诊表现分为最急性型、急性型、慢性型三种类型。

**1. 最急性型** 常见于新疫区或流行初期的青壮年兔,表现为突然发病,迅速死亡,一般无明显症状。典型病例可见鼻孔流出泡沫样的血液。

**2. 急性型** 此型最多见,病兔体温升高至 41 ℃ 以上,精神不振,食欲减退或废绝,饮欲增加,呼吸迫促。有神经症状,表现为惊厥、挣扎、狂奔、抽搐、共济失调,倒地后四肢呈游泳状划动,尖叫几声而死。濒死兔肛门松弛、腹泻(图 6-11),鼻孔多有出血现象(图 6-12),病兔一般在出现症状 6～8 h 死亡。

**3. 慢性型** 多见于老疫区或流行后期的幼兔或老龄兔,表现为体温升高,精神不振,食欲减退,饮欲增加,皮毛杂乱无光泽,有严重的全身黄疸症状,最终因消瘦衰弱而死。耐过兔生长缓慢。

图 6-11 兔肛门周边布满腹泻物

图 6-12 兔鼻孔有出血

### (三)病理变化

本病的特征性病变为出血性败血症。最急性型和急性型病例表现为全身组织器官出血,实质器官有淤血和水肿。病兔喉头、气管黏膜淤血或弥漫性出血,以气管环最明显(图 6-13)。肺高度水肿,有大小不等的出血点(图 6-14),切面流出大量红色泡沫样液体。心脏淤血、出血,有的心肌有灰白色坏死灶。肝脏淤血、肿大、有出血斑、切面粗糙、流出大量凝固不良的血液,有的因变性呈土黄色。胆囊充盈,黏膜脱落。肾脏淤血,肿大,呈紫红色,常与灰黄色或灰白色变性区相杂而呈花斑状,有的可见大小不等的出血点。脾脏淤血肿大,出血,呈紫黑色。胸腺胶样水肿,并有针头大至粟粒大的出血点。肠系膜淋巴结胶样水肿,切面有出血点。胃黏膜脱落,肠黏膜充血出血,肠腔内有淡黄色胶样物。膀胱积尿,充满黄褐色尿液,有的尿中混有絮状蛋白质凝块,黏膜增厚,有皱褶。脑膜及脑实质充血,有的有出血。

慢性病例肝脏肿胀,有针头大至粟粒大的黄白色坏死灶。肺部有出血点,肠系膜淋巴结水肿。

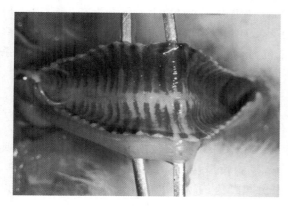

图 6-13 气管环弥漫性出血

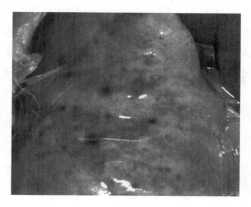

图 6-14 肺水肿、有出血点

**（四）实验室诊断**

**1. 病料的采集与处理** 因肝脏中病毒含量最高,所以以此为检样。无菌采集典型病兔的肝脏,加 10 倍体积含抗生素的生理盐水,制成乳剂,4000 r/min 离心 30 min,取上清液备用。

**2. 微量血凝及血凝抑制试验** 反应在 96 孔血凝板上进行,人 O 型红细胞用生理盐水配成 1% 的悬液。取用上述清液进行血凝试验,血凝价≥1∶160 判为阳性;血凝价为 1∶80～1∶20 定为可疑,此时应重做,仍为可疑则判为阳性。然后用阳性血清做血凝抑制试验,若血凝试验与血凝抑制试验相应两排孔的血凝效价相差 2 个滴度以上(含 2 个滴度),则为阳性,即病料中含有兔病毒性出血症病毒。

**3. 玻片血凝试验** 将直径 5 mm 滤纸片直接插入可疑兔肝脏片刻后取出,放入滴有 1% 人 O 型红细胞的玻片上,若有兔病毒性出血症病毒,肉眼可直接观察到血凝现象。此法可用于现场快速诊断。

## 三、防治

### （一）预防

本病重在预防。平时坚持自繁自养,引进种兔需临时免疫,并隔离观察 1 个月以上,健康者方可合群饲养。兔场需要根据自身情况和周边疫情制订合理的免疫程序,一般 30～35 日龄时首次接种兔瘟单苗,60～65 日龄时二次接种兔瘟或兔瘟、巴氏杆菌病二联疫苗。后备兔及母兔每隔 3～5 个月注射 1 次;发病高峰期可进行补充免疫 1 次。如已发生疫情需要进行紧急免疫接种。兔群免疫顺序依次为种母兔、种公兔、健康兔群、隔离兔。

### （二）治疗

一旦发生本病,立即封锁疫点,及时对受威胁兔紧急注射兔瘟疫苗。对轻症病兔用高免血清进行肌内注射,具有较好的疗效,之后再接种兔瘟疫苗以防止发病。对重症病兔进行扑杀。病兔尸体及污染物做无害化处理,对污染的环境、用具等进行彻底消毒。

# 任务十 兔黏液瘤病

兔黏液瘤病是由黏液瘤病毒引起的家兔和野兔的一种高度接触传染和高度致死性传染病,以全身皮下,特别是颜面部和天然孔周围皮下发生黏液瘤性肿胀为特征。

## 一、病原

黏液瘤病毒属痘病毒科野兔痘病毒属。病毒颗粒呈卵圆形或椭圆形。负染时,病毒粒子表面呈串珠状,由线状或管状不规则排列的物质组成。黏液瘤病毒的理化特性和其他痘病毒相似,病毒颗粒的中心体对蛋白酶的消化有抵抗力。黏液瘤病毒对干燥有较强的抵抗力,在干燥的黏液瘤结节中可保持毒力3周,8~10 ℃潮湿环境中的黏液瘤结节可保持毒力3个月以上。该病毒在26~30 ℃时能存活10日,50 ℃30 min可被灭活,在普通冰箱(2~4 ℃)中,以磷酸甘油作为保护剂,能长期保存。该病毒对苯酚、硼酸、升汞和高锰酸钾溶液有较强的抵抗力,但0.5%~2.2%的甲醛溶液1 h内能杀灭该病毒。黏液瘤病毒对乙醚敏感,与其他痘病毒不同。

## 二、诊断要点

### (一)流行特点

本病一年四季均可发生,主要通过与病兔及其排泄物直接接触或与被污染的饲料、饮水和用具等间接接触传染。在自然界主要的传播方式是通过节肢动物传播,常见的是蚊子、跳蚤等吸血昆虫。在自然条件下,该病毒只能引起兔科动物发病,包括家兔和野兔。病毒可存在于病兔全身各处的血液和器官中。

### (二)临诊症状

由于黏液瘤病毒毒株之间毒力差异较大,兔的品种不同,对黏液瘤病毒的感受性也不一样,因此,其临诊症状也比较复杂。

本病潜伏期为2~8日,发病前期兔子眼睑皮下肿胀并伴有高度的结膜炎,眼流出黏液性至脓性分泌物,严重者眼睑封闭,最急性,体温升高至42 ℃。随着病情发展,肿胀可蔓延到整个头部和耳部皮下组织。皮下组织黏液性水肿,使皮肤皱起,头部呈狮子头状。有时在肛门、外生殖器、口和鼻周围也可见到炎症和水肿。公兔可发生睾丸炎,同时可发生鼻炎和肺炎。病兔后期全身发硬,出现部分肿块或弥漫性肿胀,体温升高并迅速消瘦。死前常发生惊厥,一般在2周内死亡。

### (三)病理变化

最明显的变化为皮肤肿瘤和皮下水肿,尤其是颜面部和天然孔周围皮下的水肿。患部的皮下组织聚集许多微黄色胶冻样液体,使组织分开,皮肤出血。脾大,淋巴结肿大、出血,心内外膜有出血点。胃肠道的浆膜下有淤血点和淤血斑。肝脏、肺脏、肾脏充血。

## 三、防治

从国外引进种兔和使用进口兔产品原料必须严格检疫,以防传入本病。控制传播媒介,消灭各种吸血昆虫。兔群一旦发生本病,应坚决采取扑杀、消毒、烧毁等措施,对健康兔群,立即用疫苗进行紧急预防注射。

# 项目十六　细菌性传染病

## 项目导入

　　本项目主要介绍兔产气荚膜梭菌病与兔波氏杆菌病,前者是由产气荚膜梭状芽孢杆菌引起,发病急、死亡快;后者是由支气管波氏杆菌引起的一种慢性呼吸道传染病,病程比较长。掌握它们的发病特点,制订相应的防治策略是防控这类病的关键。

## 学习目标

　　▲知识目标

　　1.熟悉兔产气荚膜梭菌病与兔波氏杆菌病的病原。

　　2.掌握兔产气荚膜梭菌病与兔波氏杆菌病的流行病学特点、临诊症状、病理变化、诊断与防治措施。

　　▲技能目标

　　1.根据临床症状,能初步诊断兔产气荚膜梭菌病与兔波氏杆菌病。

　　2.熟悉发病兔的治疗方法。

　　▲思政与素质目标

　　培养学生思考问题、解决问题的能力。

扫码看课件
16-1

## 任务一　兔产气荚膜梭菌病

　　兔产气荚膜梭菌病,又称魏氏梭菌病,是由 A 型产气荚膜梭状芽孢杆菌引起的兔的一种急性消化道传染病,以急性剧烈腹泻和迅速死亡为主要特征。

### 一、病原

　　A 型产气荚膜梭状芽孢杆菌,广泛存在于土壤、污水及动物和人类的肠道中,属于梭状芽孢杆菌属,为两端钝圆的革兰氏阳性厌氧粗大杆菌,散在或成对排列。无鞭毛,不能运动,在机体内可形成荚膜。芽孢呈卵圆形,位于菌体中央或偏端,直径不大于菌体。在厌氧肉肝汤中 37 ℃培养 5 h 后出现一致的混浊性,产生大量的恶臭气体。本菌在葡萄糖血液琼脂平板上也能生长,能在动物体内和培养基中产生外毒素,引起肠毒血症。本菌能分解葡萄糖、乳糖、麦芽糖、蔗糖和果糖,产酸产气。

### 二、诊断要点

#### （一）流行特点

　　本病一年四季均可发生,以冬、春季节最为多见。

　　**1. 传染源**　A 型产气荚膜梭状芽孢杆菌。

**2. 传播途径** 病原经消化道或伤口进入兔的肠道，在正常情况下不引起发病；当环境气候改变，饲养管理不良，饲料搭配不当、粗纤维不足等应激因素存在时，兔肠道环境发生改变，细菌大量繁殖，并产生毒素，导致疾病发生，大量细菌随病兔粪便排出体外。

**3. 易感动物** 除哺乳仔兔外，各种年龄和品种的兔均可感染发病，以1～3月龄的幼龄兔较多发生。毛用兔的发病率高于皮用兔、肉用兔。体质强壮、肥胖的兔发病率也较高。

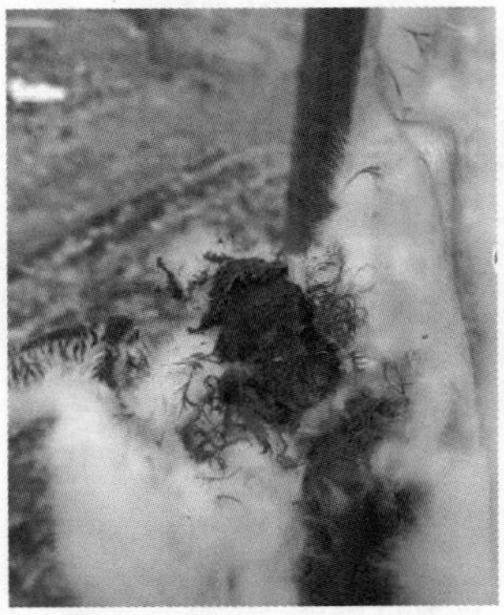

图 6-15 肛门周边布满粪便

### （二）临诊症状

急性病例突然发作，急剧腹泻，很快死亡。病兔精神沉郁，食欲减退或废绝；起初粪便不成形，很快变成带血色、胶冻样、黑色或褐色稀便，且伴有特殊腥臭味，肛门周围、后肢、尾部被毛被粪便污染（图 6-15）。病兔严重脱水，四肢无力，呈现昏迷状态，逐渐死亡。有的病兔死前出现抽搐，个别突然兴奋，尖叫一声，倒地而死。多数病例从出现变形粪便到死亡约 10 h，少数病例病程为 1 周或更长，最终死亡。

### （三）病理变化

兔产气荚膜梭菌病的剖检病变为尸体脱水、消瘦，剖开腹腔有特殊的腥臭味，多数病例胃内充满饲料，胃黏膜尤其胃底部黏膜严重脱落，胃壁有大小不等的出血斑和黑色溃疡；小肠充满气体，肠壁薄而透明；盲肠、结肠内充满有腐败气味的黑绿色稀薄粪便；肠黏膜呈弥漫性充血、出血；肝脏质地变脆；脾脏萎缩呈深褐色；少数病例膀胱内积有茶色尿液。

### （四）实验室诊断

采集病兔或病死兔的空肠、回肠、盲肠内容物，肠黏膜，粪便，以及肝、脾、肾等脏器，心血作为病料。

**1. 病原学诊断** 包括涂片镜检、厌气肉肝汤培养基分离培养、生化试验、家兔接种试验、毒素分离与鉴定等方法。

**2. 血清学试验与分子生物学诊断** 可用凝集反应、对流免疫电泳、间接血凝试验及间接血凝抑制试验、斑点酶联免疫吸附试验、聚合酶链式反应等方法来诊断。

## 三、防治

### （一）预防

平时应加强饲养管理，保持良好的环境条件，注意饲料合理搭配，减少饲喂精料量，增加粗纤维，禁喂发霉变质的饲料。常发地区可用兔产气荚膜梭菌病（A 型）灭活疫苗，兔病毒性出血症、兔多杀性巴氏杆菌病、兔产气荚膜梭菌病（A 型）三联灭活疫苗来预防。

### （二）控制和扑灭

由于本病发病急，病程短，严重的往往来不及治疗。发病早期可用高免血清治疗，同时服用抗生素和收敛药物效果更好。对未发病兔群用疫苗紧急接种。同时采取隔离、消毒、无害化处理等防疫措施。

扫码看课件
16-2

# 任务二 兔波氏杆菌病

兔波氏杆菌病是由支气管波氏杆菌引起的一种慢性呼吸道传染病。

## 一、病原

Note

兔波氏杆菌是革兰氏染色阴性的小球杆菌，呈散在或成对排列，有荚膜，不形成芽孢，有鞭毛能运动,散在分布于病变组织中,细菌的外围有不易着色透亮的黏液圈,在中性粒细胞外围最容易被找到。本菌严格需氧,能够在麦康凯琼脂培养基上生长。亚甲蓝染色呈蓝紫色,无两极着色现象。本菌对外界环境的抵抗力弱,使用常规消毒剂即可达到杀灭的目的。

## 二、诊断要点

### (一)流行特点

该病传播广泛,在兔群中的感染率非常高,常呈地方流行性,多为慢性,急性败血性死亡较少。多发于气候易变化的春秋两季。

**1. 传染源** 病兔和带菌兔是主要的传染源。

**2. 传播途径** 主要经呼吸道传播,带菌兔和病兔鼻腔分泌物中的病菌通过咳嗽、打喷嚏飞沫污染饲料、饮水、笼舍和空气传染健康兔。

**3. 易感动物** 不同年龄的兔均易感,但以幼兔发病较多,成年兔发病较少。

### (二)临诊症状

**1. 鼻炎型** 病兔精神不佳,闭眼,鼻腔流出浆液性或黏液脓性分泌物。病兔打喷嚏,呼吸困难,经常用前爪抓擦鼻部,鼻孔周围及鼻腔黏膜充血(图 6-16),流出大量浆液性或黏液性分泌物。

**2. 支气管肺炎型** 鼻腔黏膜红肿、充血,有大量白色黏液脓性分泌物,打喷嚏,呼吸困难,鼻孔形成堵塞性痂皮。

图 6-16 兔鼻孔周围充血

### (三)病理变化

鼻腔、气管黏膜充血、水肿,鼻腔内有浆液性、黏液性或黏液脓性分泌物。严重病例可见鼻甲骨萎缩。肺心叶和尖叶有大小不一的病灶,重症病例波及全肺叶,病变部稍隆起、坚实,呈暗红色、褐色;有些病兔肺有脓包,肝脏表面也有散在脓包,脓包内积有黏稠奶油样乳白色脓汁。

### (四)实验室诊断

采集病兔鼻腔拭子,病死兔采集有病变的肝脏、脾脏、肺脏等作为样品。

**1. 病原学诊断** 首先制作病料抹片 2~3 张,分别进行革兰氏染色和亚甲蓝染色,油镜下观察。其次进行病原的分离培养、染色镜检、生化鉴定。

**2. 血清学试验和分子生物学诊断** 可用玻片凝集试验、聚合酶链式反应等诊断。

## 三、防治

### (一)预防

预防应坚持自繁自养,引进种兔时应加强检疫。平时应加强饲养管理,做好兔的清洁卫生和消毒工作。经常发生本病的地区可用支气管败血波氏杆菌灭活疫苗进行免疫。

### (二)控制和扑灭

发生本病时,应采取隔离、消毒、无害化处理等防疫措施。可用庆大霉素、红霉素、四环素、卡那霉素及磺胺类药物等进行治疗。

# 项目十七　其他微生物传染病

## 项目导入

　　本项目主要介绍兔密螺旋体病与白垩病。兔梅毒密螺旋体能够引起家兔和野兔发病,主要危害兔的外生殖器;白垩病是由蜜蜂球囊菌寄生于蜜蜂而引起的蜜蜂幼虫死亡的真菌性传染病,给养蜂业带来巨大损失。掌握它们的发病特点,制订相应的防治策略是防控疾病的关键。

## 学习目标

　　▲知识目标
1. 熟悉兔密螺旋体病与白垩病的病原。
2. 掌握兔密螺旋体病与白垩病的流行病学特点、临诊症状、病理变化、诊断与防治措施。
　　▲技能目标
1. 根据临床症状,能初步诊断兔密螺旋体病与白垩病。
2. 临床上能够提供兔密螺旋体病与白垩病的治疗方案。
　　▲思政与素质目标
1. 培养学生看问题的大局观。
2. 培养学生健康生活的意识。

扫码看课件
17-1

# 任务一　兔密螺旋体病

　　兔密螺旋体病也称为兔梅毒,是由兔梅毒密螺旋体引起家兔和野兔发生的一种慢性传染病。特点是病兔外生殖器的皮肤及黏膜发生炎症、结节和溃疡。

## 一、病原

　　兔梅毒密螺旋体,属于螺旋体科螺旋体属。本菌是一种纤细的螺旋体,革兰氏染色阴性。因着色不良,通常用印度墨汁、吉姆萨或镀银染色,吉姆萨染色呈玫瑰红色。暗视野显微镜检查,可见到蛇样旋转运动的菌体。目前尚不能在人工培养基、鸡胚或组织培养基中生长。本病原主要存在于病兔的外生殖器及其他病灶中。本病原抵抗力不强,3%来苏尔、1%~2%氢氧化钠或甲醛溶液都可在短时间内使之失去感染性。

## 二、诊断要点

### (一)流行特点

　　兔群中流行本病时发病率很高,可造成兔群受孕率下降,但几乎没有死亡的病例。本病可自行康复,但康复后可再度感染。

**1. 传染源** 病兔和带菌兔是传染源。

**2. 传播途径** 主要通过交配经生殖道传染,也可通过受损的皮肤黏膜感染。

**3. 易感动物** 本兔仅发生于家兔和野兔,人和其他动物均不发生。发病的绝大多数是成年兔,而幼兔极为少见。育龄母兔比公兔发病多,散养兔较笼养兔发病率高。

### (二)临诊症状和病理变化

本病潜伏期为2~10周。主要发生于兔的外生殖器、颜面部的皮肤和黏膜以及腹股沟。病初可见外生殖器周围发红、肿胀,形成粟粒大小水疱或结节,以后肿胀部渐有渗出物而变湿润,结成红紫色、棕色的痂皮。当把痂皮轻轻剥下时,可露出一溃疡面,创面湿润,稍凹下,边缘不整齐,易于出血。病灶可长期存在,持续几个月不消失。本病对全身没有影响。种公兔患病时,对性欲影响不大,患病母兔受胎率大大下降。慢性病例表皮糠麸样,干裂,呈鳞片状稍隆起。

### (三)实验室诊断

采取病兔黏膜溃疡面或病变部位的渗出液为病料。

**1. 病原学诊断** 用病料涂片,吉姆萨染色镜检,可发现呈玫瑰红色的兔梅毒密螺旋体。也可以用暗视野显微镜检查,可见蛇样旋转运动的菌体。

**2. 血清学试验和分子生物学诊断** 可采用人梅毒的华氏反应、沉淀试验、凝集试验、荧光抗体试验等方法进行诊断。

## 三、防治

### (一)预防

新购进种兔应严格检疫。引进的种兔,隔离饲养1个月,确认无病后方可入群。

### (二)控制和扑灭

及时隔离、淘汰或治疗病兔和可疑感染兔,对兔笼和用具进行彻底消毒。本病一般易于治疗,以局部治疗为主,结合全身治疗。

# 任务二 白垩病

扫码看课件
17-2

白垩病是一种由蜜蜂球囊菌寄生于蜜蜂而引起的蜜蜂幼虫死亡的真菌性传染病。蜜蜂常发生的真菌病有白垩病、黄曲霉病和蜂王黑变病,其中白垩病在我国及世界各国都有发生,严重影响养蜂业的发展及蜂蜜的产量和质量。

## 一、病原

蜜蜂球囊菌,其子实体呈球状,内含许多子囊孢子。孢子生命力强,在干燥状态下能存活15年之久。孢子侵入蜜蜂幼虫,引起白垩病。

## 二、诊断要点

### (一)流行特点

白垩病的发生有明显的季节性,通常在6—8月发生,病群未愈的春季也常发生。多雨潮湿、温度变幅大时发病率高,发病率可达80%~100%。弱群和雄蜂幼虫易感染。

**1. 传染源** 患病幼虫、病死幼虫的尸体以及被病原污染的饲料、蜜蜂、水源、用具等是主要传染源。群间传播是由于工蜂带入的孢子被3~4日幼虫吞食而感染。

**2. 传播途径** 本病主要通过孢囊孢子和子囊孢子传播。

**3. 易感动物** 本病主要侵害蜜蜂幼虫,4日龄幼虫易感染发病,到老熟幼虫或封盖幼虫阶段死亡,而雄蜂幼虫更易感染。

视频:白垩病

*Note*

图 6-17　蜂巢外石灰块状尸体

## （二）临诊症状

蜜蜂幼虫发病后呈深黄色或白色,后石灰化,逐渐变为灰白色至黑色。死亡幼虫尸体干枯后变成一块质地疏松的垩状物,体表覆盖一层白菌丝。工蜂可将这种干碎尸片拖出巢房,一般在箱底和巢门外的地面可见石灰块状尸体(图 6-17)。

## （三）实验室诊断

可采用病原学直接检查方法诊断。也可以使用分子生物学、免疫学方法进行诊断。

## 三、防治

### （一）预防

蜜蜂白垩病的发生与温度、湿度密切相关,所以要做好防潮工作,保持蜂场、蜂箱干燥、通风,用干净巢脾更换箱内受潮发霉巢脾或更换蜂箱。饲养强群,合并弱群,加强管理,发病期间,喂蜜蜂的蜂蜜或花粉应消毒灭菌。

### （二）治疗

对发病的蜂群,在以上措施的基础上,还要进行一定的药物治疗,一般用甲苯咪唑 2 片碾成粉掺入花粉中饲喂蜂群,连续饲喂 7 天。

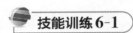 技能训练 6-1

# 犬瘟热病毒和犬细小病毒快速检测技术

## 一、实训目标

掌握临床犬瘟热病毒(CDV)、犬细小病毒(CPV)的快速检测方法,并能独立判断犬瘟热病毒、犬细小病毒检查结果。

## 二、实训设备与材料

犬胶体金 CDV 抗原快速诊断试纸、犬胶体金 CPV 抗原快速诊断试纸、样品收集棉签、一次性滴管、装有反应缓冲液的样品收集管等。

## 三、实训方法与步骤

### （一）样品的收集和准备

**1. CDV 抗原(CDVAg)样品收集**

(1)该测试需要使用犬类眼结膜上皮细胞、尿液、血清或者血浆。

(2)用棉签蘸取样品后必须立刻萃取和测试。

(3)如果样品不能立刻测试,必须保存于 2～8 ℃或者－20 ℃甚至更低,且保存时间必须短于48 h。

**2. CPV 抗原样品收集**

(1)该测试需要使用犬类的粪便。

(2)用棉签蘸取样品后必须立即测试。

(3)采集的样本量非常重要,以浸透棉签 1/3～2/3 为好。

### （二）检测步骤

（1）用已经被生理盐水蘸湿的棉签收集样品。

（2）将棉签浸入装有 300 μL 反应缓冲液的样品收集管。

（3）将棉签上的样品和反应缓冲液充分混匀。

（4）取出试纸，将它平放于宽敞和干燥的物体表面。

（5）用滴管向样品孔中缓慢并且精确地加入 4 滴混合液，必须准确地、缓慢地、一滴一滴地加入。

（6）当反应进行时，可见紫色的条带在试纸中间的结果窗中移动。

（7）10 min 后判定结果。

### （三）结果判定

在结果窗左面出现一根条带，说明检测正常，这根条带是质量控制线，结果窗的右面显示测试结果，这根条带是检测线。

**1. 阴性结果** 如果只在结果窗质量控制线"C"出现一根条带，检测线"T"不显色，说明是阴性结果（图 6-18）。

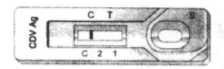

图 6-18 阴性结果

**2. 阳性结果** 如果在结果窗中两根条带同时出现（"T"和"C"均出现条带），无论哪条先出现都表明为阳性结果（图 6-19）。

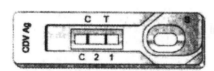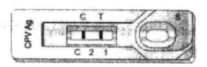

图 6-19 阳性结果

**3. 无效结果** 在反应开始后只要左侧质量控制线"C"不呈色，不论检测线是否出现，都表明使用方法不当或者试纸已经变质，检测无效。推荐更换检测试纸重新检测样品（图 6-20）。

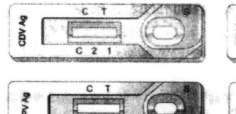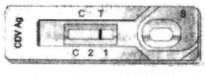

图 6-20 可疑结果

## 四、问题与思考

（1）胶体金 CDV 抗原、CPV 抗原快速检测方法的原理是什么？

（2）如何判断胶体金 CDV 抗原、CPV 抗原快速检测结果？

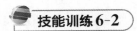 技能训练6-2

# 兔病毒性出血症实验室检测技术

## 一、实训目标

掌握利用血凝试验、血凝抑制试验对兔病毒性出血症进行诊断的方法。

## 二、实训工具与材料

**1. 仪器**　微量振荡器、恒温培养箱、2～8 ℃冰箱、离心机等。

**2. 工具**　96孔血凝板、微量移液器(25 μL)、吸头、注射器(5 mL)、烧杯(50 mL)、青霉素瓶、离心管。

**3. 试剂**　兔病毒性出血症标准抗原、阳性血清、生理盐水等。

**4. 动物**　免疫兔、病死兔或病料。

## 三、实训方法与步骤

**1. 1%O型红细胞悬液的制备**　取人O型红细胞以20倍量PBS(0.01 mol/L,pH 7.0～7.2)混匀洗涤红细胞,以400 r/min离心5 min,弃上清液,重复洗涤4次,最后一次离心前,记录红细胞的体积(在离心后扣减弃去上清液的体积,即为红细胞的体积)。洗涤后的红细胞用PBS配成1%悬液,置2～8 ℃冰箱备用。

**2. 肝脏悬液的制备**　取兔肝脏,剪碎,按1:10加入PBS后匀浆,反复冻融3次,再以1000 r/min离心30 min,取上清液备用。

**3. RHDV2重组VP60蛋白的制备**　将重组2型兔病毒性出血症病毒VP60杆状病毒接种Sf9昆虫细胞,5日后,收集细胞培养物,反复冻融3次后,以1000 r/min离心5 min,取上清液即为RHDV2重组VP60蛋白,置2～8 ℃冰箱备用。

**4. 红细胞凝集试验操作**

(1) 在96孔血凝板上,从第2孔至第10孔,每孔加入25 μL PBS。

(2) 在第1、2孔加入1:10的待检兔肝脏悬液25 μL。

(3) 第2孔开始,充分混合后用25 μL的微量移液器等量倍比稀释至第10孔,稀释后第10孔弃去25 μL。

(4) 第11孔加入病死兔肝脏悬液(或RHDV2重组VP60蛋白25 μL)作为阳性对照,第12孔加入健康兔肝脏悬液25 μL作为阴性对照。

(5) 每孔各加1%人O型红细胞悬液25 μL,立即置于微量振荡器上摇匀,于2～8 ℃冰箱静置45 min,待阴性对照孔中红细胞完全沉积后观察结果。

**5. 结果判定和红细胞凝集效价表示方法**

(1) "＋＋＋＋"表示100%的红细胞凝集,无红细胞沉积。

(2) "＋＋＋"表示75%以上的红细胞凝集,有少于25%的红细胞沉积。

(3) "＋＋"表示50%～75%的红细胞凝集,有少于50%的红细胞沉积。

(4) "＋"表示凝集的红细胞少于50%,沉积的红细胞多于50%。

(5) "－"表示100%的红细胞沉积。

病死兔肝脏悬液或RHDV2重组VP60蛋白阳性对照应出现"＋＋＋＋"100%的红细胞凝集,无红细胞沉积;被检样品出现"＋＋"的最高稀释度作为其凝集价,凝集价≥1:160(即第5孔)判定为阳性,如在(1:80)～(1:20)之间,判定为可疑,应进行重复试验,重复后仍为可疑的判定为阳性。

## 四、问题与思考

(1) 兔病毒性出血症血凝试验及血凝抑制试验的原理是什么?

（2）兔病毒性出血症血凝试验及血凝抑制试验如何判定结果？

 **模块小结**

小动物（宠物）传染病种类较多，临诊常见病有犬瘟热、犬细小病毒感染、犬传染性肝炎、犬副流感病毒感染，猫泛白细胞减少症、猫白血病、猫杯状病毒感染以及兔病毒性出血症、兔黏液瘤病等。掌握这些病的病原、流行病学、临诊症状、病理变化、诊断与防治措施，才能使小动物传染病得到有效控制。

犬瘟热、犬细小病毒感染、犬传染性肝炎这3种传染病对于宠物犬危害很大，一旦发病死亡率很高，即使存活下来，也常会留下后遗症。养殖犬最好注射疫苗预防，目前生产的相关疫苗，预防效果非常好，按时注射就能避免这些疾病的出现。猫泛白细胞减少症、猫杯状病毒感染、猫传染性鼻气管炎对养殖猫的危害很大，用猫泛白细胞减少症、猫杯状病毒感染、猫传染性鼻气管炎三联疫苗预防能起到很好的保护作用。

兔病毒性出血症常是养兔人的噩梦，尤其是初养者对该病认识不深，防控不到位，常在欢喜之后一场空。注射疫苗防控该病依然是目前最好的方法。

对于一些特种动物的养殖，应掌握该种动物易发传染病的防控措施，提前预防，做好生物安全，这是养殖成功的前提和保障。

**知识拓展与链接**

国外宠物诊疗及防治技术概述

**执考真题及自测题**

## 一、单项选择题

1. 犬瘟热的临床特征为（　　）。

A. 双相热、急性鼻卡他　　　　B. 支气管炎、肺炎　　　　C. 胃肠炎、神经症状

D. 腹泻　　　　　　　　　　　E. 以上都是

2. 犬瘟热主要侵害（　　）系统。

A. 呼吸　　　　　　　　　　　B. 胃肠道　　　　　　　　C. 中枢神经

D. 呼吸、消化、神经　　　　　E. 生殖

3. 犬瘟热病毒有（　　）个血清型。

A. 1　　　　　B. 2　　　　　C. 3　　　　　D. 4　　　　　E. 5

4. 犬瘟热多发生于（　　）季节。

A. 冬春　　　　B. 夏　　　　C. 潮湿多雨　　　D. 秋　　　　E. 任何

5. 犬瘟热主要发生于（　　）犬。

A. 1～2月龄　　　　　　　　　B. 3月龄至1岁　　　　　　C. 2岁

D. 2岁以上　　　　　　　　　 E. 任何年龄

6. 犬细小病毒感染主要侵害（　　）犬。

A. 2～4月龄　　　　　　　　　B. 3月龄至1岁　　　　　　C. 2岁

D. 2 岁以上                    E. 任何年龄

7. 犬细小病毒感染的临床特征为（    ）。

A. 呕吐                       B. 腹泻                     C. 发热

D. 便中带血                E. 以上都是

8. 犬细小病毒感染临床上分为肠炎型和（    ）。

A. 呼吸型       B. 神经型       C. 心肌炎型       D. 皮肤型       E. 骨骼型

9. 犬瘟热和犬细小病毒感染的快速检测技术是（    ）。

A. 琼脂扩散试验              B. 血凝及血凝抑制试验          C. 胶体金试纸条

D. 酶联免疫吸附试验         E. 显微镜观察病原法

10. 犬传染性肝炎可见的眼部病变为（    ）。

A. 结膜炎       B. 蓝眼           C. 角膜炎         D. 巩膜炎       E. 晶状体混浊

11. 犬传染性肝炎主要侵害（    ）犬。

A. 2 月龄          B. 1 岁以内       C. 1～2 岁         D. 2～3 岁       E. 老年犬

12. 犬传染性肝炎可见眼部病变（    ）。

A. 结膜炎         B. 蓝眼          C. 角膜炎         D. 巩膜炎       E. 青光眼

13. 犬传染性肝炎的特征性症状为眼角膜水肿、混浊、变蓝，俗称（    ）。

A. 红眼病         B. 蓝眼病         C. 夜盲症         D. 青光眼       E. 眼炎

14. 犬副流感病毒感染主要表现为（    ）。

A. 打喷嚏         B. 咳嗽           C. 流鼻涕         D. 发热        E. 以上都是

15. 猫瘟是指（    ）。

A. 猫泛白细胞减少症             B. 猫杯状病毒感染            C. 猫冠状病毒病

D. 猫白血病                E. 猫鼻气管炎疱疹病毒感染

16. 猫白血病主要引起（    ）。

A. 全身淋巴系统恶性肿瘤

B. 免疫系统极度抑制

C. 骨髓造血器官破坏性贫血

D. 白细胞减少

E. 以上都是

17. 猫病毒性鼻气管炎只感染（    ）。

A. 猫及猫科动物             B. 犬及犬科动物           C. 家畜

D. 家禽                  E. 任何种类动物

18. 兔病毒性出血症主要侵害（    ）。

A. 幼兔           B. 青壮兔         C. 成年兔         D. 老年兔       E. 以上都是

19. 犬厚足底病主要是由（    ）感染而引起的犬的急性传染病。

A. 犬瘟热病毒             B. 犬细小病毒           C. 犬腺病毒

D. 犬白血病病毒         E. 以上都不是

20. 猫细小病毒感染的特征表现是（    ）。

A. 高热、呕吐、咳嗽

B. 兴奋、呕吐、咳嗽

C. 呕吐、腹泻、白细胞升高

D. 兴奋、呕吐、白细胞降低

E. 呕吐、血便、白细胞降低

## 二、简答题

1. 犬瘟热的诊断要点有哪些？如何进行预防？

2. 犬细小病毒感染的诊断要点有哪些？如何进行预防？

3. 犬传染性肝炎诊断要点有哪些？如何进行预防？

4. 犬副流感病毒感染的诊断要点有哪些？如何进行预防？

5. 猫泛白细胞减少症的诊断要点有哪些？如何进行预防？

6. 猫白血病的临诊症状及病理变化有哪些？

7. 猫病毒性鼻气管炎的临诊症状及病理变化有哪些？

8. 猫杯状病毒感染的临诊症状及病理变化有哪些？

9. 兔病毒性出血症的诊断要点有哪些？如何进行预防？

10. 兔黏液瘤病的临诊症状及病理变化有哪些？

# 附　录

## 附录A　一、二、三类动物疫病病种名录

**1. 一类动物疫病（11 种）**

口蹄疫、猪水疱病、非洲猪瘟、尼帕病毒性脑炎、非洲马瘟、牛海绵状脑病、牛瘟、牛传染性胸膜肺炎、痒病、小反刍兽疫、高致病性禽流感

**2. 二类动物疫病（37 种）**

多种动物共患病（7 种）：狂犬病、布鲁氏菌病、炭疽、蓝舌病、日本脑炎、棘球蚴病、日本血吸虫病

牛病（3 种）：牛结节性皮肤病、牛传染性鼻气管炎（传染性脓疱外阴阴道炎）、牛结核病

绵羊和山羊病（2 种）：绵羊痘和山羊痘、山羊传染性胸膜肺炎

马病（2 种）：马传染性贫血、马鼻疽

猪病（3 种）：猪瘟、猪繁殖与呼吸综合征、猪流行性腹泻

禽病（3 种）：新城疫、鸭瘟、小鹅瘟

兔病（1 种）：兔出血症

蜜蜂病（2 种）：美洲蜜蜂幼虫腐臭病、欧洲蜜蜂幼虫腐臭病

鱼类病（11 种）：鲤春病毒血症、草鱼出血病、传染性脾肾坏死病、锦鲤疱疹病毒病、刺激隐核虫病、淡水鱼细菌性败血症、病毒性神经坏死病、传染性造血器官坏死病、流行性溃疡综合征、鲫造血器官坏死病、鲤浮肿病

甲壳类病（3 种）：白斑综合征、十足目虹彩病毒病、虾肝肠胞虫病

**3. 三类动物疫病（126 种）**

多种动物共患病（25 种）：伪狂犬病、轮状病毒感染、产气荚膜梭菌病、大肠杆菌病、巴氏杆菌病、沙门氏菌病、李氏杆菌病、链球菌病、溶血性曼氏杆菌病、副结核病、类鼻疽、支原体病、衣原体病、附红细胞体病、Q 热、钩端螺旋体病、东毕吸虫病、华支睾吸虫病、囊尾蚴病、片形吸虫病、旋毛虫病、血矛线虫病、弓形虫病、伊氏锥虫病、隐孢子虫病

牛病（10 种）：牛病毒性腹泻、牛恶性卡他热、地方流行性牛白血病、牛流行热、牛冠状病毒感染、牛赤羽病、牛生殖道弯曲杆菌病、毛滴虫病、牛梨形虫病、牛无浆体病

绵羊和山羊病（7 种）：山羊关节炎/脑炎、梅迪-维斯纳病、绵羊肺腺瘤病、羊传染性脓疱皮炎、干酪性淋巴结炎、羊梨形虫病、羊无浆体病

马病（8 种）：马流行性淋巴管炎、马流感、马腺疫、马鼻肺炎、马病毒性动脉炎、马传染性子宫炎、马媾疫、马梨形虫病

猪病（13 种）：猪细小病毒感染、猪丹毒、猪传染性胸膜肺炎、猪波氏菌病、猪圆环病毒病、格拉瑟病、猪传染性胃肠炎、猪流感、猪丁型冠状病毒感染、猪塞内卡病毒感染、仔猪红痢、猪痢疾、猪增生性肠病

禽病（21 种）：禽传染性喉气管炎、禽传染性支气管炎、禽白血病、传染性法氏囊病、马立克病、禽痘、鸭病毒性肝炎、鸭浆膜炎、鸡球虫病、低致病性禽流感、禽网状内皮组织增殖病、鸡病毒性关节炎、禽传染性脑脊髓炎、鸡传染性鼻炎、禽坦布苏病毒感染、禽腺病毒感染、鸡传染性贫血、禽偏肺病毒感染、鸡红螨病、鸡坏死性肠炎、鸭呼肠孤病毒感染

兔病(2种):兔波氏菌病、兔球虫病

蚕、蜂病(8种):蚕多角体病、蚕白僵病、蚕微粒子病、蜂螨病、瓦螨病、亮热厉螨病、蜜蜂孢子虫病、白垩病

犬猫等动物病(10种):水貂阿留申病、水貂病毒性肠炎、犬瘟热、犬细小病毒病、犬传染性肝炎、猫泛白细胞减少症、猫嵌杯病毒感染、猫传染性腹膜炎、犬巴贝斯虫病、利什曼原虫病

鱼类病(11种):真鲷虹彩病毒病、传染性胰脏坏死病、牙鲆弹状病毒病、鱼爱德华氏菌病、链球菌病、细菌性肾病、杀鲑气单胞菌病、小瓜虫病、粘孢子虫病、三代虫病、指环虫病

甲壳类病(5种):黄头病、桃拉综合征、传染性皮下和造血组织坏死病、急性肝胰腺坏死病、河蟹螺原体病

贝类病(3种):鲍疱疹病毒病、奥尔森派琴虫病、牡蛎疱疹病毒病

两栖与爬行类病(3种):两栖类蛙虹彩病毒病、鳖腮腺炎病、蛙脑膜炎败血症

# 附录 B  执业兽医资格考试大纲(兽医传染病学)

| 单　元 | 细　目 | 要　点 |
|---|---|---|
| 一、总论 | 1. 动物传染病与感染 | (1) 传染病的特征;<br>(2) 感染的类型 |
| | 2. 动物传染病流行过程的基本环节 | (1) 传染源、水平传播、垂直传播的概念;<br>(2) 传染病流行过程的要素;<br>(3) 传染病流行和发展的影响因素 |
| | 3. 动物流行病学调查 | (1) 发病率、死亡率、病死率的概念;<br>(2) 动物流行病学调查的步骤和内容 |
| | 4. 动物传染病诊断方法 | (1) 临诊综合诊断;<br>(2) 实验室诊断 |
| | 5. 动物传染病的免疫防控措施 | (1) 基本概念;<br>(2) 免疫接种的方法与注意事项 |
| | 6. 动物传染病的综合防治措施 | (1) 防疫工作的基本原则和内容;<br>(2) 疫情报告;<br>(3) 检疫、隔离、封锁的概念;<br>(4) 消毒、杀虫、灭鼠方法;<br>(5) 药物防治 |
| 二、人畜共患传染病 | 1. 牛海绵状脑病 | 扼要概述:病原名称和分类、流行病学特点、主要发病症状及解剖病理变化、诊断方法和主要防治措施 |
| | 2. 高致病性禽流感 | (1) 流行病学;<br>(2) 发病症状及病理变化;<br>(3) 诊断;<br>(4) 防控 |
| | 3. 狂犬病 | (1) 流行病学;<br>(2) 发病症状及病理变化;<br>(3) 诊断;<br>(4) 防控 |

| 单　元 | 细　目 | 要　点 |
|---|---|---|
| 二、人畜共患传染病 | 4. 猪乙型脑炎 | (1) 流行病学；<br>(2) 发病症状及病理变化；<br>(3) 诊断；<br>(4) 防控 |
| | 5. 炭疽 | (1) 流行病学；<br>(2) 发病症状及病理变化；<br>(3) 诊断；<br>(4) 防控 |
| | 6. 布鲁氏杆菌病 | (1) 流行病学；<br>(2) 发病症状及病理变化；<br>(3) 诊断；<br>(4) 防控 |
| | 7. 沙门氏菌病 | (1) 流行病学；<br>(2) 发病症状及病理变化；<br>(3) 诊断；<br>(4) 防控 |
| | 8. 结核病（牛结核病、禽结核病） | (1) 流行病学；<br>(2) 发病症状及病理变化；<br>(3) 诊断；<br>(4) 防控 |
| | 9. 猪链球菌病 | (1) 流行病学；<br>(2) 发病症状及病理变化；<br>(3) 诊断；<br>(4) 防控 |
| | 10. 马鼻疽 | (1) 流行病学；<br>(2) 发病症状及病理变化；<br>(3) 诊断；<br>(4) 防控 |
| | 11. 大肠杆菌病（猪大肠杆菌病、禽大肠杆菌病、牛大肠杆菌病、羔羊大肠杆菌病） | (1) 流行病学；<br>(2) 发病症状及病理变化；<br>(3) 诊断；<br>(4) 防控 |
| | 12. 李氏杆菌病 | (1) 流行病学；<br>(2) 发病症状及病理变化；<br>(3) 诊断；<br>(4) 防控 |

| 单　元 | 细　目 | 要　点 |
|---|---|---|
| 三、多种动物共患传染病 | 1. 口蹄疫 | (1) 流行病学；<br>(2) 发病症状及病理变化；<br>(3) 诊断；<br>(4) 防控 |
| | 2. 伪狂犬病 | (1) 流行病学；<br>(2) 发病症状及病理变化；<br>(3) 诊断；<br>(4) 防控 |
| | 3. 梭菌性疾病 | (1) 流行病学；<br>(2) 发病症状及病理变化；<br>(3) 诊断；<br>(4) 防控 |
| | 4. 副结核病 | (1) 流行病学；<br>(2) 发病症状及病理变化；<br>(3) 诊断；<br>(4) 防控 |
| | 5. 多杀性巴氏杆菌病 | (1) 流行病学；<br>(2) 发病症状及病理变化；<br>(3) 诊断；<br>(4) 防控 |
| 四、猪的传染病 | 1. 猪瘟 | (1) 流行病学；<br>(2) 发病症状及病理变化；<br>(3) 诊断；<br>(4) 防控 |
| | 2. 非洲猪瘟 | (1) 流行病学；<br>(2) 发病症状及病理变化；<br>(3) 诊断；<br>(4) 防控 |
| | 3. 猪水疱病 | (1) 流行病学；<br>(2) 发病症状及病理变化；<br>(3) 诊断；<br>(4) 防控 |
| | 4. 猪繁殖障碍与呼吸综合征 | (1) 流行病学；<br>(2) 发病症状及病理变化；<br>(3) 诊断；<br>(4) 防控 |

| 单　元 | 细　目 | 要　点 |
|---|---|---|
| 四、猪的传染病 | 5. 猪细小病毒病 | (1) 流行病学；<br>(2) 发病症状及病理变化；<br>(3) 诊断；<br>(4) 防控 |
| | 6. 猪传染性胃肠炎 | (1) 流行病学；<br>(2) 发病症状及病理变化；<br>(3) 诊断；<br>(4) 防控 |
| | 7. 猪流行性腹泻 | (1) 流行病学；<br>(2) 发病症状及病理变化；<br>(3) 诊断；<br>(4) 防控 |
| | 8. 猪丹毒 | (1) 流行病学；<br>(2) 发病症状及病理变化；<br>(3) 诊断；<br>(4) 防控 |
| | 9. 猪传染性胸膜肺炎 | (1) 流行病学；<br>(2) 发病症状及病理变化；<br>(3) 诊断；<br>(4) 防控 |
| | 10. 猪传染性萎缩性鼻炎 | (1) 流行病学；<br>(2) 发病症状及病理变化；<br>(3) 诊断；<br>(4) 防控 |
| | 11. 猪支原体性肺炎 | (1) 流行病学；<br>(2) 发病症状及病理变化；<br>(3) 诊断；<br>(4) 防控 |
| | 12. 猪圆环病毒病 | (1) 流行病学；<br>(2) 发病症状及病理变化；<br>(3) 诊断；<br>(4) 防控 |
| | 13. 副猪嗜血杆菌病 | (1) 流行病学；<br>(2) 发病症状及病理变化；<br>(3) 诊断；<br>(4) 防控 |
| | 14. 猪痢疾 | (1) 流行病学；<br>(2) 发病症状及病理变化；<br>(3) 诊断；<br>(4) 防控 |

| 单　元 | 细　目 | 要　点 |
|---|---|---|
| | 1. 牛传染性胸膜肺炎 | （1）流行病学；<br>（2）发病症状及病理变化；<br>（3）诊断；<br>（4）防控 |
| | 2. 蓝舌病 | （1）流行病学；<br>（2）发病症状及病理变化；<br>（3）诊断；<br>（4）防控 |
| | 3. 牛传染性鼻气管炎 | （1）流行病学；<br>（2）发病症状及病理变化；<br>（3）诊断；<br>（4）防控 |
| | 4. 牛流行热 | （1）流行病学；<br>（2）发病症状及病理变化；<br>（3）诊断；<br>（4）防控 |
| 五、牛、羊的传染病 | 5. 牛病毒性腹泻-黏膜病 | （1）流行病学；<br>（2）发病症状及病理变化；<br>（3）诊断；<br>（4）防控 |
| | 6. 小反刍兽疫 | （1）流行病学；<br>（2）发病症状及病理变化；<br>（3）诊断；<br>（4）防控 |
| | 7. 绵羊痘和山羊痘 | （1）流行病学；<br>（2）发病症状及病理变化；<br>（3）诊断；<br>（4）防控 |
| | 8. 山羊关节炎-脑炎 | （1）流行病学；<br>（2）发病症状及病理变化；<br>（3）诊断；<br>（4）防控 |
| | 9. 山羊传染性胸膜肺炎 | （1）流行病学；<br>（2）发病症状及病理变化；<br>（3）诊断；<br>（4）防控 |

Note

| 单　元 | 细　目 | 要　点 |
|---|---|---|
| 五、牛、羊的传染病 | 10. 羊传染性脓疱皮炎 | (1) 流行病学；<br>(2) 发病症状及病理变化；<br>(3) 诊断；<br>(4) 防控 |
| | 11. 坏死杆菌病 | (1) 流行病学；<br>(2) 发病症状及病理变化；<br>(3) 诊断；<br>(4) 防控 |
| 六、马的传染病 | 1. 马传染性贫血 | (1) 流行病学；<br>(2) 发病症状及病理变化；<br>(3) 诊断；<br>(4) 防控 |
| | 2. 马腺疫 | (1) 流行病学；<br>(2) 发病症状及病理变化；<br>(3) 诊断；<br>(4) 防控 |
| | 3. 马流行性感冒 | (1) 流行病学；<br>(2) 发病症状及病理变化；<br>(3) 诊断；<br>(4) 防控 |
| | 4. 非洲马瘟 | (1) 流行病学；<br>(2) 发病症状及病理变化；<br>(3) 诊断；<br>(4) 防控 |
| 七、禽的传染病 | 1. 新城疫 | (1) 流行病学；<br>(2) 发病症状及病理变化；<br>(3) 诊断；<br>(4) 防控 |
| | 2. 鸡传染性喉气管炎 | (1) 流行病学；<br>(2) 发病症状及病理变化；<br>(3) 诊断；<br>(4) 防控 |
| | 3. 鸡传染性支气管炎 | (1) 流行病学；<br>(2) 发病症状及病理变化；<br>(3) 诊断；<br>(4) 防控 |

| 单　元 | 细　目 | 要　点 |
|---|---|---|
| 七、禽的传染病 | 4. 鸡传染性法氏囊病 | （1）流行病学；<br>（2）发病症状及病理变化；<br>（3）诊断；<br>（4）防控 |
| | 5. 鸡马立克氏病 | （1）流行病学；<br>（2）发病症状及病理变化；<br>（3）诊断；<br>（4）防控 |
| | 6. 鸡产蛋下降综合征 | （1）流行病学；<br>（2）发病症状及病理变化；<br>（3）诊断；<br>（4）防控 |
| | 7. 禽白血病 | （1）流行病学；<br>（2）发病症状及病理变化；<br>（3）诊断；<br>（4）防控 |
| | 8. 鸡病毒性关节炎 | （1）流行病学；<br>（2）发病症状及病理变化；<br>（3）诊断；<br>（4）防控 |
| | 9. 传染性鼻炎 | （1）流行病学；<br>（2）发病症状及病理变化；<br>（3）诊断；<br>（4）防控 |
| | 10. 鸡败血支原体感染 | （1）流行病学；<br>（2）发病症状及病理变化；<br>（3）诊断；<br>（4）防控 |
| | 11. 鸭瘟 | （1）流行病学；<br>（2）发病症状及病理变化；<br>（3）诊断；<br>（4）防控 |
| | 12. 鸭病毒性肝炎 | （1）流行病学；<br>（2）发病症状及病理变化；<br>（3）诊断；<br>（4）防控 |

| 单　元 | 细　目 | 要　点 |
|---|---|---|
| 七、禽的传染病 | 13. 鸭浆膜炎 | (1) 流行病学；<br>(2) 发病症状及病理变化；<br>(3) 诊断；<br>(4) 防控 |
| | 14. 鸭坦布苏病毒病 | (1) 流行病学；<br>(2) 发病症状及病理变化；<br>(3) 诊断；<br>(4) 防控 |
| | 15. 小鹅瘟 | (1) 流行病学；<br>(2) 发病症状及病理变化；<br>(3) 诊断；<br>(4) 防控 |
| 八、犬、猫的传染病 | 1. 犬瘟热 | (1) 流行病学；<br>(2) 发病症状及病理变化；<br>(3) 诊断；<br>(4) 防控 |
| | 2. 犬细小病毒感染 | (1) 流行病学；<br>(2) 发病症状及病理变化；<br>(3) 诊断；<br>(4) 防控 |
| | 3. 犬传染性肝炎 | (1) 流行病学；<br>(2) 发病症状及病理变化；<br>(3) 诊断；<br>(4) 防控 |
| | 4. 犬冠状病毒性腹泻 | (1) 流行病学；<br>(2) 发病症状及病理变化；<br>(3) 诊断；<br>(4) 防控 |
| | 5. 猫泛白细胞减少症 | (1) 流行病学；<br>(2) 发病症状及病理变化；<br>(3) 诊断；<br>(4) 防控 |
| | 6. 猫传染性腹膜炎 | (1) 流行病学；<br>(2) 发病症状及病理变化；<br>(3) 诊断；<br>(4) 防控 |
| | 7. 猫艾滋病 | (1) 流行病学；<br>(2) 发病症状及病理变化；<br>(3) 诊断；<br>(4) 防控 |

续表

| 单　元 | 细　目 | 要　点 |
|---|---|---|
| 九、兔和貂的传染病 | 1. 兔病毒性出血症 | (1) 流行病学；<br>(2) 发病症状及病理变化；<br>(3) 诊断；<br>(4) 防控 |
| | 2. 兔黏液瘤病 | (1) 流行病学；<br>(2) 发病症状及病理变化；<br>(3) 诊断；<br>(4) 防控 |
| | 3. 水貂阿留申病 | (1) 流行病学；<br>(2) 发病症状及病理变化；<br>(3) 诊断；<br>(4) 防控 |
| | 4. 水貂病毒性肠炎 | (1) 流行病学；<br>(2) 发病症状及病理变化；<br>(3) 诊断；<br>(4) 防控 |
| 十、蚕、蜂的传染病 | 1. 家蚕核型多角体病 | (1) 流行病学；<br>(2) 发病症状及病理变化；<br>(3) 诊断；<br>(4) 防控 |
| | 2. 白僵病 | (1) 流行病学；<br>(2) 发病症状及病理变化；<br>(3) 诊断；<br>(4) 防控 |
| | 3. 家蚕微粒子病 | (1) 流行病学；<br>(2) 发病症状及病理变化；<br>(3) 诊断；<br>(4) 防控 |
| | 4. 美洲蜜蜂幼虫腐臭病 | (1) 流行病学；<br>(2) 发病症状及病理变化；<br>(3) 诊断；<br>(4) 防控 |
| | 5. 欧洲蜜蜂幼虫腐臭病 | (1) 流行病学；<br>(2) 发病症状及病理变化；<br>(3) 诊断；<br>(4) 防控 |
| | 6. 白垩病 | (1) 流行病学；<br>(2) 发病症状及病理变化；<br>(3) 诊断；<br>(4) 防控 |

*Note*

# 附录C　兽医诊断样品采集、保存与运输技术规范
## （NY/T541—2016）

### 1　范围

本标准规定了兽医诊断用样品的采集,保存与运输的技术规范和要求,包括采样基本原则、采样前准备、样品采集与处理方法、样品保存包装与废弃物处理、采样记录和样品运输等。

本标准适用于兽医诊断、疫情监测、畜禽疫病防控和免疫效果评估及卫生认证等动物疫病实验室样品的采集、保存和运输。

### 2　规范性引用文件

下列文件对于本文件的利用是必不可少的。凡是注日期的引用文件,仅注日期的版本适用于本文件。凡是不注日期的引用文件,其最新版本(包括所有的修改单)适用于本文件。

GB 16548　病害动物和病害动物产品生物安全处理规程

GB/T 16550—2008　新城疫诊断技术

GB/T 16551—2008　猪瘟诊断技术

GB/T 18935—2003　口蹄疫诊断技术

GB/T 18936—2003　高致病性禽流感诊断技术

NY/T 561—2015　动物炭疽诊断技术

中华人民共和国国务院令第 424 号　病原微生物实验室生物安全管理条例

中华人民共和国农业农村部公告第 302 号　兽医实验室生物安全技术管理规范

中华人民共和国农业农村部公告第 503 号　高致病性动物病原微生物菌(毒)种或者样本运输包装规范

### 3　术语和定义

下列术语和定义适用于本文件。

3.1　样品(specimen)

取自动物或环境,拟通过检验反映动物个体、群体或环境有关状况的材料或物品。

3.2　采样(sample)

按照规定的程序和要求,从动物或环境取得一定量的样本,并经过适当的处理,留做待检样品的过程。

3.3　抽样单元(sampling unit)

同一饲养地、同一饲养条件下的畜禽个体或群体。

3.4　随机抽样(random sampling)

按照随机化的原则(总体中每一个观察单位都有同等的机会被选入到样本中),从总体中抽取部分观察单位的过程。

3.5　灭菌(sterilization)

应用物理或化学方法杀灭物体上所有病原微生物、非病原微生物和芽孢的方法。

### 4　采样原则

4.1　先排除后采样

凡发现急性死亡的动物,怀疑患有炭疽时,不得解剖。应先按 NY/T 561—2015 中 2.1.2 的规定采集血样,进行血液抹片镜检。确定不是炭疽后,方可解剖采样。

4.2　合理选择采样方法

4.2.1　应根据采样的目的、内容和要求合理选择样品采集的种类、数量、部位与抽样方法。样品数量应满足流行病学调查和生物统计学的要求。

4.2.2　诊断或被动监测时,应选择症状典型或病变明显或有患病征兆的畜禽、疑似污染物;在无法确定病因时,采样种类应尽量全面。

4.2.3　主动监测时,应根据畜禽日龄、季节、周边疫情情况估计其流行率,确定抽样单元。在抽样单元内,应遵循随机取样原则。

4.3　采样时限

采集死亡动物的病料,应于动物死亡后 2 h 内采集。无法完成时,夏天不得超过 6 h,冬天不得超过 24 h。

4.4　无菌操作

采样过程应注意无菌操作,刀、剪、镊子、器皿、注射器、针头等采样用具应事先严格灭菌,每种样品应单独采集。

4.5　尽量减少应激和损害

活体动物采样时,应避免过度刺激或损害动物;也应避免对采样者造成危害。

4.6　生物安全防护

采样人员应加强个人防护,严格遵守生物安全操作的相关规定,严防人畜共患病感染;同时,应做好环境消毒以及动物或组织的无害化处理,避免污染环境,防止疫病传播。

## 5　采样前准备

5.1　采样人员

采样人员应熟悉动物防疫的有关法律规定,具有一定的专业技术知识,熟练掌握采样工作程序和采样操作技术。采样前,应做好个人安全防护准备(穿戴手套、口罩、一次性防护服、鞋套等,必要时戴护目镜或面罩)。

5.2　采样工具和器械

5.2.1　应根据所采集样品种类和数量的需要,选择不同的采样工具、器械及容器等,并进行适量包装。

5.2.2　取样工具和盛样器具应洁净、干燥,且应做灭菌处理:

a) 刀、剪、镊子、穿刺针等用具应经高压蒸汽(103.43 kPa)或煮沸灭菌 30 min,临用时用 75％酒精擦拭或进行火焰灭菌处理;

b) 器皿(玻制、陶制等)应经高压蒸汽(103.43 kPa)30 min 或经 160 ℃干烤 2 h 灭菌;或置于 1％～2％碳酸氢钠水溶液中煮沸 10 min 后,再用无菌纱布擦干,无菌保存备用;

c) 注射器和针头应放于清洁水中煮沸 30 min,无菌保存备用;也可使用一次性针头和注射器。

5.3　保存液

应根据所采样品的种类和要求,准备不同类型并分装成适量的保存液,如 PBS 缓冲液、30％甘油磷酸盐缓冲液、灭菌肉汤(pH7.2～7.4)和运输培养基等。

## 6　样品采集与处理

6.1　血样

6.1.1　采血部位

6.1.1.1　应根据动物种类确定采血部位。对大型哺乳动物,可选择颈静脉、耳静脉或尾静脉采血,也可用肱静脉或乳房静脉;毛皮动物,少量采血可穿刺耳尖或耳壳外侧静脉,大量采血可在隐静脉采集,也可用尖刀划破趾垫 0.5 cm 深或剪断尾尖部采血;啮齿类动物,可从尾尖采血,也可由眼窝内的血管丛采血。

6.1.1.2　猪可前腔静脉或耳静脉采血;羊常采用颈静脉或前后肢皮下静脉采血;犬可选择前肢隐静脉或颈静脉采集;兔可从耳背静脉、颈静脉或心脏采血;禽类通常选择翅静脉采血,也可心脏采血。

6.1.2　采血方法

应对动物采血部位的皮肤先剃毛(拔毛),用 1％～2％碘酊消毒后,再用 75％的酒精棉球由内向

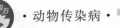

外螺旋式脱碘消毒,干燥后穿刺采血。采血可用采血器或真空采血管(不适合小静脉,适用于大静脉)。少量的血可用三棱针穿刺采集,将血液滴到开口的试管内。

6.1.2.1　猪耳缘静脉采血

按压使猪耳静脉血管怒张,采样针头斜面朝上、成15°角沿耳缘静脉由远心端向近心端刺入血管,见有血液回流后放松按压,缓慢抽取血液或接入真空采血管。

6.1.2.2　猪前腔静脉采血

a. 站立保定采血

将猪的头颈向斜上方拉至与水平面成30°以上角度,偏向一侧。选择颈部最低凹处,使针头偏向气管约15°方向进针,见有血液回流时,即把针芯向外拉使血液流入采血器或接入真空采血管。

b. 仰卧保定采血

将猪前肢向后方拉直,针头穿刺部位在胸骨端与耳基部连线上胸骨端旁2 cm的凹陷处,向后内方与地面成60°角刺入2～3 cm,见有血液回流时,即把针芯向外拉使血液流入采血器或接入真空采血管。

6.1.2.3　牛尾静脉采血

将牛尾上提,在离尾根10 cm左右中点凹陷处,将采血器针头垂直刺入约1 cm,见有血液回流时,即可把针芯向外拉使血液流入采血器或接入真空采血管。

6.1.2.4　牛、羊、马颈静脉采血

在采血部位下方压迫颈静脉血管,使之怒张,针头与皮肤成45°角由下向上方刺入血管,见有血液回流时,即可把针芯向外拉使血液流入采血器或接入真空采血管。

6.1.2.5　禽翅静脉采血

压迫翅静脉近心端,使血管怒张,针头平行刺入静脉,放松对近心端的按压,缓慢抽取血液;或用针头刺破消毒过的翅静脉,将血液滴到直径为3～4 mm的塑料管内,将一端封口。

6.1.2.6　禽心脏采血

a. 雏禽心脏采血

针头平行颈椎从胸腔前口插入,见有血液回流时,即把针芯向外拉使血液流入采血器。

b. 成年禽心脏采血

右侧卧保定时,在触及心搏动明显处,或胸骨脊前端至背部下凹处连线的1/2处,垂直或稍向前方刺入2～3 cm,见有血液回流即可采集。

仰卧保定时,胸骨朝上,压迫嗉囊,露出胸前口,将针头沿其锁骨俯角刺入,顺着体中线方向水平刺入心脏,见有血液回流即可采集。

6.1.2.7　犬猫前臂头静脉采血

压迫犬猫肘部使前臂头静脉怒张,绷紧头静脉两侧皮肤,采样针头斜面朝上、成15°角由远心端向近心端刺入静脉血管,见有血液回流时,缓慢抽取血液或接入真空采血管。

6.1.3　血样的处理

6.1.3.1　全血样品

样品容器中应加0.1%肝素、阿氏液(见A.1,2份阿氏液可抗1份血液)、3.8%～4%枸橼酸钠(0.1 mL可抗1 mL血液)或乙二胺四乙酸(EDTA,PCR检测血样的首选抗凝剂)等抗凝剂,采血后充分混合。

6.1.3.2　脱纤血样品

应将血液置入装有玻璃珠的容器内,反复振荡,注意防止红细胞破裂。待纤维蛋白凝固后,即可制成脱纤血样品,封存后以冷藏状态立即送至实验室。

6.1.3.3　血清样品

应将血样室温下倾斜30°静置2～4 h,待血液凝固有血清析出时,无菌剥离血凝块,然后置4 ℃冰箱过夜,待大部分血清析出后即可取出血清,必要时可低速离心(1000 g离心10～15 min)分离出血清。在不影响检验要求原则下,可以根据需要加入适宜的防腐剂。做病毒中和试验的血清和抗体检测的血清均应避免使用化学防腐剂(如叠氮钠、硼酸、硫柳汞等)。若需长时间保存,应将血清置-20 ℃以下保存,且应避免反复冻融。

采集双份血清用于比较抗体效价变化的,第一份血清采于疫病初期并做冷冻保存,第二份血清采于第一份血清后3～4周,双份血清同时送至实验室。

6.1.3.4 血浆样品

应在样品容器内先加入抗凝剂(见6.1.3.1),采血后充分混合,然后静止,待红细胞自然下沉或离心沉淀后,取上层液体即为血浆。

6.2 一般组织样品

应使用常规解剖器械剥离动物的皮肤。体腔应用消毒器械剥开,所需病料应按无菌操作方法从新鲜尸体中采集。剖开腹腔时应注意不要损坏肠道。

6.2.1 病原分离样品

6.2.1.1 所采组织样品应新鲜,应尽可能地减少污染,且应避免其接触消毒剂,抗菌、抗病毒等药物。

6.2.1.2 应用无菌器械切取做病原(细菌、病毒、寄生虫等)分离用组织块,每个组织块应单独置于无菌容器内或接种于适宜的培养基上,且应注明动物和组织名称以及采样日期等。

6.2.2 组织病理学检查样品

6.2.2.1 样品应保证新鲜。处死或病死动物应立刻采样,应选典型、明显的病变部位,采集包括病灶及邻近正常组织的组织块,立即放入不低于10倍于组织块体积的10%中性缓冲福尔马林溶液(见 A.2)中固定,固定时间一般为16～24 h。切取的组织块大小一般厚度不超0.5 cm,长宽不超过1.5 cm×1.5 cm固定3～4 h进行修块,修切为厚度0.2 cm、长宽1 cm×1 cm大小(检查狂犬病则需要较大的组织块)后,更换新的固定液继续固定。组织块切忌挤压、刮摸和用水洗。如做冰冻切片用,则应将组织块放在0～4 ℃容器中,送往实验室检验。

6.2.2.2 对于一些可疑疾病,如检查痒病、牛海绵状脑病或其他传染性海绵状脑病(TSEs)时,需要大量的脑组织。采样时,应将脑组织纵向切割,一半新鲜加冰呈送,另一半加10%中性缓冲福尔马林溶液固定。

6.2.2.3 福尔马林固定组织应与新鲜组织、血液和涂片分开包装。福尔马林固定组织不能冷冻,固定后可以弃去固定液,应保持组织湿润,送往实验室。

6.3 猪扁桃体样品

打开猪口腔,将采样枪的采样钩紧靠扁桃体,扣动扳机取出扁桃体组织。

6.4 猪鼻腔拭子和家禽咽喉拭子样品

取无菌棉签,插入猪鼻腔2～3 cm或家禽口腔至咽的后部直达喉气管,轻轻擦拭并慢慢旋转2～3圈,蘸取鼻腔分泌物或气管分泌物取出后,立即将拭子浸入保存液或半固体培养基中,密封低温保存。常用的保存液有pH 7.2～7.4的灭菌肉汤(见 A.3)或30%甘油磷酸盖缓冲液(见 A.4)或 PBS缓冲液(见 A.5),如准备将待检标本接种组织培养,则保存于含0.5%乳蛋白水解物的 Hank's液(见 A.6)中。一般每支拭子需保存5 mL。

6.5 牛、羊食道-咽部分泌物(O-P液)样品

被检动物在采样前禁食(可饮水)12 h,以免反刍胃内容物严重污染 O-P液。采样用的特制探杯(probang cup)在使用前经0.2%柠檬酸或2%氢氧化钠浸泡,再用自来水冲洗。每采完一头动物,探杯都要重复进行消毒和清洗。采样时动物站立保定,操作者左手打开动物空腔,右手握探杯,随吞咽动作将探杯送入食道上部10～15 cm,轻轻来回移动2～3次,然后将探杯拉出。如采集的 O-P液被反刍内容物严重污染,要用生理盐水或自来水冲洗口腔后重新采样。在采样现场将采集到的8～10 mL O-P液倒入盛有8～10 mL细胞培养维持液或0.04 mol/L PBS缓冲液(pH 7.4)的灭菌容器中,充分混匀后置于装有冰袋的冷藏箱内,送往实验室或转往-60 ℃冰箱保存。

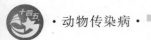

### 6.6 胃液及瘤胃内容物样品

#### 6.6.1 胃液样品

胃液可用多孔的胃管抽取。将胃管送入胃内，其外露端需接在吸引器的负压瓶上，加负压后，胃液即可自动流出。

#### 6.6.2 瘤胃内容物样品

反刍动物在反刍时，当食团从食道逆入口腔时，立即开口拉住舌头，伸入口腔即可取出少量的瘤胃内容物。

### 6.7 肠道组织、肠内容物样品

#### 6.7.1 肠道组织样品

应选择病变最明显的肠道部分，弃去内容物并用灭菌生理盐水冲洗，无菌截取肠道组织，置于灭菌容器或塑料袋送检。

#### 6.7.2 肠内容物样品

取肠内容物时，应烧烙肠壁表面，用吸管扎穿肠壁，从肠腔内吸取内容物放入盛有灭菌的30％甘油磷酸盐缓冲液（见 A.4）或半固体培养基中送检，或将带有粪便的肠管两端结扎，从两端剪断送检。

### 6.8 粪便和肛拭子样品

#### 6.8.1 粪便样品

应选新鲜粪便至少10 g，做寄生虫检查的粪便应装入容器，在24 h内送达实验室。如运输时间超过24 h则应进行冷冻，以防寄生虫虫卵孵化。运送粪便样品可用带螺帽容器或灭菌塑料袋，不得使用带皮塞的试管。

#### 6.8.2 肛拭子样品

采集肛拭子样品时，取无菌棉拭子插入畜禽肛门或泄殖腔中，旋转2～3圈，刮取直肠黏液或粪便，放入装有30％甘油磷酸盐缓冲液（见 A.4）或半固体培养基中送检。粪便样品通常在4 ℃下保存和运输。

### 6.9 皮肤组织及其附属物样品

对于产生水疱病变或其他皮肤病变的疾病，应直接从病变部位采集病变皮肤的碎屑、未破裂水疱的水疱液、水疱皮等作为样品。

#### 6.9.1 皮肤组织样品

无菌采取2 g感染的上皮组织或水疱皮置于5 mL 30％甘油磷酸盐缓冲液（见 A.4）中送检。

#### 6.9.2 毛发或绒毛样品

拔取毛发或绒毛样品，可用于检查体表的螨虫、跳蚤和真菌感染。用解剖刀片边缘刮取的表层皮屑用于检查皮肤真菌，深层皮屑（刮至轻微出血）可用于检查疥螨。对于禽类，当怀疑为马立克氏病时，可采集羽毛根进行病毒抗原检测。

#### 6.9.3 水疱液样品

水疱液应取自未破裂的水疱。可用灭菌注射器或其他器具吸取水疱液，置于灭菌容器中送检。

### 6.10 生殖道分泌物和精液样品

#### 6.10.1 生殖道冲洗样品

采集阴道或包皮冲洗液。将消毒好的特制吸管插入子宫颈口或阴道内，向内注射少量营养液或生理盐水，用吸球反复抽吸几次后吸出液体，注入培养液中。用软胶管插入公畜的包皮内，向内注射少量的营养液或生理盐水，多次揉搓，使液体充分冲洗包皮内壁，收集冲洗液注入无菌容器中。

#### 6.10.2 生殖道拭子样品

采用合适的拭子采取阴道或包皮内分泌物，有时也可采集子宫颈或尿道拭子。

#### 6.10.3 精液样品

精液样品最好用假阴道挤压阴茎或人工刺激的方法采集。精液样品精子含量要多，不要加入防腐剂，且应避免抗菌冲洗液污染。

6.11　脑、脊髓类样品

应将采集的脑、脊髓类样品浸入30％甘油磷酸盐缓冲液（见A.4）中或将整个头部割下，置于适宜容器内送检。

6.11.1　牛羊脑组织样品

从延脑腹侧将采样勺插入枕骨大孔中5～7 cm（采羊脑时插入深度约为4 cm），将勺子手柄向上扳，同时往外取出延脑组织。

6.11.2　犬脑组织样品

取内径0.5 cm的塑料吸管，沿枕骨大孔向一只眼的方向插入，边插边轻轻旋转至不能深入为止，捏紧吸管后端并拔出，将含脑组织部分的吸管用剪刀剪下。

6.11.3　脑脊液样品

6.11.3.1　颈椎穿刺法

穿刺点为环枢孔。动物实施站立保定或横卧保定，使其头部向前下方屈曲，术部经剪毛消毒，穿刺针与皮肤面成垂直缓慢刺入。将针体刺入蛛网膜下腔，立即拔出针芯，脑脊液自动流出或点滴状流出，盛入消毒容器内。大型动物颈部穿刺一次采集量为35～70 mL。

6.11.3.2　腰椎穿刺法

穿刺部位为腰荐孔。动物实施站立保定，术部剪毛消毒后，用专用的穿刺针刺入，当刺入蛛网膜下腔时，即有脊髓液滴状滴出或用消毒注射器抽取，盛入消毒容器内。腰椎穿刺一次采集量为1～30 mL。

6.12　眼部组织和分泌物样品

眼结膜表面用拭子轻轻擦拭后，置于灭菌的30％甘油磷酸盐缓冲液（见A.4，病毒检测加双抗）或运输培养基中送检。

6.13　胚胎和胎儿样品

选取无腐败的胚胎、胎儿或胎儿的实质器官，装入适宜容器内立即送检。如果在24 h内不能将样品送达实验室，应冷冻运送。

6.14　小家畜及家禽样品

将整个尸体包入不透水塑料薄膜、油纸或油布中，装入结实、不透水和防泄漏的容器内，送往实验室。

6.15　骨骼样品

需要完整的骨标本时，应将附着的肌肉和韧带等全部除去，表面撒上食盐，然后包入浸过5％苯酚溶液的纱布中，装入不漏水的容器内送往实验室。

6.16　液体病料样品

采集胆汁、脓、黏液或关节液等样品时，应采用烫烙法消毒采样部位，用灭菌吸管、毛细吸管或注射器经烫烙部位插入，吸取内部液体病料，然后将病料注入灭菌的试管中，塞好棉塞送检。也可用接种环经消毒的部位插入，提取病料直接接种在培养基上。

供显微镜检查的脓、血液及黏液抹片的制备方法：先将材料置玻片上，再用一灭菌玻璃棒均匀涂抹或另用一玻片推抹。用组织块做触片时，持小镊子将组织块的游离面在玻片上轻轻涂抹即可。

6.17　乳汁样品

乳房应先用消毒药水洗净，并把乳房附近的毛刷湿，最初所挤3～4把乳汁弃去，然后再采集10 mL左右乳汁于灭菌试管中。进行血清学检验的乳汁不应冻结、加热或强烈振动。

6.18　尿液样品

在动物排尿时用洁净的容器直接接取，也可使用塑料袋，固定在雌畜外阴部或雄畜的阴茎下接取尿液。采取尿液，宜早晨进行。

6.19　鼻液（唾液）样品

可用棉花或棉纱拭子采取。采样前，最好用运输培养基浸泡拭子。拭子先与分泌物接触1 min，然后置入该运输培养基,在4℃条件下立即送往实验室。应用长柄、防护式鼻咽拭子采集某些疑似病毒感染的样品。

6.20 环境和饲料样品

环境样品通常采集垃圾、垫草或排泄的粪便或尿液。可用拭子在通风道、饲料槽和下水处采样。这种采样在有特殊设备的孵化场、人工授精中心和屠宰场尤其重要。样品也可在食槽或大容器的动物饲料中采集。水样样品可从饲料槽、饮水器、水箱或天然及人工供应水源中采集。

6.21 其他

对于重大动物疫病如新城疫、口蹄疫、禽流感、猪瘟和高致病性猪蓝耳病,样品采集应按照GB/T 16550—2008中4.1.1、GB/T 18935—2003中附录A、GB/T 18936—2003中2.1.1、GB/T 16551—2008中3.2.1和3.4.1的规定执行。

## 7 样品保存、包装与废弃物处理

### 7.1 样品保存

7.1.1 采集的样品在无法于12 h内送检的情况下,应根据不同的检验要求,将样品按所需温度分类保存于冰箱、冰柜中。

7.1.2 血清应放于-20 ℃冻存,全血应放于4 ℃冰箱中保存。

7.1.3 供细菌检验的样品应于4 ℃保存,或用灭菌后浓度为30%～50%的甘油生理盐水4 ℃保存。

7.1.4 供病毒检验的样品应在0 ℃以下低温保存,也可用灭菌后浓度为30%～50%的灭菌甘油生理盐水0 ℃以下低温保存。长时间-20 ℃冻存不利于病毒分离。

### 7.2 样品包装

7.2.1 每个组织样品应仔细分别包装,在样品袋或平皿外贴上标签,标签注明样品名、样品编号和采样日期等,再将各个样品放到塑料包装袋中。

7.2.2 拭子样品的小塑料离心管应放在规定离心管塑料盒内。

7.2.3 血清样品装于小瓶时应用铝盒盛放,盒内加填塞物避免小瓶晃动。若装于小塑料离心管中,则应置于离心管塑料盒内。

7.2.4 包装袋外、塑料盒及铝盒应贴封条,封条上应有采样人的签章,并应注明贴封日期,标注放置方向。

7.2.5 重大动物疫病采样,如高致病性禽流感、口蹄疫、猪瘟、高致病性猪蓝耳病、新城疫等应按照中华人民共和国农业农村部公告第503号的规定执行。

### 7.3 废弃物处理

7.3.1 无法达到检测要求的样品做无害化处理,应按照GB 16548、中华人民共和国国务院令第424号和中华人民共和国农业农村部公告第302号的规定执行。

7.3.2 采过病料用完后的器械,如一次性器械应进行生物安全无害化处理;可重复使用的器械应先消毒后清洗,检查过疑似牛羊海绵状脑病的器械应放在2 mol/L的氢氧化钠溶液中浸泡2 h以上,才可再次使用。

## 8 采样记录

8.1 采样时,应清晰标识每份样品,同时在采样记录表上填写采样的相关信息。

8.2 应记录疫病发生的地点(如可能,记录所处的经度和纬度)、畜禽场的地址和畜主的姓名、地址、电话及传真。

8.3 应记录采样者的姓名、通信地址、邮编、E-mail地址、电话及传真。

8.4 应记录畜(禽)场里饲养的动物品种及其数量。

8.5 应记录疑似病种及检测要求。

8.6 应记录采样动物畜种、品种、年龄和性别及标识号。

8.7 应记录首发病例和继发病例的日期及造成的损失。

8.8 应记录感染动物在畜群中的分布情况。

8.9 应记录农场的存栏数、死亡动物数、出现临诊症状的动物数量及其日龄。

8.10 应记录临诊症状及其持续时间,包括口腔、眼睛和腿部情况,产奶或产蛋的记录,死亡时间等。

8.11 应记录受检动物清单、说明及尸检发现。

8.12 应记录饲养类型和标准,包括饲料种类。

8.13 应记录送检样品清单和说明,包括病料的种类、保存方法等。

8.14 应记录动物的免疫和用药情况。

8.15 应记录采样及送检日期。

## 9 样品运输

9.1 应以最快最直接的途径将所采集的样品送往实验室。

9.2 对于可在采集后 24 h 内送达实验室的样品,可放在 4 ℃左右的容器中冷藏运输;对于不能在 24 h 内送达实验室但不影响检验结果的样品,应以冷冻状态运送。

9.3 运输过程中应避免样品泄露。

9.4 制成的涂片、触片、玻片上应注明编号。玻片应放入专门的病理切片盒中,在保证不被压碎的条件下运送。

9.5 所有运输包装均应贴上详细标签,并做好记录。

9.6 运送高致病性病原微生物样品,应按照中华人民共和国国务院令第 424 号的规定执行。

附录 A
(规范性附录)
样品保存液的配制

A.1 阿(Alserer)氏液

| | |
|---|---|
| 葡萄糖 | 2.05 g |
| 柠檬酸钠($Na_3C_6H_5O_7 \cdot 2H_2O$) | 0.80 g |
| 氯化钠(NaCl) | 0.42 g |
| 蒸馏水(或无离子水) | 加至 100 mL |

调配方法:溶解后,以 10%柠檬酸调至 pH 为 6.1 分装后,70 kPa,10 min 灭菌,冷却后 4 ℃保存备用。

A.2 10%中性缓冲福尔马林溶液(pH7.2～7.4)

A.2.1 配方 1:

| | |
|---|---|
| 37%～40%甲醛 | 100 mL |
| 磷酸氢二钠($Na_2HPO_4$) | 6.5 g |
| 一水磷酸二氢钠($NaH_2PO_4 \cdot H_2O$) | 4.0 g |
| 蒸馏水 | 900 mL |

调配方法:加蒸馏水约 800 mL,充分搅拌,溶解无水磷酸氢二钠 6.5 g 和一水磷酸二氢钠 4.0 g,将溶解液加到 100 mL37%～40%的甲醛溶液中,定容到 1 L。

A.2.2 配方 2:

| | |
|---|---|
| 37%～40%甲醛 | 100 mL |
| 0.01 mol/L 磷酸盐缓冲液 | 900 mL |

调配方法:首先称取 8 gNaCl、0.2 gKCl、1.44 g$Na_2HPO_4$ 和 0.24 g $KH_2PO_4$,溶于 800 mL 蒸馏水中。用 HCl 调节溶液的 pH 至 7.4,最后加蒸馏水定容至 1 L 即为 0.01 mol/L 的磷酸盐缓冲液(PBS,pH7.4)。然后,量取 900 mL 0.01 mol/L PBS 加入 100 mL37%～40%的甲醛溶液中。

A.3 肉汤(broth)

| | |
|---|---|
| 牛肉膏 | 3.50 g |

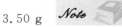

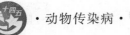 

| 蛋白胨 | 10.00 g |
| 氯化钠(NaCl) | 5.00 g |

调配方法:充分混合后,加热溶解,校正 pH 为 7.2~7.4。再用流通蒸汽加热 3 min,用滤纸过滤,获黄色透明液体,分装于试管或烧瓶中,以 100 kPa、20 min 灭菌。保存于冰箱中备用。

A.4  30％甘油磷酸盐缓冲液(pH7.6)

| 甘油 | 30.00 mL |
| 氯化钠(NaCl) | 4.20 g |
| 磷酸二氢钾($KH_2PO_4$) | 1.00 g |
| 磷酸氢二钾($K_2HPO_4$) | 3.10 g |
| 0.02％酚红 | 1.50 mL |
| 蒸馏水 | 加至 100 mL |

调配方法:加热溶化,校正 pH 为 7.6,100 kPa,15 min 灭菌,冰箱保存备用。

A.5  0.01 mol/L PBS 缓冲液(pH7.4)

| 磷酸二氢钾($KH_2PO_4$) | 0.27 g |
| 磷酸氢二钠($Na_2HPO_4$)/12 水磷酸氢二钠($Na_2HPO_4 \cdot 12H2O$) | 1.42 g/3.58 g |
| 氯化钠(NaCl) | 8.00 g |
| 氯化钾(KCl) | 0.20 g |

调配方法:加去离子水约 800 mL,充分搅拌溶解。然后用 HCl 溶液或 NaOH 溶液校正 pH 为 7.4,最后定容到 1 L。高温高压灭菌后至室温保存。

A.6  0.5％乳蛋白水解物的 Hank's 液

甲液:

| 氯化钠(NaCl) | 8.0 g |
| 氯化钾(KCl) | 0.4 g |
| 7 水硫酸镁($MgSO_4 \cdot 7H_2O$) | 0.2 g |
| 氯化钙($CaCl_2$)/2 水氯化钙($CaCl_2 \cdot 2H_2O$) | 0.14 g/0.185 g |

置入 50 mL 的容量瓶中,加 40 mL 三蒸水充分搅拌溶解,最后定容至 50 mL。

乙液:

| 磷酸氢二钠($Na_2HPO_4$)/12 水磷酸氢二钠($Na_2HPO_4 \cdot 12H_2O$) | 0.06 g/1.52 g |
| 磷酸二氢钾($KH_2PO_4$) | 0.06 g |
| 葡萄糖 | 1.0 g |

置入 50 mL 的容量瓶中,加 40 mL 三蒸水充分搅拌溶解后,再加 0.4％酚红 5 mL,混匀,最后定容至 50 mL。

调配方法:取甲液 25 mL、乙液 25 mL 和水解乳蛋白 0.5 g,充分混匀,最后加三蒸水定容至 500 mL,高压灭菌后 4 ℃保存备用。

参考
文献

［1］ 陈玉库,孙维平.小动物疾病防制［M］.北京:中国农业大学出版社,2010.

［2］ 姜良,刘旭.现代动物疫病防控［M］.兰州:甘肃科学技术出版社,2016.

［3］ 兰旅涛,吴华东.动物科学专业实训教程［M］.北京:中国农业大学出版社,2017.

［4］ 刘明生,吴祥集.动物传染病［M］.3 版.北京:中国农业出版社,2020.

［5］ 柳增善,卢世英,崔树森.人兽共患病学［M］.北京:科学出版社,2014.

［6］ 陆承平,刘永杰.兽医微生物学［M］.6 版.北京:中国农业出版社,2021.

［7］ 崔治中.兽医免疫学［M］.2 版.北京:中国农业出版社,2015.